U0383087

Packt>

ROS机器人编程实战

[印度] 库马尔·比平（Kumar Bipin）著
李华峰 张志宇 译　常鹍 审校

人民邮电出版社
北京

图书在版编目（CIP）数据

ROS机器人编程实战 / (印) 库马尔·比平 (Kumar Bipin) 著 ; 李华峰, 张志宇译. -- 北京 : 人民邮电出版社, 2020.2（2024.7重印）
ISBN 978-7-115-52359-4

Ⅰ. ①R… Ⅱ. ①库… ②李… ③张… Ⅲ. ①机器人—操作系统—程序设计 Ⅳ. ①TP242

中国版本图书馆CIP数据核字(2019)第230146号

版权声明

Copyright ©2018 Packt Publishing. First published in the English language under the title Robot Operating System Cookbook.
All rights reserved.
本书由英国 Packt Publishing 公司授权人民邮电出版社出版。未经出版者书面许可，对本书的任何部分不得以任何方式或任何手段复制和传播。
版权所有，侵权必究。

◆ 著　[印度] 库马尔·比平（Kumar Bipin）
译　李华峰　张志宇
审　校　常　鹍
责任编辑　胡俊英
责任印制　王　郁　焦志炜
◆ 人民邮电出版社出版发行　北京市丰台区成寿寺路 11 号
邮编　100164　电子邮件　315@ptpress.com.cn
网址　http://www.ptpress.com.cn
北京九州迅驰传媒文化有限公司印刷
◆ 开本：800×1000　1/16
印张：23.5　2020 年 2 月第 1 版
字数：470 千字　2024 年 7 月北京第 10 次印刷
著作权合同登记号　图字：01-2018-7369 号

定价：99.00 元

读者服务热线：(010) 81055410　印装质量热线：(010) 81055316
反盗版热线：(010) 81055315
广告经营许可证：京东市监广登字 20170147 号

内容提要

ROS（Robot Operating System）是一个机器人软件平台，是用于实现机器人编程和开发复杂机器人应用的开源软件框架，它能为异质计算机集群提供类似操作系统的功能。ROS的前身是斯坦福人工智能实验室为了支持斯坦福智能机器人 STAIR 而建立的交换庭（switchyard）项目。

本书包含 10 章内容，循序渐进地介绍了 ROS 相关的知识，包括 ROS 入门、结构与概念、可视化和调试工具、传感器和执行器、建模与仿真、移动机器人、机械臂、微型飞行器、ROS 工业软件包等。

本书适合机器人领域的工程师及研究人员阅读，书中涉及许多实用的案例和解决方案，同时涵盖了未来机器人应用开发中可预见的研究问题。

作者简介

库马尔·比平（Kumar Bipin）拥有在意法半导体和摩托罗拉等全球知名消费电子公司 15 年以上的研发经验。他曾参加超级计算教育研究中心（SERC）和印度科技学院（IISc，位于班加罗尔）的研究奖学金项目，并在信息技术国际学院（位于海德拉巴）获得机器人学和计算机视觉的硕士学位。他一直致力于为消费类电子产品提供系统级的解决方案。这些解决方案包括系统软件、自动驾驶汽车的感知规划和控制。目前，他在 Tata Elxsi 领导自主汽车产品（Autonomai）的开发。

致谢

首先，我要感谢我的妻子乌杰瓦拉（Ujjwala）博士，她在我的职业生涯中以及我写这本书的时候一直陪伴在我身边。我要感谢 Packt 团队的支持，特别要感谢编辑阿姆里塔（Amrita），最后，还要感谢塔塔·艾尔克斯（Tata Elxsi），他为本书中的一些项目提供了支持。

技术审校者简介

Jonathan Cacace 于 1987 年 12 月 13 日出生于意大利那不勒斯。他在那不勒斯大学获得了自动化工程博士学位，还参与了多个专注于工业和服务机器人的研究项目，其中他开发了多个基于机器人感知和控制的 ROS 应用程序。他也是由 Packt 出版的 *Mastering ROS for Robotics Programming*（第 2 版）的作者。

前言

ROS 是一个用于实现机器人编程和开发复杂机器人应用程序的开源软件框架。尽管研究团体在开发具有 ROS 的应用程序方面非常活跃，并且不断增加其功能，但是相关的参考资料和文档的数量仍然不足以满足开发者的需求。因此，本书的目的是提供关于 ROS 的全面和最新的信息。而 ROS 目前已经被公认为机器人应用的主要开发框架。

本书的前几章面向初学者，主要介绍了 ROS 的基本原理和基础。之后开始研究一些高级的概念，首先介绍了 Gazebo/RotorS 的基本概念，其中包括移动机器人、机器臂和微型飞行器，这也正是机器人应用最主要的 3 个分支。本书还介绍了移动机器人和微型飞行器所使用的自主导航框架（包括 ORB-SLAM 和 PTAM），以及机械臂机器人的运动规划和抓取程序。

最后，本书讨论了 ROS-Industrial（ROS-I）。这是一个将 ROS 软件的高级功能扩展到制造业的开源项目。

对于那些希望了解更多关于 ROS 的功能和特性的 ROS 用户和开发人员，我相信这本书将是一本优秀的指南。

目标读者

本书的目标读者是来自学术界或工业界的工程师们。本书介绍了一系列在实际工作中会遇到的问题、解决方案以及未来机器人应用开发中的研究问题。读者最好具备 GNU/Linux、C++和 Python 编程与 GNU/Linux 环境的基本知识，以便能够轻松地理解本书的内容。

本书内容

第 1 章“ROS 入门”介绍了如何在各种不同的平台（例如桌面系统、虚拟机、Linux 容器和基于 ARM 的嵌入式开发板）上安装 ROS。

第 2 章“ROS 的体系结构与概念Ⅰ”介绍了 ROS 的核心概念以及如何使用 ROS 框架。

第 3 章“ROS 的体系结构与概念Ⅱ”介绍了 ROS 的高级概念，如参数服务、actionlib、pluginlib、nodelet、坐标变换（TF）等。

第 4 章“ROS 可视化与调试工具”讨论了 ROS 中可用的各种调试和可视化工具，如 gdb、valgrind、rviz、rqt 和 rosbag。

第 5 章“在 ROS 中使用传感器和执行器”讨论了传感器和执行器等硬件组件与 ROS 的接口，还涉及使用 I/O 扩展板（如 Arduino 和 Raspberry Pi）的接口传感器。

第 6 章“ROS 建模与仿真”介绍了物理机器人的建模和基于 Gazebo 的虚拟环境仿真，还讨论了移动机器人和机械臂的建模问题。

第 7 章“ROS 中的移动机器人”讨论了 ROS 最强大的功能——导航功能包集，它使移动机器人能够自主移动。

第 8 章“ROS 中的机械臂”讲解了如何为机械臂机器人创建和配置 MoveIt 功能包，并执行运动规划和抓取操作。

第 9 章“基于 ROS 的微型飞行器”介绍了微型飞行器（MAV）的仿真框架（RotorS）。我们在这个框架中对 MAV 进行了研究和开发，还涉及自主导航框架以及 ORB SLAM 和 PTAM。

第 10 章“ROS-Industrial（ROS-I）”讨论了 ROS 工业软件包，该软件包提供了一个与工业机械臂机器人连接和控制的解决方案。我们使用一些强大的工具，如 MoveIt、Gazebo 和 RViz。本章还讨论了 ROS 工业软件包未来在硬件支持、功能和应用方面的发展趋势。

本书要求

读者只需要一台可运行 Ubuntu 16.04/18.04 的计算机就能够处理本书中的几乎所有示例，不需要任何额外的硬件要求。不过在涉及使用外部传感器、执行器和 I/O 扩展板的例子时，需要额外的硬件组件。

另一种方案，读者可以使用安装在虚拟机上的Ubuntu 16.04/18.04，例如安装在Windows系统上的virtualbox或VMware，但是这需要更强的计算能力。

本书中讨论的机器人应用需要商业硬件，如I/O扩展板（Arduino、Odroid和Raspberry Pi）、视觉传感器（Kinect和Camera）和执行器（伺服电机和操纵杆）。

最重要的是，建议读者通过本书提供的源代码来学习，以便熟悉技术概念。

排版约定

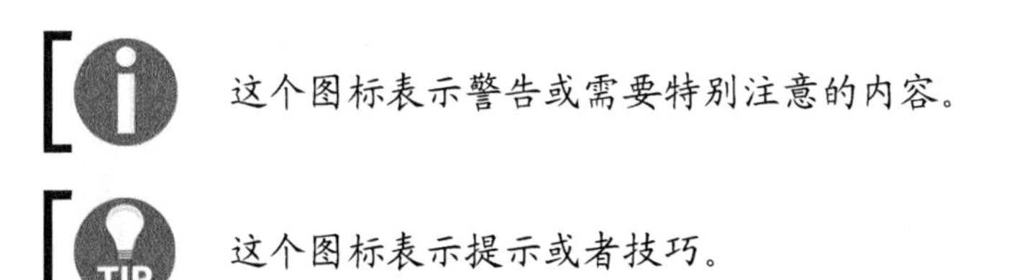

这个图标表示警告或需要特别注意的内容。
TIP
这个图标表示提示或者技巧。

资源与支持

本书由异步社区出品，社区（https://www.epubit.com/）为您提供相关资源和后续服务。

配套资源

本书提供配套资源，请在异步社区本书页面中单击 配套资源 ，跳转到下载界面，按提示进行操作即可。注意：为保证购书读者的权益，该操作会给出相关提示，要求输入提取码进行验证。

提交勘误

作者和编辑尽最大努力来确保书中内容的准确性，但难免会存在疏漏。欢迎您将发现的问题反馈给我们，帮助我们提升图书的质量。

当您发现错误时，请登录异步社区，按书名搜索，进入本书页面，单击“提交勘误”，输入勘误信息，单击“提交”按钮即可。本书的作者和编辑会对您提交的勘误进行审核，确认并接受后，您将获赠异步社区的 100 积分。积分可用于在异步社区兑换优惠券、样书或奖品。

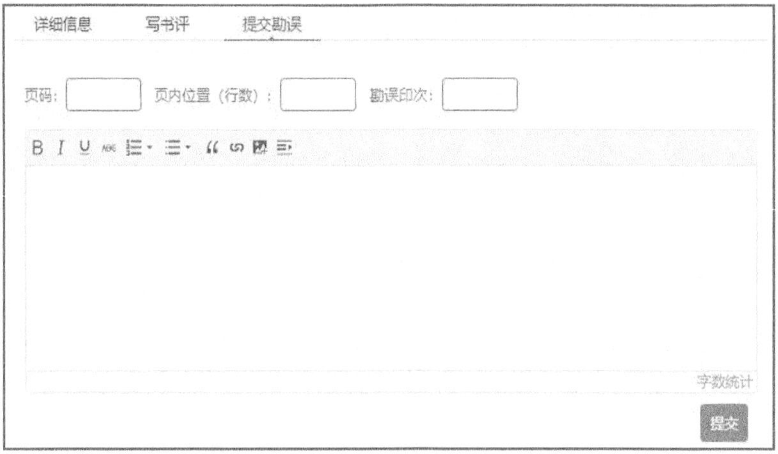

扫码关注本书

扫描下方二维码，您将会在异步社区微信服务号中看到本书信息及相关的服务提示。

与我们联系

我们的联系邮箱是 contact@epubit.com.cn。

如果您对本书有任何疑问或建议，请您发邮件给我们，并请在邮件标题中注明本书书名，以便我们更高效地做出反馈。

如果您有兴趣出版图书、录制教学视频，或者参与图书翻译、技术审校等工作，可以发邮件给我们；有意出版图书的作者也可以到异步社区在线提交投稿（直接访问 www.epubit.com/selfpublish/submission 即可）。

如果您是学校、培训机构或企业，想批量购买本书或异步社区出版的其他图书，也可以发邮件给我们。

如果您在网上发现有针对异步社区出品图书的各种形式的盗版行为，包括对图书全部或部分内容的非授权传播，请您将怀疑有侵权行为的链接发邮件给我们。您的这一举动是对作者权益的保护，也是我们持续为您提供有价值的内容的动力之源。

关于异步社区和异步图书

“异步社区”是人民邮电出版社旗下 IT 专业图书社区，致力于出版精品 IT 技术图书和相关学习产品，为作译者提供优质出版服务。异步社区创办于 2015 年 8 月，提供大量精品 IT 技术图书和电子书，以及高品质技术文章和视频课程。更多详情请访问异步社区官网 https://www.epubit.com。

“异步图书”是由异步社区编辑团队策划出版的精品 IT 专业图书的品牌，依托于人民邮电出版社近 30 年的计算机图书出版积累和专业编辑团队，相关图书在封面上印有异步图书的 LOGO。异步图书的出版领域包括软件开发、大数据、AI、测试、前端、网络技术等。

异步社区

微信服务号

目录

第 1 章
ROS 入门

在这一章中，我们将会就以下主题展开讨论：

- 在桌面系统中安装 ROS；
- 在虚拟机中安装 ROS；
- 在 Linux Container 中使用 ROS；
- 在 ARM 开发板上安装 ROS。

1.1 简介

机器人操作系统（ROS）是一个用于实现机器人编程和开发复杂机器人应用程序的开源软件框架。表面上看，ROS 虽然可以完成操作系统的很多功能，但是它仍然需要安装在例如 Linux 之类的操作系统中，所以也经常被称为元操作系统（meta-operating system）或者中间件软件框架。

此外，ROS 和所有的操作系统一样，它提供了一个用于构建机器人应用程序的硬件抽象层。有了它的存在，开发者就无须考虑底层硬件的差异。ROS 的核心是一个可以同步或者异步传递消息的中间件框架，即使是不同机器上的进程和线程，也可以通过它进行交流和传输数据。ROS 软件的组织形式是功能包（package），这种形式提供了良好的模块性和复用性。这两个特性保证了一个程序可以无须改动或者只需进行微小的修改就可以应用到其他机器人应用软件中。

ROS 得到了机器人科学界包括从该领域的研究人员到商业机构的专业开发人员的广泛认可和应用。ROS 起源于 2007 年的 Switchyard 项目，它是当时的斯坦福人工智能实验室为了支持 STAIR（斯坦福大学人工智能机器人项目）而建立的。

从2008年开始，Willow Garage公司一直在持续发展Switchyard。不过现在这个项目已经转由开源机器人基金会（OSRF）维护了。

现在将开始学习本书的入门章节，我们在其中将学习到在各种平台上安装ROS的方法。

1.2　在桌面系统中安装ROS

我们假设你现在使用的是一台安装Ubuntu 16.04或者Ubuntu 18.04 LTS系统的设备，它配置了Intel Core i5 @3.2 GHz的处理器，8GB的内存或者性能相同的硬件。因此我们必须掌握Linux以及命令行工具的基本知识。如果你需要学习或者更新这些知识的话，可以到互联网上查找相关的学习资源，也可以查阅一些关于这些内容的书籍。

在本节中，我们将研究ROS发行版以及其对应支持的操作系统，这些内容将帮助我们根据需求选择正确的组合。

1.2.1　ROS发行版

ROS发行版就是一套ROS功能包集合，它与Linux发行版十分相似。ROS发行版的目的是让开发人员在开始下一步工作之前可以针对相对稳定的代码库进行工作。每个发行版会维护一组稳定的核心功能包，直到该发行版的生命周期结束。

目前最新的推荐ROS发行版是Kinectic Kame，它将一直被支持到2021年5月。而最新的ROS发行版为Melodic Morenia，于2018年5月23日发布，将被支持到2023年5月。不过这个最新的ROS版本存在一个问题：它不支持目前大部分的功能包文件。而这些包还需要一些时间才能完成从之前版本到最新版本的移植，所以我们并不推荐使用这个版本。在ROS网站上可以找到发行版列表（见图1-1）。

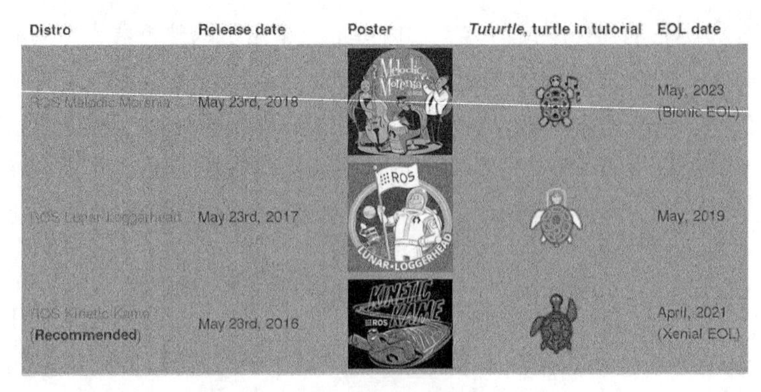

图1-1　发行版列表

1.2.2 支持的操作系统

ROS 在设计上与 Ubuntu 系统是完全兼容的，而且按照计划，ROS 发行版是与 Ubuntu 的发行版对应的。此外，Ubuntu ARM、Gentoo、macOS X、Arch Linux 和 OpenEmbedded 也都实现了对 ROS 的部分支持。表 1-1 给出了 ROS 的各种发行版以及它们支持的操作系统。

表 1-1

ROS 发行版	支持的操作系统	实验用的操作系统
Melodic Morenia	Ubuntu 18.04（LTS）；Debian 9	OS X（Homebrew）、Gentoo、Ubuntu ARM 和 OpenEmbedded/Yocto
Kinetic Kame（LTS）	Ubuntu 16.04（LTS）和 15.10；Debian 8	OS X（Homebrew）、Gentoo、Ubuntu ARM 和 OpenEmbedded/Yocto
Jade Turtle	Ubuntu 15.04、14.10 和 14.04；Debian 8	OS X（Homebrew）、Gentoo、Arch Linux、Android NDK、Ubuntu ARM 和 OpenEmbedded/Yocto
Indigo Igloo (LTS)	Ubuntu 14.04（LTS）和 13.10；Debian 7	OS X（Homebrew）、Gentoo、Arch Linux、Android NDK、Ubuntu ARM 和 OpenEmbedded/Yocto

正如在 1.2.1 节讨论过的，这里有多个 ROS 发行版可供下载和安装。我建议使用其中有 LTS 标识的版本，这表示它是最稳定的，同时也是得到了最大支持的版本。

如果你需要使用 ROS 的最新特性，则可以选择使用最新版本。不过你可能无法立刻使用完整的功能包文件，因为它们从前一个发行版迁移到这个版本需要一定时间。

在本书中我们将会使用两个 LTS 发行版—— ROS Kinetic 和 ROS Melodic 来完成所有实验。图 1-2 给出了这两个 ROS 的选择界面。

我们可以在 ROS 网站获得每个发行版的完整安装说明。在这个网站的导航栏中依次单击 Getting Started|Install，打开的新页面中将显示最新 ROS 发行版的图形列表。

图 1-2 两个 ROS 的选择界面

1.2.3 如何完成

在下面的内容中我们将会介绍如何安装最新的 ROS 发行版。

1. 配置 Ubuntu 软件库（repositories）

配置 Ubuntu 的软件库时，我们首先要在 Ubuntu 的查找工具栏中找到 Software & Updates，然后在 Ubuntu Software 中的 main、universe、restricted 和 multiverse 选项前进行勾选，如图 1-3 所示。

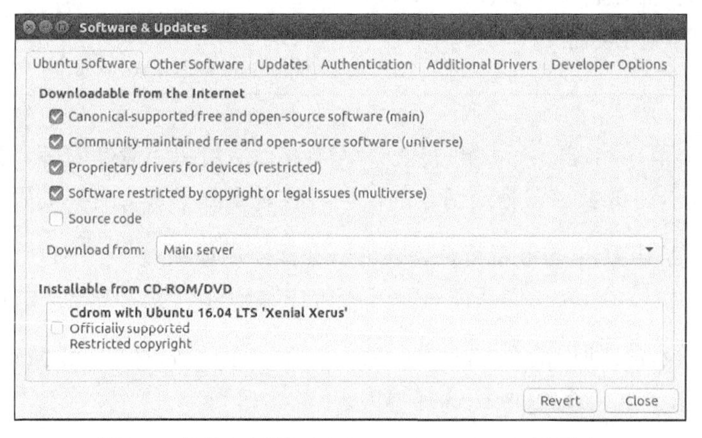

图 1-3 软件与更新（Software & Updates）选项卡

2. 配置 source.list 文件

接下来我们需要设置桌面系统接受来自 packages.ros 的软件，ROS 软件库服务器的信息必须要添加到/etc/apt/source.list 中：

```
$ sudo sh -c 'echo "deb http://packages.ros.org/ros/ubuntu $(lsb_release -
sc) main" > /etc/apt/sources.list.d/ros-latest.list'
```

3. 设置密钥

在向 Ubuntu 软件库管理器中添加一个新的软件库的时候，我们必须通过添加密钥的方式来使操作系统信任来自它的包。为了确保能够从授权的服务器进行下载，在开始安装之前，我们应该向 Ubuntu 中添加如下的密钥：

```
$ sudo apt-key adv --keyserver hkp://ha.pool.sks-keyservers.net:80 --recv-
key 421C365BD9FF1F717815A3895523BAEEB01FA116
```

4. 安装 ROS Kinetic

现在，我们开始在 Ubuntu 上安装 ROS Kinetic 功能包。第一步是使用以下命令来更新功能包列表：

```
$ sudo apt-get update
```

在 ROS 中有许多不同的库和工具，这里提供了 4 种不同的配置方式。

（1）桌面完整版（Desktop-Full）安装（推荐）：

```
$ sudo apt-get install ros-kinetic-desktop-full
```

（2）桌面版（Desktop）安装：

```
$ sudo apt-get install ros-kinetic-desktop
```

（3）基础版（ROS-Base）安装：

```
$ sudo apt-get install ros-kinetic-ros-base
```

（4）独立 ROS 功能软件包（Individual Package）安装：

```
$ sudo apt-get install ros-kinetic-PACKAGE
```

5. 安装 ROS Melodic

现在，我们开始在 Ubuntu 18.04 上安装 ROS Melodic 功能包。第一步是使用以下命令来更新包列表：

```
$ sudo apt-get update
```

在 ROS 中有许多不同的库和工具，这里同样也提供了 4 种不同的默认配置。

（1）桌面完整版（Desktop-Full）安装（推荐）：

```
$ sudo apt-get install ros-melodic-desktop-full
```

（2）桌面版（Desktop）安装：

```
$ sudo apt-get install ros-melodic-desktop
```

（3）基础版（ROS-Base）安装：

```
$ sudo apt-get install ros-melodic-ros-base
```

（4）独立 ROS 功能软件包（Individual Package）安装:

```
$ sudo apt-get install ros-melodic-PACKAGE
```

6．初始化 rosdep

在使用 ROS 之前，你需要执行 rosdep 的初始化操作。这样在进行编译的时候，它会帮助你轻松地安装好系统依赖项和在 ROS 中运行所需的核心组件。

```
$ sudo rosdep init
$ rosdep update
```

配置环境

干得不错！我们已经完成了 ROS 的安装。现在大部分的 ROS 脚本和可执行文件都安装在目录/opt/ros/<ros_version>中。

我们需要将 ROS 环境变量添加到 bash 会话中才能访问这些脚本和可执行文件。下面给出了使用 source 命令为 ROS Kinetic 添加 bash 文件的命令。

```
$ source /opt/ros/kinetic/setup.bash
```

如果使用 ROS Melodic，则需要进行如下设置：

```
$ source /opt/ros/melodic/setup.bash
```

如果每次在启动新的 shell 时，ROS 环境变量都可以自动添加到 bash 会话，这对于我们来说会很方便。

对于 ROS Kinetic 来说，需要进行如下配置：

```
$ echo "source /opt/ros/kinetic/setup.bash" >> ~/.bashrc
$ source ~/.bashrc
```

而如果是 ROS Melodic，则需要使用如下配置：

```
echo "source /opt/ros/melodic/setup.bash" >> ~/.bashrc
source ~/.bashrc
```

如果我们不止安装了一个 ROS 发行版，那么需要使用 source 命令来将当前使用版本的 setup.bash 添加到~/.bashrc 中。

```
$ source /opt/ros/<ros_version>/setup.bash
```

7．获得 rosinstall

rosinstall 是 ROS 中常用的一个命令行工具，它能够帮助我们轻松地使用单个命令从多个源下载 ROS 包。

这个工具是基于 Python 的，我们可以使用下面命令来安装它：

```
$ sudo apt-get install python-rosinstall
```

8．Build Farm 的状态

ROS 包是由 ROS Build Farm 构建而成的。

好了，恭喜你已经完成了 ROS 的安装。接下来执行下面的命令来检查安装是否正确。

打开一个新的命令行（shell）窗口运行 roscore：

```
$ roscore
```

然后在另一个命令行（shell）窗口中打开一个 turtlesim 节点：

```
$ rosrun turtlesim turtlesim_node
```

如果一切正常的话，我们就会看到如图 1-4 所示的界面。

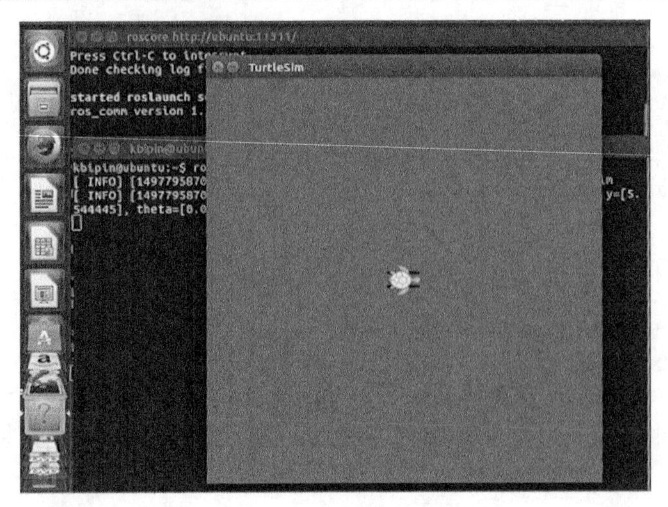

图 1-4　ROS 执行演示

1.3　在虚拟机中安装 ROS

正如我们所了解的那样，只有在 Ubuntu 和 Debian 发行版上才能使用 ROS 的全部功能。如果我们是 Windows 或 macOS X 用户，而且还不想将计算机的操作系统更改为 Ubuntu，那么此时就可以使用诸如 VMware 或 VirtualBox 之类的工具来帮助我们在计算机上虚拟出新的操作系统。

VMware Workstation Pro 可以在单个的 PC 设备上虚拟出多个操作系统。它本身是一款商业软件，不过也提供了免费的产品试用以及演示。

另外，你也可以选择使用 VirtualBox，这是针对 x86 架构计算机上的免费开源程序，它支持多种操作系统，例如 Linux、macOS、Windows、Solaris 和 OpenSolaris。

你可以在 VMware 和 VirtualBox 的官方网站获得它们的详细信息，也可以在互联网上搜索相关教程。

如何完成

当启动了虚拟机而且进行了正确的配置之后，我们就可以看到如图 1-5 所示的虚拟机系统界面了。

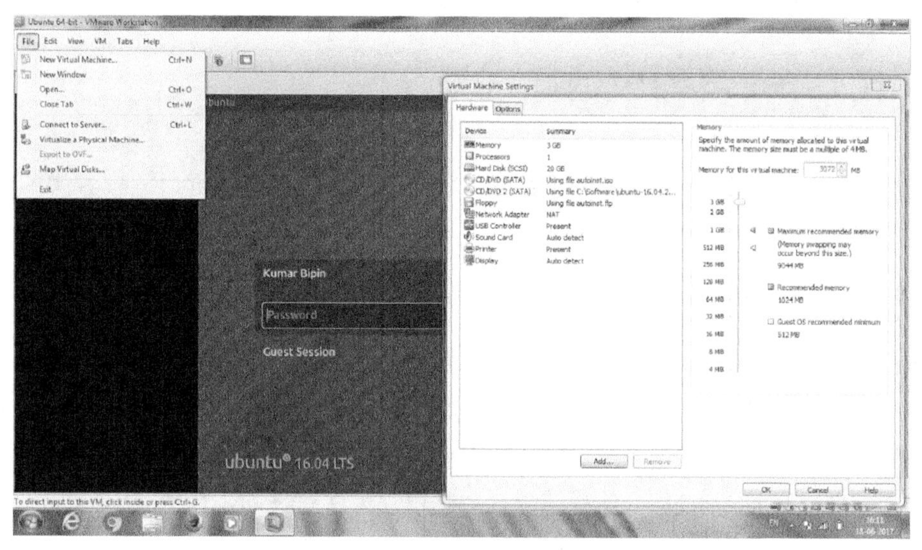

图 1-5 虚拟机系统界面

在虚拟机安装 ROS 与在真实设备上没有什么区别。因此我们可以按照前面讲述的方法来轻松地完成 ROS Kinetic 的安装。在虚拟机中我们可以运行大多数示例和功能包集（stacks）。有点麻烦的是，ROS 在通过虚拟机和外部硬件进行工作和连接时可能会遇到一些问题。另外，在虚拟机中运行 ROS 还会出现性能下降的情况。我们将在第 4 章中讲解的示例代码很有可能无法执行。

图 1-6 显示了一个 ROS 在虚拟机中的安装和运行状况。

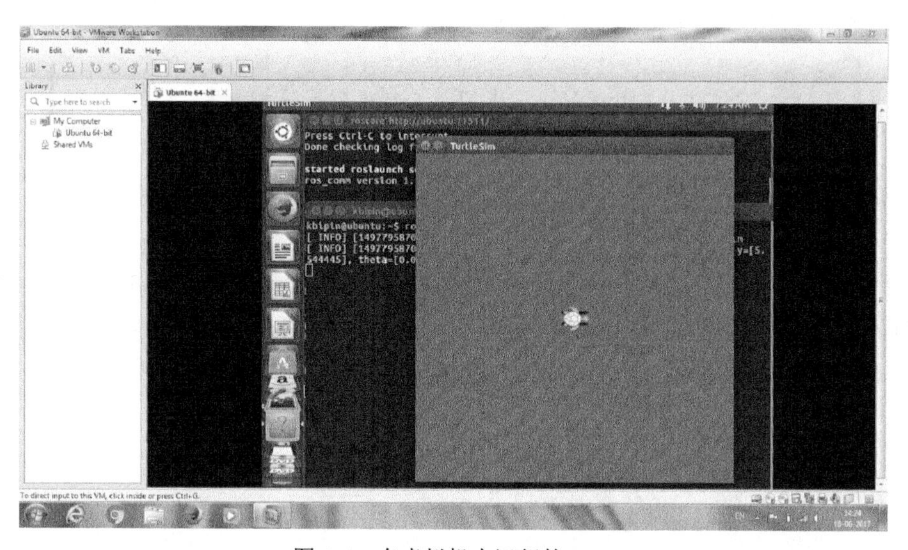

图 1-6 在虚拟机中运行的 ROS

1.4 在Linux容器中运行ROS

随着虚拟化技术的快速发展，各种类型的容器技术开始崭露头角。目前，其中的Docker和LXC技术占据了Linux操作系统虚拟机市场的最大份额。

1.4.1 准备工作

LXC（Linux Containers）是一种可以在单个主机上创建和运行多个隔离Linux虚拟环境（VE）的操作系统级虚拟技术。这些隔离级别（level）或者Container可以用来实现特定应用程序的沙箱或者模拟出全新的主机。LXC使用了Linux 2.6.24版本中引入的控制组（cgroup）功能，它允许主机CPU可以更好地将内存分配给称为工作区（namespace）的隔离级别。

Docker之前一直被称作dotCloud，它最开始只是作为一个业余项目开发出来的，在2013年开始对外开源。实际上它是LXC功能的扩展。这是通过使用一个高等级的API实现的，它提供了一个可以独立运行进程的轻量级虚拟化解决方案。Docker是使用Go语言开发出来的，它利用了LXC、cgroup和Linux 内核的功能。由于Docker Container是基于LXC实现的，所以它并不包括单独的操作系统。相反它要依赖操作系统自身的功能（例如底层设备提供的功能）。因此Docker是一个可以移植的容器引擎，你可以将虚拟容器中的应用程序及其依赖项打包复制到其他Linux服务器上运行。

注意，Linux VE与虚拟机（VM）并不相同。

1.4.2 如何完成

由于Docker是一个有助于应用程序和完整系统分发的开放平台，并且它基于LXC，所以我们将研究如何使用ROS Docker镜像，以及如何将复杂的应用程序与完整的系统集成为一个独立的镜像进行分发。

1. 安装Docker

在安装Docker之前，我们需要下载更新的包文件：

```
$ sudo apt-get update
```

使用下面的命令向系统添加官方 DOCK 软件库的 GPG 密钥：

```
$ sudo apt-key adv --keyserver hkp://p80.pool.sks-keyservers.net:80 -recv
-keys 58118E89F3A912897C070ADBF76221572C52609D
```

2. 将 DOCK 软件库添加到 APT 源中

对于 Ubuntu 16.04，需要执行以下命令：

```
$ echo "deb https://apt.dockerproject.org/repo ubuntu-xenial main" | sudo
tee /etc/apt/sources.list.d/docker.list
```

对于 Ubuntu 18.04，需要执行以下命令：

```
$ echo "deb https://apt.dockerproject.org/repo ubuntu-xenial main" | sudo
tee /etc/apt/sources.list.d/docker.list
```

使用新添加软件库中的 Docker 包来更新功能包数据库，使用的命令如下所示：

```
$ sudo apt-get update
```

接下来确保我们是从 Docker 软件库，而不是从默认的 Ubuntu 软件库完成下载：

```
$ apt-cache policy docker-engine
```

注意此时如果还没有安装 docker-engine，可以使用下面的命令来安装它：

```
$ sudo apt-get install -y docker-engine
```

检查 Docker 是否启动：

```
$ sudo systemctl status docker
```

使用以下命令来启动 Docker 服务：

```
$ sudo service docker start
$ docker
```

我们可以使用 docker 命令的 search 子命令在 Docker Hub 中查找可用的镜像。

```
$ sudo docker search Ubuntu
```

最后使用下面的命令来运行 Docker container：

```
$ sudo docker run -it hello-world
```

3. 获取和使用 ROS Docker 镜像

Docker 镜像是类似于虚拟机中设置完毕的操作系统的快照文件。有些服务器中提供了镜像，用户只需要执行下载操作即可。主服务器是 Docker Hub，从这里你可以找到不同类型系统和经过各种配置的 Docker 镜像。

好了!在官方的ROS软件库中列出了所有的ROS Docker镜像。我们将使用ROS Kinetic镜像，下面给出了获取它的命令：

```
$ sudo docker pull ros
$ sudo docker pull kinetic-ros-core
$ sudo docker pull kinetic-ros-base
$ sudo docker pull kinetic-robot
$ sudo docker pull kinetic-perception
```

我们使用相同的方法也可以获取 ROS Melodic 镜像，下面给出了获取它的命令：

```
$ sudo docker pull ros
$ sudo docker pull melodic-ros-core
$ sudo docker pull melodic-ros-base
$ sudo docker pull melodic-robot
$ sudo docker pull melodic-perception
```

成功下载容器之后，我们可以使用下面的命令来运行它：

```
$ docker run -it ros
```

这就像进入到 Docker container 的会话中一样。前面的命令将从主镜像中创建新的container，这个主镜像中已经安装好了完整的 Ubuntu 操作系统和 ROS Kinetic。这样我们就能像使用常规系统一样，安装额外的包和运行 ROS 节点。

下面的命令可以列出所有可用的 Docker containers 以及它们镜像的源：

```
$ sudo docker ps
```

恭喜你现在已经完成了 Docker 的安装。为了在 Container 中建立 ROS 环境以便开始使用 ROS，我们必须运行以下命令（ros_version: kinetic/melodic）：

```
$ source /opt/ros/<ros_version>/setup.bash
```

虽然运行 docker 应该已经足够了，但是我们可以使用 SSH 通过名称或者 ID 来远程控制一个运行的 Docker containers，就像控制一个普通设备一样。

```
$ sudo docker attach 665b4a1e17b6 #by ID ...OR
$ sudo docker attach loving_heisenberg #by Name
```

如果使用 attach 命令的话，那么我们只能使用 shell 的一个实例。但是如果我们想在 containers 中打开新的命令行（shell），并且可以启动新的进程，就需要运行以下的几条命令：

```
$ sudo docker exec -i -t 665b4a1e17b6 /bin/bash #by ID ...OR
$ sudo docker exec -i -t loving_heisenberg /bin/bash #by Name
```

我们在另外的一个命令行（shell）中使用 docker stop 也可以结束 Docker containers，而且它们也可以使用 docker rm 命令来删除。

1.4.3 参考资料

本书附带了一个可以正常工作的 Docker 镜像，它基于 ROS Kinetic 建立并包含了所有的实例代码。在 GitHub 软件库可以找到下载和安装它的说明文件，在那里还可以找到其他的代码。

1.5 在基于 ARM 的开发板上安装 ROS

从事商业机器人产品研发的行业对运行在嵌入式平台（主要是 ARM 平台）上的 ROS 有很高的要求。现在维护开源 ROS 的 OSRF 已经宣布对 ARM 平台的正式支持。

1.5.1 准备工作

目前主要有两个支持 ARM 平台上运行的 ROS 操作系统系列：

- Ubuntu ARM；
- OpenEmbedded（meta-ros）。

其中 Ubuntu ARM 最受研究人员的欢迎，因为它易于安装，而且已经得到了很多 ARM 板的支持。在图 1-7 中列出了其中的一部分 ARM 板。此外，许多 ROS 包已经得到了 Ubuntu ARM 的支持或者可以通过最小的修改就可以移植到 Ubuntu ARM。

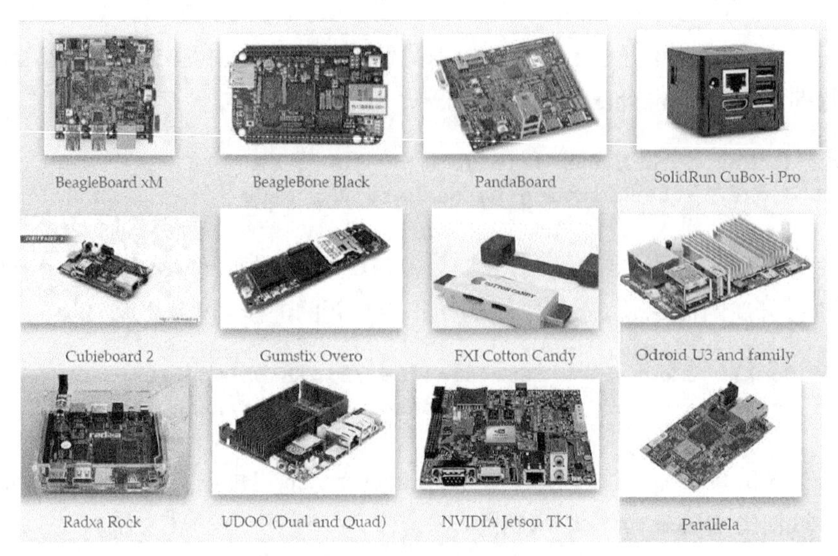

图 1-7　Ubuntu ARM 支持的平台

而 OpenEmbedded 则主要被专业人员用来开发商业产品。表 1-2 中给出了两者的比较。

表 1-2

Ubuntu ARM	OpenEmbedded
二进制 ROS 包	用于基于 caktin 的 ROS 包的交叉编译工具链
可以编译为通用 ARM 体系架构	从源编译所有的包
使用常用的 Ubuntu 工具（dpkg、APT 等）进行安装	支持多个架构：ARM、MIPS、PowerPC 等
安装简便、快捷	易于适应新的机器和结构
无须编译源的基本 ROS 包	允许对基本 ROS 包进行更改
标准 Ubuntu 风格	小型 Linux 内核和镜像
在开发板上进行额外编译	需要一个强大的系统设置来保证构建机器和工具链运行

虽然有多种选择，我们还是决定在 Ubuntu ARM 上安装 ROS，因为这个系列的发行版更为普遍，而且也可以在多种基于 ARM 的平台上运行，例如 UDOO、ODROID-U3、ODROID-X2 和 Gumstix Overo。我们建议你在平台上使用 Ubuntu ARM 16.04 Xenial armhf 操作系统与 ROS 一起工作。

当我们在向指定的 ARM 平台上安装 ROS 之前，必须先满足一些先决条件。由于本书的重点是 ROS，因此我们只会列出这些内容，并不会给出详细的讲解。不过对于特定的 ARM 平台来说，你可以通过它们的网站、论坛或者相关的书籍来查阅有关 Ubuntu ARM 的信息。

当我们选定的平台上已经安装完 Ubuntu ARM 后，就需要安装网卡，并通过配置网络设置（例如 IP、DNS 和网关）来提供访问网络的功能。

一个适用于大多数 ARM 平台的 Ubuntu 镜像可以安装到一个大小为 1GB～4GB 的 MicroSD 卡中。不过它的容量并不能承载 ROS Kinetic 的大部分功能包。为了解决这个问题，我们可以使用更大内存的 SD 卡，并通过重新分区将文件系统扩展到所有空间。

这里可以使用 GParted 软件。它是一个开源的图形工具，可以用来完成磁盘分区及其文件系统的创建、删除、调整大小、移动、检查和复制操作，如图 1-8 所示。

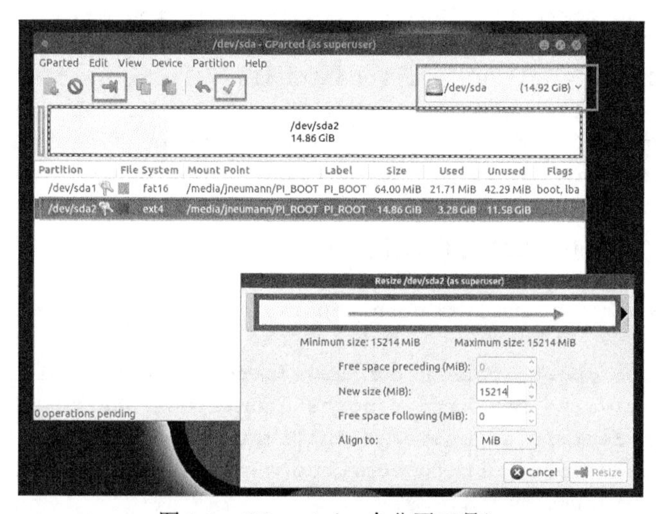

图 1-8　GParted（一个分区工具）

1.5.2　如何完成

好了，我们现在已经做好了安装 ROS 的准备。此后的安装过程与前面讲过的桌面系统下的安装过程非常类似。两者最大的区别在于在 Ubuntu ARM 平台下不能进行桌面完整版（Desktop-Full）安装。我们可以按照需要来自定义安装所需要的功能包，不过，这一点对于使用源代码来构建和安装 ROS 软件库中没有的包是十分方便的。

- ROS Kinectic <ros_version>与 Ubuntu 16.04 Xenial Xerus 兼容。
- ROS Melodic <ros_versions>与 Ubuntu 18.04 Bionic Beaver 兼容。

配置软件库的步骤如下所示。

第一步要配置 Ubuntu 软件库允许“restricted”“universe”和“multiverse”：

```
$ sudo vi /etc/apt/sources.list
```

我们对 Ubuntu 16.04 进行如下操作：

```
deb http://ports.ubuntu.com/ubuntu-ports/ xenial main restricted universe
multiverse
#deb-src http://ports.ubuntu.com/ubuntu-ports/ xenial main restricted
universe multiverse deb http://ports.ubuntu.com/ubuntu-ports/ xenial-
updates main restricted universe multiverse
#deb-src http://ports.ubuntu.com/ubuntu-ports/ xenial-updates main
restricted universe multiverse
#Kernel source (repos.rcn-ee.com) :
https://github.com/RobertCNelson/linux-stable-rcn-ee
#
#git clone https://github.com/RobertCNelson/linux-stable-rcn-ee
#cd ./linux-stable-rcn-ee #git checkout 'uname -r' -b tmp
# deb [arch=armhf] http://repos.rcn-ee.com/ubuntu/ xenial main
#deb-src [arch=armhf] http://repos.rcn-ee.com/ubuntu/ xenial main
```

同样，我们对 Ubuntu 18.04 进行如下操作：

```
deb http://ports.ubuntu.com/ubuntu-ports/ bionic main restricted universe
multiverse
#deb-src http://ports.ubuntu.com/ubuntu-ports/ bionic main restricted
universe multiverse deb http://ports.ubuntu.com/ubuntu-ports/ bionic-
updates main restricted universe multiverse
#deb-src http://ports.ubuntu.com/ubuntu-ports/ bionic-updates main
restricted universe multiverse
#Kernel source (repos.rcn-ee.com) :
https://github.com/RobertCNelson/linux-stable-rcn-ee
#
#git clone https://github.com/RobertCNelson/linux-stable-rcn-ee
#cd ./linux-stable-rcn-ee
#git checkout 'uname -r' -b tmp
# deb [arch=armhf] http://repos.rcn-ee.com/ubuntu/ bionic main
#deb-src [arch=armhf] http://repos.rcn-ee.com/ubuntu/ bionic main
```

第二步使用如下操作更新源：

```
$ sudo apt-get update
```

1.5.3 设置系统位置

ROS 中的一些工具（例如 Boost），需要调整系统区域设置。这个设置的命令如下所示：

```
$ sudo update-locale LANG=C LANGUAGE=C LC_ALL=C LC_MESSAGES=POSIX
```

1.5.4 设置 sources.list（源列表）

接下来我们将要根据 ARM 平台上所安装的 Ubuntu 版本配置源列表。下面给出了安装 Ubuntu armhf 软件库的命令：

```
$ sudo sh -c 'echo "deb http://packages.ros.org/ros/ubuntu $(lsb_release -
cs) main" > /etc/apt/sources.list.d/ros-latest.list'
```

1.5.5 设置秘钥

正如前文提到的那样，我们执行这个步骤的目的是确保代码的来源是准确的，而且没有人在代码所有者不知情的情况下对代码或者程序进行过修改。

```
$ sudo apt-key adv --keyserver hkp://ha.pool.sks-keyservers.net --recv-key
0xB01FA116
```

1.6 安装 ROS 包

在安装 ROS 包之前，需要确保所使用的 Debian 包索引是最新的。

```
$ sudo apt-get update
```

在 ROS 中包含很多不能完全与 ARM 相匹配的库和工具，因此我们不能进行桌面完整版（Desktop-Full）的安装。这里只能对所需的 ROS 包进行单独的安装。

我们可以安装 ros-base（准系统），它包含了 ROS 包、构建和通信库，但是不包含图形化操作工具（当允许操作时使用 ENTER（Y））。

```
$ sudo apt-get install ros-<ros_version>-ros-base
```

另外，我们也可以尝试去安装桌面系统，它包括 ROS、rqt、RViz 和机器人通用库。

```
$ sudo apt-get install ros-<ros_version>-desktop
```

1.6.1 添加单个软件包

我们可以使用如下命令来安装一个指定的 ROS 包：

```
$ sudo apt-get install ros-<ros_version>-PACKAGE
```

使用以下命令查找可用的包：

```
$ apt-cache search ros-<ros_version>
```

1.6.2 初始化 rosdep

在我们使用ROS之前，必须要安装和初始化命令行工具rosdep。rosdep可以在你需要编译某些源码的时候为其安装一些系统依赖，同时也是某些ROS核心功能组件所必须用到的工具。

```
$ sudo apt-get install python-rosdep
$ sudo rosdep init
$ rosdep update
```

1.6.3 环境配置

现在我们已经完成了在ARM平台上安装ROS的操作。大部分的ROS脚本和可执行文件都安装在/opt/ros/<ros_version>中。

如果要访问这些脚本和可执行文件，需要将ROS环境变量添加到bash会话中。我们需要使用source命令来指定下面的bash文件：

```
$ source /opt/ros/<ros_version>/setup.bash
```

如果每次启动新的shell时，ROS环境变量都会自动添加到BASH会话中，这是十分方便的：

```
$ echo "source /opt/ros/<ros_version>/setup.bash" >> ~/.bashrc
$ source ~/.bashrc
```

如果你安装有多个ROS版本，需要使用 source 命令来指定你当前使用版本所对应的setup.bash。

```
$ source /opt/ros/<ros_version>/setup.bash
```

1.6.4 获取 rosinstall

rosinstall 是ROS中一个独立的常用命令行工具，有了它，只要用一条命令，你就可以很容易为指定功能包下载完整的源码树。

该工具是基于 Python 的，你可以使用以下命令来安装它：

```
$ sudo apt-get install python-rosinstall
```

下面给出一个基本的例子。首先我们在命令行（shell）上运行 ROS 核心：

```
$ roscore
```

然后在另一个命令行（shell）中，发布一条 Pose 信息：

```
$ rostopic pub /dummy geometry_msgs/Pose Position: x: 3.0 y: 1.0 z: 2.0
Orientation: x: 0.0 y: 0.0 z: 0.0 w: 1.0 -r 8
```

接下来，在桌面系统（位于同一网络中）设置 ROS_MASTER_URI 指向我们的 ARM 平台（IP 为 192.168.X.X）。

在笔记本计算机中添加以下内容：

```
$ export ROS_MASTER_URI=http://192.168.1.6:11311
```

我们将会看到从 ARM 平台向笔记本计算机发布的 pose。

最后向笔记本计算机中添加以下内容：

```
$ rostopic echo -n2 /dummy Position: x: 1.0 y: 2.0 z: 3.0 Orientation: x
:0.0 y: 0.0 z: 0.0 w: 1.0 ---
```

第 2 章 ROS 的体系结构与概念 I

在这一章中，我们将要围绕以下主题展开学习：

- 对 ROS 文件系统的深入解析；
- 对 ROS 计算图的分析；
- 与 ROS 社区进行交流；
- ROS 的学习与实践。

2.1 简介

在第 1 章中我们学习了 ROS 的安装方法。在本章中我们将会就 ROS 的体系结构和概念以及其组件进行研究。另外我们还将通过实例来学习如何创建和使用 ROS 组件。这些组件包括节点、功能包、信息和服务等。

ROS 的体系结构和设计可以划分成 3 个部分。

- **ROS 文件系统**：在这个层次中包含了一组用来解释 ROS 的内部构成方式、文件夹结构以及工作所需的核心文件的概念。
- **ROS 计算图**：在这个层次中，我们将看到建立 ROS 计算网络和环境、处理所有过程以及与多台计算机通信等所需的所有概念和机制。
- **ROS 社区**：这个层次非常重要，与大多数开放源码的软件项目一样，ROS 也提供了包含工具和概念的交流社区，以便于开发人员互相之间共享知识、算法和代码。此外，拥有一个完善的社区不仅可以帮助新手了解复杂的技术，而且可以快速解决一些较为普遍的问题，它也是推动 ROS 技术发展的主要力量。

2.2　对 ROS 文件系统的深入解析

ROS 文件系统的主要目标是在实现项目构建过程集中化的同时提供足够的灵活性来分散其依赖关系。ROS 文件系统（见图 2-1）是在 ROS 中开发项目时最为重要的概念之一，当你付出了一些时间和耐心之后，就会发现它其实很容易掌握，而且也会很快认识到它在管理复杂项目及其依赖性时的作用。

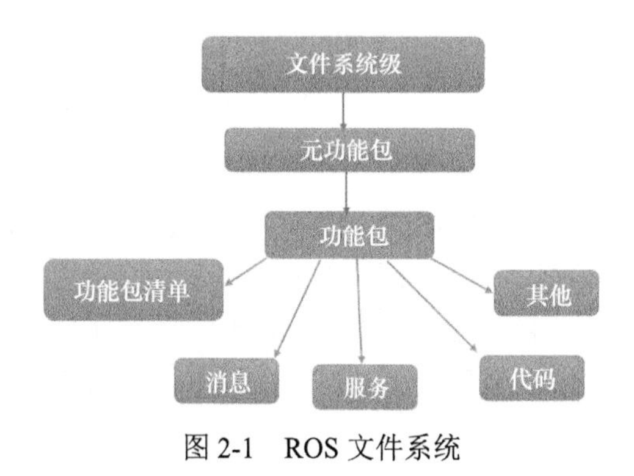

图 2-1　ROS 文件系统

2.2.1　准备工作

和我们计算机上所使用的操作系统相类似，ROS 文件系统也被划分成许多个文件夹（见图 2-2）。而且在这些文件夹中包含了描述其功能的文件。

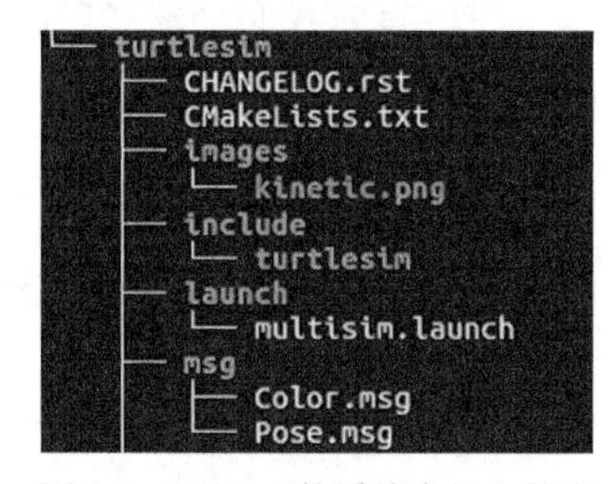

图 2-2　ROS 文件系统中的文件夹

- ROS 功能包（package）：ROS 中的软件是以功能包的形式进行组织的，这也是 ROS 操作系统中的基本单元。一个功能包可以包含 ROS 节点（进程）、ROS 独立库、配置文件等部分。这些内容可以在逻辑上被定义为一个完整的软件模块。例如，chapter2_tutorials 就是一个简单的功能包。
- ROS 功能包清单（package manifest）：功能包清单是一个名为 package.xml 的 XML 文件，它必须位于功能包文件夹中。该文件中包含了关于功能包的各种信息，例如功能包的名字、版本、作者、维护者、许可证、编译标志以及对其他功能包的依赖项。另外，系统包的依赖关系也应该在 package.xml 中声明，当你需要在设备上通过源代码来构建包时，这一点是非常必要的。

- **ROS 消息（message）**：在 ROS 框架中，节点（node）之间通过将消息发布到话题（topic）中来实现彼此的异步通信，这里提到的话题是一种简单的数据结构。消息文件的扩展名为.msg，它位于所在功能包的 msg 文件夹中，其中的内容是一些类型字段。
- **ROS 服务（service）**：ROS 节点还可以通过系统服务的调用来同步交换请求（request）和响应（response）消息。这些请求和响应消息位于 SRV 文件夹中，扩展名为.srv。
- **ROS 元功能包清单（metapackage manifest）**：虽然元功能包清单 package.xml 与功能包清单十分类似，但它们是 ROS catkin 构建系统中的专用包，除了 package.xml 清单之外，它不包含任何代码、文件或其他项。元功能包定义了 Debian 打包系统中所使用的虚拟包，提供了一个或者多个相关包的引用。
- **ROS 元功能包（metapackage）**：它将多个包组合在一个组中，以实现特定的目的和功能（例如导航任务）。不过在诸如 Electric 和 Fuerte 等旧版本的 ROS 中，它被称为栈（stack），但是后来它被元功能包所取代了。元功能包可以看作一个简单并且易于表示的包栈，例如 ROS 导航栈（navigation stack）就是一个典型的元功能包实例。

2.2.2 如何完成

现在是时候将所学的知识应用到实践中去了。在这一节中，我们将学习用于在 ROS 文件系统中实现导航功能的 ROS 工具，并通过实例来掌握 ROS 工作空间的设置、功能包和元功能包的创建和构建等操作。我们首先执行以下步骤来创建一个 ROS 工作空间。

（1）首先我们来建立自己的工作空间。本书中所有使用到的示例代码都会集中放置在这个工作空间中。

（2）使用下面的命令可以获得 ROS 正在使用的工作空间：

```
$ echo $ROS_PACKAGE_PATH
```

这条命令执行的输出结果为：

```
/opt/ros/kinetic/share:/opt/ros/kinetic/stacks
```

（3）创建和初始化 ROS 工作空间的命令为：

```
$ mkdir -p ~/catkin_ws/src
$ cd ~/catkin_ws/src
$ catkin_init_workspace
```

我们已经通过上面的命令创建了一个空的 ROS 工作空间，其中只包含一个 CMakeLists.txt 文件。

（4）如果你想要编译这个工作空间的话，可以使用如下命令：

```
$ cd ~/catkin_ws
$ catkin_make
```

现在我们就可以看到前面 make 命令创建好的 build 和 devel 文件夹了。

（5）使用以下命令来完成配置：

```
$ source devel/setup.bash
```

这条命令将从 ROS 工作空间重新加载 setup.bash 文件，并覆盖默认配置。

（6）如果希望在打开或者关闭每个命令行（shell）时都拥有相同的效果，我们应该在 ~/.bashrc 脚本末尾添加以下命令：

```
$ echo "source /opt/ros/kinetic/setup.bash" >> ~/.bashrc
$ echo "source /home/usrname/catkin_ws/devel/setup.bash" >>~/.bashrc
```

ROS 提供了多个用于在文件系统中导航的的命令行工具，我们先来了解其中一些最为常用的。

如果想要获得关于 ROS 环境中的功能包和栈的信息，例如它们的路径、依赖关系等，我们就可以使用 rospack 和 rosstack 工具。类似的，要浏览包和堆栈，并列出它们的内容，可以使用 roscd 和 rosls 指令。

例如，我们可以使用以下命令查找到 turtlesim 功能包的位置：

```
$ rospack find turtlesim
```

执行之后的输出结果为：

```
/opt/ros/kinetic/share/turtlesim
```

使用如下命令来处理已经安装的元功能包，也会得到类似的结果：

```
$ rosstack find ros_comm
```

（7）使用如下的命令可以获得 ros_comm 元功能包的路径：

```
/opt/ros/kinetic/share/ros_comm
```

下面的命令列出了功能包或元功能包中的文件：

```
$ rosls turtlesim
```

这条命令执行完之后将会输出如下结果：

```
cmake    images    srv      package.xml  msg
```

（8）当前工作目录可以使用 roscd 命令修改：

```
$ roscd turtlesim
$ pwd
```

下面给出新的工作目录：

```
/opt/ros/kinetic/share/turtlesim
```

虽然我们可以手动完成 ROS 中包创建的操作，但是为了避免这些复杂和烦琐的工作，还是建议你使用 catkin_create_pkg 这个命令行工具。

例如我们使用以下命令在之前建立的工作空间中创建一个新的包：

```
$ cd ~/catkin_ws/src
$ catkin_create_pkg chapter2_tutorials std_msgs roscpp
```

这条命令中包括功能包的名称和依赖项，在这个例子中，功能包的依赖项包括 std_msgs 和 roscpp。该命令的语法如下所示：

```
catkin_create_pkg [package_name] [dependency1] ... [dependencyN]
```

std_msgs 功能包中包含了表示原语数据类型的公共消息类型和其他基本消息结构，例如多维数组（multiarray）。roscpp 功能包是 ROS 的一个 C++实现，它提供了一个客户端库，C++程序员可以通过这个库来快速和 ROS 的话题、服务和参数的接口进行交互。

前面已经提到过了，我们可以使用 rospack、roscd 和 rosls 命令来检索 ROS 功能包的信息。

- rospack profile：它将向我们提供新添加到 ROS 中功能包的信息，这一点在我们安装新功能包时非常有用。
- rospack find chapter2_tutorials：这条命令可以帮助我们找到 chapter2_tutorials 功能包的路径。
- rospack depends chapter2_tutorials：这条命令用来检索 chapter2_tutorials 功能包的依赖项。
- rosls chapter2_tutorials：这条命令用来显示 chapter2_tutorials 功能包的内容。
- roscd chapter2_tutorials：这条命令用来更改 chapter2_tutorials 功能包的工作目录。

创建元功能包和创建功能包的步骤十分类似，不过在进行操作时会有一些限制，尤其是像前面提到的特殊情况时应当谨慎处理。当我们完成功能包的创建并编写了一部分代码之后，就需要对这个功能包进行编译（build）了。这个编译过程中不仅需要对用户编写的代码进行编译，还需要对从消息和服务中生成的代码进行编译。

（9）我们接下来要使用工具 catkin_make 完成功能包的编译操作：

```
$ cd ~/catkin_ws/
$ catkin_make
```

我们首先要在工作空间目录中运行 catkin_make 命令。如果你试图在其他目录中运行这个命令，可能会失败。不过当你在 catkin_ws 目录中执行它时，却可以获得预期的效果。如下所示，我们使用的 catkin_make 命令实现了对功能包的编译：

```
$ catkin_make --pkg <package name>
```

2.2.3 扩展学习

在本节中，我们将会对 ROS 文件系统的一些术语进行更深入的了解，这些术语包括 ROS 工作空间、功能包和元功能包、消息、服务。如果你已经对这部分内容很了解，可以跳过本节直接开始后面部分的学习，不过我还是建议大家通过阅读本节来建立一个更完整的学习体系。

ROS 工作空间：工作空间在实质上就是一个含有功能包的文件夹，其中有源文件和配置信息。此外，工作空间中还提供了集中开发的机制。

图 2-3 显示了一个典型的工作空间。

```
└── catkin_ws
    ├── build
    │   ├── catkin
    │   ├── catkin_generated
    │   ├── Makefile
    │   └── ...
    ├── devel
    │   ├── setup.zsh
    │   └── ...
    └── src
        ├── CMakeLists.txt -> /opt/ros/kinetic/share/catkin/cmake/toplevel.cmake
        └── ...
```

图 2-3 工作空间示例

下面给出了工作空间各个部分的作用。

- build：这个目录为编译空间，在使用 cmake 和 catkin 等工具进行编译时存储缓存信息、配置和其他中间文件。
- devel：这个目录为开发空间用来保存编译完成的功能包，这些功能包可以在无须安装的情况下进行测试。
- src：这个目录作为源代码空间，其中包含功能包、工程、克隆功能包等。这个目录中包含的一个最重要文件是 CMakeLists.txt，它是我们使用命令“catkin_init_workspace”初始化工作空间时创建的。另外，当我们在工作空间中使用 cmake 对功能包进行初始化时就会调用到它。

ROS 工作空间的另一个有趣功能就是覆盖（overlay）。当我们在使用一个 ROS 功能包，例如 turtlesim 时，我们既可以使用预编译的安装版本，也可以使用自己下载源文件再编译生成的开发版本。

ROS 允许我们使用任何功能包的开发版本来代替预安装版本。当我们需要使用某个预安装功能包的升级版时，这个功能就非常有用。

目前我们可能对覆盖这个功能还有一些陌生，但是在接下来的章节中，我们很快就要使用到它来创建自定义的插件。

通常我们所研究的 ROS 系统功能包都具有相同的文件结构。这些功能包的结构如图 2-4 所示。

- config：这个文件夹中保存了当前 ROS 包中使用的所有配置文件。它是由用户所创建的，将这个保持配置文件的文件夹命名为 config 是一个约定俗成的做法。

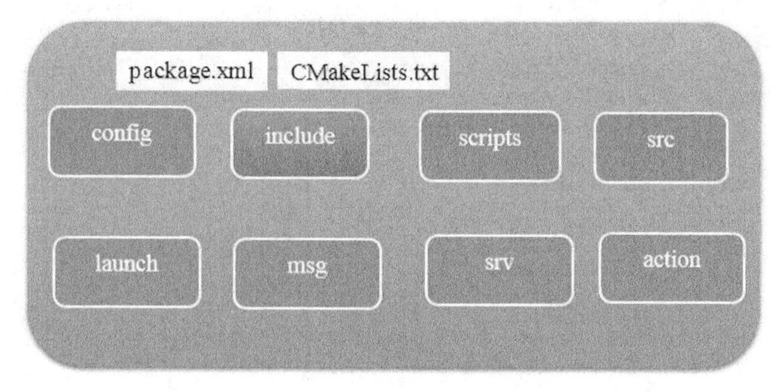

图 2-4　功能包的结构

- include：这个文件夹中包含了在包中需要使用库的头文件。
- scripts：这里面包含的是一些可执行的脚本。这些脚本通常是由 BASH、Python 或一些其他脚本语言所编写的。
- src：这个文件夹用来存放程序源文件的位置。你可以专门为节点和 nodelet 创建一个文件夹，也可以根据具体情况给出适合的方案。
- launch：这个文件夹中保存了一个或者多个 ROS 节点的启动文件。
- msg：这个文件夹中包含了自定义的消息类型文件。
- srv：这个文件夹中存储了服务类型文件。
- action：这个文件夹存储了动作类型文件。
- package.xml：这是功能包清单文件。
- CMakeLists.txt：这是 CMake 的生成文件。

元功能包是 ROS 中的一种特殊包，它只包含一个 package.xml 文件。它将一系列功能包简单地组合成一个逻辑包。在 package.xml 文件中，元功能包中含有一个 export 标记。而 ROS 导航栈（navigation stack）就是一个元功能包的最好实例。我们可以使用如下命令来找到这个导航元功能包（navigation metapackage）。

```
$ rosstack find navigation $ roscd navigation $ gedit package.xml
```

图 2-5 给出了导航元功能包中 package.xml 文件的内容。我们在这里面可以看到<export>和<run_depend>标签。它们都是包清单中的必要组成部分。

```
<package>
    <name>navigation</name>
    <version>1.14.2</version>
    <description>
        A 2D navigation stack that takes in information from odometry, sensor
    </description>
    <maintainer email="linux.kbp@gmail.com">Kumar Bipin</maintainer>
    <author>linux.kbp@gmail.com</author>
    <license>BSD,LGPL,LGPL (amcl)</license>
    <url>http://wwww.kumar-bipin/navigation</url>

    <buildtool_depend>catkin</buildtool_depend>

    <run_depend>amcl</run_depend>
    <run_depend>carrot_planner</run_depend>
    .
    .
    .
    <run_depend>move_slow_and_clear</run_depend>
    <run_depend>voxel_grid</run_depend>

    <export>
        <metapackage/>
    </export>
</package>
```

图 2-5 package.xml 文件截图

ROS 使用了一种简化的类型描述语言来描述 ros 节点发布的数据。通过这种描述语言，ros 能够使用多种编程语言（C++、Python、Java 或者 MATLAB）编写不同节点，并实现节点间的通信。

ROS 信息的数据类型描述被保存在 ROS 包中 MSG 子目录的.msg 文件中。消息定义由两个部分，也就是字段（field）和常量（constant）构成。其中的字段又被分成字段类型和字段名称。字段类型是发送消息的数据类型，字段名称则是发送消息的名称，而常量定义了消息文件中的数值。

下面给出了一个.msg 文件的示例：

```
int32 id
float32 speed
string name
```

在 ROS 中提供了一组可以在消息中使用的标准类型。表 2-1 给出了这些类型的详细信息。

表 2-1 ROS 中数据类型的详细信息

基本类型	序列化	C++	Python
bool(1)	unsigned 8-bit int	uint8_t	bool
int8	signed 8-bit int	int int8_t	int
uint8	unsigned 8-bit int	uint8_t	int(3)
int16	signed 16-bit int	int16_t	int

续表

基本类型	序列化	C++	Python
uint16	unsigned 16-bit int	uint16_t	int
int32	signed 32-bit int	int32_t	int
uint32	unsigned 32-bit int	uint32_t	int
int64	signed 64-bit int	int64_t	long
uint64	unsigned 64-bit int	uint64_t	long
float32	32-bit IEEE float	float	float
float64	64-bit IEEE float	double	float
string	ascii string(4)	std::string	string
time	secs/nsecs unsigned 32-bit ints	ros::Time	rospy.Time
duration	secs/nsecs signed 32-bit ints	ros::Duration	rospy.Duration

消息头（header）是 ROS 消息中的一种特殊类型，它可以携带诸如时间或戳记、坐标系信息、frame_id、序列号、seq 等信息。通过这些信息，消息对于处理它们的 ROS 节点就是透明的了。

rosmsg 命令行工具可以用来获取消息头中的信息：

```
$ rosmsg show std_msgs/Header
```

这条命令执行的结果如下所示：

```
uint32 seq time stamp string frame_id
```

在接下来的章节中，我们将讨论如何用合适的工具创建消息。

ROS 使用简化的服务描述语言描述 ROS 服务类型。它是直接构建在 ROS MSG 格式上的，以便在节点之间实现请求—响应通信。服务描述存储在包的 SRV 子目录中的.SRV 文件中。

下面给出了一个服务描述格式的实例：

```
#Request message type string req --- #Response message type string res
```

其中被“---”分开的前一部分是请求消息的类型，后一部分是响应消息的类型。在这个实例中，请求和响应都是字符串。

在接下来的章节中，我们将讨论如何使用ROS服务。

2.3 ROS计算图分析

ROS会创建一个连接到所有进程的网络。在系统中任何节点都可以访问到这个网络，并且通过该网络与其他节点的交互，获取其他节点发布的信息，并将自身数据发布到网络上。通常它们会通过协同工作完成计算任务。

2.3.1 准备工作

这个计算网络也可以称为计算图。计算图中的基本概念是ROS节点（node）、节点管理器（master）、参数服务器（parameter server）、消息（message）、话题（topic）、服务（service）和消息记录包（bag）。计算图中的每一个概念都以不同方式发挥自己的作用。

ROS中与通信相关的功能包，例如roscpp和rospython之类的核心客户端库，以及各种概念（如主题、节点、参数和服务）的实现都包含在ros_comm元功能包中。这个元功能包中的rostopic、rosparam、rosservice和rosnode这些工具就是前面提到概念的实现。

ros_comm元功能包中包含ROS通信中间件功能包。我们将这些包统称为ROS图层（ROS graph layer），如图2-6所示。

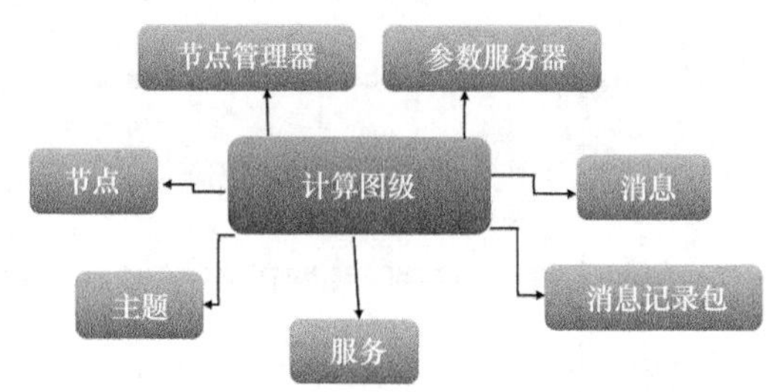

图2-6 ROS计算图

以下是图形中出现概念的介绍。

- **ROS节点（node）**：ROS节点对应于Linux系统中执行特定任务的进程。它们使用诸如ROSCPP和ROSIST之类的ROS客户端库所编写，支持不同类型的通信方法的实现。刚刚提到的通信方法主要是ROS消息和ROS服务。通过ROS通信方法，它们可以交换数据并创建ROS计算网络。然而，ROS的设计理念是让多个节点协同工作，而不是一个节点包揽全部任务，例如，在机器人系统中会由不同的节点来执行某个特定类型的任务，例如感知、规划和控制。
- **ROS节点管理器（master）**：ROS节点管理器为其余节点提供名称注册和查找服务，并负责在节点之间建立连接。在ROS系统中，如果没有节点管理器的话，节点之间将无法找到彼此，交换消息或调用服务。在分布式系统中，可以在一台计算机上运行节点管理器，其他远程节点通过与该节点管理器的通信找到彼此。

- **ROS 参数服务器**：参数服务器允许 ROS 系统将数据或配置信息存储在中央位置。所有节点都可以访问和修改这些值。参数服务器是 ROS 节点管理器的一部分。
- **ROS 消息**：ROS 节点通过消息相互通信，这里面包含向其他节点提供信息的数据。尽管 ROS 具有标准的基本数据类型（整数、浮点、布尔等），但它提供了一种基于标准消息类型开发自定义消息类型的机制。
- **ROS 话题（topic）**：ROS 中的每个消息都必须有一个名称来被 ROS 路由。当一个节点通过话题发送消息时，如果用 ROS 术语来描述这个过程就是“该节点正在发布一个话题”。类似的，当一个节点通过话题接收消息时，我们则称“该节点在订阅一个话题”。不过由于发布节点和订阅节点彼此之间不知道对方的存在，节点甚至可以订阅不具有发布者的话题，这使我们能够将发布与订阅相分离。此外，话题名称的唯一性也是十分重要的，我们必须避免话题名称相同所带来的问题和混淆。
- **ROS 服务（service）**：在一些需要实现交互式“请求—响应”的机器人应用中，仅仅使用发布—订阅模型是不够的，这是因为发布—订阅模型是一种单向传输系统。当我们使用分布式系统时，往往就会需要请求—响应类型的交互，在这正是 ROS 服务大显身手的时候。ROS 服务的定义包含两个部分：一个部分用于请求，另一个部分用于响应。此外，它还需要两个节点：服务端和客户端。服务端节点通过名称提供服务，当客户端节点向该服务器节点发送请求消息时，它将响应这个消息并将结果发送到客户端节点。客户端节点往往需要一直等待服务器响应。ROS 服务交互的过程和远程过程调用（RPC）很相似。
- **ROS 消息记录包（bag）**：ROS 消息记录包是用来保存和回放（play）ROS 消息数据的文件格式。消息记录包是一种用于存储数据的重要机制，它能够获取并记录各种难以收集的传感器数据。我们可以通过消息记录包反复获取实验数据，以此进行必要的开发和算法测试。因此对于开发和调试来说，消息记录包是非常有用的特性。我们将在即将到来的章节讨论消息记录包。

图 2-7 显示了节点之间是如何使用话题进行通信的。其中的话题采用矩形表示，节点用椭圆表示，图中没有出现消息和参数。该图是采用 rqt_graph 工具绘制的，我们将在第 3 章中详细讨论这个工具。

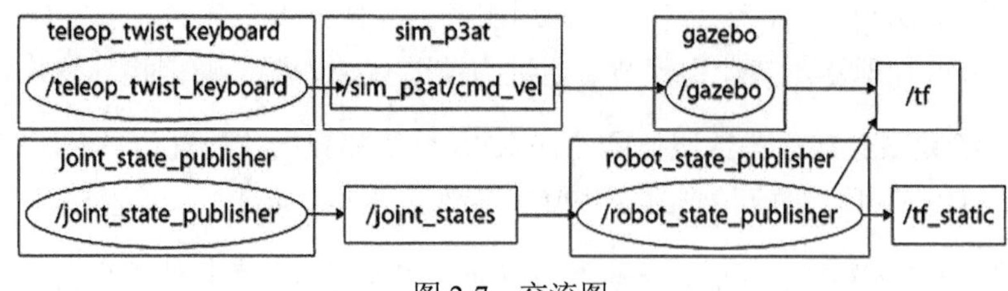

图 2-7 交流图

2.3.2 如何完成

在前面我们学习了 ROS 计算网络中的重要组成。在接下来的这一节中，我们将利用这些内容进行一下“热身”。首先从 ROS 节点管理器开始练习。

ROS 节点管理器的工作流程和 DNS 服务器十分相似。在 ROS 系统中，任何节点在启动时，都将会开始查找 ROS 主节点，并将节点的名称注册到 ROS 节点管理器。因此，ROS 节点管理器上具有当前 ROS 系统上运行的所有节点信息。当任何节点的信息改变时，ROS 节点管理器将取回最新信息和并更新存储内容。

在节点开始发布该主题之前，它将向 ROS 节点管理器提供该话题的详细信息，例如其名称和数据类型。ROS 节点管理器将检查是否有其他节点订阅这一话题。如果任何节点订阅这一话题，那么 ROS 节点管理器会将发布节点的细节共享给它。在接收到发布节点细节后，订阅使用基于 TCP/ IP 套接字的 TCPROS 协议与发布节点进行互连，而 ROS 节点管理器也将放弃对它们的控制。之后我们随时可以根据需求停止发布者节点或订阅服务器节点。当节点的状态改变时，它将再次对 ROS 节点管理器的内容进行更新。ROS 服务也使用相同的方法。ROS 节点是使用例如 ROSCPP 和 RoSpice 之类的 ROS 客户端库编写的。这些客户端使用基于 API 的 XML 远程过程调用（XMLRPC）与 ROS 主机进行交互，它们充当着 ROS 系统的后端。

然而，在分布式网络中是由不同的物理计算机参与 ROS 计算网络，需要准确、恰当地对 ROS_MASTER_URI 进行定义。这样远程节点才可以找到彼此并相互通信。ROS 系统只能有一个节点管理器，即使是在分布式系统中也一样，并且节点管理器应该在所有其他计算机都能访问到的计算机上运行，以确保所有的远程 ROS 节点都可以访问节点管理器。

图 2-8 显示了 ROS 节点管理器与发布订阅节点的交互方式。

现在，让我们开始 ROS 节点部分的练习。ROS 节点实质上是使用客户端库（如 ROSCPP 和 ROSPILE）执行计算功能的进程。一个节点可以通过 ROS 话题、服务、参数服务器与其他节点通信。

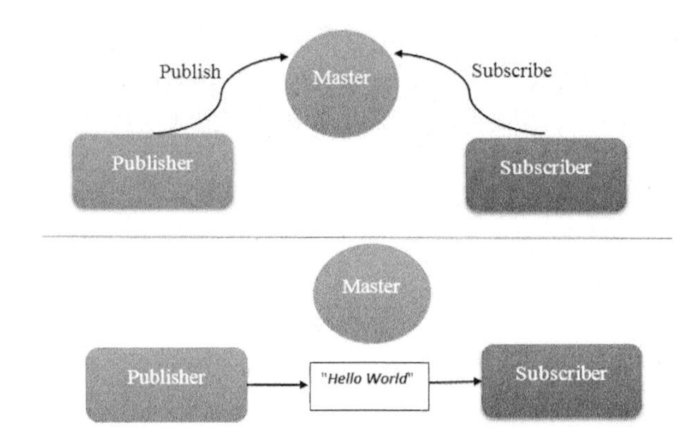

图 2-8 使用 ROS 节点管理器为发布节点和订阅节点建立通信

另外，在 ROS 中使用节点的好处是提供了容错性，并实现了代码和功能的分离，使系统更简单和健壮。一个机器人应用程序可能包含多个节点，其中一个节点处理摄像机图像，另一个节点处理来自机器人的串行数据，还有一个节点可以用于计算里程等。与整体代码相比，节点减少了复杂性并增加了可调试性。

工具 rosbash 可以用于 ROS 节点进行自检。命令行工具 rosnode 可以用来显示关于节点的信息，例如列出当前正在运行的节点。

下面给出了命令的使用示例。

- rosnode info NODE：打印有关节点的信息。
- rosnode kill NODE：结束一个正在运行的节点或发送一个给定的信号。
- rosnode list：列出所有的活动节点。
- rosnode machine hostname：列出在特定机器上运行的节点或列出机器。
- rosnode ping NODE：用来测试节点的连通性。
- rosnode cleanup：清除不可达节点的注册信息。

在接下来的部分中，我们将要研究 ROS 节点中的话题、服务和消息等功能的工作方式。

下面我们来看看关于 ROS 话题的练习。ROS 话题就是实现节点之间交换消息的命名总线，它允许匿名发布和订阅消息，这使得我们能够将发布与订阅相互分离。而实际上，ROS 节点对于哪个节点发布了话题或订阅了话题也不感兴趣，它们只查看话题名称以及发布者和订阅者的消息类型是否匹配。

一个话题既可以有多个订阅者，也可以有多个发布者，但是在使用不同节点发布相同主题时，我们应该小心，因为这可能产生冲突。另外，话题的类型是由发布在它上面的消息类型决定的，节点只能接收类型匹配的消息。一个节点只能订阅相同消息类型的话题。

ROS 节点使用基于 TCP/IP 的 TCPROS 传输与话题通信，这种传输方式是 ROS 中默认使用的传输方法。另一种传输方式是 UDPROS，它具有低延迟、松散传输的特点，但是仅适用于远程操作之类的任务。

ROS 中有一个专门用来处理话题的工具：rostopic。它是一个命令行工具，提供关于话题的信息或直接在 ROS 计算网络上发布数据。

下面给出了该工具常见命令的说明。

- rostopic bw /topic：显示话题使用的带宽。
- rostopic echo /topic：将消息打印到屏幕上。
- rostopic find message_type：根据类型查找话题。
- rostopic hz /topic：显示话题的发布频率。
- rostopic info /topic：打印有关话题的信息，如消息类型、发布者和订阅者。
- rostopic list：打印有关活动话题的列表信息。
- rostopic pub /topic type args：向一个话题发布指定类型的消息。
- rostopic type /topic：显示给定话题的消息类型。

我们将在即将到来的章节中练习如何使用这个命令行工具。

下面给出了一些 ROS 消息的实例。

- ROS 节点通过向话题发布消息来实现相互之间的通信。正如前面所讨论过的，消息是一种由标准类型或用户开发自定义类型构成的简单数据结构。
- 消息类型遵循下面的标准 ROS 命名约定：包的名称，然后是.MSG 文件的名称。例如，std_msgs/msg/String.msg 的消息类型就是 std_msgs/String。除消息数据类型之外，ROS 还通过比较 MD5 校验和来确定发布者和订阅者交换的消息数据类型是否相同。
- ROS 中内置了一个 ROSMSG 工具，它可以用于获取 ROS 消息的信息。

下面给出了命令的使用示例。

- rosmsg show [message]：显示消息描述。
- rosmsg list：列出所有消息。

- rosmsg md5 [message]：显示消息的 MD5 校验和。
- rosmsg package [package_name]：列出功能包中的消息。
- rosmsg packages [package_1] [package_2]：列出包含消息的功能包。

现在，让我们看看关于 ROS 服务的一些练习。

- 当需要在 ROS 中实现请求—响应类型的通信时，我们必须使用 ROS 服务。而 ROS 话题不能实现这种交流，因为它是单向的。ROS 服务主要用于分布式系统中。
- ROS 服务使用 srv 文件中的一对消息，请求（request）数据类型和响应（response）数据类型来定义。srv 文件保存在一个功能包内的 srv 文件夹中。
- 在 ROS 服务中，会有一个服务器节点充当 ROS 服务端，而客户端节点可以向它请求特定服务。如果服务器完成了这个服务请求，它会将结果发送给客户端。
- 和话题相类似，服务也有一个关联的服务类型，即.srv 文件的包资源名称。与其他的文件系统为基础的类型一样，服务的类型是包的名称和.SRV 文件的名称。例如，chapter2_tutorials/srv/chapter2_srv.srv 文件就有一个 chapter2_tutorials/chapter2_srv 的服务类型。在 ROS 服务中还有一个用来检验节点的 MD5 校验和。如果校验和是相等的，那么服务器才会响应客户端。
- ROS 有两个和服务相关命令行工具：ROSRV 和 ROSService。第一个工具是 ROSRV，它类似于 ROSMSG，用于获取服务类型的信息。另一个命令是 RosService，用于列出服务列表和查询正在运行的 ROS 服务。

下面给出了 RosService 工具的命令实例。

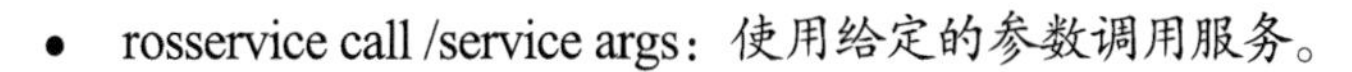

- rosservice call /service args：使用给定的参数调用服务。

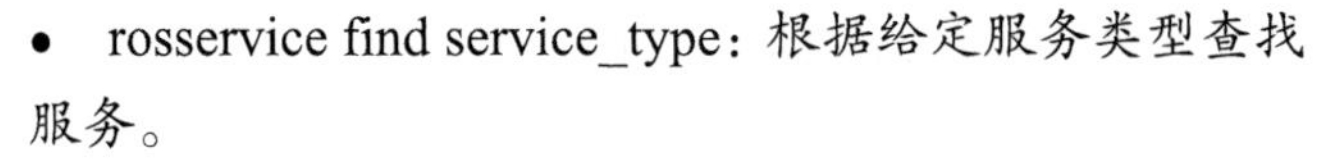

- rosservice find service_type：根据给定服务类型查找服务。

- rosservice info /services：打印有关给定服务的信息。
- rosservice list：列出系统上运行的活动服务。
- rosservice type /service：打印给定服务的服务类型。
- rosservice uri /service：打印服务的 RORPC URI。

现在，让我们转到下一个练习——ROS 参数服务器。

- 参数服务器是一个通过 ROS 计算网络访问的共享多变量字典。节点可以使用该服务器在运行时存储和检索参数。
- 参数服务器使用 XMLRPC 实现，并在 ROS 主服务器内部运行，这意味着它的 API 可以通过普通的 XMLRPC 库访问。XMLRPC 是一种 RPC 协议，它是一个使用 XML 编码并以 HTTP 作为传输机制的远程调用。

参数服务器支持以下的各种 XMLRPC 数据类型。

- 32 位整数（32-bit integer）。
- 布尔型（Boolean）。
- 字符串（String）。
- 双精度（Double）。
- ISO 8601 日期（ISO 8601 date）。
- 列表（List）。
- Base64 编码的二进制数据（Base64-encoded binary data）。

rosparam 命令可对 ROS 参数服务器上的参数进行操作。另外，ROS 中 dynamic_reconfigure 功能包可以完成动态在线更新节点参数的功能。我们将在下一节中对此进行深入的学习。

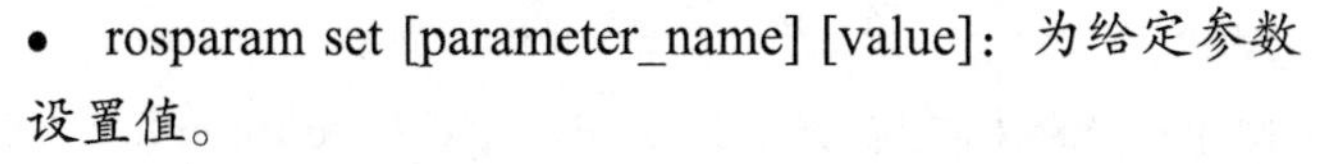

- rosparam set [parameter_name] [value]：为给定参数设置值。

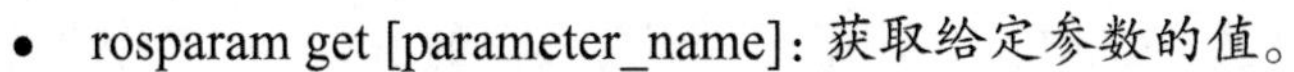

- rosparam get [parameter_name]：获取给定参数的值。

- rosparam load [YAML file]：从保存的 YAML 文件加载参数。
- rosparam dump [YAML file]：将现有 ROS 参数转存到 YAML 文件中。
- rosparam delete [parameter_name]：删除给定参数。
- rosparam list：列出现有参数名称。

现在我们要开始最后一个练习——ROS 消息记录包（bag）。

- 消息记录包是 ROS 中用于存储消息、话题和服务的文件格式，它的扩展名为.bag。我们可以通过将文件中的数据进行可视化来了解具体的情况，也可以对这些数据进行回放、停止、倒回或者其他操作。

- 消息记录包是使用 rosbag 命令创建的，它的主要作用是记录数据。这些保存的数据可以用来可视化以及离线处理。

下面给出了命令的使用示例。

- rosbag record [topic_1] [topic_2] -o [bag_name]：将指定的话题记录到命令中给出的消息记录包文件中。
- rosbag -a [bag_name]：记录全部内容。
- rosbag play [bag_name]：回放已有的消息记录包文件。

2.4 加入 ROS 社区

ROS 是一个拥有很多开创者和贡献者参与的大型项目。机器人研究社区的许多人都感受到了建立开放协作框架的必要性。这一想法得到了很多研究人员的推动，他们都为 ROS 的核心及其基本软件包贡献了自己的宝贵时间和专业知识。软件的开发自始至终都在采用开放的 BSD 协议，并且在机器人技术研究领域逐渐成为一个被广泛使用的平台。

目前 ROS 生态系统包含世界范围的成千上万的用户，其工作领域范围涵盖了从桌面娱乐项目到大型工业自动化系统。

准备工作

ROS 开源社区级的概念主要是 ROS 资源，其能够通过独立的网络社区分享软件和知识。这些资源包括以下内容。

- **ROS 发行版（distribution）**：ROS 发行版是可以独立安装、带有版本号的一系列综合功能包。ROS 发行版像 Linux 发行版一样发挥类似的作用。这使得 ROS 软件安装更加容易，而且能够通过一个软件集合维持一致的版本。
- **ROS 软件库（repositorie）**：ROS 离不开共享开源代码与软件库的网站或主机服务，这里不同的机构能够发布和分享自己的机器人软件与程序。
- **ROS 维基**：ROS 社区 Wiki 是记录 ROS 信息的主要论坛。任何人都可以注册账户并在社区中贡献自己的文档，提供更正或更新，编写教程等。
- **ROS Bug 提交系统（bug ticket system）**：如果你在现有的软件中发现问题或者需

要添加新的特性，就可以使用这个资源。

- **ROS 邮件列表（Mailing list）**：ROS 用户邮件列表是关于 ROS 的主要交流渠道，能够像论坛一样交流各种疑问或信息。
- **ROS 问答（ROS answer）**：该网站资源有助于解决 ROS 相关的问题。如果我们在这个网站发布我们的困惑，其他用户就可以看到并提出解决方案。
- **ROS 博客（ROS blog）**：你可以在 ROS 博客上看到 ROS 社区相关的新闻、照片和视频的更新。

2.5 学习 ROS 的使用

在 2.4 节中，我们学习了 ROS 计算网络结构所涉及的基本概念和术语。在接下来这一部分中，我们将主要精力放到实践上来。

2.5.1 准备工作

在运行任何 ROS 节点之前，我们应该先启动 ROS 节点管理器和 ROS 参数服务器。只需要使用一条 roscore 命令就可以完成 ROS 节点管理器和 ROS 参数服务器的启动。该命令默认情况下将启动 3 个程序：ROS 节点管理器、ROS 参数服务器和 rosout 日志节点。

2.5.2 如何完成

现在是将我们所学到的知识用于实践的时候了。接下来，我们将通过一些示例进行一些练习，这里面包括创建功能包、使用节点、使用参数服务器，以及使用 turtlesim（小乌龟）模拟机器人的移动等操作。

使用下面的命令来运行 ROS 节点管理器和参数服务器：

```
$ roscore
```

在图 2-9 中的第一部分可以看到一个日志文件，它位于目录/home/kbipin/.ros/log 中，主要用于从 ROS 节点来收集日志。我们主要使用它进行调试。

下一部分显示 roslaunch 命令正在执行一个名为 roscore.xml 的 ROS 启动文件。当这个启动文件执行时，它就会自动启动 ROS 节点管理器和 ROS 参数服务器。roslaunch 命令是一个使用 Python 编写的脚本，当它试图执行一个启动文件时，它可以启动 ROS 节点管理器和 ROS 参数服务器。

它还显示了 ROS 参数服务器的端口地址。

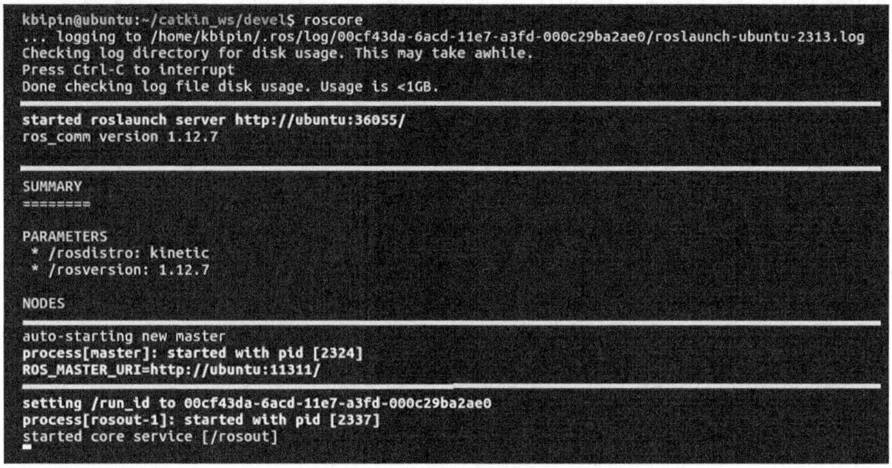

```
kbipin@ubuntu:~/catkin_ws/devel$ roscore
... logging to /home/kbipin/.ros/log/00cf43da-6acd-11e7-a3fd-000c29ba2ae0/roslaunch-ubuntu-2313.log
Checking log directory for disk usage. This may take awhile.
Press Ctrl-C to interrupt
Done checking log file disk usage. Usage is <1GB.

started roslaunch server http://ubuntu:36055/
ros_comm version 1.12.7

SUMMARY
========

PARAMETERS
 * /rosdistro: kinetic
 * /rosversion: 1.12.7

NODES

auto-starting new master
process[master]: started with pid [2324]
ROS_MASTER_URI=http://ubuntu:11311/

setting /run_id to 00cf43da-6acd-11e7-a3fd-000c29ba2ae0
process[rosout-1]: started with pid [2337]
started core service [/rosout]
```

图 2-9 运行 RoSCORE 命令时的终端显示

在图 2-9 的第三部分中，我们可以看到终端上显示的 rosdistro 和 rosversion 两个参数。当我们在使用 roslaunch 命令执行 RoSCOR.XML 时就会显示这些参数。

在图 2-9 的第四部分，我们可以看到 ROS 参数服务器节点是使用 ROS_MASTER_URI 启动的，它是一个环境变量。正如前面讨论过的一样，它的值就是 ROS 参数服务器的端口地址。在最后一个部分，我们可以看到节点 rosout 已经启动了，它将会订阅/rosout 话题并且转播到/rosout_agg。

当执行 roscore 命令时，它首先检查命令行参数以获取 ROS 参数服务器的新端口号。如果成功获取了端口号，ROS 会在这个端口号上进行监听，否则会在默认端口监听。这个端口号和 roscore.xml 启动文件将会被传输给 roslaunch 系统。这个 roslaunch 系统是在 Python 模块中实现的，它将会解析端口号并启动 RoSCOR.XML 文件。

roscore.xml 文件的内容如下：

```
<launch>
  <group ns="/">
    <param name="rosversion" command="rosversion roslaunch" />
    <param name="rosdistro" command="rosversion -d" />
    <node pkg="rosout" type="rosout" name="rosout" respawn="true"/>
  </group>
</launch>
```

在 roscore.xml 文件中，我们可以看到使用 XML 中 group 标签封装的 ROS 参数和节点。

group 标签封装的所有节点具有相同的设置。而两个名为 rosversion 和 rosdistro 的参数则分别使用 command 标签来存储“rosversion roslaunch”和“rosversion -d”命令的输出，这里的 command 标签是 ROS 中 param 标签的一部分。command 标签将执行封装其中的命令，并将命令的输出存储在这两个参数中。

节点 rosout 将从其他 ROS 节点收集日志消息并存储在日志文件中，还将所收集的日志消息重新广播到另一个话题。使用 ROS 客户端库（如 RoSCPP 和 RoSpice）的 ROS 节点发布的/rosout 话题由 rosout 节点所接收的，它将消息转播到另一个话题/rosout_agg 中。这个话题会将日志消息聚合在一起。

我们需要对运行 roscore 后创建的 ROS 主题和 ROS 参数进行检查。下面的命令将列出终端上的活动话题：

```
$ rostopic list
```

活动话题列表显示如下：

```
/rosout
/rosout_agg
```

下面的命令列出运行 roscore 时可用的参数。以下是列出活动 ROS 参数的命令：

```
$ rosparam list
```

这里提到的参数包括 ROS 发行版名称、版本、roslaunch 服务的地址以及 run_id，其中的 run_id 是与 RoScript 的特定运行相关联的唯一 ID。

```
/rosdistro
/roslaunch/uris/host_ubuntu__33187
/rosversion
/run_id
```

使用以下命令可以检查 roscore 运行期间生成的 ROS 服务的列表：

```
$ rosservice list
```

运行的服务列表如下所示：

```
/rosout/get_loggers
/rosout/set_logger_level
```

这些 ROS 服务是为每个 ROS 节点生成的，用于设置日志记录。在了解了 ROS 节点管理器、参数服务器和 ROSCORE 的基础知识之后，我们来更详细地回顾 ROS 节点、话题、消息和服务的概念。

正如前面部分所讨论的，节点是可执行程序。当这些可执行文件完成构建操作之后，它们就会被保存在 devel 空间中。我们将使用一个名为 turtlesim 的常用功能包来学习和练习节点的使用。

如果你在安装系统时采用了默认的桌面安装方式，那么就可以直接使用这个 turtlesim 功能包。如果你采用了其他安装方式，那么可以使用如下的命令来安装它：

```
$ sudo apt-get install ros-kinetic-ros-tutorials
```

在上一节中，我们已经在一个打开的终端中执行了 roscore。现在，我们将在另一个终端中使用 rosrun 命令启动一个新节点，使用的命令如下所示：

```
$ rosrun turtlesim turtlesim_node
```

然后我们将看到一个新窗口出现，在它的中间有一只小乌龟，如图 2-10 所示。

我们使用以下命令获得关于正在运行的节点的信息：

```
$ rosnode list
```

我们将看到一个名为/turtlesim 的新节点，可以使用下面的命令获取关于节点的信息：

```
$ rosnode info /turtlesim
```

上面一个命令执行完毕之后将打印如图 2-11 所示的信息。

从图 2-11 显示的节点信息中我们可以看到一个节点拥有 Publications（发布者）、Subscriptions（订阅者）和 Services（服务）等信息，每个都有唯一的名称。

在 2.5.3 节中，我们将学习如何使用话题和服务与节点进行交互。

我们可以使用 rostopic 工具与话题进行交互并获取信息。使用 rostopic pub，我们可以发布任何节点都可以订阅的话题。我们只需以正确的名称发布话题。

使用以下命令启动 turtlesim 包中的 turtle_teleop_key 节点：

```
$ rosrun turtlesim turtle_teleop_key
```

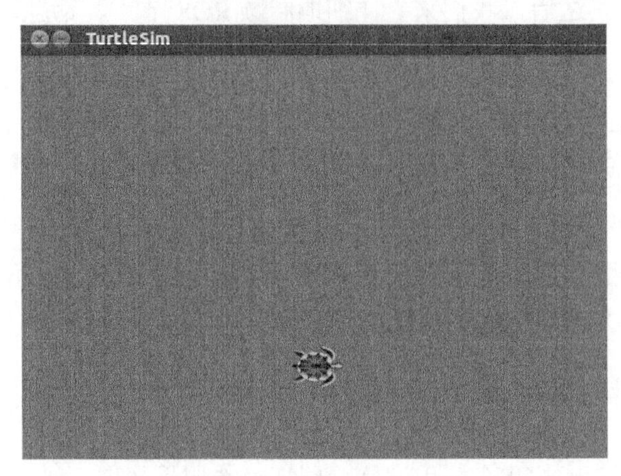

图 2-10 Turtlesim

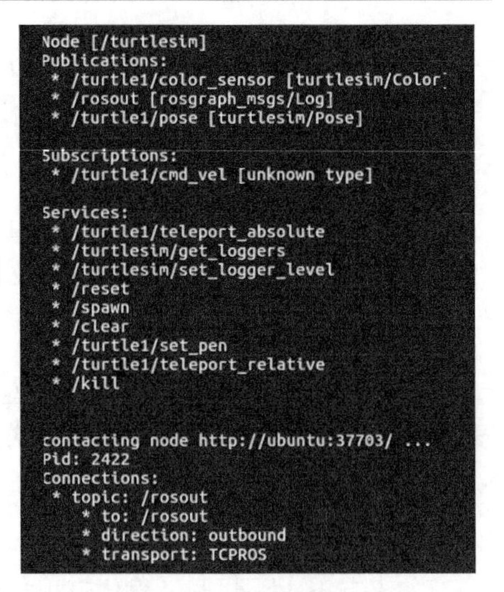

图 2-11 节点信息

使用这个节点，我们可以使用箭头键移动乌龟，如图 2-12 所示。

让我们理解为什么在 turtle_teleop_key 运行时小乌龟会移动。如果你想查看关于 rosnode 提供的关于 teleop_turtle 和 turtlesim 节点的信息（见图 2-13），我们可以注意到在/teleop_turtle 节点的 publications 部分存在一个名为/turtle1/cmd_vel [geometry_msgs/Twist]的话题，在/turtlesim 节点的第二段代码 Subscriptions 部分有一个/turtle1/cmd_vel [geometry_msgs/Twist]的话题。

```
$ rosnode info /teleop_turtle
```

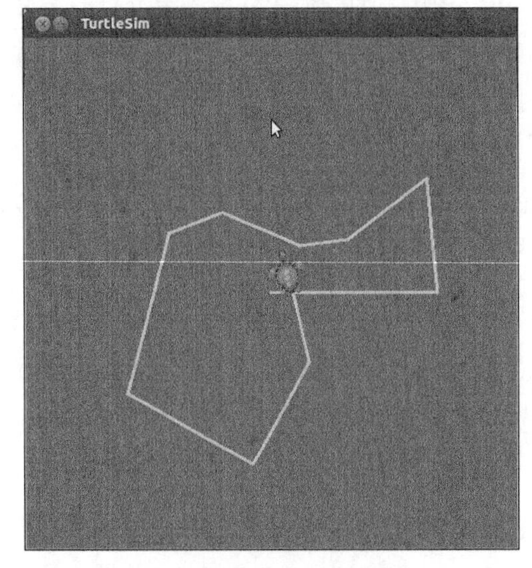

图 2-12 Turtlesim teleoperation

```
Node [/teleop_turtle]
Publications:
 * /turtle1/cmd_vel [geometry_msgs/Twist]
 * /rosout [rosgraph_msgs/Log]

Subscriptions: None

Services:
 * /teleop_turtle/get_loggers
 * /teleop_turtle/set_logger_level


contacting node http://ubuntu:34093/ ...
Pid: 3255
Connections:
 * topic: /rosout
    * to: /rosout
    * direction: outbound
    * transport: TCPROS
 * topic: /turtle1/cmd_vel
    * to: /turtlesim
    * direction: outbound
    * transport: TCPROS

kbipin@ubuntu:~$
```

图 2-13 Teleop 节点信息

这表明第一个节点正在发布第二个节点可以订阅的话题。我们可以使用下面的命令行来观察话题列表：

```
$ rostopic list
```

输出的内容如下所示：

```
/rosout
/rosout_agg
/turtle1/colour_sensor
/turtle1/cmd_vel
/turtle1/pose
```

我们可以使用 echo 参数的命令获得节点发送的信息，运行下面的命令查看这些发送的数据：

```
$ rostopic echo /turtle1/cmd_vel
```

我们将看到类似于以下输出的内容：

```
---
linear:
x: 0.0
y: 0.0
z: 0.0
angular:
x: 0.0
y: 0.0
z: 2.0
---
```

类似的，我们可以使用以下命令来获得话题发送的消息类型：

```
$  rostopic type /turtle1/cmd_vel
```

输出的内容如下所示：

```
Geometry_msgs/Twist
```

为了获取消息字段，我们可以使用以下命令：

```
$ rosmsg show geometry_msgs/Twist
```

我们将得到类似如下所示的输出：

```
geometry_msgs/Vector3 linear
  float64 x
  float64 y
  float64 z
geometry_msgs/Vector3 angular
  float64 x
  float64 y
  float64 z
```

这些信息是很有用的，我们可以使用命令 rostopic pub [topic][msg_type] [args]来发布话题：

```
$ rostopic pub /turtle1/cmd_vel  geometry_msgs/Twist -r 1 --
"linear:
x: 1.0
y: 0.0
z: 0.0
angular:
x: 0.0
y: 0.0
z: 1.0"
```

如图 2-14 所示，我们可以观察乌龟做出的曲线。

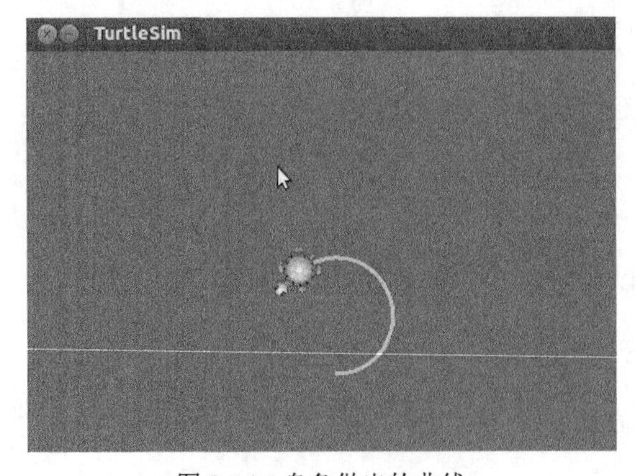

图 2-14 乌龟做出的曲线

服务是另一种实现节点间相互通信的方法，并且允许节点发送请求和接收响应。如前面的 ROS 服务部分所讨论的，我们将使用 RoService 工具与服务交互并获取有关服务的信息。

下面的命令将列出 turtlesim 节点可用的服务（如果 roscore 和 turtlesim 节点没有运行，就需要启动这两个节点。）

```
$ rosservice list
```

系统将会显示如下输出：

```
/clear
/kill
/reset
/rosout/get_loggers
/rosout/set_logger_level
/spawn
/teleop_turtle/get_loggers
/teleop_turtle/set_logger_level
/turtle1/set_pen
/turtle1/teleport_absolute
/turtle1/teleport_relative
/turtlesim/get_loggers
/turtlesim/set_logger_level
```

下面给出了一个可以用于获取任何服务类型的命令，这里我们以/clear 服务为例：

```
$ rosservice type /clear
```

执行完毕之后系统将显示如下结果：

```
std_srvs/Empty
```

我们可以使用 rosservice call [service] [args]来调用服务，例如下面的命令将调用/clear 服务：

```
$ rosservice call /clear
```

现在我们可以看到，在 turtlesim 窗口中由乌龟的运动产生的线条将被删除。

现在我们可以查看另一个服务，例如/spawn 服务。这将在给定位置和指定方向创建另一只乌龟。我们使用下面的命令来启动：

```
$ rosservice type /spawn | rossrv show
```

执行完毕之后，系统将显示如下结果：

```
float32 x
float32 y
float32 theta
string name
---
string name
```

前面的命令与下面的命令相同（如果你希望了解更多细节，可以在谷歌中搜索“piping Linux”）。

```
$ rosservice type /spawn
$ rossrv show turtlesim/Spawn
```

这将得到与前面命令显示的输出相类似的结果。我们可以通过/spawn 服务的字段来调用它。它需要 x 和 y 的位置、方位（θ）和新乌龟的名字：

```
$ rosservice call /spawn 3 3 0.2 "new_turtle"
```

我们会在 TurtleSim 窗口中看到如图 2-15 所示的输出。

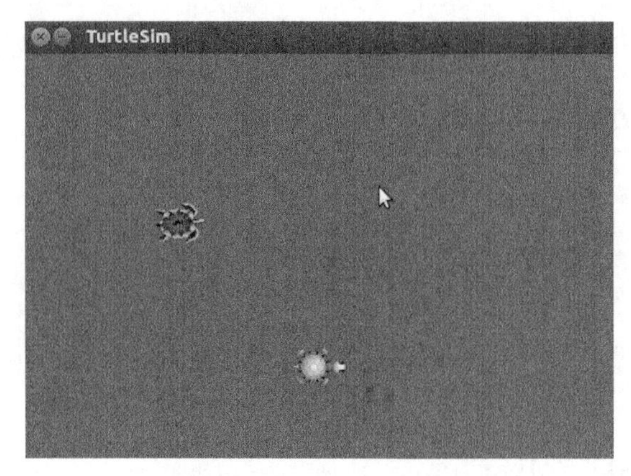

图 2-15 TurtleSim 窗口

ROS 参数服务器用于存储数据，它位于 ROS 计算网络的中心，以便所有运行节点都可以访问。正如我们在前面 ROS 参数服务器部分中所学到的，可以使用 ROSPARAM 工具来管理参数服务器。

例如，我们可以在服务器中看到所有当前运行节点所使用的参数：

```
$ rosparam list
```

这个命令执行之后的输出结果为：

```
/background_b
/background_g
/background_r
/rosdistro
/roslaunch/uris/host_ubuntu__33187
/rosversion
/run_id
```

节点 turtlesim 的背景参数定义了窗口的颜色，初始值为蓝色。我们可以通过 get 参数来读取这个值。

```
$ rosparam get /background_b
```

与此相似，我们也可以使用参数 set 来设置一个新的值：

```
$ rosparam set /background_b 120
```

dump 参数是 rosparam 最重要的部分之一，用于保存或加载参数服务器的内容。

我们可以使用 rosparam dump [file_name]命令来保存参数服务器的内容：

```
$ rosparam dump save.yaml
```

同样，我们可以使用 rosparam load [file_name] [namespace]命令来加载参数服务器的内容：

```
$ rosparam load load.yaml namespace
```

2.5.3 工作原理

在上一节中，我们通过 turtlesim 包的示例学习了 ROS 参数服务器、话题、服务和参数服务器。这为我们进一步深入学习 ROS 的高级概念做好了准备。在本节中，我们将学习 ROS 节点（包括 MSG 和 SRV 文件）的创建和构建。

1. ROS 节点的创建

在本节中，我们将创建两个节点，其中一个节点将发布数据，另一个节点将接收该数据。这是 ROS 系统中两个节点之间最基本的通信方式。我们在前面的章节 ROS 功能包和元功能包部分中创建了一个 ROS 功能包 chapter2_tutorials。现在我们需要使用下面的命令定位到 hapter2_tutorialsrc 文件夹：

```
$ roscd chapter2_tutorials/src/
```

我们要分别创建两个名为 example_1a.cpp 和 example_1b.cpp 的文件。

example_1a.cpp 文件将创建一个名为 example1a 的节点，它将会在话题/message 来发布数据“Hello World!”。此外，example_1b.cpp 文件将创建名为 example1b 的节点，它订阅/message 话题并接收节点 example1a 发送的数据，并在 shell 中显示数据。

我们可以将下面的代码复制到例子中，或者从配套代码中获取：

```
#include "ros/ros.h"
#include "std_msgs/String.h"
#include <sstream>
int main(int argc, char **argv)
{
  ros::init(argc, argv, "example1a");
  ros::NodeHandle n;
  ros::Publisher pub = n.advertise<std_msgs::String>("message", 100);
  ros::Rate loop_rate(10);
  while (ros::ok())
  {
    std_msgs::String msg;
    std::stringstream ss;
    ss << "Hello World!";
    msg.data = ss.str();
    pub.publish(msg);
    ros::spinOnce();
    loop_rate.sleep();
  }
  return 0;
}
```

我们详细研究前面的代码以便理解 ROS 开发框架。这段代码中引入的头文件包括 ros/ros.h、std_msgs/String.h 和 sstream。其中 ros/ros.h 包括与 ROS 节点使用所需的全部文件，而 std_msgs/String.h 中包括用于向 ROS 计算网络发布消息的类型的文件头。

```
#include "ros/ros.h"
#include "std_msgs/String.h"
#include <sstream>
```

在这里，我们将完成节点的初始化并设置它的名称。同时需要注意这个名字必须是独一无二的：

```
ros::init(argc, argv, "example1a");
```

这是与节点相关联进程的处理程序，通过它可以实现节点与环境的交互：

```
ros::NodeHandle n;
```

此时我们将使用话题的名称和类型来实例化发布程序，第二个参数指定了缓冲区的大小。（如果希望话题可以快速发布数据，则缓冲区的大小至少为 100 条消息。）

```
ros::Publisher pub = n.advertise<std_msgs::String>("message", 100);
```

下一行代码设置数据发送频率，在我们的这个实例中将其设置为 10Hz：

```
ros::Rate loop_rate(10);
```

当 ROS 停止所有节点或者使用者按下 Ctrl+C 组合键，下面的 ros::ok()行就会停止节点。

```
while (ros::ok())
{
```

在代码的这个部分中，我们为消息创建了一个变量，它具有发送数据的正确类型：

```
std_msgs::String msg;
std::stringstream ss;
ss << "Hello World!";
msg.data = ss.str();
pub.publish(msg);
```

另外，我们将继续使用先前定义的发布节点发送消息：

```
pub.publish(msg);
```

spinOnce 函数负责处理所有内部 ROS 事件和动作，例如对订阅的话题进行阅读；然而，spinOnce 在 ROS 的主循环中执行一次迭代，以便允许用户在迭代之间执行操作，而 spin 函数不中断地运行主循环。

最后，我们的程序需要休眠一段时间，以实现频率为 10Hz：

```
loop_rate.sleep();
```

我们已经成功地创建了一个发布节点。同样，我们现在来创建订阅节点。将下面的代码复制到 example_1b.cpp 文件中。另外，你也可以从配套代码中获取本段代码。

```
#include "ros/ros.h"
#include "std_msgs/String.h"

void messageCallback(const std_msgs::String::ConstPtr& msg)
{
  ROS_INFO("Thanks: [%s]", msg->data.c_str());
}
int main(int argc, char **argv)
{
  ros::init(argc, argv, "example1b");
  ros::NodeHandle n;
  ros::Subscriber sub = n.subscribe("message", 100, messageCallback);
  ros::spin();
  return 0;
}
```

下面来研究一下这部分代码。前面我们已经提到过，ros ros.h 中包括了 ROS 中使用节点的全部文件，std_msgs/String.h 定义了消息所使用的类型：

```
#include "ros/ros.h"
#include "std_msgs/String.h"
#include <sstream>
```

下面的源代码显示了回调函数（用来响应一个动作）的类型，在这种情况下，函数是在订阅话题上接收字符串消息。这个函数允许我们处理接收到的消息数据；在这种情况下，它在终端上显示消息数据。

```
void messageCallback(const std_msgs::String::ConstPtr& msg)
{
  ROS_INFO("Thanks: [%s]", msg->data.c_str());
}
```

此时，我们将创建一个订阅器，并开始监听名为 message 的话题，它的缓冲区大小为1000，处理消息的函数是 messageCallback：

```
ros::Subscriber sub = n.subscribe("message", 1000, messageCallback);
```

最后，ros::spin()行是节点开始读取主题的主循环，当一个消息到达时就会调用 messageCallback。当用户按下 Ctrl+C 组合键时，节点退出循环并结束：

```
ros::spin();
```

2. 编译 ROS 节点

我们正在使用 chapter2_tutorials 包，这里需要首先编辑 CMakeLists.txt 文件，准备并配置好编译所需要的包：

```
$ rosed chapter2_tutorials CMakeLists.txt
```

在这个文件的末尾，我们需要添加以下几行代码：

```
include_directories(
include
  ${catkin_INCLUDE_DIRS}
)

add_executable(example1a src/example_1a.cpp)
add_executable(example1b src/example_1b.cpp)

add_dependencies(example1a chapter2_tutorials_generate_messages_cpp)
add_dependencies(example1b chapter2_tutorials_generate_messages_cpp)

target_link_libraries(example1a ${catkin_LIBRARIES})
target_link_libraries(example1b ${catkin_LIBRARIES})
```

catkin_make 工具用于构建编译所有节点的包：

```
$ cd ~/catkin_ws/
$ catkin_make --pkg chapter2_tutorials
```

我们以之前创建的节点为例，首先启动这个节点：

```
$ roscore
```

接下来，我们可以在另一个终端中输入 rosnode list 命令检查 ROS 是否正在运行，如下所示：

```
$ rosnode list
```

现在，我们在不同的命令行（shell）中运行两个节点：

```
$ rosrun chapter2_tutorials example1a
$ rosrun chapter2_tutorials example1b
```

我们将在正在运行 example1b 节点的命令行（shell）中看到类似图 2-16 所示的内容。

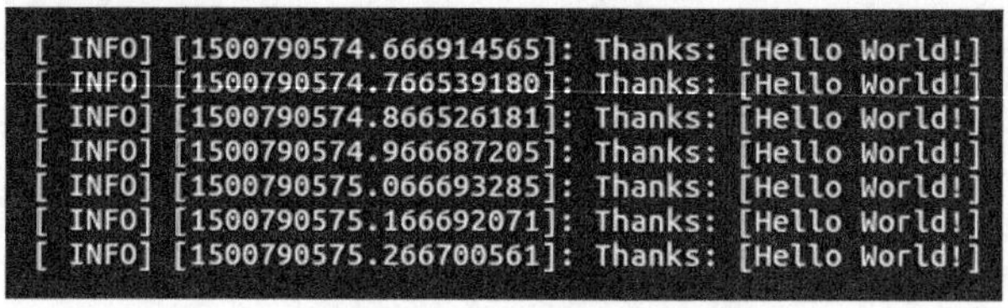

```
[ INFO] [1500790574.666914565]: Thanks: [Hello World!]
[ INFO] [1500790574.766539180]: Thanks: [Hello World!]
[ INFO] [1500790574.866526181]: Thanks: [Hello World!]
[ INFO] [1500790574.966687205]: Thanks: [Hello World!]
[ INFO] [1500790575.066693285]: Thanks: [Hello World!]
[ INFO] [1500790575.166692071]: Thanks: [Hello World!]
[ INFO] [1500790575.266700561]: Thanks: [Hello World!]
```

图 2-16 运行截图

我们可以使用 rosnode 和 rostopic 命令对正在运行的节点进行调试和获取这个节点的信息：

```
$ rosnode list
$ rosnode info /example1_a
$ rosnode info /example1_b
$ rostopic list
$ rostopic info /message
$ rostopic type /message
$ rostopic bw /message
```

3. 创建 ROS 消息

在本节中将学习如何使用.msg 文件创建用户定义的自定义消息，这些消息将在节点中使用。这包含一个关于要传输的数据类型的标准。ROS 构建系统将使用这个文件来创建实现 ROS 计算框架或网络中的消息所需要的代码。

在前面创建 ROS 节点中，我们用标准类型的消息创建了两个节点。现在，我们将学习如何使用 ROS 工具创建自定义消息。

首先，在 chapter2_tutorials 包中创建一个 MSG 文件夹。此外，在那里创建一个新的 chapter2_msg.msg 文件，并在其中添加以下命令行：

```
int32 A
int32 B
int32 C
```

此外，我们还必须在 package.xml 文件中查找以下命令行并取消注释：

```
<build_depend>message_generation</build_depend>
<run_depend>message_runtime</run_depend>
```

这些命令行支持在 ROS 构建系统中配置消息和服务。此外，我们将在 CMakeLists.txt 中添加一行代码“message_generation”。

```
find_package(catkin REQUIRED COMPONENTS
  roscpp
  std_msgs
  message_generation
)
```

然后，我们还需要在 CMakeLists.txt 中查找 add_message_files 行并取消这一行的注释，同时添加新消息文件的名称，如下所示：

```
## Generate messages in the 'msg' folder
add_message_files(
        FILES
        chapter2_msg.msg
)
## Generate added messages and services with any dependencies listed here
 generate_messages(
   DEPENDENCIES
   std_msgs
 )
```

最后，我们可以使用以下命令编译包：

```
$ cd ~/catkin_ws/
$ catkin_make
```

我们可以使用 rosmsg 命令检查一切是否正常运行：

```
$ rosmsg show chapter2_tutorials/chapter2_msg
```

执行 rosmsg 命令之后将显示 chapter2_msg.msg 文件的内容。

现在，我们将使用前面描述的自定义 msg 文件来创建节点。这和前面讨论的 example_1a.cpp 和 example_1b.cpp 非常类似，但是使用了新的消息 chapter2_msg.msg。

下面给出了 example_2a.cpp 文件的代码片段：

```
#include "ros/ros.h"
#include "chapter2_tutorials/chapter2_msg.h"
#include <sstream>

int main(int argc, char **argv)
{
  ros::init(argc, argv, "example2a");
  ros::NodeHandle n;
```

```
  ros::Publisher pub =
n.advertise<chapter2_tutorials::chapter2_msg>("chapter2_tutorials/message",
100);
  ros::Rate loop_rate(10);
  while (ros::ok())
  {
    chapter2_tutorials::chapter2_msg msg;
    msg.A = 1;
    msg.B = 2;
    msg.C = 3;
    pub.publish(msg);
    ros::spinOnce();
    loop_rate.sleep();
  }
  return 0;
}
```

同样，下面给出了 example_2b.cpp 文件的代码片段：

```
#include "ros/ros.h"
#include "chapter2_tutorials/chapter2_msg.h"
void messageCallback(const chapter2_tutorials::chapter2_msg::ConstPtr& msg)
{
  ROS_INFO("I have received: [%d] [%d] [%d]", msg->A, msg->B, msg->C);
}
int main(int argc, char **argv)
{
  ros::init(argc, argv, "example3_b");
  ros::NodeHandle n;
  ros::Subscriber sub = n.subscribe("chapter2_tutorials/message", 100,
messageCallback);
  ros::spin();
  return 0;
}
```

我们可以使用以下命令来运行发布者和订阅者节点：

```
$ rosrun chapter2_tutorials example2a
$ rosrun chapter2_tutorials example2b
```

当在两个单独的 shell 中运行这两个节点时，我们将看到类似以下输出的内容：

```
...
[ INFO] [1355280835.903686201]: I have received: [1] [2] [3]
[ INFO] [1355280836.020326872]: I have received: [1] [2] [3]
```

```
[ INFO] [1355280836.120367649]: I have received: [1] [2] [3]
[ INFO] [1355280836.220260466]: I have received: [1] [2] [3]
...
```

4. 创建 ROS 服务

在本节中学习如何创建一个将用于我们节点中的 srv 文件。这包含一个关于要传输的数据类型的标准。ROS 构建系统将使用它来创建实现 ROS 计算框架或网络中的 srv 文件所需要的代码。

在前面创建节点的部分中，我们用标准类型的消息创建了两个节点。现在，我们将学习如何使用 ROS 工具创建服务。

首先，在 chapter2_tutorials 包中创建一个 srv 文件夹。此外，在那里创建一个新的 chapter2_msg.msg 文件，并在其中添加以下命令行：

```
int32 A
int32 B
---
int32 sum
```

这里，A 和 B 是来自客户端的请求的数据类型，sum 是来自服务器的响应数据类型。

我们还必须查找以下行并取消注释：

```
<build_depend>message_generation</build_depend>
<exec_depend>message_runtime</exec_depend>
```

这些命令行支持在 ROS 构建系统中配置消息和服务。此外，我们将在 CMakeLists.txt 中添加一行代码“message_generation”。

```
find_package(catkin REQUIRED COMPONENTS
  roscpp
  std_msgs
  message_generation
)
```

然后，我们还需要 CMakeLists.txt 中查找 add_message_files 行并取消这一行的注释，同时添加新消息文件的名称，如下所示：

```
## Generate services in the 'srv' folder
add_service_files(
    FILES
    chapter2_srv.srv
```

```
)
## Generate added messages and services with any dependencies listed here
 generate_messages(
   DEPENDENCIES
   std_msgs
)
```

最后，我们可以使用以下命令编译包：

```
$ cd ~/catkin_ws/
$ catkin_make
```

我们可以使用 rossrv 命令检查一切是否正常运行：

```
$ rossrv show chapter2_tutorials/chapter2_srv
```

执行 rossrv 命令之后将显示 chapter2_msg.msg 文件的内容。

现在我们已经学会了如何在 ROS 中创建服务数据类型。接下来，我们将研究如何创建计算两个数字之和的服务。首先在 chapter2_tutorials 包的 src 文件夹中创建两个节点，即一个服务端和一个客户端，名称为：example_3a.cpp 和 example_3b.cpp。

在第一个 example_3a.cpp 文件中输入如下代码：

```
#include "ros/ros.h"
#include "chapter2_tutorials/chapter2_srv.h"

bool add(chapter2_tutorials::chapter2_srv::Request &req,
         chapter2_tutorials::chapter2_srv::Response &res)
{
  res.sum = req.A + req.B;
  ROS_INFO("Request: A=%d, B=%d", (int)req.A, (int)req.B);
  ROS_INFO("Response: [%d]", (int)res.sum);
  return true;
}

int main(int argc, char **argv)
{
  ros::init(argc, argv, "adder_server");
  ros::NodeHandle n;

  ros::ServiceServer service =
n.advertiseService("chapter2_tutorials/adder", add);
  ROS_INFO("adder_server has started");
```

```
  ros::spin();

  return 0;
}
```

我们来研究这段代码。下面这些行引入必要的头文件和之前创建的 srv 文件：

```
#include "ros/ros.h"
#include "chapter2_tutorials/chapter2_srv.h"
```

下面的函数将对两个变量求和，并将结果发送到客户端节点：

```
bool add(chapter2_tutorials::chapter2_srv::Request  &req,
         chapter2_tutorials::chapter2_srv::Response &res)
{
  res.sum = req.A + req.B;
  ROS_INFO("Request: A=%d, B=%d", (int)req.A, (int)req.B);
  ROS_INFO("Response: [%d]", (int)res.sum);
  return true;
}
```

在 ROS 计算网络上创建和发布服务：

```
ros::ServiceServer service = n.advertiseService("chapter2_tutorials/adder",
add);
```

我们要在第二个文件 example_3b.cpp 添加如下代码：

```
#include "ros/ros.h"
#include "chapter2_tutorials/chapter2_srv.h"
#include <cstdlib>

int main(int argc, char **argv)
{
  ros::init(argc, argv, "adder_client");
  if (argc != 3)
  {
    ROS_INFO("Usage: adder_client A B ");
    return 1;
  }

  ros::NodeHandle n;
  ros::ServiceClient client =
n.serviceClient<chapter2_tutorials::chapter2_srv>("chapter2_tutorials/adder
");
```

```
  chapter2_tutorials::chapter2_srv srv;
  srv.request.A = atoll(argv[1]);
  srv.request.B = atoll(argv[2]);
  if (client.call(srv))
  {
    ROS_INFO("Sum: %ld", (long int)srv.response.sum);
  }
  else
  {
    ROS_ERROR("Failed to call service adder_server");
    return 1;
  }

  return 0;
}
```

我们需要为这个服务端创建一个名为 chapter2_tutorials/adder 的客户端：

```
ros::ServiceClient client =
n.serviceClient<chapter2_tutorials::chapter2_srv>("chapter2_tutorials/adder
");
```

在下面的代码中，我们会创建一个 srv 请求类型的实例，并填充要发送的所有值，其中有两个字段：

```
chapter2_tutorials::chapter2_srv srv;
srv.request.A = atoll(argv[1]);
srv.request.B = atoll(argv[2]);
```

在下一行的代码中将会调用服务端并发送数据。如果调用成功的话，call()将会返回 true，否则 call()将会返回 false：

```
if (client.call(srv))
```

我们需要在 CMakeLists.txt 文件中添加以下命令行来完成对服务端和客户端节点的编译：

```
add_executable(example3a src/example_3a.cpp)
add_executable(example3b src/example_3b.cpp)

add_dependencies(example3a chapter2_tutorials_generate_messages_cpp)
add_dependencies(example3b chapter2_tutorials_generate_messages_cpp)
target_link_libraries(example3a ${catkin_LIBRARIES})
target_link_libraries(example3b ${catkin_LIBRARIES})
```

我们使用 catkin_make 工具来编译这个功能包，这将会对所有的节点进行编译：

```
$ cd ~/catkin_ws
$ catkin_make
```

我们需要在两个单独的 shell 中执行以下命令才能使用这些节点：

```
$ rosrun chapter2_tutorials example3a
$ rosrun chapter2_tutorials example3b 2 3
```

输出结果如图 2-17 所示。

```
kbipin@ubuntu:~$ rosrun chapter2_tutorials example3a
[ INFO] [1500802889.035937665]: adder_server has started
[ INFO] [1500802898.176382487]: Request: A=2, B=3
[ INFO] [1500802898.176455696]: Response: [5]

bipin@ubuntu:~$ rosrun chapter2_tutorials example3b 2 3
 INFO] [1500802898.177676886]: Sum: 5
```

图 2-17　服务端和客户端

我们已经研究了使用 ROS 所需的基本概念，并学习了发布者和订阅者、客户端和服务端以及参数服务器。在本节中，我们将学习 ROS 中高级工具的应用。

2.6 理解 ROS 启动（launch）文件

在 2.5 节中我们创建了多个节点，并在不同的 shell 中执行了这些节点。我们不妨设想一下，如果 20 个节点在各自的 shell 中执行，将会是一种多么糟糕的体验。好在我们可以使用启动（launch）文件来改变这种情形，通过使用扩展名为.launch 的文件来加载配置，就可以实现在同一个命令行（shell）中执行多个节点。启动文件是在 ROS 中运行多个节点时非常有用的一个功能。

为了了解 ROS 启动文件，我们要在 chapter2_tutorials 包中创建一个新的文件夹，如下所示：

```
$ roscd chapter2_tutorials/
$ mkdir launch
$ cd launch
$ vim chapter2.launch
```

在启动文件 chapter2.launch 中添加以下代码：

```
<?xml version="1.0"?>
<launch>
   <node name ="example1a" pkg="chapter2_tutorials" type="example1a"
output="screen"/>
   <node name ="example1b" pkg="chapter2_tutorials" type="example1b"
output="screen"/>
</launch>
```

这个文件很简单，但是如果你愿意，也可以将其写成一个非常复杂的文件。例如控制一个完整的机器人，比如 PR2。它们可以是真的机器人或者是可以在 ROS 模拟的机器人。

ROS 启动文件是一个扩展名为.launch 的 XML 文件，其中包含一个 launch 标签。在这个标签中，我们还可以找到 node 标签。它可以启动一个功能包中的节点。例如，chapter2_tutorials 功能包中的 example1a 节点。

chapter2.launch 文件将启动两个节点——本章的前两个示例：example1a 和 example1b。

使用如下所示的命令来启动这个文件：

```
$ roslaunch chapter2_tutorials chapter2.launch
```

我们将在屏幕上看到类似图 2-18 所示的内容。

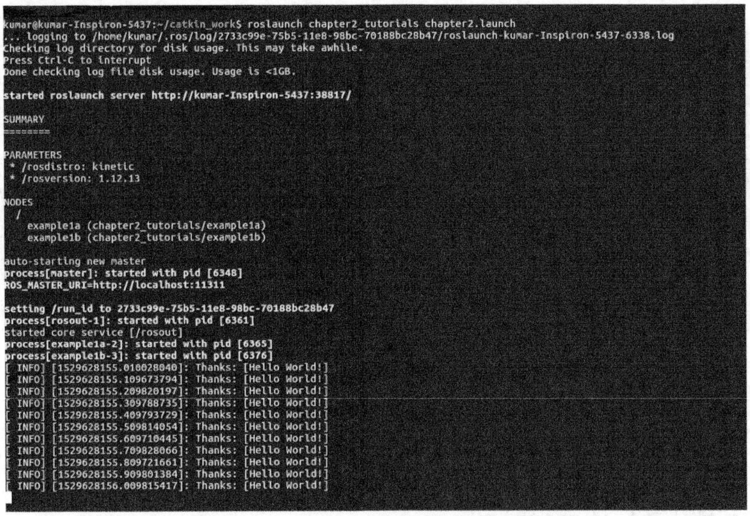

```
kumar@kumar-Inspiron-5437:~/catkin_work$ roslaunch chapter2_tutorials chapter2.launch
... logging to /home/kumar/.ros/log/2733c99e-75b5-11e8-98bc-70188bc28b47/roslaunch-kumar-Inspiron-5437-6338.log
Checking log directory for disk usage. This may take awhile.
Press Ctrl-C to interrupt
Done checking log file disk usage. Usage is <1GB.

started roslaunch server http://kumar-Inspiron-5437:38817/

SUMMARY
========

PARAMETERS
 * /rosdistro: kinetic
 * /rosversion: 1.12.13

NODES
  /
    example1a (chapter2_tutorials/example1a)
    example1b (chapter2_tutorials/example1b)

auto-starting new master
process[master]: started with pid [6348]
ROS_MASTER_URI=http://localhost:11311

setting /run_id to 2733c99e-75b5-11e8-98bc-70188bc28b47
process[rosout-1]: started with pid [6361]
started core service [/rosout]
process[example1a-2]: started with pid [6365]
process[example1b-3]: started with pid [6376]
[ INFO] [1529628155.010028040]: Thanks: [Hello World!]
[ INFO] [1529628155.109673794]: Thanks: [Hello World!]
[ INFO] [1529628155.209820197]: Thanks: [Hello World!]
[ INFO] [1529628155.309788735]: Thanks: [Hello World!]
[ INFO] [1529628155.409793729]: Thanks: [Hello World!]
[ INFO] [1529628155.509814054]: Thanks: [Hello World!]
[ INFO] [1529628155.609710445]: Thanks: [Hello World!]
[ INFO] [1529628155.709828066]: Thanks: [Hello World!]
[ INFO] [1529628155.809721661]: Thanks: [Hello World!]
[ INFO] [1529628155.909801384]: Thanks: [Hello World!]
[ INFO] [1529628156.009815417]: Thanks: [Hello World!]
```

图 2-18　ROS 启动

图 2-18 中列出了正在运行的节点。当我们要运行一个启动文件时，无须在 roscore 命令之前执行它，roslaunch 可以替我们完成这个操作。

第 3 章
ROS 的体系结构与概念Ⅱ

在这一章中，我们将对以下内容进行研究：

- 掌握参数服务器和动态参数；
- 掌握 ROS actionlib；
- 掌握 ROS pluginlib；
- 掌握 ROS nodelet；
- 掌握 Gazebo 框架与插件；
- 掌握 ROS 的 TF（坐标变换）；
- 掌握 ROS 可视化工具（RViz）及其插件。

3.1 简介

在前一章中，我们研究了有关 ROS 体系结构及其工作方式的基本内容，接触了相关的概念、工具以及与节点、主题和服务进行交互的一些实例。虽然在开始时，这些概念看起来可能很复杂，不过在接下来的章节中，我们将开始接触它们的应用。在阅读后面的章节之前，我们最好先练习这些项目并参考相关教程。

在本章中，我们将学习 ROS 体系结构的高级概念，其中包括参数服务器、动态参数、actionlib、nodelet 以及 TF 广播器和监听器。此外，我们还将对 ROS 仿真框架 Gazebo 进行研究并为其开发插件。最后，我们将了解 ROS 可视化工具（RViz）及其插件。我们将研究每个概念的功能与应用，并通过实例来演示其工作原理。

3.2 掌握参数服务器和动态参数

在前一章中，我们了解到参数服务器是节点管理器（Master）的一部分，并且允许 ROS 系统将数据或配置信息保存在关键位置。所有的节点可以获取这些数据来配置、改变自己的状态。

我们之前已经有过使用 rosparam 工具的经验，所以现在使用参数服务器也不成问题了。在节点执行期间，我们可以使用 dynamic_reconfigure 功能包来动态地改变它所使用的参数。在下一节中，我们将详细了解 ROS 中的动态参数工具。

3.2.1 准备工作

通常我们所编写节点程序的变量值是在初始化的时候就确定好了，之后这些值只能在节点的内部进行修改。如果我们需要从运行节点外部来动态地修改这些值，就需要用到参数服务器、服务或者话题。

举例来说，如果我们正在操作一个节点，这个节点可以通过 PID 控制器来控制电动机的最佳运动速度，这通常需要调整 PID 的 3 个参数，即 k_1、k_2 和 k_3。不过，ROS 中提供了一个效率更高的工具“Dynamic Reconfigure”（动态配置）来完成这些功能。

在接下来的一节中，我们将学习如何在一个基本实例节点中启用这个工具。首先必须在 CMakeLists.txt 和 package.xml 文件中添加几行代码。

3.2.2 如何完成

1．如果你希望使用“Dynamic Reconfigure”工具，首先要编写一个配置文件，并将其保存在预期功能包的 cfg 文件夹中。

2．在 parameter_server_tutorials 功能包中创建一个 cfg 文件夹，然后在其中再创建一个 parameter_server_tutorials.cfg 文件。这个过程如下所示：

```
$ roscd parameter_server_tutorials
$ mkdir cfg
$ vim parameter_server_tutorials
```

3．将如下所示的代码添加到 parameter_server_tutorials.cfg 文件中：

```
#!/usr/bin/env python
PACKAGE = "parameter_server_tutorials"

from dynamic_reconfigure.parameter_generator_catkin import *

gen = ParameterGenerator()

gen.add("BOOL_PARAM", bool_t, 0,"A Boolean parameter", True)
gen.add("INT_PARAM", int_t, 0, "An Integer Parameter", 1, 0,
100)
gen.add("DOUBLE_PARAM", double_t, 0, "A Double Parameter",
0.01, 0, 1)
gen.add("STR_PARAM", str_t, 0, "A String parameter", "Dynamic
Reconfigure")

size_enum = gen.enum([ gen.const("Low", int_t, 0, "Low : 0"),
                       gen.const("Medium", int_t, 1,"Medium :
1"),
                       gen.const("High", int_t, 2, "Hight
:2")],
                       "Selection List")
gen.add("SIZE", int_t, 0, "Selection List", 1, 0, 3,
edit_method=size_enum)

exit(gen.generate(PACKAGE, "parameter_server_tutorials",
"parameter_server_"))
```

4. 要完成参数生成器的初始化并定义需要动态配置的参数，我们需要添加以下代码：

```
gen = ParameterGenerator()
gen.add("BOOL_PARAM", bool_t, 0,"A Boolean parameter", True)
gen.add("INT_PARAM", int_t, 0, "An Integer Parameter", 1, 0,
100)
gen.add("DOUBLE_PARAM", double_t, 0, "A Double Parameter",
0.01, 0, 1)
gen.add("STR_PARAM", str_t, 0, "A String parameter", "Dynamic
Reconfigure")
size_enum = gen.enum([gen.const("Low", int_t, 0, "Low : 0"),
                      gen.const("Medium", int_t, 1, "Medium :
1"),
                      gen.const("High", int_t, 2, "Hight
:2")],"Selection List")
gen.add("SIZE", int_t, 0, "Selection List", 1, 0, 3,
edit_method=size_enum)
```

5．这些行中添加了不同的参数类型并且设置默认值（default）、描述（description）和取值范围等。生成参数生成器 add()的格式如下所示：

```
gen.add(name, type, level, description, default, min, max)
```

参数生成器 add()中每个参数的含义如下所示。

- name：参数的名称。
- type：定义存储值的类型。
- level：需要传入参数动态配置回调函数中的掩码。
- description：描述参数作用的字符串。
- default：设置节点启动时参数的默认值。
- min：设置参数的最小值。
- max：设置参数的最大值。

上面程序中的最后一行代码用于生成所需的文件并退出程序。我们可以看到这个.cfg 文件是使用 Python 语言编写的。虽然本书是针对 C++语言的，但是在某些特定的场合，或者需要解释某个概念的时候，还是会使用到 Python 语言。

```
exit(gen.generate(PACKAGE, "parameter_server_tutorials",
"parameter_server_"))
```

然后，我们必须修改 parameter_server_tutorials.cfg 文件的权限（为其添加可执行权限），这是因为需要 ROS 系统将其作为一个 Python 脚本来执行。

```
$ chmod a+x cfg/ parameter_server_tutorials.cfg
```

6．为了调用编译，我们需要将下面这些行的内容添加到 CMakeLists.txt 文件中。

```
find_package(catkin REQUIRED COMPONENTS
  roscpp
  std_msgs
  message_generation
  dynamic_reconfigure
)

generate_dynamic_reconfigure_options(
  cfg/parameter_server_tutorials.cfg
```

```
)
add_dependencies(parameter_server_tutorials
parameter_server_tutorials_gencfg)
```

7. 接下来我们需要在“Dynamic Reconfigure”的帮助下来创建一个示例节点。

```
$ roscd parameter_server_tutorials
$ vim src/ parameter_server_tutorials.cpp
```

我们需要将下面的代码片段添加到node文件中：

```
#include <ros/ros.h>
#include <dynamic_reconfigure/server.h>
#include <parameter_server_tutorials/parameter_server_Config.h>

void
callback(parameter_server_tutorials::parameter_server_Config
&config, uint32_t level) {

  ROS_INFO("Reconfigure Request: %s %d %f %s %d",
            config.BOOL_PARAM?"True":"False",
            config.INT_PARAM,
            config.DOUBLE_PARAM,
            config.STR_PARAM.c_str(),
            config.SIZE);
}

int main(int argc, char **argv) {
  ros::init(argc, argv, "parameter_server_tutorials");

dynamic_reconfigure::Server<parameter_server_tutorials::paramet
er_server_Config> server;
dynamic_reconfigure::Server<parameter_server_tutorials::paramet
er_server_Config>::CallbackType f;

  f = boost::bind(&callback, _1, _2);
  server.setCallback(f);

  ROS_INFO("Spinning");
  ros::spin();
  return 0;
}
```

像往常一样，这几行代码引入了ROS的头文件、参数服务器以及我们之前创建的配置文件：

```
#include <ros/ros.h>
#include <dynamic_reconfigure/server.h>
#include <parameter_server_tutorials/parameter_server_Config.h>
```

下面的代码中显示了函数 callback()的内容，当客户端请求修改参数时，它就会将修改之后的参数值打印输出。需要注意的是，参数的名字必须和 parameter_server_tutorials.cfg 文件中配置的相一致。

```
void
callback(parameter_server_tutorials::parameter_server_Config
&config, uint32_t level) {

  ROS_INFO("Reconfigure Request: %s %d %f %s %d",
           config.BOOL_PARAM?"True":"False",
           config.INT_PARAM,
           config.DOUBLE_PARAM,
           config.STR_PARAM.c_str(),
           config.SIZE);

}
```

另外，在主函数中是使用 parameter_server_Config configuration 文件来初始化服务器的。当服务器收到重新配置的请求时，就会跳转到 callback 函数进行处理。

```
dynamic_reconfigure::Server<parameter_server_tutorials::paramet
er_server_Config> server;
dynamic_reconfigure::Server<parameter_server_tutorials::paramet
er_server_Config>::CallbackType f;

  f = boost::bind(&callback, _1, _2);
  server.setCallback(f);
```

8. 最后，我们需要将下面的代码添加到 ROS 构建系统的文件 CMakeLists.txt 中来完成编译。

```
add_executable(parameter_server_tutorials
src/parameter_server_tutorials.cpp)

add_dependencies(parameter_server_tutorials
parameter_server_tutorials_gencfg)

target_link_libraries(parameter_server_tutorials
${catkin_LIBRARIES}
```

现在我们已经完成代码部分的开发了，接下来需要编译并运行这个节点，同时启动ROS提供的可视化参数动态配置工具（**Dynamic Reconfigure** GUI），执行的命令如下所示：

```
$ roscore
$ rosrun parameter_server_tutorials parameter_server_tutorials
$ rosrun rqt_reconfigure rqt_reconfigure
```

9．在图3-1所示的可视化界面中，可以动态地修改节点参数。

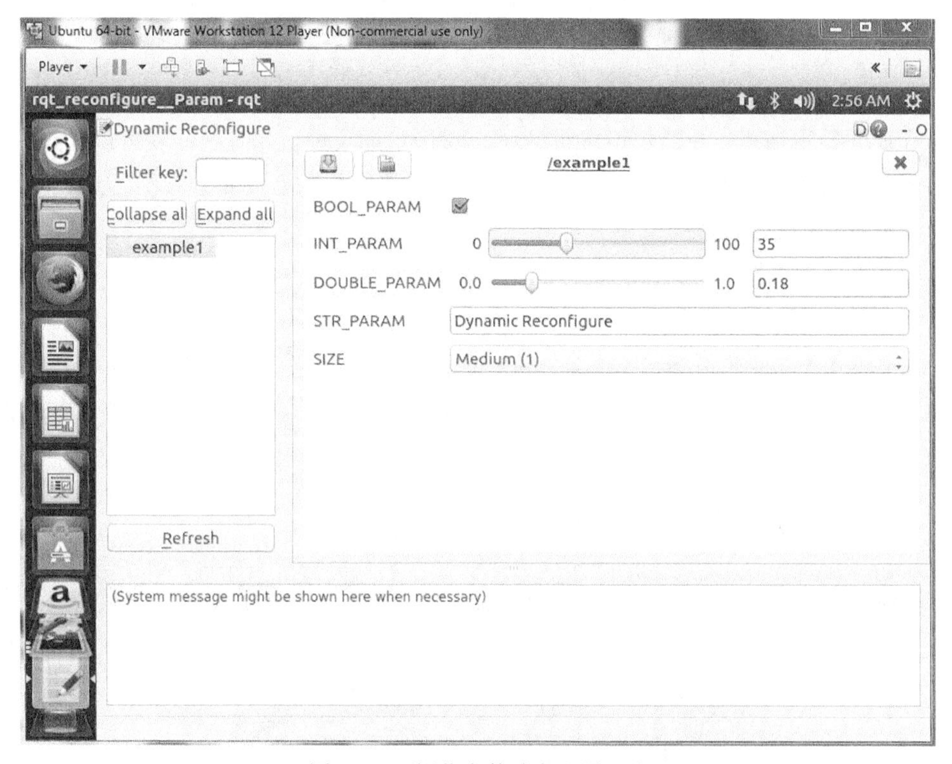

图3-1　可视化参数动态配置工具

当用户通过滑块、复选框等修改参数时，我们可以在节点运行的命令行（shell）中看到修改的信息（见图3-2）。

```
^Ckbipin@ubuntu:~$ rosrun chapter3_tutorials example1
[ INFO] [1502444374.797267810]: Reconfigure Request: True 1 0.010000 Dynamic Reconfigure 1
[ INFO] [1502444374.812956575]: Spinning
[ INFO] [1502444437.136884221]: Reconfigure Request: True 3 0.010000 Dynamic Reconfigure 1
[ INFO] [1502444438.914553379]: Reconfigure Request: False 3 0.010000 Dynamic Reconfigure 1
[ INFO] [1502444444.149008958]: Reconfigure Request: False 3 0.010000 Dynamic Reconfigure 2
[ INFO] [1502444445.592562578]: Reconfigure Request: False 3 0.020000 Dynamic Reconfigure 2
[ INFO] [1502444448.205849872]: Reconfigure Request: False 3 0.070000 Dynamic Reconfigure 2
```

图3-2　可视化参数动态配置工具的回显

ROS 中提供的“Dynamic Reconfigure”工具非常有用，我们通过它可以更快、更有效地完成对与硬件连接节点的调整与验证。我们将在接下来的章节中了解这方面的更多内容。

3.3 掌握 ROS actionlib

在 ROS 计算网络中，在有些情况下需要向节点发送请求来执行任务，而且还要接收对该请求的回复。这一点可以通过 ROS 服务来实现。

假如服务的执行时间很长，或者请求的服务在当前无效的情况时，那么客户端可能希望在执行期间抢占请求，并通过请求进度状态获得定期反馈。此时我们就可以通过 ROS 工具中的 actionlib 来建立服务器。这个服务器适用于那些复杂而漫长且在执行过程中还可能强制中断或反馈信息的任务。

3.3.1 准备工作

actionlib 功能包由动作客户端（ActionClient）和动作服务器（ActionServer）两个部分组成，它们之间通过“ROS Action Protocol”（ROS Action 协议，建立在 ROS 消息的基础上）来通信。

图 3-3 显示了客户端和服务器应用程序之间的交互。

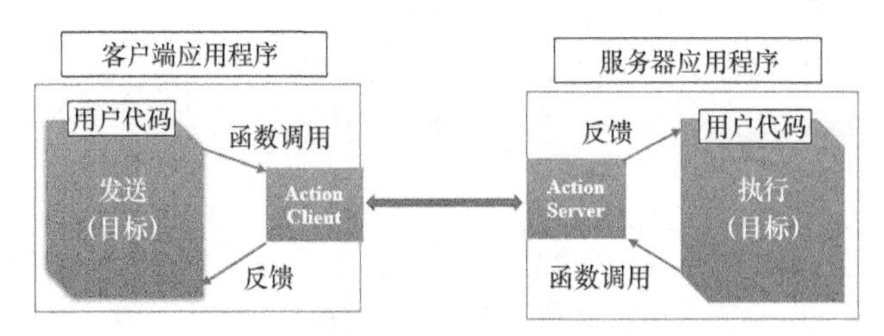

图 3-3 客户端和服务器应用程序之间的交互

我们需要定义一些消息来实现客户端和服务器之间的通信，这就是所谓的“action specification”（动作规范）。这些消息包括目标消息、反馈消息和结果消息。

- **目标（goal）**：为了通过动作来完成一个任务，我们引入了目标的概念。这个目标消息可以被动作客户端发送到动作服务器。比如在移动机器人（mobile robot）案例中，它的目标消息就是下一个位姿的值（x、y、z、phi、chi、theta 等），其中也包含机器人应该到达哪里的信息。

- **反馈**（feedback）：动作服务器会向动作客户端提供一个反馈消息，它定义了一种周期性向目标递进的方法。在移动机器人案例中，它包含机器人当前的位姿和其他的一些信息。
- **结果**（result）：当达成目标之后，动作服务器就会将结果消息发送给动作客户端，注意这个结果消息和反馈消息并不相同，它只会被发送一次，在某些情况下它是非常有用的。不过对于移动机器人那个案例来说，这个可能包含机器人最终位姿的结果消息并不是很重要。

在下面的小节中，我们将学习如何创建动作服务器和动作客户端，其中动作服务器用来生成 Fibonacci 序列。而目标消息就是序列的阶数，反馈消息是当前计算得到的序列，结果消息则是得到最终序列。该小节中也包括动作客户端，它会向动作服务器发送一个目标消息。

3.3.2　如何完成

1．我们可以使用以下依赖项来创建一个 actionlib_tutorials 功能包，也可以从配套代码中获取。

```
$ cd <workspace>/src
$ catkin_create_pkg actionlib_tutorials actionlib
message_generation roscpp rospy std_msgs actionlib_msgs
```

2．首先我们要定义包含目标、结果和反馈消息的动作。扩展名为 action 的文件会自动生成这些消息。

3．使用下面的代码来创建一个 actionlib_tutorials/action/Fibonacci.action 文件。

```
#goal definition
int32 order
---
#result definition
int32[] sequence
---
#feedback
int32[] sequence
```

4．为了在创建过程中自动生成消息文件，我们需要向 CMakeLists.txt 添加以下内容：

```
find_package(catkin REQUIRED COMPONENTS
  actionlib
  actionlib_msgs
```

```
    message_generation
    roscpp
    rospy
    std_msgs
)


add_action_files(
    DIRECTORY action
    FILES Fibonacci.action
 )

 generate_messages(
 DEPENDENCIES actionlib_msgs std_msgs
)

catkin_package(
  INCLUDE_DIRS include
  LIBRARIES actionlib_tutorials
  CATKIN_DEPENDS actionlib actionlib_msgs message_generation
roscpp rospy std_msgs
  DEPENDS system_lib
)
add_executable(fibonacci_server src/fibonacci_server.cpp)

target_link_libraries(
  fibonacci_server
  ${catkin_LIBRARIES}
)

add_dependencies(
  fibonacci_server
  ${actionlib_tutorials_EXPORTED_TARGETS}
)
add_executable(fibonacci_client src/fibonacci_client.cpp)

target_link_libraries(
  fibonacci_client
  ${catkin_LIBRARIES}
)

add_dependencies(
  fibonacci_client
  ${actionlib_tutorials_EXPORTED_TARGETS}
)
```

使用 catkin_make 命令就可以自动生成所需的动作消息和头文件，结果如图 3-4 所示。

```
kumar@kumar-Inspiron-5437:~/catkin_ws/devel/share/actionlib_tutorials/msg$ ls
FibonacciActionFeedback.msg  FibonacciAction.msg        FibonacciFeedback.msg  FibonacciResult.msg
FibonacciActionGoal.msg      FibonacciActionResult.msg  FibonacciGoal.msg
kumar@kumar-Inspiron-5437:~/catkin_ws/devel/share/actionlib_tutorials/msg$
```

图 3-4 动作消息和头文件的生成

actionlib_tutorials/src/fibonacci_server.cpp 文件中动作服务器代码部分非常简明、易懂：

```
#include <ros/ros.h>
#include <actionlib/server/simple_action_server.h>
#include <actionlib_tutorials/FibonacciAction.h>
class FibonacciAction
{
protected:

  ros::NodeHandle nh_;
  /* NodeHandle instance must be created before this line.Otherwise strange
error occurs.*/
actionlib::SimpleActionServer<actionlib_tutorials::FibonacciAct
ion> as_;
  std::string action_name_;
  /* create messages that are used to published feedback/result
*/
  actionlib_tutorials::FibonacciFeedback feedback_;
  actionlib_tutorials::FibonacciResult result_;

public:

  FibonacciAction(std::string name) :
    as_(nh_, name, boost::bind(&FibonacciAction::executeCB,
this, _1), false),
    action_name_(name)
  {
    as_.start();
  }

  ~FibonacciAction(void)
  {
  }

  void executeCB(const
actionlib_tutorials::FibonacciGoalConstPtr &goal)
  {
    ros::Rate r(1);
```

```
    bool success = true;

    /* the seeds for the fibonacci sequence */
    feedback_.sequence.clear();
    feedback_.sequence.push_back(0);
    feedback_.sequence.push_back(1);

    ROS_INFO("%s: Executing, creating fibonacci sequence of
order %i with seeds %i, %i", action_name_.c_str(), goal->order,
feedback_.sequence[0], feedback_.sequence[1]);

    /* start executing the action */
    for(int i=1; i<=goal->order; i++)
    {
     /* check that preempt has not been requested by the client
*/
      if (as_.isPreemptRequested() || !ros::ok())
      {
        ROS_INFO("%s: Preempted", action_name_.c_str());
        /* set the action state to preempted */
        as_.setPreempted();
        success = false;
        break;
      }
      feedback_.sequence.push_back(feedback_.sequence[i] +
feedback_.sequence[i-1]);
     /* publish the feedback */
      as_.publishFeedback(feedback_);
      /* this sleep is not necessary, however, the sequence is
computed at 1 Hz for demonstration purposes */
      r.sleep();
    }
    if(success)
    {
      result_.sequence = feedback_.sequence;
      ROS_INFO("%s: Succeeded", action_name_.c_str());
     /* set the action state to succeeded */
      as_.setSucceeded(result_);
    }
  }
};

int main(int argc, char** argv)
{
  ros::init(argc, argv, "fibonacci server");
```

```
  FibonacciAction fibonacci("fibonacci");
  ros::spin();

  return 0;
}
```

现在我们来详细讨论这段代码的核心部分：

```
FibonacciAction(std::string name) :
    as_(nh_, name, boost::bind(&FibonacciAction::executeCB,
this, _1), false),
    action_name_(name)
  {
    as_.start();
  }
```

在 FibonacciAction 类的构造函数中实现了一个动作服务器的初始化和启动，它接受一个节点的句柄、操作的名称以及一个可选的回调作为参数。在这个示例中创建动作服务器时使用 executeCB 作为回调函数：

```
/* start executing the action */
    for(int i=1; i<=goal->order; i++)
    {
     /* check that preempt has not been requested by the client
*/
      if (as_.isPreemptRequested() || !ros::ok())
      {
        ROS_INFO("%s: Preempted", action_name_.c_str());
        /* set the action state to preempted */
        as_.setPreempted();
        success = false;
        break;
      }
      feedback_.sequence.push_back(feedback_.sequence[i] +
feedback_.sequence[i-1]);
     /* publish the feedback */
      as_.publishFeedback(feedback_);
      /* this sleep is not necessary, however, the sequence is
computed at 1 Hz for demonstration purposes */
      r.sleep();
    }
```

为动作客户端提供中断抢占是动作服务器最重要的功能之一。当客户端请求抢占当前目标时，动作服务器就将取消目标的执行，并执行必要的清理操作，以及调用 setPreempted() 函数，该函数会通知 ROS 框架这个动作已经被客户端请求所抢占。动作服务器检查抢占请求并提供反馈信息的速率是由具体实现决定的：

```
if(success)
    {
      result_.sequence = feedback_.sequence;
      ROS_INFO("%s: Succeeded", action_name_.c_str());
     /* set the action state to succeeded */
      as_.setSucceeded(result_);
    }
```

当动作服务器完成对当前目标的执行时，它就会通过调用 setSucceeded()函数通知动作客户端。从这时起，动作服务器会继续运行并等待接收其下一组目标。

下面给出的 actionlib_tutorials/src/fibonacci_client.cpp 文件是动作客户端的代码部分，这些代码是自带注释的：

```
#include <ros/ros.h>
#include <actionlib/client/simple_action_client.h>
#include <actionlib/client/terminal_state.h>
#include <actionlib_tutorials/FibonacciAction.h>

int main (int argc, char **argv)
{
  ros::init(argc, argv, "fibonacci client");

  /* create the action client
     "true" causes the client to spin its own thread */
actionlib::SimpleActionClient<actionlib_tutorials::FibonacciAct
ion> ac("fibonacci", true);

  ROS_INFO("Waiting for action server to start.");
  /* will be  waiting for infinite time */
  ac.waitForServer();

  ROS_INFO("Action server started, sending goal.");

  actionlib_tutorials::FibonacciGoal goal;
  goal.order = 20;
  ac.sendGoal(goal);

  /* waiting for the action to return */
  bool finished_before_timeout =
```

```
ac.waitForResult(ros::Duration(30.0));

  if (finished_before_timeout)
  {
    actionlib::SimpleClientGoalState state = ac.getState();
    ROS_INFO("Action finished: %s",state.toString().c_str());
  }
  else
    ROS_INFO("Action does not finish before the time out.");

  return 0;
}
```

现在我们来详细讨论代码的关键部分：

```
// create the action client
// true causes the client to spin its own thread

actionlib::SimpleActionClient<actionlib_tutorials::FibonacciAct
ion> ac("fibonacci", true);
ROS_INFO("Waiting for action server to start.");
// wait for the action server to start

  ac.waitForServer(); //will wait for infinite time
```

这里的动作客户端由服务名和自动 spin 选项（设置为 true）构成。这个构造函数需要两个参数，也就是动作服务器名称和一个布尔类型的参数（用来创建一个线程）。actionlib 被用来在后台完成 thread magic，它还指定了与动作服务器通信的消息类型。

在下面的代码中，动作客户端将等待动作服务器启动之后再继续之前的工作：

```
// send a goal to the action
  actionlib_tutorials::FibonacciGoal goal;
  goal.order = 20;
  ac.sendGoal(goal);
  //wait for the action to return
  bool finished_before_timeout =
ac.waitForResult(ros::Duration(30.0));
  if (finished_before_timeout)
  {
    actionlib::SimpleClientGoalState state = ac.getState();
    ROS_INFO("Action finished: %s",state.toString().c_str());
  }
  else
    ROS_INFO("Action did not finish before the time out.");
```

在此处动作客户端会创建目标消息并将其发送到动作服务器。现在它在等待目标任务完成之后再继续之前的工作。等待的超时设置为30s，如果目标没有完成或者用户被告知目标未在规定的时间内完成的话，这个函数将返回false。如果目标在超时之前完成，则报告目标状态并继续正常执行。

5．在工作区的顶层目录中运行下面的命令来完成功能包的编译：

```
$ catkin_make
```

6．我们可以通过执行以下命令配置系统环境：

```
$ source devel/setup.bash
```

在成功编译了可执行文件之后，我们将在两个独立的终端中分别启动动作服务器和动作客户端，这里假设roscore正在运行：

```
$ rosrun actionlib_tutorials fibonacci_server
```

执行这个命令的输出结果如图3-5所示。

```
kumar@kumar-Inspiron-5437:~/catkin_ws$ rosrun actionlib_tutorials fibonacci_server
[ INFO] [1513212615.978484662]: fibonacci: Executing, creating fibonacci sequence of order 20 with seeds 0, 1
[ INFO] [1513212635.978530016]: fibonacci: Succeeded
[ INFO] [1513212816.158578136]: fibonacci: Executing, creating fibonacci sequence of order 20 with seeds 0, 1
[ INFO] [1513212836.158731923]: fibonacci: Succeeded
[ INFO] [1513212851.543786403]: fibonacci: Executing, creating fibonacci sequence of order 20 with seeds 0, 1
[ INFO] [1513212871.543938601]: fibonacci: Succeeded
```

图3-5　动作服务器的输出

接下来，我们将使用以下命令启动动作客户端：

```
$ rosrun actionlib_tutorials fibonacci_client
```

执行这个命令的输出结果如图3-6所示。

```
kumar@kumar-Inspiron-5437:~/catkin_ws$ rosrun actionlib_tutorials fibonacci_client
[ INFO] [1513212851.266730823]: Waiting for action server to start.
[ INFO] [1513212851.542999285]: Action server started, sending goal.
[ INFO] [1513212871.544769838]: Action finished: SUCCEEDED
kumar@kumar-Inspiron-5437:~/catkin_ws$
```

图3-6　动作客户端的输出

7．如果需要以可视化的图形方式来控制动作服务器和动作客户端的执行，我们可以使用以下命令：

```
$ rqt_graph
```

执行这个命令的输出结果如图 3-7 所示。

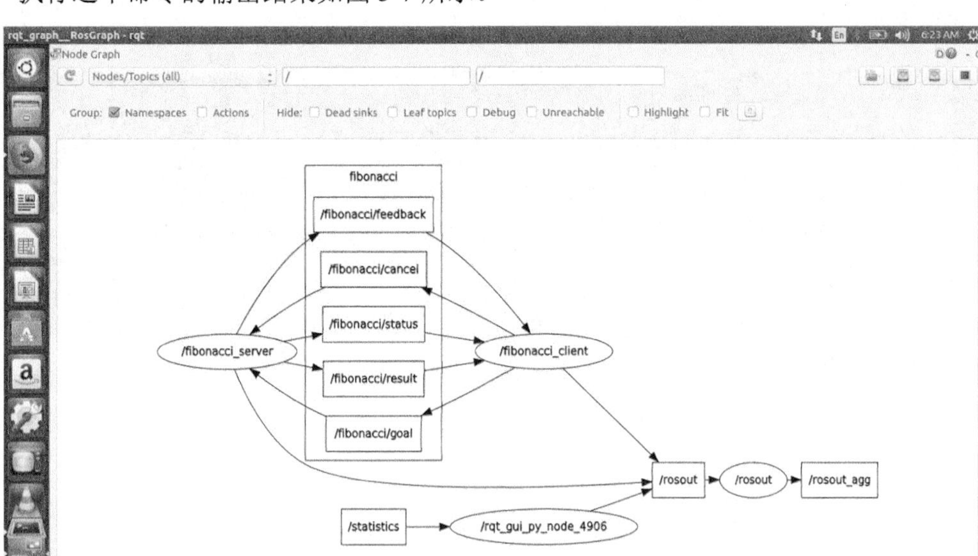

图 3-7 动作客户端的计算图

前面的截图显示动作服务器正在发布反馈（feedback）、状态（status）和结果（result）频道，并且订阅了目标（goal）和取消（cancel）频道。类似的，动作客户端订阅反馈（feedback）、状态（status）和结果（result）频道，并发布了目标（goal）和取消（cancel）频道。服务器和客户端都按照预期启动并运行。若要查看正在执行目标任务的动作服务器反馈，可以运行以下命令：

```
$ rostopic echo /fibonacci/feedback
```

执行这个命令的输出结果如图 3-8 所示。

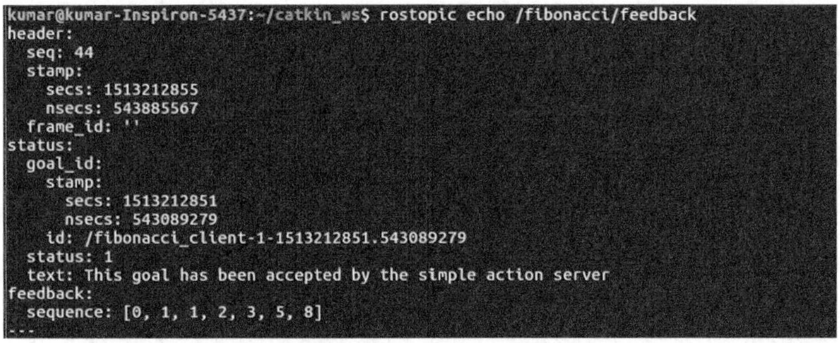

```
kumar@kumar-Inspiron-5437:~/catkin_ws$ rostopic echo /fibonacci/feedback
header:
  seq: 44
  stamp:
    secs: 1513212855
    nsecs: 543885567
  frame_id: ''
status:
  goal_id:
    stamp:
      secs: 1513212851
      nsecs: 543089279
    id: /fibonacci_client-1-1513212851.543089279
  status: 1
  text: This goal has been accepted by the simple action server
feedback:
  sequence: [0, 1, 1, 2, 3, 5, 8]
---
```

图 3-8 从动作服务器返回的结果（一）

这样我们就可以在新打开的终端中观察反馈频道的内容，动作服务器在完成目标之后的结果就会显示在这里，如图3-9所示。

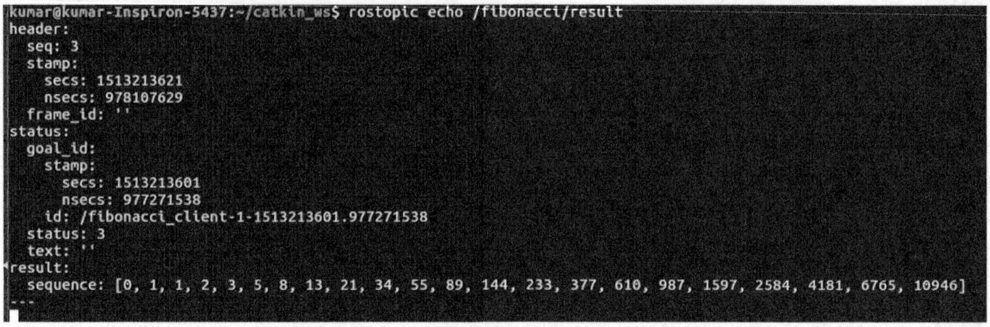

```
kumar@kumar-Inspiron-5437:~/catkin_ws$ rostopic echo /fibonacci/result
header:
  seq: 3
  stamp:
    secs: 1513213621
    nsecs: 978107629
  frame_id: ''
status:
  goal_id:
    stamp:
      secs: 1513213601
      nsecs: 977271538
    id: /fibonacci_client-1-1513213601.977271538
  status: 3
  text: ''
result:
  sequence: [0, 1, 1, 2, 3, 5, 8, 13, 21, 34, 55, 89, 144, 233, 377, 610, 987, 1597, 2584, 4181, 6765, 10946]
---
```

图3-9 从动作服务器返回的结果（二）

3.4 掌握ROS pluginlib

软件插件是应用程序中的常用方式，它作为应用程序的附加组件并提供了一些扩展功能。另外，这些插件为软件体系结构开启了提供新功能的基础。换言之，通过这种高度模块化的方法，我们就可以将软件的能力扩展到任何级别，而且无须修改软件的主应用程序，只需要在使用时以更新的形式将其交付给用户。

软件插件就是共享对象（.so）或者动态链接库，它们与主应用程序并没有任何依赖关系，而且在构建时无须链接到主应用程序的代码。

3.4.1 准备工作

复杂的机器人应用程序中可以使用ROS pluginlib框架来扩展机器人的能力。这里我们将使用pluginlib开发一个简单的应用程序RegularPolygon，并借此来学习插件的创建以及将其链接到主应用程序的全部过程。

我们需要在工作区内创建pluginlib_tutorials文件：

```
$ catkin_create_pkg pluginlib_tutorials roscpp pluginlib
```

3.4.2 如何完成

我们先来实现一个抽象的多边形基类。它可以扩展到任何类型的多边形，例如三角形、正方形等。将来我们还可以为每个多边形完成各自的插件编写和添加操作。

1. 创建插件

下面创建一个名为 RegularPolygon 的基类，我们的所有插件，包括 Triangle 和 Square 都将从基础类继承。

我们可以从 GitHub 下载这个包的源代码：

```
#ifndef PLUGINLIB_TUTORIALS__POLYGON_BASE_H_
#define PLUGINLIB_TUTORIALS__POLYGON_BASE_H_

namespace polygon_base
{
  class RegularPolygon
  {
    public:
      virtual void initialize(double side_length) = 0;
      virtual double area() = 0;
      virtual ~RegularPolygon(){}

    protected:
      RegularPolygon(){}
  };
};
#endif
```

接下来我们创建两个 RegularPolygon 插件，第一个是 Triangle，第二个是 Square。

pluginlib_tutorials/include/pluginlib_tutorials/polygon_plugins.h.

```
#ifndef PLUGINLIB_TUTORIALS__POLYGON_PLUGINS_H_
#define PLUGINLIB_TUTORIALS__POLYGON_PLUGINS_H_
#include <pluginlib_tutorials/polygon_base.h>
#include <cmath>
namespace polygon_plugins
{
  class Triangle : public polygon_base::RegularPolygon
  {
    public:
      Triangle(){}
      void initialize(double side_length)
      {
        side_length_ = side_length;
      }
      double area()
      {
```

```
          return 0.5 * side_length_ * getHeight();
        }
        double getHeight()
        {
          return sqrt((side_length_ * side_length_) - ((side_length_ / 2)
* (side_length_ / 2)));
        }
      private:
        double side_length_;
    };
    class Square : public polygon_base::RegularPolygon
    {
      public:
        Square(){}
        void initialize(double side_length)
        {
          side_length_ = side_length;
        }
        double area()
        {
          return side_length_ * side_length_;
        }
      private:
        double side_length_;
    };
  };
  #endif
```

这些代码的作用和意义很容易掌握。

2．编译插件库

我们需要在 CMakeLists.txt 文件中添加以下代码实现对库的编译：

```
include_directories(include)
add_library(polygon_plugins src/polygon_plugins.cpp)
```

3．注册插件

在前面的小节中我们创建了一个标准 C++类。现在我们来研究 pluginlib 的工作，也就是如何将 Triangle 和 Square 声明为插件。下面给出了 src/polygon_plugins.cpp 文件的源代码：

```
#include <pluginlib/class_list_macros.h>
#include <pluginlib_tutorials_/polygon_base.h>
```

```
#include <pluginlib_tutorials_/polygon_plugins.h>

PLUGINLIB_EXPORT_CLASS(polygon_plugins::Triangle,
polygon_base::RegularPolygon)
PLUGINLIB_EXPORT_CLASS(polygon_plugins::Square,
polygon_base::RegularPolygon)
```

在这段代码中，我们使用 PLUGINLIB_EXPORT_CLASS 宏将 Triangle 类和 Square 类注册成插件。

4．在 ros 工具链中使用这个插件

完成编译工作之后，这个插件就可以作为共享库来使用了。ROS 工具链插件加载程序需要一些用来实现链接和库引用的信息。这些信息由功能包清单中的一个导出行和功能包中的 polygon_plugins.xml 文件提供。

（1）插件 XML 文件。

下面显示了 XML 文件的内容：

```
<library path="lib/libpolygon_plugins">
  <class type="polygon_plugins::Triangle"
base_class_type="polygon_base::RegularPolygon">
    <description>This is a triangle plugin.</description>
  </class>
  <class type="polygon_plugins::Square"
base_class_type="polygon_base::RegularPolygon">
    <description>This is a square plugin.</description>
  </class>
</library>
```

（2）导出插件。

接下来，我们需要向 poly._plugins.xml 包清单文件添加以下代码来完成插件的导出：

```
<export>
  <pluginlib_tutorials_ plugin="${prefix}/polygon_plugins.xml" />
</export>
```

为了检查是否顺利地完成了所有工作，我们需要首先构建工作区并使用 source 命令执行前面生成的设置文件，然后运行如下所示的 rospack 命令：

```
$ catkin_make
$ rospack plugins --attrib=plugin pluginlib_tutorials
```

如果ROS工具经过正确的配置可以使用插件了，那么执行完上面的命令就会输出文件polygon_plugins.xml的完整路径。

（3）使用插件。

在3.4.2节中，我们成功地完成了RegularPolygon插件的创建和导出操作。接下来我们将要研究如何使用这些插件，首先使用如下内容来创建src/polygon_loader.cpp文件：

```
#include <pluginlib/class_loader.h>
#include <pluginlib_tutorials/polygon_base.h>

int main(int argc, char** argv)
{
  pluginlib::ClassLoader<polygon_base::RegularPolygon>
poly_loader("pluginlib_tutorials", "polygon_base::RegularPolygon");

  try
  {
    boost::shared_ptr<polygon_base::RegularPolygon> triangle =
poly_loader.createInstance("polygon_plugins::Triangle");
    triangle->initialize(10.0);

    boost::shared_ptr<polygon_base::RegularPolygon> square =
poly_loader.createInstance("polygon_plugins::Square");
    square->initialize(10.0);

    ROS_INFO("Triangle area: %.2f", triangle->area());
    ROS_INFO("Square area: %.2f", square->area());
  }
  catch(pluginlib::PluginlibException& ex)
  {
    ROS_ERROR("The plugin failed to load for some reason. Error: %s",
ex.what());
  }

  return 0;
}
```

前面的代码加载了RegularPolygon插件中Triangle和Square的实例，并通过它们完成了对面积的计算。如果try块中的代码执行失败的话，那么catch块中的代码就会显示失败的原因。

5．运行代码

为了实现对上述代码的构建，我们需要向CMakeLists.txt文件添加如下所示的代码行，并在顶层目录中执行 catkin_make 命令：

```
$ rosrun pluginlib_tutorials polygon_loader
```

目前我们可能还无法感受插件开发所带来的好处。不过在即将到来的内容中，它的优势就会显露。

3.5 掌握 ROS nodelet

ROS 中将 nodelet 作为一个执行单元，这些 nodelet 是一种可以在同一个进程中运行的特殊类型节点，它们对应于 Linux 系统中的线程和进程，因此又被称为线程节点。它们可以彼此高效地通信，而不会使两个节点之间的网络传输层过载。此外，这些线程节点也可以与外部节点通信。

在 ROS 框架中，当节点之间传输的数据量非常大时，例如当从激光传感器传输数据时，或者当相机产生的是目标点云数据时，这就需要使用到 nodelet。

3.5.1 准备工作

在上一节中我们学习了如何使用 pluginlib 来动态加载一个类。对于 nodelet 来说，我们需要将每个类动态地加载为一个插件，每个插件必须拥有单独的命名空间（namespace）。每个已加载的类都可以作为单独的节点工作，我们将其称之为 nodelet，它们会在同一个进程中执行。

3.5.2 如何完成

在本节中，我们将开发一个基本的 nodelet，它会订阅名为 ros_in 的话题（std_msgs String），并通过名为 ros_out 的话题（std_msgs String）发布相同的消息。这里我们将讨论 nodelet 的工作原理。

1. 创建一个 nodelet

首先，我们在工作空间中使用以下命令创建一个名为 nodelet_hello_ros 的功能包。

```
$ catkin_create_pkg nodelet_hello_ros nodelet roscpp std_msgs
```

这里 nodelet 功能包提供了用来构建 ROS nodelet 的 API。现在，我们来创建一个名为 /src/hello_world.cpp 的文件，这里面包含了 nodelet 的实现代码。或者我们也可以直接使用

GitHub 上的现有包 chapter3_tutorials nodelet_hello_ros：

```
#include <pluginlib/class_list_macros.h>
#include <nodelet/nodelet.h>
#include <ros/ros.h>
#include <std_msgs/String.h>
#include <stdio.h>

namespace nodelet_hello_ros
{
class Hello : public nodelet::Nodelet
{
private:
   virtual void onInit()
   {
         ros::NodeHandle& private_nh = getPrivateNodeHandle();
         NODELET_DEBUG("Initialized Nodelet");
         pub = private_nh.advertise<std_msgs::String>("ros_out",5);
         sub = private_nh.subscribe("ros_in",5, &Hello::callback, this);
   }
   void callback(const std_msgs::StringConstPtr input)
   {
         std_msgs::String output;
         output.data = input->data;

         NODELET_DEBUG("msg data = %s",output.data.c_str());
         ROS_INFO("msg data = %s",output.data.c_str());
         pub.publish(output);
   }
  ros::Publisher pub;
  ros::Subscriber sub;
};
}
PLUGINLIB_DECLARE_CLASS(nodelet_hello_ros,Hello,nodelet_hello_ros::Hello,
nodelet::Nodelet);
```

这里我们将创建一个名为 Hello 的 nodelet 类，它从一个标准的 nodelet 基类继承而来。在 ROS 框架中，所有 nodelet 类都应该从 nodelet 基类继承并使用 pluginlib 动态加载。这里的 Hello 类就是可动态加载的。

在 nodelet 的初始化函数中，我们将创建 nodelet 句柄对象、发布者话题/ros_out 以及话题的订阅者/ros_in。订阅者绑定到一个名为 CALLBACK()的回调函数。我们将/ros_in 话题的消息在控制台上打印出来并发布到/ros_out 话题。

最后，我们将使用 PLUGINLIB_EXPORT_CLASS 宏将 Hello 类导出为用于动态加载的插件。

2. 插件描述

与前面的 pluginlib 一样，我们将在 nodelet_hello_ros 包中创建一个名为 hello_ros.xml 的插件描述文件，该文件包含以下内容：

```
<library path="libnodelet_hello_world">
<class name="nodelet_hello_world/Hello" type="nodelet_hello_world::Hello"
base_class_type="nodelet::Nodelet">
      <description>
      A node to duplicate a message
      </description>
</class>
</library>
```

此外，我们还将在 package.xml 中添加导出（export）标记，以及构建和运行时的依赖项（可选）：

```
<export>
    <nodelet plugin="${prefix}/hello_ros.xml"/>
</export>
```

3. nodelet 的构建与运行

我们将在 CMakeLists.txt 中为源代码文件创建条目，以便能够构建一个 nodelet 功能包：

```
## Declare a cpp library
 add_library(nodelet_hello_ros
   src/hello_ros.cpp
 )

## Specify libraries to link a library or executable target against
 target_link_libraries(nodelet_hello_ros
   ${catkin_LIBRARIES}
 )
```

因此，我们可以使用 catkin_make 来构建包，如果构建成功将生成一个共享对象 libnodelet_hello_world.so 文件，它实际上是一个插件。

以下命令可用于启动 nodelet manager：

```
$ roscore
$ rosrun nodelet nodelet manager __name:=nodelet_manager
```

如果 nodelet manager 成功运行，我们将看到图 3-10 所示的内容。

```
^Ckumar@kumar-Inspiron-5437:~/catkin_ws$ rosrun nodelet nodelet manager __name:=nodelet_manager
[ INFO] [1513429439.559984285]: Initializing nodelet with 4 worker threads.
```

图 3-10 nodelet manager

在启动 nodelet manager 之后，我们需要使用以下命令启动 nodelet：

```
$ rosrun nodelet nodelet load nodelet_hello_world/Hello nodelet_manager_
_name:=Hello1
```

当上面的命令成功执行之后，nodelet 就会通知 nodelet manager 来生成一个名为 Hello1 的 nodelet_hello_world/Hello 实例。如果 nodelet 实例化成功完成，我们将看到图 3-11 所示的界面。

```
kumar@kumar-Inspiron-5437:~/catkin_ws$ rosrun nodelet nodelet load nodelet_hello_ros/Hello nodelet_manager __name:=Hello1
[ INFO] [1513436103.522021253]: Loading nodelet /Hello1 of type nodelet_hello_ros/Hello to manager nodelet_manager with the following remapping
s:
```

图 3-11 正在运行的 nodelet

我们可以查看该节点运行之后生成图 3-12 所示的话题列表。

```
roscore http://kumar-I...  ×  kumar@kumar-Inspiro...  ×  kumar@kumar-Inspiro...  ×  kumar@kumar-
kumar@kumar-Inspiron-5437:~/catkin_ws$ rostopic list
/Hello1/msg_in
/Hello1/ros_in
/Hello1/ros_out
/nodelet_manager/bond
/rosout
/rosout_agg
kumar@kumar-Inspiron-5437:~/catkin_ws$
```

图 3-12 nodelet 话题

我们还可以通过将消息字符发布到话题/Hello1/ros_in 中，并查看在 Hello1/ros_out 中是否接收到了同样的消息来验证某些 nodelet 是否工作正常（见图 3-13）。

```
^Ckumar@kumar-Inspiron-5437:~/catkin_ws$ rostopic pub /Hello1/msg_in std_msgs/String "Hello"
publishing and latching message. Press ctrl-C to terminate
```

```
kumar@kumar-Inspiron-5437:~/catkin_ws$ rostopic echo /Hello1/ros_out
data: Hello
---
```

图 3-13 工作中的 nodelets

在这里你将会看到 Hello()类的一个实例是作为节点创建的。另外，我们还可以通过这个 nodelet 中的不同节点名来创建 Hello()类的多个实例。

3.5.3 扩展学习

正如前面所讲解的那样，我们还可以通过创建启动文件来加载 nodelet 类的多个实例。下面的启动文件 hello_ros.launch 就会加载名称为 Hello1 和 Hello2 的两个 nodelet：

```
<launch>
<!-- Started nodelet manager -->

  <node pkg="nodelet" type="nodelet" name="standalone_nodelet"
args="manager" output="screen"/>
<!-- Starting first nodelet -->

  <node pkg="nodelet" type="nodelet" name="Hello1" args="load
nodelet_hello_ros/Hello standalone_nodelet" output="screen">
  </node>

<!-- Starting second nodelet -->

  <node pkg="nodelet" type="nodelet" name="Hello2" args="load
nodelet_hello_ros/Hello standalone_nodelet" output="screen">
  </node>

</launch>
```

我们可以按照如下所示的方式使用 launch 文件来启动 NODELET：

```
$ roslaunch nodelet_hello_world hello_ros.launch
```

我们可以使用 rqt_graph 来查看 ROS 框架中的节点是如何连接的（见图 3-14）：

```
$rosrun rqt_gui rqt_gui
```

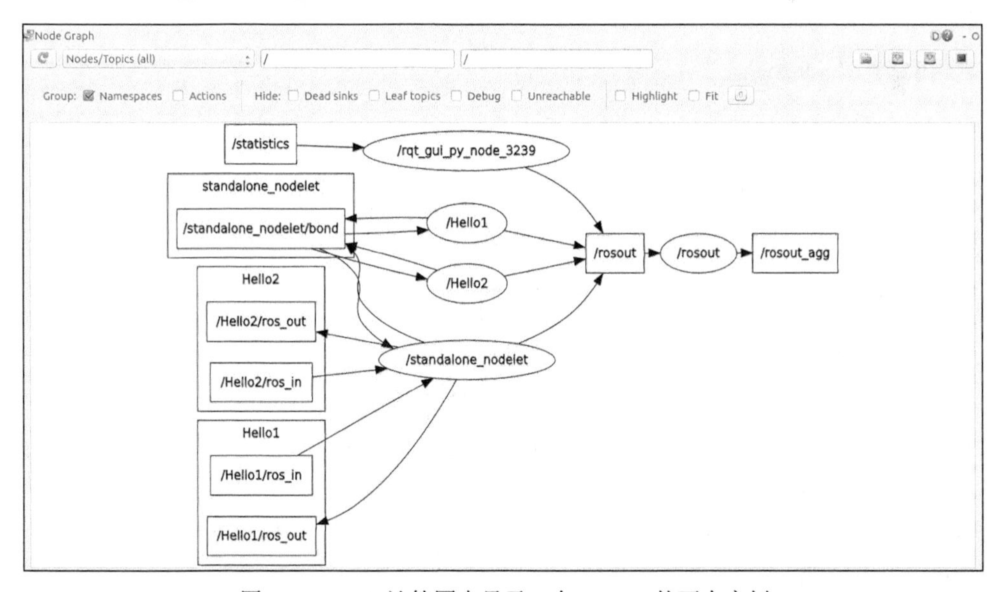

图 3-14 ROS 计算图中显示一个 nodelet 的两个实例

3.6 掌握 Gazebo 框架与插件

Gazebo 是一个三维模拟器框架，它能够在复杂环境中精确、有效地对各种机器人进行模拟。Gazebo 作为一个模拟器框架，它采用了和游戏引擎相类似的工作方式，同时提供了更高程度的一致性和完整性的物理模拟。

在本节中将要开始对 Gazebo 插件开发基础知识的学习，我们会在第 4 章中研究各种机器人模拟器开发时使用到这些知识。不过，学习 Gazebo 插件需要先了解 Gazebo 框架，我们将在第 6 章～第 9 章中对这些内容进行学习。

3.6.1 准备工作

通过 Gazebo 插件，我们就能够使用 Gazebo 框架开发多种机器人模型、传感器和世界特性。Gazebo 插件和 pluginlib 和 nodelet 相类似，也是共享库，我们可以从 Gazebo 模拟器动态加载或卸载这些库。

不过，Gazebo 是独立于 ROS 框架的。因为我们可以使用插件来实现对 Gazebo 全部组件进行访问和扩展。像往常一样，我们先将 Gazebo 组件分成 6 种类型：

- 世界（World）。
- 模型（Model）。
- 传感器（Sensor）。
- 系统（System）。
- 可视化（Visual）。
- GUI。

这些插件类型分别与 Gazebo 的组件相关联。

例如，一个模型（Model）插件就可以用来实现对 Gazebo 中指定模型（例如一个完整的或者不完整的机器人模型）的关联和控制。类似的，世界（World）插件就可以关联到虚拟世界（例如一个结构的或非结构化的环境），传感器（Sensor）插件关联到特定的传感器。另外，系统（System）插件是在命令行中指定的，在 Gazebo 启动期间首先加载该命令行，并在启动过程中为用户提供控制。此外，可视化（Visual）插件和 GUI 插件与外观相关，并与渲染引擎相关联。

我们应该由需求决定插件的类型。如果要控制例如物理引擎、环境照明等世界属性的时候，就需要使用世界（World）插件。同样我们也可以使用模型（Model）插件来控制模型的关节和状态，使用传感器（Sensor）插件来获取传感器信息和控制传感器属性。

3.6.2 如何完成

在开始使用 GaseBo 插件之前，我们必须安装相关的包。我们所使用的 ROS Kinetic 已经默认安装了版本为 7.x 的 Gazebo，因此，我们需要安装 Gazebo 的开发包 libgazebo7-dev:

```
$sudo apt-get install libgazebo7-dev
```

Gazebo 插件是独立于 ROS 的，所以在构建这个插件时无须使用 ROS 库文件。

1. “Hello World” 插件

这些插件的设计方法很简单，在这里我们先来研究一个空无一物的世界（World）插件，其中包含一个具有数个成员函数的类。

首先，我们为新插件建立一个目录和.cc 文件。

```
$ mkdir ~/gazebo_plugin_tutorial
$ cd ~/gazebo_plugin_tutorial
$ gedit hello_world.cc
```

你可以使用配套代码中现有的功能包 chapter3_tutorials/gazebo_plugin_tutorial。

接下来，我们将下面的代码添加到 hello_world.cc 中：

```
#include <gazebo/gazebo.hh>
namespace gazebo
{
  class WorldPluginTutorial : public WorldPlugin
  {
    public: WorldPluginTutorial() : WorldPlugin()
            {
              printf("Gazebo Says: Hello World!n");
            }
    public: void Load(physics::WorldPtr _world, sdf::ElementPtr _sdf)
            {
            }
  };
  GZ_REGISTER_WORLD_PLUGIN(WorldPluginTutorial)
}
```

现在我们来了解一下上面的代码，其中 gazebo/gazebo.hh 文件里包含了 gazebo 的基本功能。视具体情况需要，我们还可以添加 gazebo/physics/physics.hh、gazebo/rendering/rendering.hh 或者 gazebo/sensors/sensors.hh 等头文件。此外，所有插件都必须位于 gazebo 命名空间中，并且必须继承自一个插件类，在这个例子中用的类就是继承自 WorldPlugin 类。这段代码中一个必需的函数是 Load()，其中的 sdf 用来接收一个 sdf 文件中指定的参数和属性。我们将在接下来的第 4 章中详细讨论 SDF 文件，同时还会讲解机器人模型及世界的模拟设计。

最后，这个插件必须使用宏 GZ_REGISTER_WORLD_PLUGIN 在模拟器中注册。这个宏唯一需要的参数就是插件类的名称。每个插件类都有各自对应的注册宏，如下所示：GZ_REGISTER_MODEL_PLUGIN、GZ_REGISTER_SENSOR_PLUGIN、GZ_REGISTER_GUI_PLUGIN、GZ_REGISTER_SYSTEM_PLUGIN 和 GZ_REGISTER_VISUAL_PLUGIN，我们可以根据具体的情况来使用这些宏。

2. 编译插件

我们首先需要确认 Gazebo 已经安装妥善了，然后继续前面插件的编译工作。接下来要创建文件~/gazebo_plugin_tutorial/CMakeLists.txt 并将下面代码添加到其中。

```
cmake_minimum_required(VERSION 2.8 FATAL_ERROR)
find_package(gazebo REQUIRED)
include_directories(${GAZEBO_INCLUDE_DIRS})
link_directories(${GAZEBO_LIBRARY_DIRS})
list(APPEND CMAKE_CXX_FLAGS "${GAZEBO_CXX_FLAGS}")

add_library(hello_world SHARED hello_world.cc)
target_link_libraries(hello_world ${GAZEBO_LIBRARIES})
set(CMAKE_CXX_FLAGS "${CMAKE_CXX_FLAGS} ${GAZEBO_CXX_FLAGS}")
```

接下来，我们要创建 build 目录并对代码进行编译：

```
$ mkdir ~/gazebo_plugin_tutorial/build
$ cd ~/gazebo_plugin_tutorial/build
$ cmake ..
$ make
```

如果编译成功，就会产生一个共享库~/gazebo_plugin_tutorial/build/libhello_world.so，可以将这个库插入到 Gazebo 模拟器中。最后，我们必须将库路径添加到 GAZEBO_PLUGIN_PATH 中，使用的命令如下所示：

```
$ export
GAZEBO_PLUGIN_PATH=${GAZEBO_PLUGIN_PATH}:~/gazebo_plugin_tutorial/build
```

这个操作只为当前命令行（shell）添加了路径，如果我们想要在每个新打开的终端都使用这个插件，就必须在~/.bashrc 文件中添加上面的命令。

3. 使用插件

现在已经有了一个编译成共享库的插件，我们可以在 SDF 文件（参考 SDF 文档获取更多信息）中将其关联到一个世界（world）模型上。Gazebo 会在启动过程中对 SDF 文件进行解析，对插件进行定位，对代码进行加载。

接下来，我们将创建一个名为~/gazebo_plugin_tutorial/hello.world 的世界（world）文件，并将下面的代码复制到其中：

```
<?xml version="1.0"?>
<sdf version="1.4">
  <world name="default">
    <plugin name="hello_world" filename="libhello_world.so"/>
  </world>
</sdf>
```

最后，我们在启动时将其传递给 GZServer。

```
$ gzserver ~/gazebo_plugin_tutorial/hello.world --verbose
```

我们将看到图 3-15 所示的输出。

```
kumar@kumar-Inspiron-5437:~/gazebo_plugin_tutorial$ export GAZEBO_PLUGIN_PATH=${GAZEBO_PLUGIN_PATH}:~/gazebo_plugin_tutorial/build
kumar@kumar-Inspiron-5437:~/gazebo_plugin_tutorial$ gzserver ~/gazebo_plugin_tutorial/hello.world --verbose
Gazebo multi-robot simulator, version 8.1.1
Copyright (C) 2012 Open Source Robotics Foundation.
Released under the Apache 2 License.
http://gazebosim.org

[Msg] Waiting for master.
[Msg] Connected to gazebo master @ http://127.0.0.1:11345
[Msg] Publicized address: 192.168.1.2
Hello World!
```

图 3-15　gazebo 插件的输出

3.7　掌握 ROS 的 TF（坐标变换）

开发 TF 库的目的是实现系统中任一个点在所有坐标系之间的坐标变换，也就是说，只要给定一个坐标系下的一个点的坐标，就能获得这个点在其他坐标系的坐标。

3.7.1 准备工作

在这一节中，我们来讨论 TF 库及其在机器人程序开发中的应用。我们将会通过一个使用 turtlesim 实现的多机器人实例来了解 TF 库的强大实力，同时也会介绍 TF 库的可视化和调试工具，例如 tf_echo、view_frames、rqt_tf_tree 和 rviz。

首先，需要从 ROS 软件仓库安装所需的功能包。

```
$ sudo apt-get install ros-kinetc-ros-tutorials ros-kinetic-geometry-tutorials ros-kinetic-rviz ros-kinetic-rosbash ros-kinetic-rqt-tf-tree
```

成功安装了所需的功能包之后，我们就可以启动示例 demo 了：

```
$ roslaunch turtle_tf turtle_tf_demo.launch
```

当这个 turtlesim 示例启动之后，我们就可以使用键盘上的箭头按键来控制小乌龟的移动了（见图 3-16）。

我们需要选中 roslaunch 终端窗口，或者为当前终端选中“Always Top”选项，这样才能通过捕获到的按键行为来驱动小乌龟。

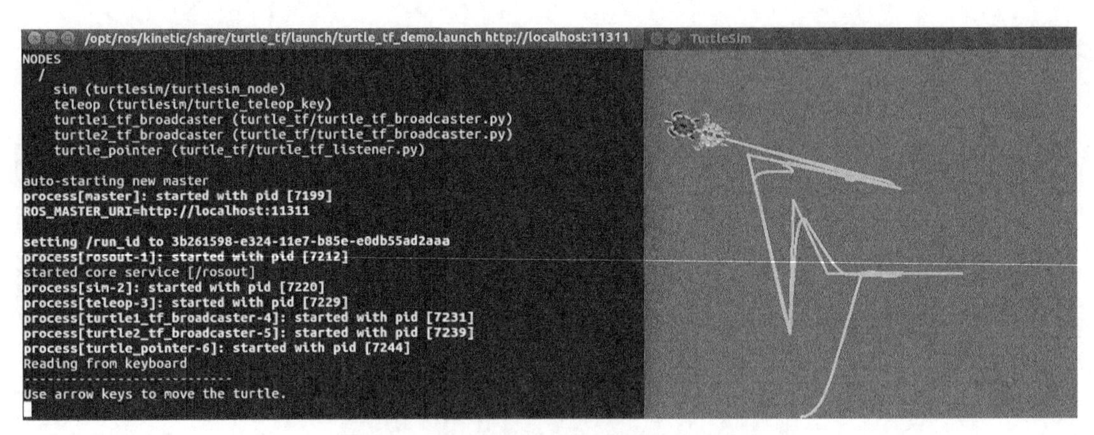

图 3-16　小乌龟 2 号在跟随小乌龟 1 号

从屏幕上可以观察到另一只乌龟会始终跟随着我们控制的乌龟移动。在这个演示程序中，ROS TF 库中创建了 3 个参考坐标系：一个 world（世界）坐标系、一个 turtle1（小乌龟 1 号）坐标系和一个 turtle2（小乌龟 2 号）坐标系。并且创建了一个用来发布第一个小乌龟坐标系的 TF broadcaster（广播器），一个用来计算两个小乌龟坐标系之间差值的 TF listener（监听器），它们实现了第二个小乌龟跟随第一个小乌龟的行动。

现在我们将讨论一些用于可视化和调试 TF 变换的 ROS 工具。

1．使用 view_frames

使用工具 view_frames 创建一个在 ROS 上、由 TF 发布的坐标系图片。

```
$ rosrun tf view_frames
$ evince frames.pdf
```

生成的图片如图 3-17 所示。

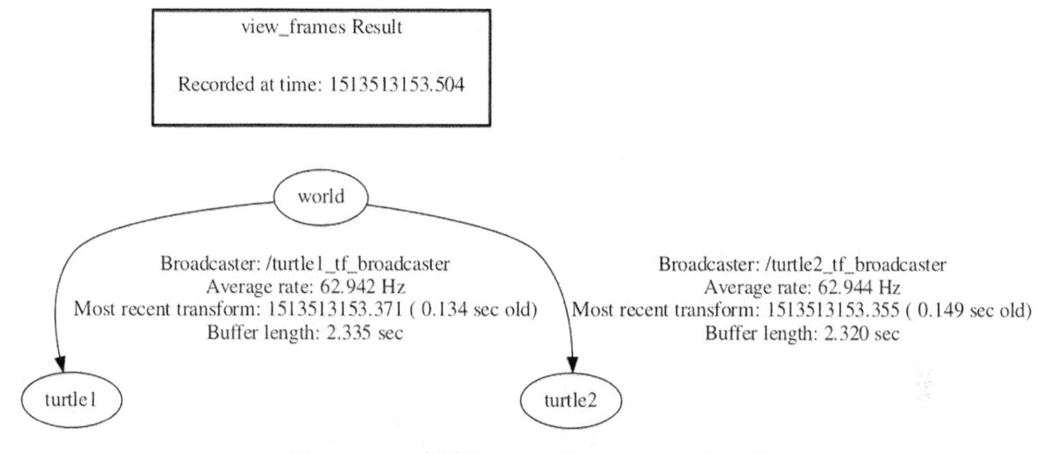

图 3-17 TF 广播的 turtle1 和 turtle2 之间的关系

在图 3-17 中，我们可以看到 TF 所广播的 3 个坐标系：world 坐标系、turtle1 坐标系和 turtle2 坐标系。而 world 坐标系是其他两个 turtle1 坐标系和 turtle2 坐标系的父坐标系。

2．使用 rqt_tf_tree

rqt_tf_tree 是一个可以用来观察在 Ros 上发布坐标系树的实时工具，相应的坐标系树如图 3-18 所示。

```
$ rosrun rqt_tf_tree rqt_tf_tree
```

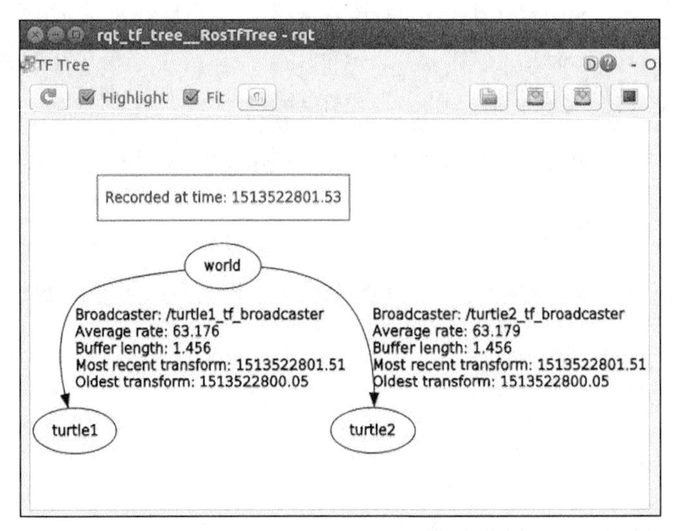

图 3-18　坐标系树的演示

3．使用 tf_echo

报告在 ROS 上任意两个坐标系发布的变换。

```
$ rosrun tf tf_echo [reference_frame] [target_frame]
$ rosrun tf tf_echo turtle1 turtle2
```

你可能已经注意到，当 tf_echo 监听器（listener）通过 ROS 接收到坐标系广播时，就会将转换的结果显示出来，如图 3-19 所示。

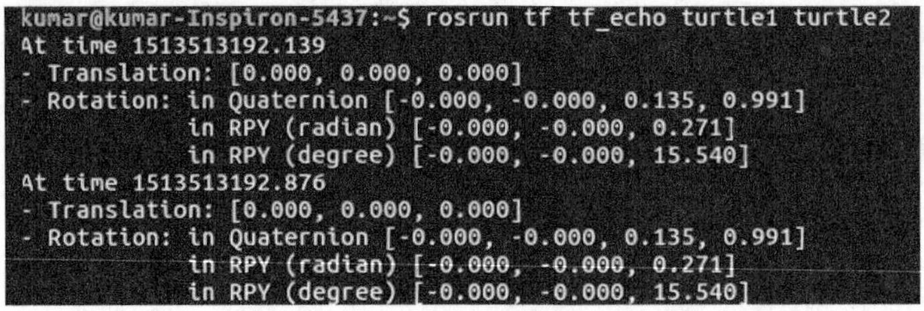

```
kumar@kumar-Inspiron-5437:~$ rosrun tf tf_echo turtle1 turtle2
At time 1513513192.139
- Translation: [0.000, 0.000, 0.000]
- Rotation: in Quaternion [-0.000, -0.000, 0.135, 0.991]
            in RPY (radian) [-0.000, -0.000, 0.271]
            in RPY (degree) [-0.000, -0.000, 15.540]
At time 1513513192.876
- Translation: [0.000, 0.000, 0.000]
- Rotation: in Quaternion [-0.000, -0.000, 0.135, 0.991]
            in RPY (radian) [-0.000, -0.000, 0.271]
            in RPY (degree) [-0.000, -0.000, 15.540]
```

图 3-19　tf_echo 显示的坐标系

4．使用 RViz 和 TF

RViz 是一款图形化的三维可视化工具（见图 3-20），可以用来查看 ROS 系统中的 TF 坐标系之间的关系。

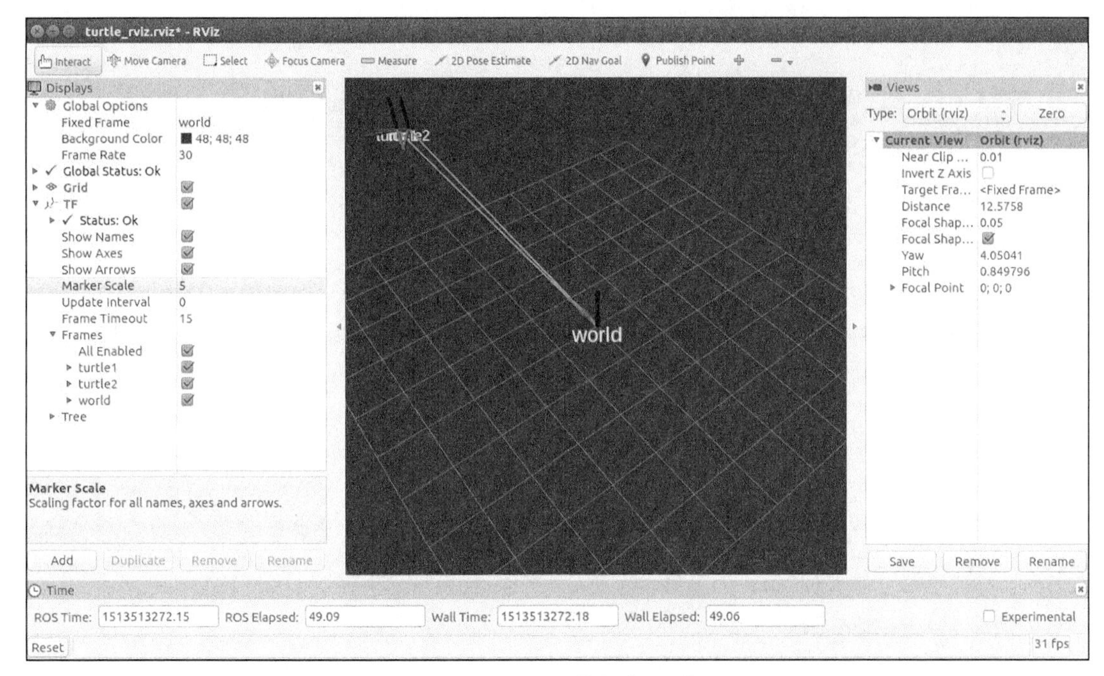

图 3-20　RViz 的操作界面

在 RViz 操作界面中可以看到 TF 正在广播当前坐标系的信息，当我们控制乌龟在屏幕里四处移动时，就可以在 RViz 中看到坐标系的变化。

3.7.2　如何完成

在本节中，我们将学习如何编写代码来再现前面讨论过的演示应用程序。

1. 编写一个 TF broadcaster（广播器）

首先，我们需要在工作空间中创建一个 ros 功能包，并从配套代码中将 chapter3_tutorials/tf_tutorials 文件复制到其中：

```
$ catkin_create_pkg tf_tutorials tf roscpp rospy turtlesim
```

接下来，我们将创建 tf_tutorials/src/turtle_tf_broadcaster.cpp 文件并添加如下代码：

```
#include <ros/ros.h>
#include <tf/transform_broadcaster.h>
#include <turtlesim/Pose.h>

std::string turtle_name;
```

```
void poseCallback(const turtlesim::PoseConstPtr& msg){
  static tf::TransformBroadcaster br;
  tf::Transform transform;
  transform.setOrigin( tf::Vector3(msg->x, msg->y, 0.0) );
  tf::Quaternion q;
  q.setRPY(0, 0, msg->theta);
  transform.setRotation(q);
  br.sendTransform(tf::StampedTransform(transform, ros::Time::now(),
"world", turtle_name));
}

int main(int argc, char** argv){
  ros::init(argc, argv, "tf_broadcaster");
  if (argc != 2){ROS_ERROR("need turtle name as argument"); return -1;};
  turtle_name = argv[1];

  ros::NodeHandle node;
  ros::Subscriber sub = node.subscribe(turtle_name+"/pose", 10,
&poseCallback);
  ros::spin();
  return 0;
};
```

这里，我们将创建一个 TransformBroadcaster 对象，该对象将用于通过 ROS 通信网络发送转换消息。我们需要创建一个 Transform 对象来复制这个乌龟图形的 2D 位置信息并转换为 3D 位置。

```
br.sendTransform(tf::StampedTransform(transform, ros::Time::now(), "world",
turtle_name));
```

在前面的代码中，真正的工作是通过下面 4 个参数完成的。

（1）首先，需要 transform 本身，它是在前面代码中创建的。

（2）接下来，我们需要给 transform 一个时间戳，这个时间戳是现在的时间 ros::Time::now()。

（3）然后，需要将我们创建的父坐标系名字传输过去，在这个例子中是 world。

（4）最后，需要将我们创建的子坐标系名字传输过去，在这里就是 turtle 本身。

sendTransform 和 StampedTransform 函数中使用的父坐标系和子坐标系的参数顺序是前后相反的。

2. 编写一个TF listener（监听器）

在前面的小节中，我们创建了一个TF广播器，将乌龟的姿态发布到TF上。在这一节中，我们将会使用TF来编写一个TF监听器。

首先创建一个tf_tutorials/src/ turtle_tf_listener.cpp文件，并将如下代码添加到其中：

```
#include <ros/ros.h>
#include <tf/transform_listener.h>
#include <geometry_msgs/Twist.h>
#include <turtlesim/Spawn.h>

int main(int argc, char** argv){
  ros::init(argc, argv, "tf_listener");

  ros::NodeHandle node;

  ros::service::waitForService("spawn");
  ros::ServiceClient add_turtle =
    node.serviceClient<turtlesim::Spawn>("spawn");
  turtlesim::Spawn srv;
  add_turtle.call(srv);

  ros::Publisher turtle_vel =
    node.advertise<geometry_msgs::Twist>("turtle2/cmd_vel", 10);

  tf::TransformListener listener;

  ros::Rate rate(10.0);
  while (node.ok()){
    tf::StampedTransform transform;
    try{
      listener.lookupTransform("/turtle2", "/turtle1",
                               ros::Time(0), transform);
    }
    catch (tf::TransformException &ex) {
      ROS_ERROR("%s",ex.what());
      ros::Duration(1.0).sleep();
      continue;
```

```
    }

    geometry_msgs::Twist vel_msg;
    vel_msg.angular.z = 4.0 * atan2(transform.getOrigin().y(),
                                    transform.getOrigin().x());
    vel_msg.linear.x = 0.5 * sqrt(pow(transform.getOrigin().x(), 2) +
                                  pow(transform.getOrigin().y(), 2));
    turtle_vel.publish(vel_msg);

    rate.sleep();
  }
  return 0;
};
```

这里我们先来创建一个 TransformListener 对象，该对象将开始通过 ROS 通信网络接收 TF 转换，并且默认情况下的缓冲时间为 10s：

```
try{
    listener.lookupTransform("/turtle2", "/turtle1",
                             ros::Time(0), transform);
  }
```

在前面的代码中，我们查询监听器进行特定的转换，这里面共使用了 4 个参数。前面的两个参数指定从/turtle2 坐标系到/turtle1 坐标系的转换。第三个参数指明了变换（transformation）的时间，提供 ros::Time(0)即会给出最近的可用的变换。最后一个参数将用来存储变换（transformation）的结果。

3. 编译并运行 TF

在前面的小节中，我们学习了开发 TF 示例 demo 程序代码的过程。接下来我们需要在 CMakeLists.txt 文件中输入关于源文件和编译规则的条目：

```
add_executable(turtle_tf_broadcaster src/turtle_tf_broadcaster.cpp)
target_link_libraries(turtle_tf_broadcaster ${catkin_LIBRARIES})

add_executable(turtle_tf_listener src/turtle_tf_listener.cpp)
target_link_libraries(turtle_tf_listener ${catkin_LIBRARIES})
```

现在我们使用 catkin_make 命令在工作空间的顶层文件夹中构建功能包。如果一切顺利，你应该在 devel/lib 文件夹中有两个名为 turtle_tf_broadcaster 和 turtle_tf_listener 的二进制文件。

接下来我们将创建一个名为 launch/start_demo.launch 的启动文件，并将启动、配置和信息内容添加到其中：

```
<launch>
    <!-- Turtlesim Node-->
    <node pkg="turtlesim" type="turtlesim_node" name="sim"/>

    <node pkg="turtlesim" type="turtle_teleop_key" name="teleop"
output="screen"/>
    <!-- Axes -->
    <param name="scale_linear" value="2" type="double"/>
    <param name="scale_angular" value="2" type="double"/>

    <node pkg="tf_tutorials" type="turtle_tf_broadcaster"
          args="/turtle1" name="turtle1_tf_broadcaster" />
    <node pkg="tf_tutorials" type="turtle_tf_broadcaster"
          args="/turtle2" name="turtle2_tf_broadcaster" />
    <node pkg="tf_tutorials" type="turtle_tf_listener"
          name="listener" />
</launch>
```

最后，我们可以使用前面讨论的 TF 可视化和调试工具来验证结果：

```
$ roslaunch tf_tutorials start_demo.launch
```

3.8 掌握 ROS 可视化工具（RViz）及其插件

RViz 是一个非常值得推荐的工具，我们可以使用它在 ROS 系统中实现标准三维可视化和调试。通过这个工具，我们就可以查看几乎所有传感器数据和各种机器人状态以及它们与三维世界的对应关系。另外，如果你在安装 ros 时采用了桌面完整版（Desktop-Full ）安装方式，那么系统中已经默认安装好了 RViz。

3.8.1 准备工作

在本节中，我们将开始接触 RViz，并学习 RViz 基本组件的使用：

```
$rosrun rviz rviz
```

我们假设 roscore 正在运行，图 3-21 显示了 RViz 的图形化操作界面，接下来我们将分别讨论其中各个部分的作用。

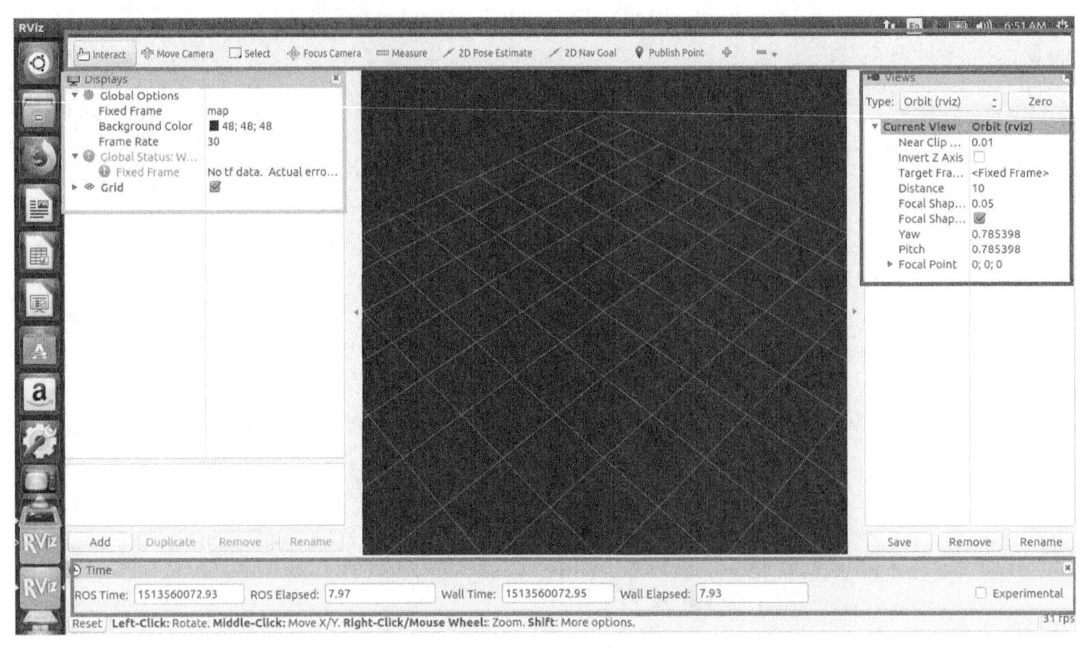

图 3-21 RViz 的操作界面

1．显示面板

RViz 左侧的面板就是显示（Display）面板，其中包含了一系列的 RViz 显示插件以及它们的属性。这些显示插件可以用来实现各种不同类型消息的可视化，这些消息主要包括机器人传感器的信息、机器人的运动状态等，例如照相机上拍摄的图像，激光扫描得到的三维点云、机器人模型、TF 等。我们可以通过左侧面板上的“Add”按钮来添加所需的插件。另外，我们也可以自行开发特定的显示插件，并将它们添加到 RViz 的显示面板中。

2．RViz 工具栏

RViz 工具栏位于 RViz 图形化操作界面的上方，里面包含了用来操作 RViz 显示三维视图窗口的工具。这个工具栏由一系列的工具所组成，主要用来实现与机器人模型的交互、摄像机视图的修改、导航目标的设置以及提供机器人二维姿态的估计值。此外，我们也可以通过插件的形式在工具栏上添加自定义工具。

3．视图面板

视图面板（View panel）位于 RViz 图形化操作界面的右侧，我们可以通过它来保存三维视图窗口中的不同视图配置，并通过加载保存配置的方式来实现对各个视图的切换。

4. 时间面板

时间面板（Time panel）位于 RViz 图形化操作界面的底部，它用来显示经过的模拟器时间。当模拟器和 RViz 一同运行时，这个面板就显得尤其有用，因为模拟器的时间往往和系统时间有一定的差异。此外，我们还可以使用这个面板来重置 RViz 的初始设置。

在 RViz 插件的开发文档中，我们可以看到一个使用 rviz_plugin_tutorials 功能包构建的 RViz 插件库，里面包含了两个主要的类：ImuDisplay 和 TeleopPanel，我们将在下一节中插件对 ImuDisplay 进行研究。

5. 开发一个用于显示 IMU（惯性测量单元）的 RViz 插件

在本小节中，我们将学习如何为 RViz 编写一个简单的显示插件。由于 RViz 目前没有直接显示 sensor_msgs/Imu 消息的方法，因此我们通过实现一个子类 rviz::Display 来完成这个任务。

3.8.2 如何完成

我们可以从 chapter3_tutorials/rviz_plugin_tutorials/文件中获取 rviz_plugin_tutorials 功能包的源代码，ImuDisplay 代码包含在 src/imu_display.h、src/imu_display.cpp、src/imu_visual.h 和 src/imu_visual.cpp 这几个文件中。

另外，我们也可以使用 ImuDisplay 插件来创建一个功能包，并在相应的文件中添加源代码：

```
$ catkin_create_pkg rviz_plugin_tutorials roscpp rviz std_msgs
```

这些开源代码都自解释型的。

1. 插件的导出

我们首先来创建一个 plugin_description.xml 文件，以便系统中的其他 ROS 包可以找到和理解该插件，正如我们在前面小节中对其他插件所做的一样：

```
<export>
    <rviz plugin="${prefix}/plugin_description.xml"/>
</export>
```

plugin_description.xml 文件中至少应该包含以下的内容：

```
<library path="lib/librviz_plugin_tutorials">
  <class name="rviz_plugin_tutorials/Imu"
         type="rviz_plugin_tutorials::ImuDisplay"
         base_class_type="rviz::Display">
    <description>
      Displays direction and scale of accelerations from sensor_msgs/Imu
messages.
    </description>
    <message_type>sensor_msgs/Imu</message_type>
  </class>
</library>
```

2. 插件的构建与使用

我们可以像往常一样通过在顶层文件夹中调用 catkin_make 来构建插件。当完成了这个 RViz 插件的编译和导出操作之后，我们就可以很简单地运行 RViz，而且 RViz 将使用 pluginlib 查找并导出所有的插件：

```
$ rosrun rviz rviz
```

该命令成功执行后的输出如图 3-22 所示。

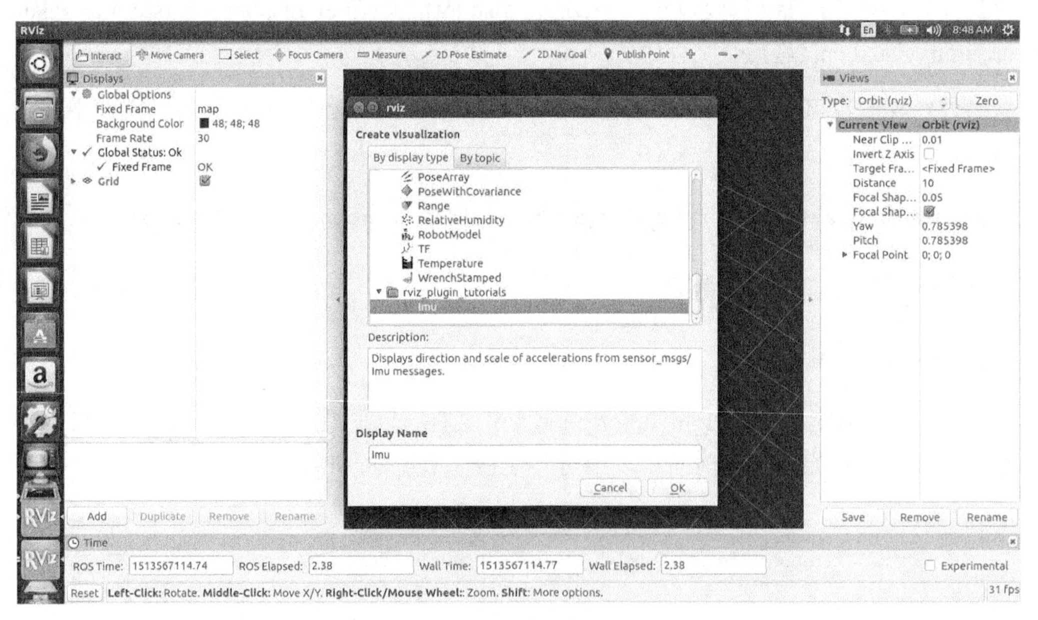

图 3-22 在 RViz 中添加 Imu 插件

我们可以通过单击显示（Display）面板底部的添加（Add）按钮来添加 ImuDisplay。

由于我们工作在模拟环境中，所以没有 Imu 或 sensor_msgs/Imu 消息的来源，这时就需要使用 Python 脚本来验证插件。这个脚本可以在/test_imu 话题上模拟传感器的输出，我们可以在显示面板中的 Imudisplay 条目中对这个话题进行设置。

```
$ python scripts/send_test_msgs.py
```

这个 Python 脚本可以发布 Imu 消息和 TF 坐标系，这些内容都可以在 RViz 的图形化界面进行查看（见图 3-23）。

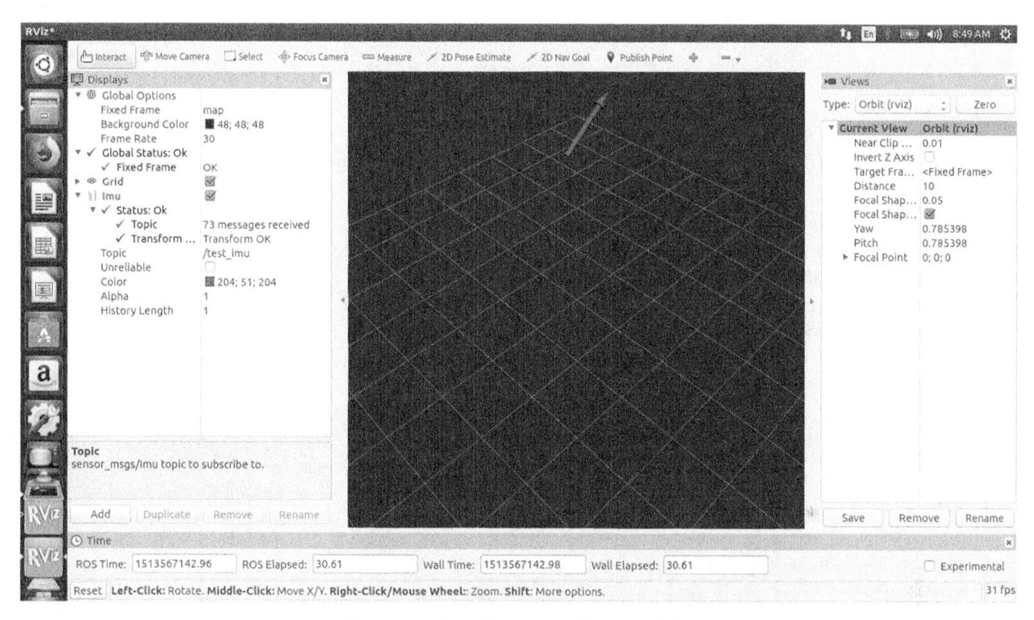

图 3-23 在 RViz 中运行 Imu 插件

我们可以参考 RViz 的开发文档的内容来获取开发 TeleopPanel 和 PlantFlagTool 插件的详细信息。

第 4 章 ROS 可视化与调试工具

在这一章中，我们将就以下内容进行研究：

- 对 ROS 节点的调试和分析；
- ROS 消息的记录与可视化；
- ROS 系统的检测与诊断；
- 标量数据的可视化与绘图；
- 非标量数据的可视化—二维/三维图像；
- ROS 话题的录制与回放。

4.1 简介

在第 3 章中，我们研究了 ROS 体系结构及其功能的高级概念，这些概念包括参数服务器、actionlib、pluginlib 和 nodelet 等。另外，我们了解了用于模拟的 Gazebo 框架和它的插件，同时也学习了 ROS TF（坐标变换库）。最后我们还讨论了用于调试和监控的 ROS 可视化工具（RViz）及其插件的使用。

在本章中，我们将会专门研究一些用于实现可视化和调试的概念和工具。首先，我们将学习如何使用 gdb 调试器和 valgrind 来调试和分析 ROS 节点。

因此，我们将研究如何使用 rqt 记录和可视化 ROS 消息，并观察具有不同严重性级别、名称、条件和节流选项的 ROS 计算图。

类似的，在本章中，我们将学习如何绘制离散时间序列中的标量数据、从视频流可视化图像，并使用 RViz 在 3D 中表示不同类型的矢量数据。

4.2 对 ROS 节点的调试和分析

ROS 节点的调试方法与传统程序相类似，因为它们也都是作为 Linux 运行环境中的具有 PID 的进程运行的。因此我们可以使用标准工具（例如 gdb）对 ROS 节点进行调试，使用 memcheck 来检查它们是否存在内存溢出，以及单独使用 valgrind 或者联合使用 valgrind 与 memcheck 检查配置文件的性能。

在下面的小节中，我们将学习如何在 ROS 框架中配置这些工具。接下来先来研究如何将日志记录消息添加到程序源代码中，以便对它们进行观察，从而在运行时无须对可执行文件进行调试，就可以诊断出基本问题。最后，我们将研究 ROS 自检（introspection）工具，通过它们可以轻松地检测到节点之间断开的连接。

4.2.1 准备工作

首先，我们将分别在工作区的 ROS 包中来创建各个示例程序，或者从配套代码中获取 chapter4_tutorials 功能包。我们使用 gdb 调试器对 ROS C/C++节点进行调试，首先将当前目录切换到节点所在位置，然后在 gdb 中运行可执行的节点，使用的命令如下所示：

```
$ cd devel/lib/chapter4_tutorials
$ gdb program1
```

我们必须在 gdb 中启动节点之前就运行 roscore，因为这个调试过程必须保证主服务器的运行。我们必须使用命令 catkin_make -DCMAKE_BUILD_TYPE=Debug 来构建一个带有调试符号(debug symbol)ROS 功能包。

4.2.2 如何完成

1．将如下内容的 launch 文件附加到 gdb 调试器中：

```
 <launch>
  <node pkg=""chapter4_tutorials"" type=""program1""
name=""program1"" output=""screen""
  launch-prefix=""xterm -e gdb --args""/>
</launch>
```

2．使用 lauch 命令在 gdb 调试器中启动 ROS 节点：

```
$ roslaunch chapter4_tutorials program1_gdb.launch
```

3．我们为附加到 gdb 的节点的创建一个 xterm 命令行（shell），如图 4-1 所示。

此外，如果情况需要，我们可以设置断点，然后按“c”或者“r”键来继续运行这个节点并对其进行调试。我们还可以使用命令“l”来列出源代码：

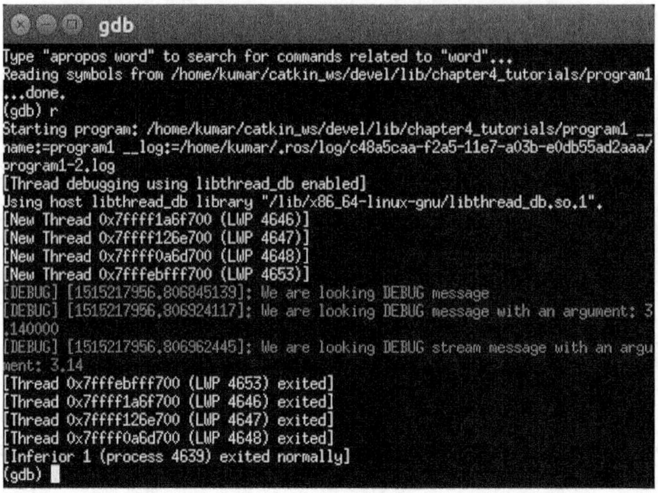

```
gdb
Type "apropos word" to search for commands related to "word"...
Reading symbols from /home/kumar/catkin_ws/devel/lib/chapter4_tutorials/program1
...done.
(gdb) r
Starting program: /home/kumar/catkin_ws/devel/lib/chapter4_tutorials/program1 __
name:=program1 __log:=/home/kumar/.ros/log/c48a5caa-f2a5-11e7-a03b-e0db55ad2aaa/
program1-2.log
[Thread debugging using libthread_db enabled]
Using host libthread_db library "/lib/x86_64-linux-gnu/libthread_db.so.1".
[New Thread 0x7ffff1a6f700 (LWP 4646)]
[New Thread 0x7ffff126e700 (LWP 4647)]
[New Thread 0x7ffff0a6d700 (LWP 4648)]
[New Thread 0x7fffebfff700 (LWP 4653)]
[DEBUG] [1515217956.806845139]: We are looking DEBUG message
[DEBUG] [1515217956.806924117]: We are looking DEBUG message with an argument: 3
.140000
[DEBUG] [1515217956.806962445]: We are looking DEBUG stream message with an argu
ment: 3.14
[Thread 0x7fffebfff700 (LWP 4653) exited]
[Thread 0x7ffff1a6f700 (LWP 4646) exited]
[Thread 0x7ffff126e700 (LWP 4647) exited]
[Thread 0x7ffff0a6d700 (LWP 4648) exited]
[Inferior 1 (process 4639) exited normally]
(gdb)
```

图 4-1　gdb 调试器中的 ROS 节点

4．我们也可以使用同样的方法来调试 python。

```
$ gdb python
$ run program.py
```

5．再一次将如下所示的 launch 文件附加到 gdb 调试器中。

```
 <launch>
  <node pkg=""chapter4_tutorials"" type=""program.py""
name=""program.py"" output=""screen""
  launch-prefix=""xterm -e gdb --args""/>
</launch>
```

实际上，ROS 节点通常是可执行的，但是需要特定的技术来启用核心转储（core dumps），这些转储可以在后面的 gdb 会话中使用。

首先对生成的 core 文件的大小不进行限制：

```
$ ulimit -c unlimited
```

这个操作不仅仅对于 ROS 节点来说是必要的，对其他的常规可执行文件来说，也同样是必需的。接下来，我们要使用名称和路径$ROS_HOME/core.PID 来创建核心转储，使用 proc 文件系统来作为内核配置文件，使用的命令如下所示：

```
$ echo 1 | sudo tee /proc/sys/kernel/core_uses_pid
```

6．使用 launch 命令在 gdb 调试器中启动 ROS 节点：

```
$ roslaunch chapter4_tutorials program1_dump.launch
```

7．在执行以下文件命令后，gdb 会话中会加载符号文件（symbol file）：

```
gdb> file
/home/kumar/catkin_ws/devel/lib/chapter4_tutorials/program1_dum
p
```

这将为在 gdb 中附加的节点创建一个新的终端，如图 4-2 所示：我们可以观察崩溃的消息，也可以使用 bt 命令来调用堆栈。默认情况下，我们还可以在~/.ros 目录中调用 core.pid.dump：

图 4-2 ROS 节点核心转储

此外，还可以使用相同的方法将节点附加到如 valgrind 之类的诊断工具上。这样我们就可以使用 memcheck 来检测内存泄漏，并使用 callgrind 执行分析：

```
<launch>
  <!-- Program 1 with Memory Profiler valgrind -->
  <node pkg=""chapter4_tutorials"" type=""program1_mem""
name=""program1_mem"" output=""screen"" launch-prefix=""valgrind""/>
</launch>
```

接下来将启动一个示例程序来观察内存泄漏问题，这段代码的编写者故意在里面留下了这个 bug。工具 valgrind 输出了检测到的内存泄漏，如图 4-3 所示：

```
$ roslaunch chapter4_tutorials program1_valgrind.launch
```

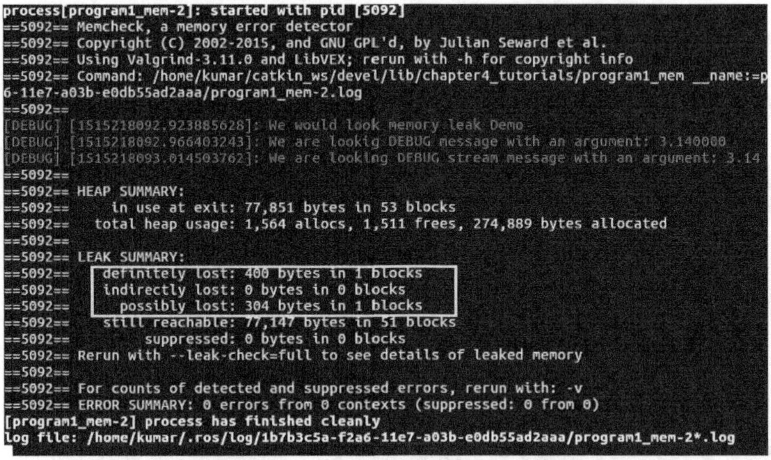

```
process[program1_mem-2]: started with pid [5092]
==5092== Memcheck, a memory error detector
==5092== Copyright (C) 2002-2015, and GNU GPL'd, by Julian Seward et al.
==5092== Using Valgrind-3.11.0 and LibVEX; rerun with -h for copyright info
==5092== Command: /home/kumar/catkin_ws/devel/lib/chapter4_tutorials/program1_mem __name:=p
6-11e7-a03b-e0db55ad2aaa/program1_mem-2.log
==5092==
[DEBUG] [1515218092.923885628]: We would look memory leak Demo
[DEBUG] [1515218092.966403243]: We are lookig DEBUG message with an argument: 3.140000
[DEBUG] [1515218093.014503762]: We are looking DEBUG stream message with an argument: 3.14
==5092==
==5092== HEAP SUMMARY:
==5092==     in use at exit: 77,851 bytes in 53 blocks
==5092==   total heap usage: 1,564 allocs, 1,511 frees, 274,889 bytes allocated
==5092==
==5092== LEAK SUMMARY:
==5092==    definitely lost: 400 bytes in 1 blocks
==5092==    indirectly lost: 0 bytes in 0 blocks
==5092==      possibly lost: 304 bytes in 1 blocks
==5092==    still reachable: 77,147 bytes in 51 blocks
==5092==         suppressed: 0 bytes in 0 blocks
==5092== Rerun with --leak-check=full to see details of leaked memory
==5092==
==5092== For counts of detected and suppressed errors, rerun with: -v
==5092== ERROR SUMMARY: 0 errors from 0 contexts (suppressed: 0 from 0)
[program1_mem-2] process has finished cleanly
log file: /home/kumar/.ros/log/1b7b3c5a-f2a6-11e7-a03b-e0db55ad2aaa/program1_mem-2*.log
```

图 4-3　valgrind 检测到 ROS 节点的内存泄漏

4.3　ROS 消息的记录与可视化

在软件开发过程中，在不降低软件效率的同时，使用消息明确地表明程序正在进行的工作，这是一种良好的习惯。在 ROS 框架中提供了一组 API 来启用这些功能，它们都建立在 log4cxx（一个 log4j 记录库）的基础上。

简而言之，我们所使用的消息有多种级别，这些消息的使用几乎不会影响到系统的性能，而且在编译或运行时可以根据级别对这些消息进行屏蔽。另外，我们也可以使用其他工具来对这些消息进行调用和可视化。

4.3.1　准备工作

ROS 中提供了大量用来显示日志记录的函数和宏，这些记录消息支持各种详细级别

（verbosity levels）、条件、STL 流（STL streams）、节流（throttling）以及其他特殊特性。在本节中你将会了解到这些内容。

我们先从如何将一条消息输出到命令窗口中开始：

```
ROS_INFO( ""ROS INFO message."" );
```

在上面的命令成功运行之后，屏幕会显示如下内容：

```
[INFO] [1456880231.839068150]: ROS INFO message.
```

正如我们所看到的，首先打印出来的是消息的级别和当前的时间戳，这两部分都在方括号中，然后显示的是消息的实际内容。另外，和 C 语言中的“printf”函数一样，ROS_INFO 函数同样也需要参数。例如，我们也可以打印一个浮点数类型变量的值，就像下面的代码一样：

```
const double val = 3.14; ROS_INFO( ""ROS INFO message with argument: %f"",
val );
```

此外，形如*_STREAM 的函数还支持 C++ STL 流：

```
ROS_INFO_STREAM( ""ROS INFO stream message with argument: "" << val);
```

这里我们没有指定任何流，因为 API 会负责将结果定向到函数“cout”或“cerr”中，或者定向到一个文件，也可能同时定向到两者。

ROS 支持以下日志记录的详细级别。

（1）DEBUG：这种类型的信息仅用于调试和测试目的，已经在生产系统中完成部署的应用程序中不显示这类信息。

（2）INFO：通知节点正在进行工作的标准消息。

（3）WARN：用于提供可能出现错误或异常的警告，但是并不影响应用程序的运行。

（4）ERROR：提示出现了错误，但是节点可以从这个错误中恢复，不过可能会出现某些异常。

（5）FATAL：提示出现了阻止节点继续运行的错误。

ROS 使用这些详细级别来过滤特定节点输出到控制台的消息。默认情况下，只显示

INFO 或更高级别的消息。目前有两种常用的方法来设置详细级别，一种是在编译时设置，另一种是在运行时通过工具 rqt_console 和 rqt_logger_level 来设置。

4.3.2　如何完成

在编译时设置日志记录的级别需要对代码进行修改，在大多数情况下不推荐这种做法；不过它可以过滤掉低于设定级别的消息，从而减小了系统开销。ROS 中提供 ROSCONSOLE_MIN_SEVERITY 作为一个宏变量，我们需要将它设置为接收的最低详细级别。这些宏如下所示：

- ROSCONSOLE_SEVERITY_DEBUG。
- ROSCONSOLE_SEVERITY_INFO。
- ROSCONSOLE_SEVERITY_WARN。
- ROSCONSOLE_SEVERITY_ERROR。
- ROSCONSOLE_SEVERITY_FATAL。
- ROSCONSOLE_SEVERITY_NONE。

举例来说，如果接收的最低详细级别为 ERROR 或者更高的话，我们就应该在源代码中进行如下定义：

```
#define ROSCONSOLE_MIN_SEVERITY ROSCONSOLE_SEVERITY_ERROR
```

另一方面，通过在 CMakeLists.txt 中设置这个宏，可以为包中的所有节点定义 ROSCONSOLE_MIN_SEVERITY，使用的代码如下所示：

```
add_definitions(-DROSCONSOLE_MIN_SEVERITY =ROSCONSOLE_SEVERITY_ERROR)
```

你也可以使用另外一种更为灵活的方法，那就是在运行时修改配置文件中的最低详细级别。我们在这里创建一个配置文件夹和一个名为 chapter4_tutorials.config 的文件，其内容如下：

```
log4j.logger.ros.chapter4_tutorials=ERROR
```

我们还可以参考配套代码中 chapter4_tutorials/config/chapter4_tutorials.config 部分的内容。然后，必须设置 ROSCONSOLE_CONFIG_FILE 环境变量指向我们之前创建的 config 文件。这一点可以在启动文件中轻松完成，其中的代码有关更多信息，如下所示，请参阅 chapter4_tutorials/./program1.launch：

```
<launch>
<!-- Logger config --> <env name=""ROSCONSOLE_CONFIG_FILE"" value=""$(find
chapter4_tutorials)/config/chapter4_tutorials.config""/> <!-- Program 1
--> <node pkg=""chapter4_tutorials"" type=""program1"" name=""program1""
output=""screen""/>
</launch>
```

这里，环境变量采用前面配置文件中的定义，其中包含每个命名日志记录器的日志级别规范。ROS 默认将节点名称之后的名称分配给消息。不过在复杂的节点中，我们可以根据给定的模块或其功能为这些消息提供名称。这一点可以通过 ROS_<LEVEL>[_STREAM]_NAMED 函数来完成（更多信息可以参考 chapter4_tutorials/src/program2.cpp）：

```
ROS_INFO_STREAM_NAMED( ""named_msg"", ""ROS INFO named message."" );
```

此外，我们可以使用配置文件为每个命名消息定义不同的初始日志记录级别：

```
log4j.logger.ros.chapter4_tutorials.named_msg=ERROR
```

ROS 提供条件消息功能，这样只有满足了给定的条件的消息才会被打印，我们可以使用 ROS_<LEVEL>[_STREAM]_COND[_NAMED]函数实现这个功能。

```
/* Conditional messages: */ ROS_INFO_STREAM_COND(val < 0., ""ROS conditional
INFO stream message; val ("" << val << "") < 0"");
```

虽然被过滤的消息本质上和条件消息类似，但是它们能够指定用户定义的扩展过滤器 ros::console::FilterBase。下面给出的是 program2.cpp 中的部分代码：

```
/* Filtered messages: */ struct ROSLowerFilter : public
ros::console::FilterBase { ROSLowerFilter( const double& val ) : value( val
) {} inline virtual bool isEnabled() { return value < 0.; } double value;
}; ROSLowerFilter filter_lower(val); ROS_INFO_STREAM_FILTER( &filter_lower,
""ROS filter INFO stream message; val ("" << val << "") < 0"" );
```

我们还可以使用命令 ROS_<LEVEL>[_STREAM]_ONCE[_NAMED]来指定消息的显示次数：

```
/* Once messages: */ for( int i = 0; i < 10; ++i ) { ROS_INFO_STREAM_ONCE(
""ROS once INFO stream message; i = "" << i ); }
```

不过，通常最佳的做法是按照一定的频率显示消息。这一点可以通过 ROS_<LEVEL>[_STREAM]_THROTTLE[_NAMED]节流（throttle）消息实现。它们的第一个参数是以秒为单位的周期，这个参数定义了打印频率。

```
/* Throttle messages: */ for( int i = 0; i < 10; ++i ) {
ROS_INFO_STREAM_THROTTLE( 2, ""ROS throttle INFO stream message; i = "" <<
i ); ros::Duration(1).sleep(); }
```

最后，命名（named）、条件（conditional）、一次（once）或者节流（throttle）消息可以与所有可用级别一起使用。nodelet 同样也支持日志记录，不过这里我们需要使用 NODELET_*来代替 OS_*，这里面的宏只在 nodelet 内部编译。

4.3.3 更多内容

ROS Kinetic 中提供了两个常用的图形化工具来管理日志记录消息，其中 rqt_logger_level 用来设置节点的日志级别；而 rqt_console 用来实现对日志消息实现可视化、过滤和分析操作。在本节中我们将会学习如何使用这些工具：

```
$ roslaunch chapter4_tutorials program3.launch
```

上面的命令可以启动示例节点 program3，另外，我们也可以选择运行 rqt_console tool:

```
$ rosrun rqt_console rqt_console
```

成功执行这个命令的话，将会打开图 4-4 所示的窗口。

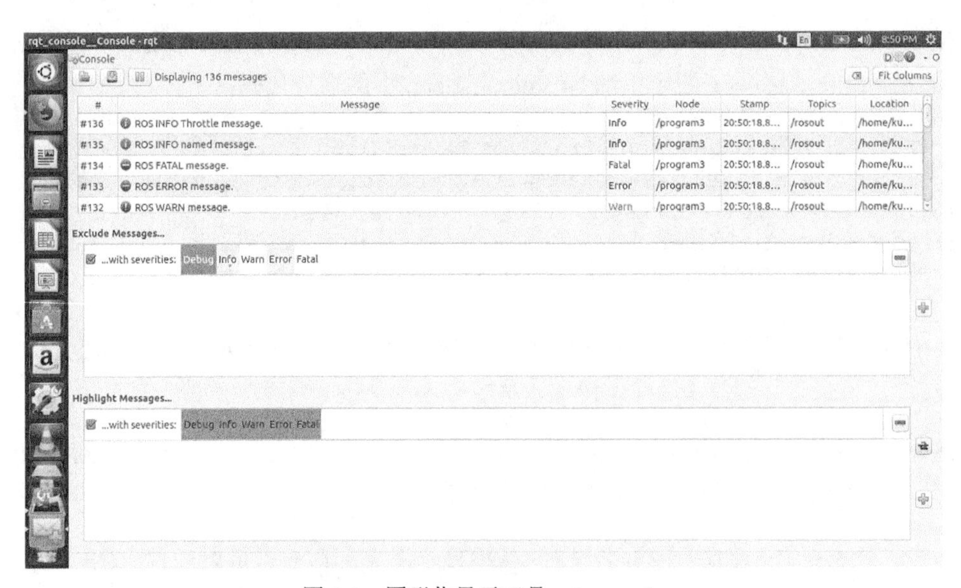

图 4-4 图形化显示工具 rqt_console

在图 4-1 中，我们在图形化显示工具 rqt_console 中看到日志消息，这些消息在 rqt_console 以表的形式展示出来，其中包含有时间戳、消息本身、详细级别以及生成消息的节点和其他信息等。

在这个图形化的操作界面中，我们可以对日志消息进行暂停和保存操作，也可以加载以前保存的日志消息。我们还可以清空消息列表，也可以通过使用高亮筛选器对消息进行筛选。

此外，我们可以通过按“调整大小”列按钮来自动调整列，并查看有关列的所有信息，包括生成的代码行，如图 4-5 所示。

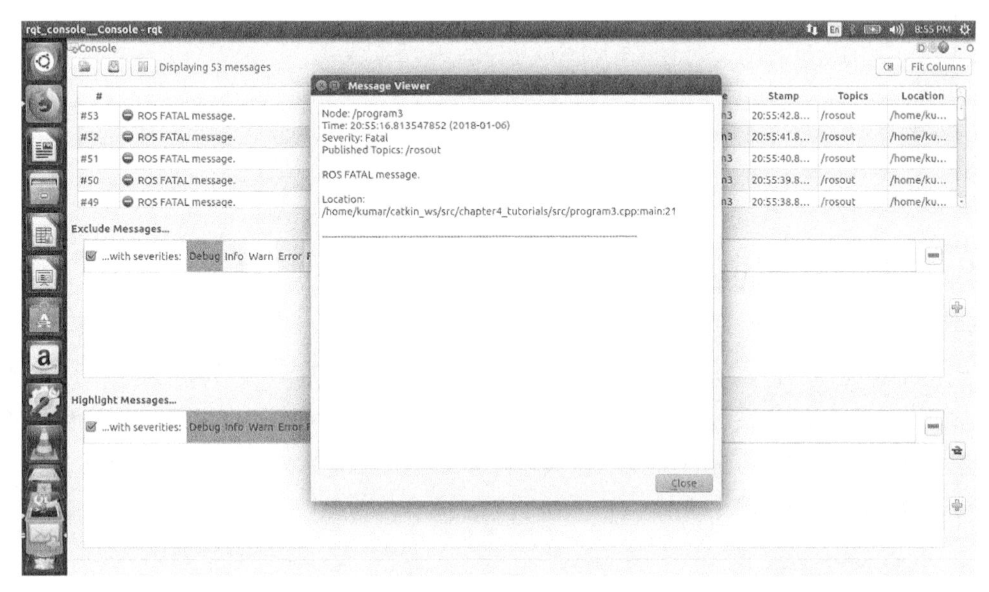

图 4-5 图形化操作界面

我们可以使用 rqt_logger_level 图形化操作工具来设置日志记录器的详细级别：

```
$ rosrun rqt_logger_level rqt_logger_level
```

该命令执行完毕之后如图 4-6 所示，我们可以依次选择节点、日志记录器和严重性。修改之后，详细级别低于期望级别的新消息将不会出现在 rqt_console 图形化操作工具中。

我们可以观察到，默认情况下每个节点都包含多个内部日志记录器，其中大多数与 ROS 通信 API 相关。一般不建议调低它们的警戒等级。

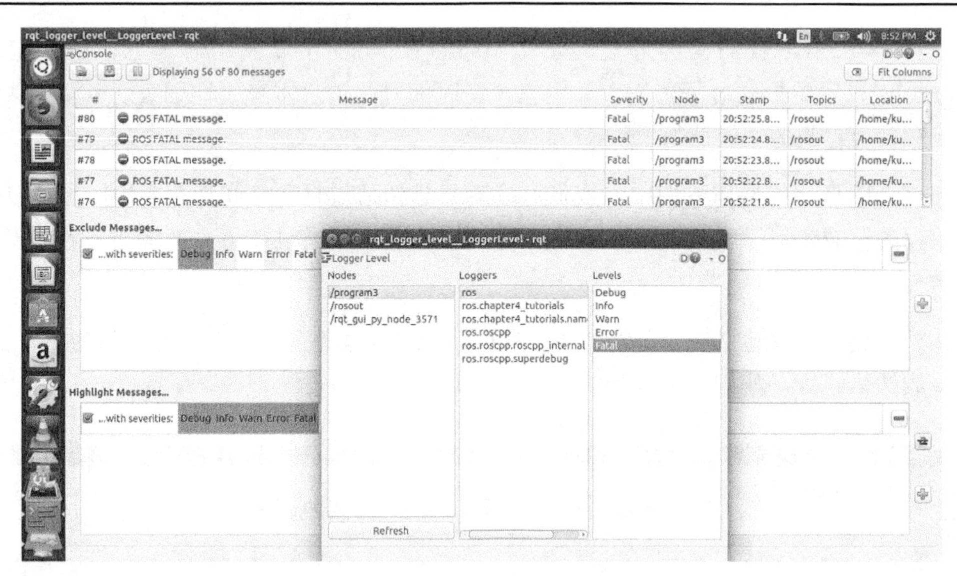

图 4-6 rqt_console 图形化工具

4.4 ROS 系统的检测与诊断

当系统正在运行时，会有一些节点在发布消息，同时还有一些节点在提供动作或者服务。对于一个非常大的系统而言，它十分需要一个能提供系统运行信息的工具。而 ROS 中就提供了一组必备的同时非常强大的工具，这些工具中包括了从 CLI 命令行一直到 GUI 图形化各种类型的应用程序。

4.4.1 准备工作

在第 2 章中，我们研究了如何列出节点、话题、服务和参数。CLI 命令 rosnode list、rostopic list、rosservice list 和 rosparam list 提供了最基本的自检（introspection）功能。这些命令中的任何一个都可以和 bash 命令（例如 grep）组合使用来实现对指定节点、话题、服务和参数的查找：

```
$ rostopic list | grep speed
```

4.4.2 如何完成

ROS 中提供了多个可以实现系统自检的强大图像化操作工具。我们首先来研究工具 rqt_top，它可以用来显示当前正在使用的节点和资源，功能上非常类似 Linux 系统中的 top 命令。

我们使用 rqt_top 命令显示系统中运行节点 program4 和 program5 的信息，结果如图 4-7 所示。

此外，rqt_topic 提供关于话题的信息，包括发布者、订阅者、发布速率和发布的消息。我们可以使用下面的代码来查看消息字段并选择用于自检（introspection）的话题：

```
$ rosrun rqt_topic rqt_topic
```

图 4-8 显示了 rqt_topic 工具的图形化操作界面和工作方式。

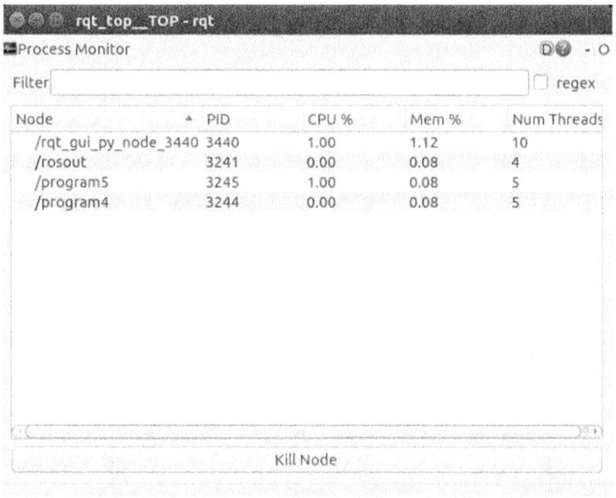

图 4-7 rqt_top

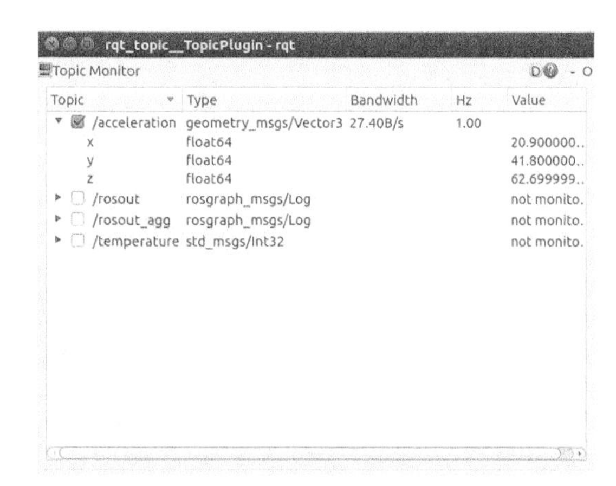

图 4-8 rqt_topic

紧接着我们来了解一下 rqt_publisher，这个工具可以帮助我们在一个图形化操作界面中管理“rostopic pub”命令产生的多个实例，如图 4-9 所示。

同样，我们可以使用工具 rqt_service_caller 在一个图形化操作界面中管理“rosservicecall”命令产生的多个实例，如图 4-10 所示。

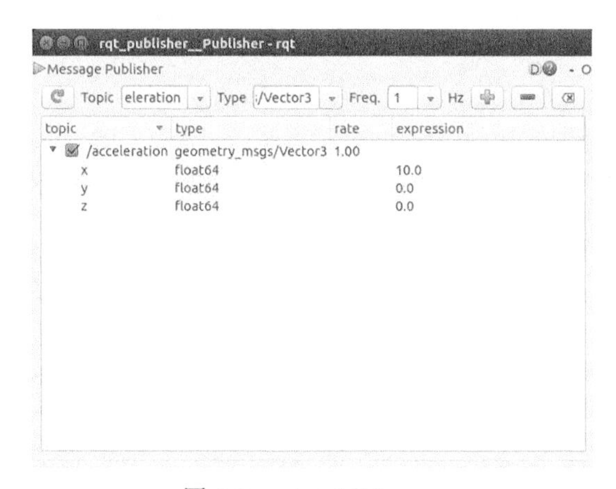

图 4-9 rqt_publisher

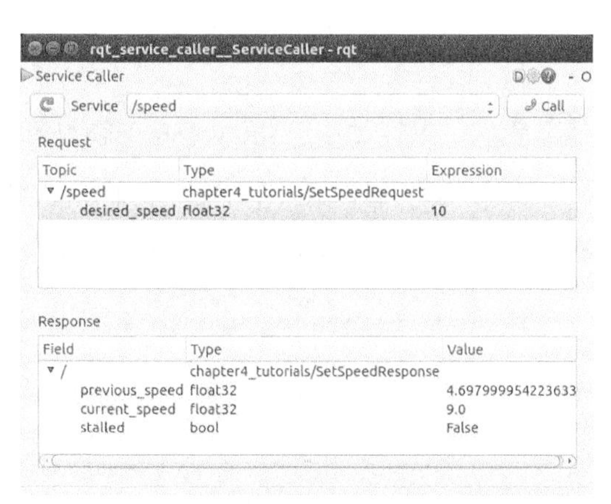

图 4-10 rqt_service_caller

ROS 会话的当前状态可以表示为有向图，其中图节点对应于运行节点，而边对应着发布者—订阅者连接。我们可以使用工具 rqt_graph 来动态地绘制这种图：

```
$ rosrun rqt_graph rqt_graph
```

图 4-11 显示了一个有向图示例，在这个会话中运行着 program4 和 program5。

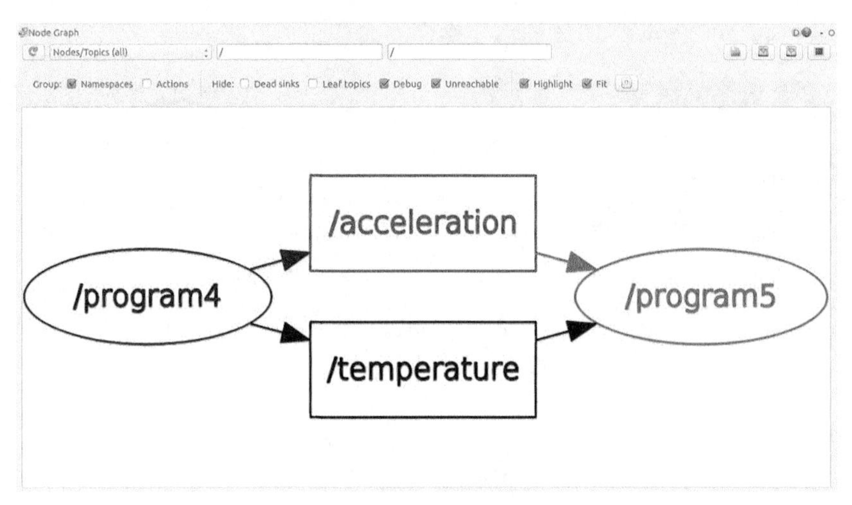

图 4-11　rqt_graph

在图 4-8 中，我们使用话题/acceleration 和/temperature 连接节点 program4 和 program5，rqt_graph GUI 提供了几个用于定制视图的选项。

最后，我们将学习如何启用统计功能来观察消息速率和带宽。我们必须在运行 rqt_graph 之前设定好统计参数才能应用这个信息：

```
$ rosparam set enable_statistics true
```

我们可以通过使用 rqt_graph 来获得所需的信息，如图 4-12 所示。

ROS 还提供了 roswtf 工具，我们可以使用它来静态地分析给定的包并检测其存在的潜在问题。例如对于 chapter4_tutorials，我们就可以使用以下命令来进行分析：

```
$ roscd chapter4_tutorials $ roswtf
```

执行该命令之后得到的结果如图 4-13 所示。

Topic Monitor

Topic	Type	Bandwidth	Hz	Value
/acceleration	geometry_msgs/Vector3	24.12B/s	1.00	
x	float64			91.0
y	float64			182.0
z	float64			273.0
/rosout	rosgraph_msgs/Log			not monitored
/rosout_agg	rosgraph_msgs/Log			not monitored
/statistics	rosgraph_msgs/TopicStatistics	117.95B/s	0.90	
delivered_msgs	int32			2
dropped_msgs	int32			0
node_pub	string			'/program4'
node_sub	string			'/rqt_gui_py_node_4766'
period_max	duration			
nsecs	int32			49829
secs	int32			1
period_mean	duration			
nsecs	int32			49828
secs	int32			1
period_stddev	duration			
nsecs	int32			0
secs	int32			0
stamp_age_max	duration			
nsecs	int32			0
secs	int32			0
stamp_age_mean	duration			
stamp_age_stddev	duration			
topic	string			'/acceleration'
traffic	int32			56
window_start	time			
window_stop	time			
/temperature	std_msgs/Int32			not monitored
data	int32			862

图 4-12 使用 rqt_graph 进行统计

```
kumar@kumar-Inspiron-5437:~/catkin_ws/src/chapter4_tutorials$ roswtf
Loaded plugin tf.tfwtf
Package: chapter4_tutorials
================================================================================
Static checks summary:

No errors or warnings
================================================================================
Beginning tests of your ROS graph. These may take awhile...
analyzing graph...
... done analyzing graph
running graph rules...
... done running graph rules

Online checks summary:

No errors or warnings
kumar@kumar-Inspiron-5437:~/catkin_ws/src/chapter4_tutorials$
```

图 4-13 roswtf 分析报告

在图 4-13 中，我们可以观察到 roswtf 没有检测到任何错误。不过这并不意味着目标中没有任何问题，而是 roswtf 觉得它们无关紧要。然而，roswtf 的目的就是发现潜在问题，我们有责任去验证这些问题是否会产生严重后果。

catkin_lint 是一个有用的工具，我们可以使用它来诊断 catkin 潜在的错误。通常你可以在 CMakeLists.txt 和 package.xml 文件中看到它。

```
$ catkin_lint -W2 --pkg
```

你可能需要单独安装 catkin_lint，它包含在 python-catkin-lint 功能包中。

在图 4-14 中可以看到很多关于 chapter4_tutorials 功能包的警告，我们也有必要核实这些警告是否会产生严重后果：

```
kumar@kumar-Inspiron-5437:~/catkin_ws/src/chapter4_tutorials$ catkin_lint -W2 --pkg chapter4_tutorials
catkin_lint: not a directory: -W2
chapter4_tutorials: warning: executable file 'CMakeLists.txt' is not installed
chapter4_tutorials: warning: executable file 'package.xml' is not installed
chapter4_tutorials: warning: executable file 'config/chapter4_tutorials.config' is not installed
chapter4_tutorials: warning: executable file 'config/program9.rviz' is not installed
chapter4_tutorials: warning: executable file 'config/diagnostic_aggregator.yaml' is not installed
chapter4_tutorials: warning: executable file 'config/bag_plot.perspective' is not installed
chapter4_tutorials: warning: executable file 'config/program_tf.rviz' is not installed
chapter4_tutorials: warning: executable file 'config/program10.rviz' is not installed
chapter4_tutorials: warning: executable file 'src/program1.cpp' is not installed
chapter4_tutorials: warning: executable file 'src/program3.cpp' is not installed
chapter4_tutorials: warning: executable file 'src/program9.cpp' is not installed
chapter4_tutorials: warning: executable file 'src/program4.cpp' is not installed
chapter4_tutorials: warning: executable file 'src/program6.cpp' is not installed
chapter4_tutorials: warning: executable file 'src/program2.cpp' is not installed
chapter4_tutorials: warning: executable file 'src/program8.cpp' is not installed
chapter4_tutorials: warning: executable file 'src/program1_mem.cpp' is not installed
chapter4_tutorials: warning: executable file 'src/program5.cpp' is not installed
chapter4_tutorials: warning: executable file 'src/program10.cpp' is not installed
chapter4_tutorials: warning: executable file 'src/program7.cpp' is not installed
chapter4_tutorials: warning: executable file 'src/program1_dump.cpp' is not installed
chapter4_tutorials: warning: executable file 'srv/SetSpeed.srv' is not installed
chapter4_tutorials: warning: executable file 'output/gdb_run_node_example1.txt' is not installed
chapter4_tutorials: warning: executable file 'launch/program4_5.launch' is not installed
chapter4_tutorials: warning: executable file 'launch/program1_dump.launch' is not installed
chapter4_tutorials: warning: executable file 'launch/program3.launch' is not installed
chapter4_tutorials: warning: executable file 'launch/program1_gdb.launch' is not installed
chapter4_tutorials: warning: executable file 'launch/program10.launch' is not installed
chapter4_tutorials: warning: executable file 'launch/program9.launch' is not installed
chapter4_tutorials: warning: executable file 'launch/program1.launch' is not installed
chapter4_tutorials: warning: executable file 'launch/program4_record.launch' is not installed
chapter4_tutorials: warning: executable file 'launch/program6.launch' is not installed
chapter4_tutorials: warning: executable file 'launch/program7.launch' is not installed
chapter4_tutorials: warning: executable file 'launch/program8.launch' is not installed
chapter4_tutorials: warning: executable file 'launch/program2.launch' is not installed
chapter4_tutorials: warning: executable file 'launch/program1_valgrind.launch' is not installed
chapter4_tutorials: warning: executable file 'bag/2014-07-01-22-54-34.bag' is not installed
catkin_lint: checked 1 packages and found 36 problems
catkin_lint: 16 notices have been ignored. Use -W2 to see them
```

图 4-14　catkin_lint 输出

4.5　标量数据的可视化和绘图

ROS 中已经包含了一些用来绘制标量数据的通用工具。这些工具也可以用来绘制非标量数据，但是要分别在不同的标量域里进行。另外，ROS 中也提供了一些强大的非标量和矢量数据可视化工具，我们将在下一节中对它们进行讨论。

4.5.1　准备工作

在本节中，我们将了解到标量数据可以绘制成一个时间序列，其中的时间是由消息的时间戳提供。我们可以使用 *y* 轴来表示标量数据，同时使用 *x* 轴表示时间戳。ROS 中的一个名为 rqt_plot 的工具可以帮助我们完成这个任务。

我们现在以节点 program4 为例来查看 rqt_ploit 的实际作用，它分别在两个不同的话题 /temperature 和/acceleration 中发布标量和矢量数据。然而消息的值是综合各个因素产生的，所以它们不具有物理意义，仅在绘图演示和研究时起作用。

4.5.2　如何完成

使用以下命令运行 program4 和 program5 节点，我们就以这两个节点来开始研究：

```
$ roslaunch chapter4_tutorials program4_5.launch
```

1．使用 rqt_plot 来将消息绘制成图像。我们需要了解消息的类型和结构；这些信息可以使用 rosmg show<msg type>来获得。

2．运行以下命令来获取话题/temperature，这是一个 Int32 类型的标量数据：

```
$ rosrun rqt_plot rqt_plot /temperature/data
```

3．启动 rqt_plot 之后，在其图形化操作界面中的菜单中选中消息话题：

```
$ rosrun rqt_plot rqt_plot
```

在节点正在运行的时候启动 rqt_plot，我们就会看到一个随着时间推移而变化的图，它的值是根据/temperature 话题传入的消息决定的，如图 4-15 所示。

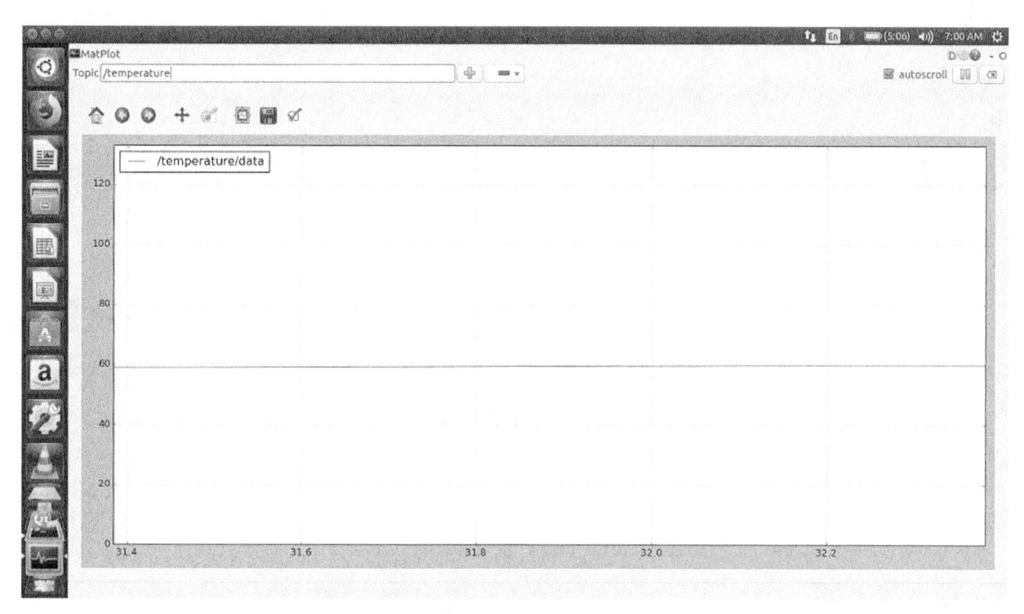

图 4-15　rqt_plot 标量数据

同样，对于话题/acceleration 来说，它可能包含 Vector3 的消息（可以使用 rostopic type

命令查看 /acceleration），这个 Vector3 消息具有 3 个字段，我们可以在一个绘图中实现这些字段的可视化：

```
$ rosrun rqt_plot rqt_plot /acceleration/x:y:z
```

另外，我们也可以在启动 rqt_ploit 工具之后，在其可视化操作界面的菜单中选中 /acceleration 消息字段，然后就会看到图 4-16 所示的操作界面。

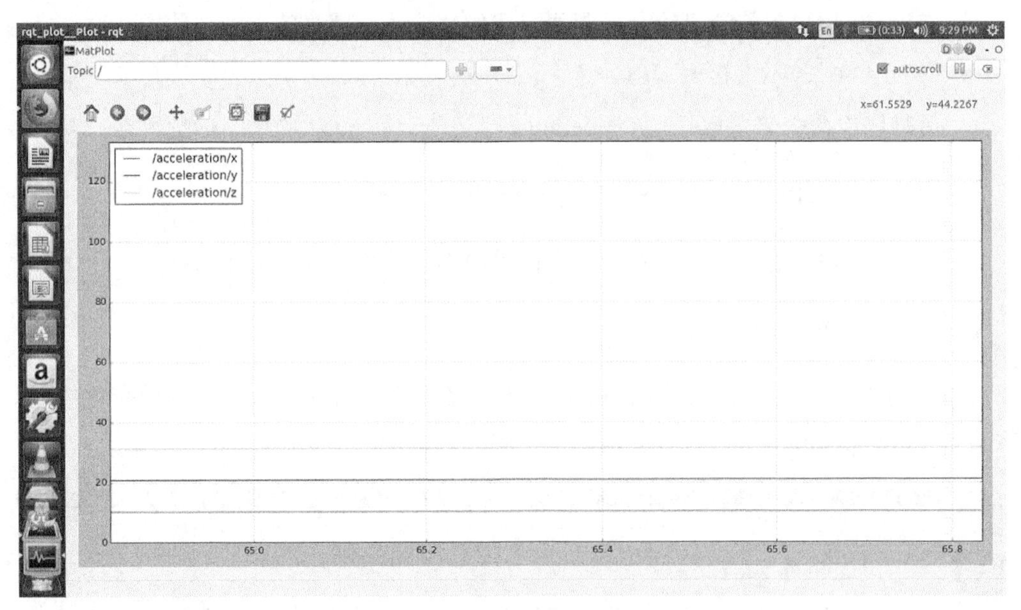

图 4-16　rqt_plot 非标量数据

4.5.3　更多内容

另外，我们还可以在独立窗口中来分别绘制每个字段，但是 rqt_plot 不直接支持这个功能。所以我们需要使用 rqt_gui 工具在独立的窗口中并行绘制每个字段，这一点可以在启动 rqt_gui 工具之后手动实现，启动 rqt_gui 的命令如下所示：

```
$ rosrun rqt_gui rqt_gui
```

成功执行命令之后，我们会得到图 4-17 所示的输出。

如图 4-17 所示，rqt_plot 中支持 3 个图形化绘制前端，我们可以通过配置按钮来实现对这些前端的访问和选择。

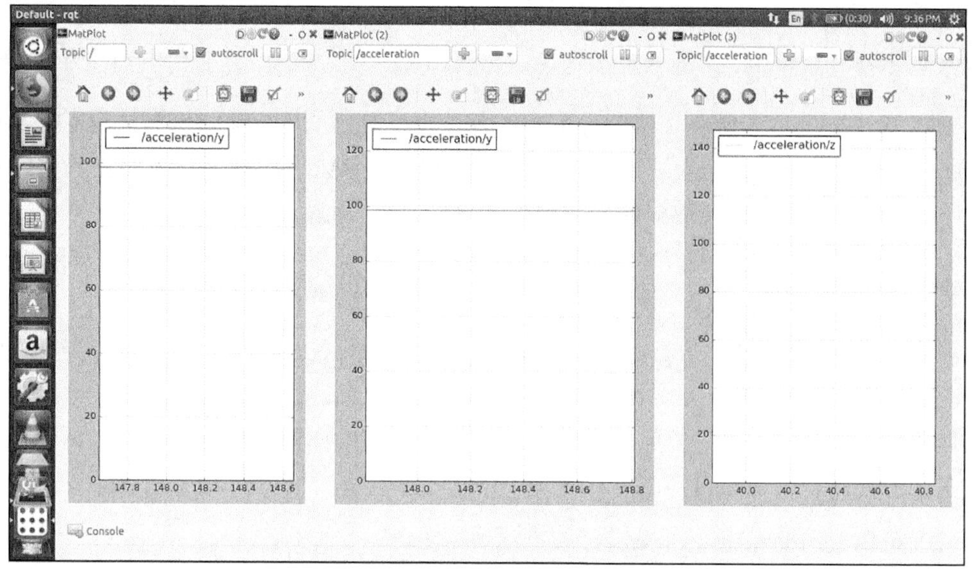

图 4-17 使用 rqt_gui 绘制非标量数据

接下来，如图 4-18 所示，我们需要在“Plot Type”中选择“MatPlot”，因为它可以支持同时显示多个时间序列。

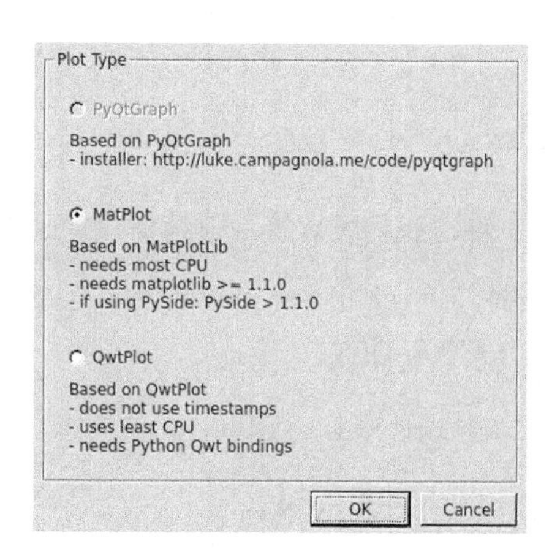

图 4-18 rqt_plot 的前端控制选项

4.6 非标量数据的可视化——2D/3D 图像

目前有一些专门用来处理 2D 和 3D 数据（通常以图像或点云的形式）的机器人应用程序。ROS 提供了构建在 OpenCV 库上的接口，用来解决复杂机器人应用的计算机视觉问题。

4.6.1　准备工作

ROS 提供了多个非常有用的工具来实现各种类型数据的可视化，例如针对 2D 数据的 image_view 和 rqt_image_view。类似的，ROS 还提供了 RViz 和 rqt_rviz 两种工具，它们将 OpenGL 接口与使用传感器数据建立的模拟世界集成在一起。

4.6.2　如何完成

在本节中我们来研究 program8，它通过 OpenCV 和 ROS 的绑定完成了一个基本的相机捕获程序，实现了将 cv::Mat 图像转换为 ROS 图像消息。这个节点发布来自话题/camera 中的照相帧的图像消息，并能够动态地显示来自照相机的图像。我们将在下一章中详细地讨论关于源代码和实现的内容。

我们可以使用 launch 文件来运行节点：

```
$ roslaunch chapter4_tutorials program8.launch
```

我们不能使用“rostopic echo /camera”，这是因为纯文本中的信息量过于巨大，人类无法直接理解其中的内容。而 ROS 提供的 image_view 节点可以用来在窗口中显示特定话题中的图像：

```
$ rosrun image_view image_view image:=/camera
```

通过按下窗口中鼠标的右键，我们可以将当前帧保存到磁盘，通常是在~/.ros 中。

此外，ROS Kinticy 中还提供了 rqt_image_view 工具，它支持在单个窗口中查看多个图像，但是不支持通过右键单击来保存图像：

```
$ rosrun rqt_image_view rqt_image_view
```

我们可以在图形化操作界面中下拉菜单处选中图像话题，如图 4-19 所示。

ROS 提供了一些构建在 OpenCV 之上的接口，用来解决计算机视觉方面的问题。这部分超出了本书的范围，大家如果感兴趣的话，可以参考在线资源了解更多细节。

我们在前一章中研究了 RViz 和插件开发。

图 4-19　ROS rqt_image_view

rqt_rviz 是一个强大的 3D 可视化工具，接下来我们将学习如何使用它在 ROS 中可视化 3D 数据。我们在运行 roscore 时启动 rqt_rviz 以查看这个工具的图形化操作界面。如图 4-20 所示，这个操作界面的布局很简单。

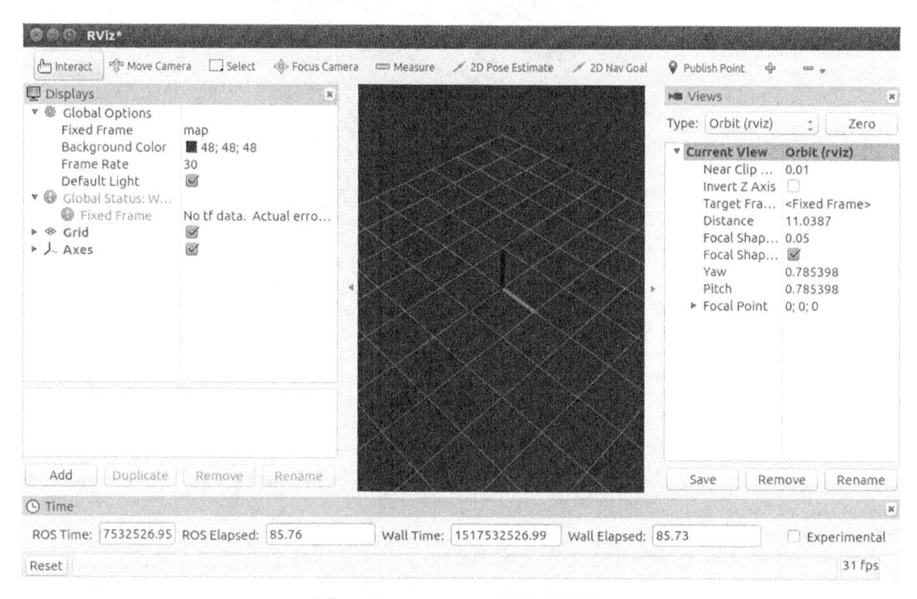

图 4-20 rqt_rviz 的操作界面

Displays 面板位于这个操作界面的左上角，在面板的中间有一个包含了模拟环境下不同参数项的树形列表。在示例中，我们已经加载了部分参数项，实例中的配置和布局都存储在都保存在 config/program9.rviz 文件中。可以通过点击 File|OpenConfig 加载配置。

另外在 Displays 面板的下方有一个 Add 按钮，我们可以通过话题和类型来添加更多的参数项。以 program9 为例，我们将添加标记（Markers）和点云（PointCloud2）。这里还有一个包含 2D 导航目标（2D Nav Goal）、2D 姿态估计（2DPose Estimate）、交互（Interact）、移动摄像机（Move Camera）、测量（Measure）等选项的菜单栏。类似的，右侧的 Views 面板中提供了多种视图类型，例如“Orbit”“TopDownOrtho”等，同时还为这些视图类型提供了各种参数。

现在我们使用以下命令来启动 program9 节点：

```
$ roslaunch chapter4_tutorials program9.launch
```

我们在 RViz 的显示面板中把选项“fixed frame”的值设置为“frame_marker”，将会看到图 4-21 所示的红色方块标记在移动：

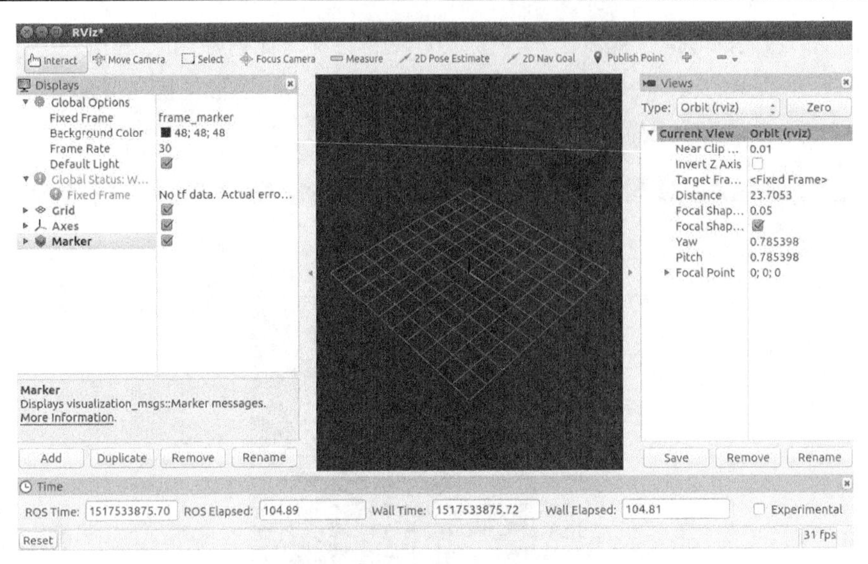

图 4-21　rqt_rviz 中的标记

我们在 RViz 的显示面板中把选项“fixed frame”的值设置为“frame_robot”，将会看到图 4-22 所示的彩虹点云面板。

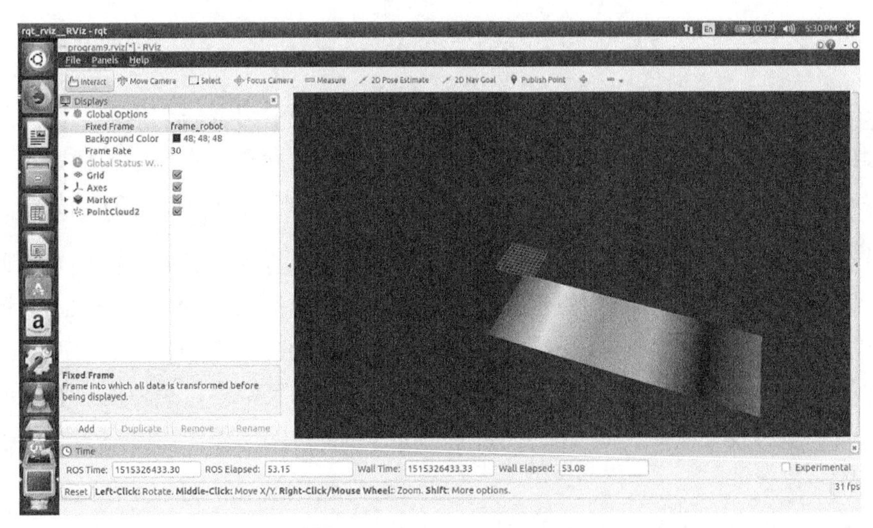

图 4-22　rqt_rviz 中的点云

rqt_rviz 中还提供了交互式标记操作：

```
$ roslaunch chapter4_tutorials program10.launch
```

在节点 program10 中显示了一个简单的交互式标记，如图 4-23 所示。

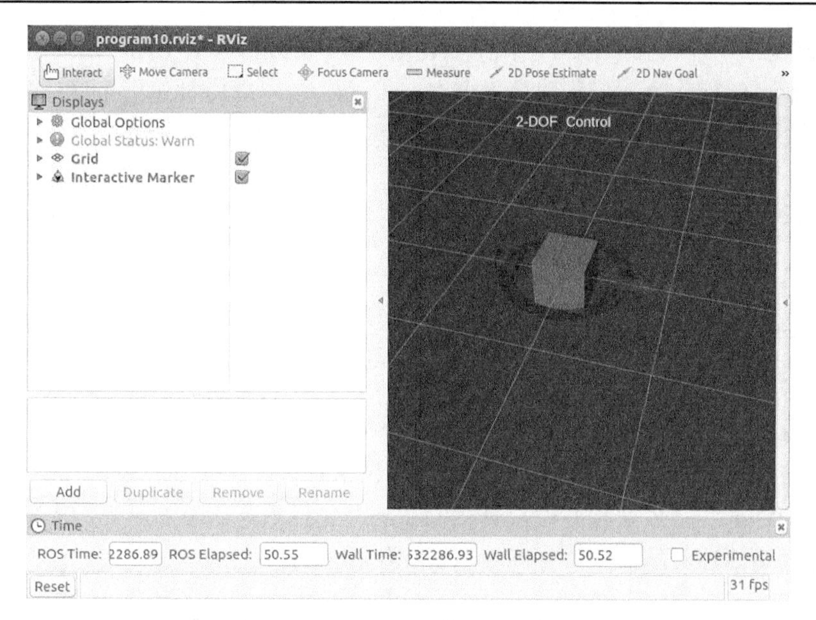

图 4-23 rqt_rviz 中的交互式标记

这里我们看到一个标记可以在 rqt_rviz 的交互模式下移动。这是一个示例程序，演示了如何通过调整姿态来改变系统中的另一个元件的姿态，例如机器人的关节或位置。

在第 3 章中，我们研究了 ROS 坐标变换（TF），并实现了在 Rviz 中对领头小乌龟和跟随小乌龟的可视化，如图 4-24 所示。

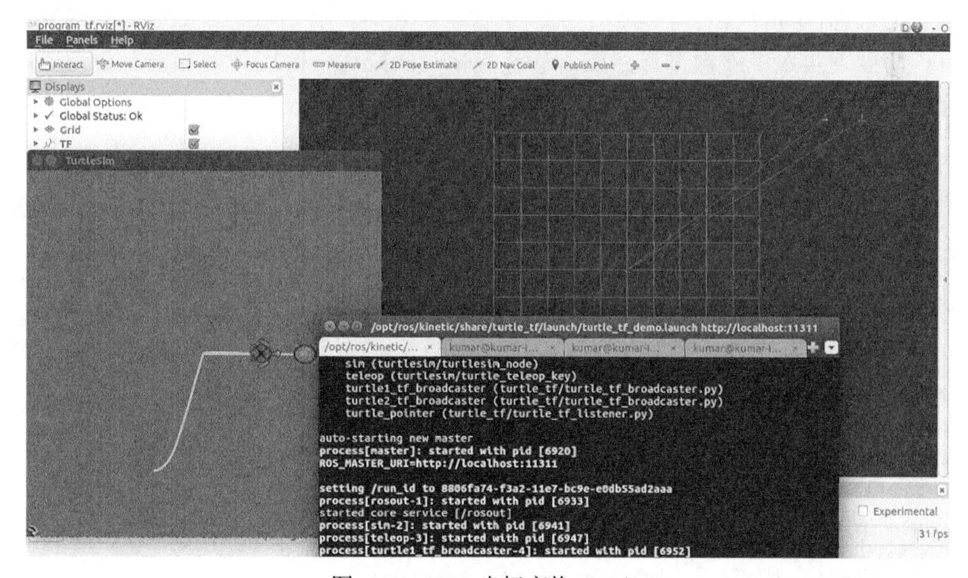

图 4-24 ROS 坐标变换（TF）

rqt_rviz是一个非常强大的可视化工具，限于本书的篇幅，不能将它的所有特点和功能全部进行讲解。然而作为入门指引，本书对 rqt_rviz 的一般特性进行了概述。有兴趣的读者可以参考在线资源来获取更多信息。

4.7　ROS话题的录制与回放

通常，当我们开发复杂的机器人系统时，考虑到准备和执行实验所需的成本或时间，并非所有的资源都是一直可用的。因此，记录实验阶段的数据以供以后分析是很好的做法。

然而要保证存储数据正确并能够用于离线回放并不是容易的事情，因为很多实验并不一定能反复进行。不过好在ROS开发环境中提供了强大的工具（又称为rosbag）来解决这些问题。它允许离线回放实验并模拟真实的状态，包括消息的时间延迟。ROS工具能够非常有效地在处理高速数据流时进行高效的数据组织的方式来实现这一切。

在这一节中，我们将会研究如何使用这些 ROS 工具来保存和回放消息记录包（bag）文件中的数据。消息记录包（bag）文件是专门为 ROS 开发人员设计的二进制格式。我们还将学习如何管理这些文件，如何检查其中的内容，如何对其进行压缩，以及如何拆分一个消息记录包以及合并多个消息记录包。

4.7.1　准备工作

消息记录包（bag）是一个包含了系统执行期间发布所有话题消息的容器，这样就可以将所有一切像真实系统那样进行回放，甚至包括时间延迟，因此所有的消息在记录时都会添加时间戳和报头。

消息记录包（bag）采用了特定的二进制格式来存储数据，以便于处理高速数据流。另外，消息记录包（bag）的大小也十分重要。这里我们可以使用-j参数来使用bz2算法动态的进行数据压缩。

每个消息都会与它的话题以及发布者一同被记录下来，这样我们就可以区分某个话题进行记录，或者直接选择全部（使用-a）。类似的，我们也可以通过指明特定话题的名称来选择记录包中全部话题的某个特定子集。

4.7.2　如何完成

首先，我们要做的事情是简单地记录数据。这里将会以4.4节研究过的example4节点为例。首先我们使用如下命令来运行节点：

```
$ roslaunch chapter4_tutorials program4.launch
```

现在我们有两个选择。第一个是记录所有的主题，第二个是仅记录一些特定的话题。

```
$ rosbag record -a $ rosbag record /temperature
```

一旦你完成实验或者想结束记录，只需要在运行终端里按下 Ctrl + C 组合键即可。

使用“rosbag help record”可以看到更多的选项，其中包括记录包文件的大小、记录的持续时间、将大文件按照给定大小分割成多个文件、使用文件动态压缩等。在记录期间，如果出现消息丢失，我们可以增加记录缓存（参数-b）大小，尤其是某些数据存储速率特别高的情况下就需要将缓存大小从默认的 256MB 扩大到 GB 级。

在 launch 文件中包含对“rosbag record”的调用也是一个不错的方法，这一点在为某些话题设置记录器时十分有用，下面的示例给出了一个 launch 文件：

```
<launch> <!-- Program 4 --> <node pkg=""chapter4_tutorials""
type=""program4"" name=""program4"" output=""screen""/> <!-- Bag record -->
<node pkg=""rosbag"" type=""record"" name=""bag_record""
args=""/temperature /acceleration""/> </launch>
```

默认情况下，在使用 launch 文件启动记录的时候，会默认在~/.ros 路径下创建记录包文件。另外，也可以使用-o（前缀）或-O（全名）给文件命名。

现在我们有了一个记录包文件，可以使用它回放所记录主题发布的所有消息数据。我们使用如下命令来运行这个 rosbag 文件：

```
$ rosbag play 2018-01-07-22-54-35.bag
```

我们会看到这个 rosbag 文件产生了图 4-25 所示的输出。

```
kumar@kumar-Inspiron-5437:~/.ros$ rosbag play -r 100 2018-01-07-10-35-00.bag
[ INFO] [1515301638.127694416]: Opening 2018-01-07-10-35-00.bag

Waiting 0.2 seconds after advertising topics... done.

Hit space to toggle paused, or 's' to step.
 [RUNNING]  Bag Time: 1515301515.839165   Duration: 14.021838 / 16.000160
Done.
```

图 4-25 正在运行的 rosbag

我们可以按下空格键来暂停或按下 S 键来实现步进，或者使用 Ctrl + C 组合键来马上停止回复。一旦回放完毕，窗口就会自动关闭，但是有一个选项（-l）允许循环播放，这在有些时候也很有用。

我们可以通过 rostopic list 命令查看主题列表，如图 4-26 所示。

```
kumar@kumar-Inspiron-5437:~/catkin_ws$ rostopic list
/acceleration
/clock
/rosout
/rosout_agg
/temperature
kumar@kumar-Inspiron-5437:~/catkin_ws$
```

图 4-26 rosbag 话题列表

这里还有一个话题/clock，它可以用来指定调整系统时钟以便加快或者减慢仿真的回放速度。我们可以使用-r 选项来对其进行配置。同时，我们可以通过--topics 选项来指定文件中将要发布主题的一个子集。

我们可以使用两种不同的方法来查看文件中的内容。第一种是在命令行中输入 rosbag info <bag_file>。图 4-27 给出了该命令执行的结果。

```
kumar@kumar-Inspiron-5437:~/.ros$ rosbag info 2018-01-07-10-38-37.bag
path:        2018-01-07-10-38-37.bag
version:     2.0
duration:    56.0s
start:       Jan 07 2018 10:38:38.15 (1515301718.15)
end:         Jan 07 2018 10:39:34.15 (1515301774.15)
size:        13.9 KB
messages:    114
compression: none [1/1 chunks]
types:       geometry_msgs/Vector3 [4a842b65f413084dc2b10fb484ea7f17]
             std_msgs/Int32        [da5909fbe378aeaf85e547e830cc1bb7]
topics:      /acceleration   57 msgs    : geometry_msgs/Vector3
             /temperature    57 msgs    : std_msgs/Int32
```

图 4-27 rosbag 中的信息

图 4-27 中显示了消息记录包文件本身的信息，例如创建的日期、持续时间、文件大小，以及内部消息的数量、相关主题的列表、文件的压缩格式（如果有压缩）。

第二种查看包文件的方法则非常强大。它需要使用一个图形化工具 rqt_bag，还允许我们回放消息记录包、查看图像（如果有）、绘制标量数据图和消息的数据原结构。我们只需在 rqt_bag 的图形化操作界面上选中 bag 文件即可，它的输出如图 4-28 所示。

这里有一个能用于所有主题的时间条，对于每一个消息都会带有这个标记。消息包文件中还包含了缩略图信息，我们能够在时间条中看到它们。

作为高级用户来说，我们可以在同一个窗口中来加载 rqt_gui、rqt_bag 和 rqt_plot 插件，其中的布局文件可以从 bag_plot.perspective 定义的透视图中导入。（有关更多信息，请参阅/chapter4_tutorials/config/bag_plot.perspective。）

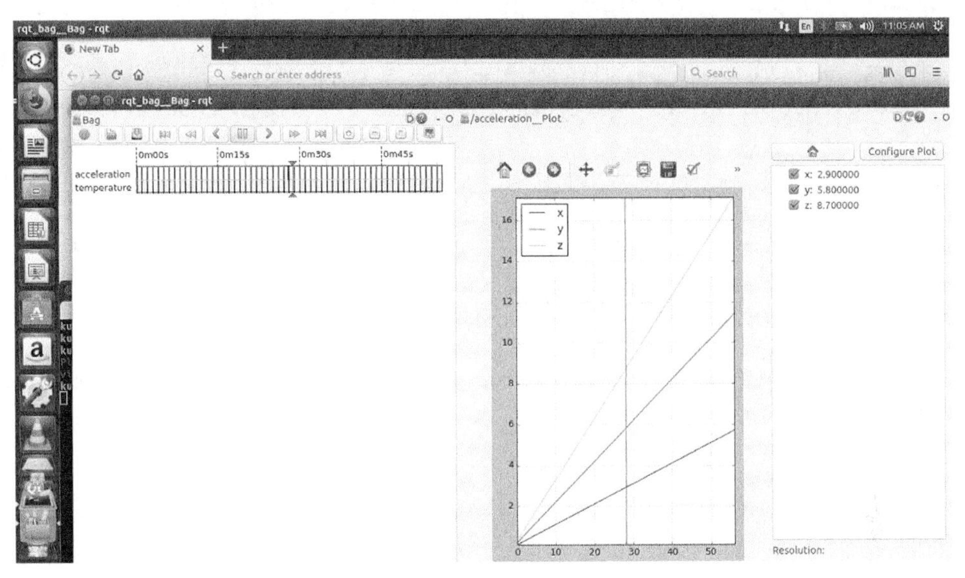

图 4-28 rqt_bag

4.7.3 更多内容

rosbag compress 是一个专门用来压缩消息包文件的命令行工具。它支持 BZ2 和 LZ4 两种格式，而 BZ2 为默认格式。我们可以使用下面的命令来查看他们的用途和帮助文件：

```
$ rosbag compress -h
```

使用 BZ2 格式来压缩一个指定包的命令如下：

```
$ rosbag compress *.bag
```

类似的，“rosbag decompress”是一个用于解压缩消息包文件的命令行工具。它可以自动检测消息包的压缩格式。我们可以使用-h 选项来查看作用和帮助文件，如下所示：

```
$ rosbag decompress -h
```

解压缩一个指定包的命令如下：

```
$ rosbag decompress *.bag
```

我们既可以在 rosbag 文件中记录所有的话题来对系统进行分析，也可以使用选项-x 来从记录中排除一些例如点云或者图像之类的话题：

```
$ rosbag record -a -x ""/usb_cam/(.*)|/usb_cam_repub/theora/(.*)""
```

此外，rosbag 可以按照给定大小的块来记录文件：

```
$ rosbag record -a --size=500 -x ""/usb_cam/(.*)|/usb_cam_repub/theora/(.*)""
```

类似地，rosbag 可以按照给定持续时间的块记录文件：

```
$ record -a --duration 2m --duration 10m -x ""/usb_cam/(.*)|/usb_cam_repub
/theora/(.*)""
```

第5章
在 ROS 中使用传感器和执行器

在这一章中，我们将对以下内容进行研究：

- 理解 Arduino-ROS 的接口；
- 9DoF Razor IMU-Arduino-ROS 接口；
- 使用 GPS 系统-UBlox；
- 伺服电机接口- Dynamixel；
- 使用激光测距仪- Hokuyo；
- 使用 Kinect 传感器以 3D 方式查看对象；
- 在 ROS 中使用游戏杆或游戏手柄。

5.1 简介

在第 4 章中，我们讨论了在 ROS 开发过程中所使用的可视化和调试工具。在本章中，我们将学习如何将硬件组件（如传感器和执行器）连接到 ROS 框架。首先，我们将研究使用 I/O 板（例如 Arduino）来连接传感器，以及 9DoF Razor IMU 的接口。类似的，我们还将讨论接口执行器-Dynamixel、激光测距仪-Hokuyo、GPS 系统-Ublox，以及用来以 3D 形式观测物体的 RGB-D-Kinect 传感器。

因为我们不可能在一章中对所有可用的传感器和执行器进行讲解，所以选择了机器人实验室中的一些最常用的传感器和执行器来开始学习。这些传感器和执行器可以组织成不同的类别：测距仪、感知器、姿态估计设备等。

5.2　理解 Arduino-ROS 接口

我们首先来了解 Arduino-ROS 接口。Arduino 是一个基于易于使用的硬件和软件的开源电子平台，它通过接收来自众多传感器的输入来感知环境，并通过控制灯、马达和其他致动器来影响环境。Arduino 可以用于机器人的快速原型制作。Arduino 在机器人技术中的主要应用是用 UART 接口来连接计算机系统的传感器和执行器。大多数 Arduino 板由 Atmel 单片机供电，这些嵌入式计算机（或称单片机）是 8～32 位的，时钟速度为 8MHz～84MHz。

目前市面上有各种各样的 Arduino 板，如何在这些产品中进行选择，取决于你正在开发的机器人应用程序的性质。其中包括 Arduino UNO、Arduino Mega 和 Arduino DUE，它们分别对应着入门级、中级和高级。

5.2.1　准备工作

Arduino-ROS 接口是使用 UART 协议在 Arduino 板和 PC 机之间进行通信的标准方法。当两个设备互相通信时，它们各自应当运行一些程序来解析串行消息。在本节中，我们将讨论 Arduino 特有的接口。我们可以按照自己的逻辑来实现开发板与 PC 之间数据的接收和传输，反之亦然。由于没有实现通信的标准库，所以各种 I/O 板中的接口代码是不同的。

对 Arduino 开发板进行编程是通过 Arduino IDE 实现的，我们可以从 Arduino 的官网下载 Arduino IDE。

rosserial 是 ros 的一种**数据协议**，通过某个字符设备，如串口或网络 socket，用于传递标准 ROS 消息或者复用多个话题、服务。换言之，rosserial 协议可以将标准 ROS 消息和服务数据类型转换为嵌入式设备中的等效数据类型，例如 UART 数据包。

使用 roscpp、rospy 和 roslisp 之类的 ROS 客户端库可以开发出在各种系统上启动和运行的 ROS 节点。这些客户端库是通用 ANSI C++ rosserial_client 库的一部分，其中包括以下部分。

- rosserial_arduino：适合 Arduino，尤其是 UNO 和 Leonardo，还有 Arduino MEGA、DUE、Teensy 3.x，以及基于 LC、Spark、STM32F1 和 ESP8266 的开发板。
- rosserial_embeddedlinux：嵌入式 Linux 平台。
- rosserial_windows：与 Windows 应用程序通信。

- rosserial_mbed：Mbed 平台。
- rosserial_tivac：“TI's Launchpad ecosystem”提供的 Tiva C Launchpad 开发板 TM4C123GXL 和 TM4C1294XL。
- rosserial_stm32：STM32 单片机。
- ros-teensy：Teensy 平台。

我们还需要一些其他功能包来对 rosserial_client 库中的串行消息进行解码，并将它们转换为在计算机系统上运行的 ROS 框架的话题和服务消息格式。下面列出的功能包可以用来对串行数据进行解码：

- rosserial_python：这是一个推荐使用的计算机系统端包，用于处理来自设备的串行数据。这个节点是完全用 Python 编写的。
- rosserial_server：这是一个使用 C++实现的 RoSCORT，运行在计算机系统端。与 rosserial_python 相比，rosserial_server 内置的功能要少一些，但是它可以用于对性能要求较高的应用程序。

5.2.2 如何实现

1. 首先需要在 Arduino IDE 中安装 rosserial 功能包和 rosserial_arduino 客户端，才可以在 Arduino 中运行 ROS 节点。

2. 使用以下命令在 Ubuntu 16.04 上安装 rosserial 包：

```
$ sudo apt-get install ros-kinetic-rosserial-arduino ros-kinetic-
rosserial-embeddedlinux ros-kinetic-rosserial-windows ros-kinetic-
rosserial-server ros-kinetic-rosserial-python
```

3. 在 catkin 工作区中克隆 rosserial 库之后，我们就可以开始从源来构建功能包了：

```
$ cd ~/catkin_ws/src/
$ git clone https://github.com/ros-drivers/rosserial.git
$ cd ~/catkin_ws/
$ catkin_make
```

4. 安装 Arduino IDE。

5. 下载 64 位版本的 Linux 并将 Arduino IDE 文件夹复制到 Ubuntu 桌面。

ARDUIO 的运行需要 Java 的支持。如果你没有安装 Java，我们可以使用以下命令安装它：

```
$ sudo apt-get install java-common
```

6．完成安装之后，我们可以从 Ubuntu 应用程序启动器打开 Arduino IDE。图 5-1 显示了 Arduino IDE 的工作窗口。

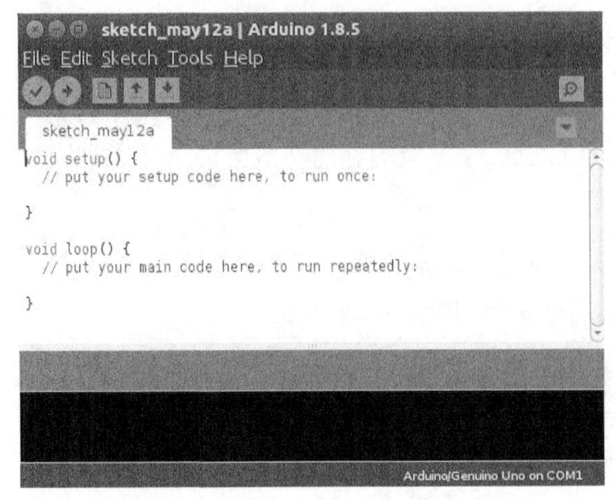

图 5-1　Arduino IDE 工作窗口

5.2.3　工作原理

在完成了 Arduino 的安装之后，我们就可以在菜单栏 File|Preferences 处配置 Arduino 的 sketchbook 文件夹（例如/home/<user>/Arduino）。你可能已经注意到 Arduino 文件夹内还有一个名为 libraries 的文件夹。在这里我们必须使用名为 make_libraries.py 的脚本来生成 ros_lib，该脚本存在于 rosserial_arduino 包中。下面的命令演示了如何为 Arduino 生成 ros_lib：

ros_lib 是 Arduino 的 rosserial_client，它在 Arduino IDE 环境中提供 ROS 客户端 API。

```
$ cd ~/Arduino/libraries/
$ rosrun rosserial_arduino make_libraries.py
```

脚本 make_libraries.py 将生成针对 Arduino 数据类型优化的 ROS 主题和服务消息的封装器，并在 libraries 文件夹中生成名为 ros_lib 的文件夹。当我们重新启动 Arduino IDE 时，就可以在菜单 File|Examples 中看到 ros_lib 选项。

我们来看一个实例。首先，它必须构建正确才能确保 ros_lib 的 API 正常工作。接下来，我们将讨论 ROS Arduino 节点的基本程序结构和所需的 API：

```
#include <ros.h>
ros::NodeHandle node;
void setup() {
  node.initNode();
}
void loop() {
  node.spinOnce();
}
```

前面的代码片段显示了 Arduino 节点的程序结构，其中 Nodehandle 应该在 setup()函数之前声明，这会将使用 NodeHandle 生成的实例 node 设置为全局变量。这个节点的初始化应该在 setup()函数内完成。注意，Arduino setup()函数仅在设备启动时执行一次。非常重要的一点是，我们只能为一个串口设备创建一个节点。

另外，在 loop()函数中，我们需要使用 spinOnce()来调用 ROS callback：

```
ros::Subscriber<std_msgs::String> listner("listener", callback);
ros::Publisher talker("talker", &amp;str_msg);
```

在定义完发布者和订阅者之后，我们需要在 setup()函数输入如下内容：

```
node.advertise(chatter);
node.subscribe(sub);
```

我们可以在 ros_lib 示例程序中找到更多参考代码。现在，我们来研究使用 Arduino 和 ROS 接口作为侦听器和对话器接口的第一个示例。用户可以向话题 talker 发送 String 消息，Arduino 将在 listener 话题中发布相同的消息。

以下源代码实现了一个 Arduino 的 ROS 节点：

```
#include <ros.h>
#include <std_msgs/String.h>
//Creating Nodehandle
ros::NodeHandle node;
std_msgs::String str_msg;
//Defining Publisher and callback
ros::Publisher talker("talker", &amp;str_msg);
void callback ( const std_msgs::String&amp; msg){
 str_msg.data = msg.data;
 talker.publish( &amp;str_msg );
}
```

```
//Defining Subscriber
ros::Subscriber<std_msgs::String> listener("listener", callback);
void setup()
{
  //Initializing node
  node.initNode();
  //Configure Subscriber and Publisher
  node.advertise(talker);
  node.subscribe(listener);
}
void loop()
{
  node.spinOnce();
  delay(2);
}
```

我们编译前面的代码并将其加载到 Arduino 板。在加载代码之后，我们将选择需在本例中使用的 Arduino 板和 AduinoIDE 的设备串行端口。(在菜单栏 Tools|Boards 选择开发板，Tools|Port 选择开发板的设备端口名称。)

编译并加载代码到 Arduino 板后，需要启动 Linux 系统上连接 Arduino 的 ROS 桥节点。我们使用如下内容在包 rosserial_python 中创建一个 arduino.launch 文件：

```
<launch>
<node pkg = "rosserial_python" type="serial_node.py" name="serial_node"
output="screen">
        <param name="~port" value="/dev/ttyACM0" />
        <param name="~baud" value="57600" />
</node>
</launch>
```

在启动和获取 arduino.launch 的配置参数之前，必须确保 Arduino 已经连接到 Linux 系统。

我们在这里使用节点 ros._python 作为 ROS 桥接节点。我们需要将设备名称端口和波特率作为参数。对于设备名称端口，我们需要在/dev 目录的内容中搜索端口名称列表。我们在这里使用/dev/ttyACM0 端口。注意，使用此端口需要 root 权限。你可以使用以下命令来更改权限，以便在所需端口上读取和写入数据：

```
$ sudo chmod 666 /dev/ttyACM0
```

这里面的“666”表示允许所有用户使用读和写权限。此通信的默认波特率是 57 600bit/s，不过我们可以根据需求来改变波特率的值。

现在，我们可以启动 arduino.launch 并开启 Linux 系统与 Arduino 板之间的通信：

```
$ roslaunch rosserial_python arduino.launch
```

当你在 Linux 操作系统中启动 serial_node.py 之后，它将发送一些称为查询包的串行数据包，以获得从 Arduino 节点接收的话题数量、话题名称和话题类型。

如果没有得到查询包的响应，它将会被再次发送。不过，通信中的同步是基于 ROS 时间实现的。

默认情况下，专为发布和订阅分配的缓冲区大小为 512Byte，缓冲区大小取决于我们所使用的特定微控制器上可用的 RAM 数量。我们可以通过修改 ros.h 内部的 BUFFER_SIZE 宏来改变这些设置。

执行完 serial_node.py 之后，我们可以使用以下命令获得话题列表：

```
$ rostopic list
```

我们看到现在系统正在生成/listener 和/talker 之类的话题，使用以下命令可以向话题/listener 发布消息：

```
$ rostopic pub -r 5 listener std_msgs/String "Hello Arduino"
```

我们可以输出话题/talker，并且会看到与之前已发布消息相同的内容：

```
$ rostopic echo /talker
```

干得漂亮！这表明我们已经成功建立了 Linux 系统和 Arduino 板之间的通信通道。在下一节中，我们将研究更多使用 Arduino-ROS 接口的应用程序。

5.3 使用 9 DoF（自由度，Degree of Freedom）惯性测量模块

在本节中，我们将学习如何使用低成本的传感器——9 DoF（Degree of Freedom，自由度）IMU（惯性测量模块）M0。SparkFun 的产品“SparkFun 9DoF Razor IMU M0”将 SAMD21 微处理器与 MPU-9250 9DoF（9 个自由度）传感器相结合，创建了一个微型、可重新编程的多用途 IMU（惯性测量单元）。

9DoF Razor 的 MPU-9250 具有 3 个三轴传感器（加速度计、陀螺仪和磁力计），能够

检测线性加速度、角旋转速度和磁场矢量。

Atmel 的 SAMD21 板载微处理器是兼容 Arduino 的 32 位 ARM Cortex-M0+微控制器，也用在 Arduino Zero 和 SAMD21 Mini Breakou 开发板上面。我们可以使用 Arduino IDE 轻松地更新固件或开发自己的代码。另外，我们也可以使用自己的 Arduino 通过 I2C 来控制这个传感器开发板。

5.3.1 准备工作

9DoF Razor IMU M0 是以 SAMD21 为核心设计的，而 Arduino Zero 上使用的也是这款处理器，这意味着我们只需要点击几次鼠标就可以让它支持 Arduino。

如前所述，这块传感器开发板可通过 I2C 协议进行控制。我们能够使用 Arduino 来控制它。在图 5-2 中，能看到 Arduino UNO 和 9DoF Razor IMU 开发板的连接方式。关于设置和连接的更多细节，请参考 Sparkfun 提供的在线资料。

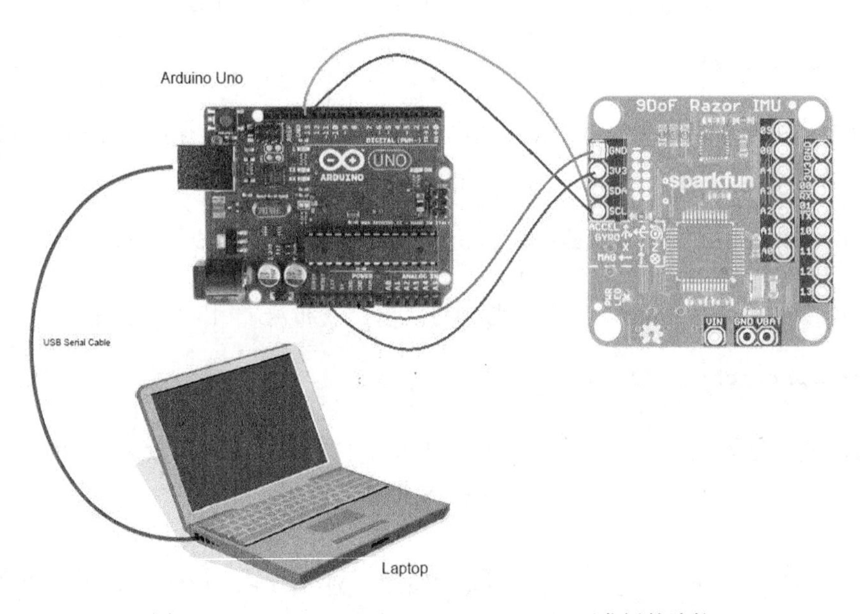

图 5-2 Arduino UNO 和 9DoF Razor IMU 开发板的连接

5.3.2 如何完成

1. 安装 ROS 的 Razor IMU 库来建立连接接口。

2. 使用下面的命令安装可视化的 python。

```
$ sudo apt-get install python-visual
```

3．把 razor_imu_9dof 库下载到我们的工作空间中，并对其进行编译，代码如下：

```
$ cd ~/catkin_ws/src
$ git clone https://github.com/KristofRobot/razor_imu_9dof.git
$ cd ..
$ catkin_make
```

5.3.3 工作原理

现在我们来启动上一节中安装的 Arduino IDE，并打开位于 razor_imu_9dof 功能包中的 Razor_AHRS.ino 文件，你可以在~/catkin_ws/src/razor_imu_9dof/Razor_AHRS/Razor_AHRS.ino 中找到这个包。如图 5-3 所示，现在我们还需要在代码中找到硬件选项，然后取消这一行最右侧的注释符号：

```
206  // HARDWARE OPTIONS
207  /*********************************************************************/
208  // Select your hardware here by uncommenting one line!
209  //#define HW__VERSION_CODE 10125 // SparkFun "9DOF Razor IMU" version "SEN-10125" (HMC5843 magnetometer)
210  //#define HW__VERSION_CODE 10736 // SparkFun "9DOF Razor IMU" version "SEN-10736" (HMC5883L magnetometer)
211    #define HW__VERSION_CODE 14001 // SparkFun "9DoF Razor IMU M0" version "SEN-14001"
212  //#define HW__VERSION_CODE 10183 // SparkFun "9DOF Sensor Stick" version "SEN-10183" (HMC5843 magnetometer)
213  //#define HW__VERSION_CODE 10321 // SparkFun "9DOF Sensor Stick" version "SEN-10321" (HMC5843 magnetometer)
214  //#define HW__VERSION_CODE 10724 // SparkFun "9DOF Sensor Stick" version "SEN-10724" (HMC5883L magnetometer)
```

图 5-3 选择硬件

我们像上一节中所做的那样使用 IDE 对代码进行编译并将其上传到 Arduino 板上。注意，我们必须在 Arduino IDE 中选择正确的处理器；在我们的例子中，它就是 Arduino/Genuino Uno。

在最后一步中，我们需要在 razor_imu_9dof 包中创建配置文件，可以将默认配置复制到 my_razor.yaml 中：

```
$ roscd razor_imu_9dof/config
$ cp razor.yaml my_razor.yaml
```

不过，这个配置并不正确，我们对其进行修改，其中一个重要的配置就是设置端口。另外，我们还需要在该文件中校准参数，以便我们有正确的方位测量，代码片段如图 5-4 所示：

```
## USB port
port: /dev/ttyUSB0


##### Calibration ####
### accelerometer
accel_x_min: -250.0
accel_x_max: 250.0
accel_y_min: -250.0
accel_y_max: 250.0
accel_z_min: -250.0
accel_z_max: 250.0

### magnetometer
# standard calibration
magn_x_min: -600.0
magn_x_max: 600.0
magn_y_min: -600.0
magn_y_max: 600.0
magn_z_min: -600.0
magn_z_max: 600.0

# extended calibration
calibration_magn_use_extended: false
magn_ellipsoid_center: [0, 0, 0]
magn_ellipsoid_transform: [[0, 0, 0], [0, 0, 0], [0, 0, 0]]

# AHRS to robot calibration
imu_yaw_calibration: 0.0

### gyroscope
gyro_average_offset_x: 0.0
gyro_average_offset_y: 0.0
gyro_average_offset_z: 0.0
```

图 5-4　9Dof Razer IMU M0 的配置文件

最后，可以使用以下命令启动 razor_imu 节点：

```
$ roslaunch razor_imu_9dof razor-pub-and-display.launch
```

你可以看到两个窗口，其中一个包含 3 个坐标轴的 3D 图，以及一个包括倾斜、俯仰和偏航的 2D 图形。这两个窗口的工作界面如图 5-5 所示。

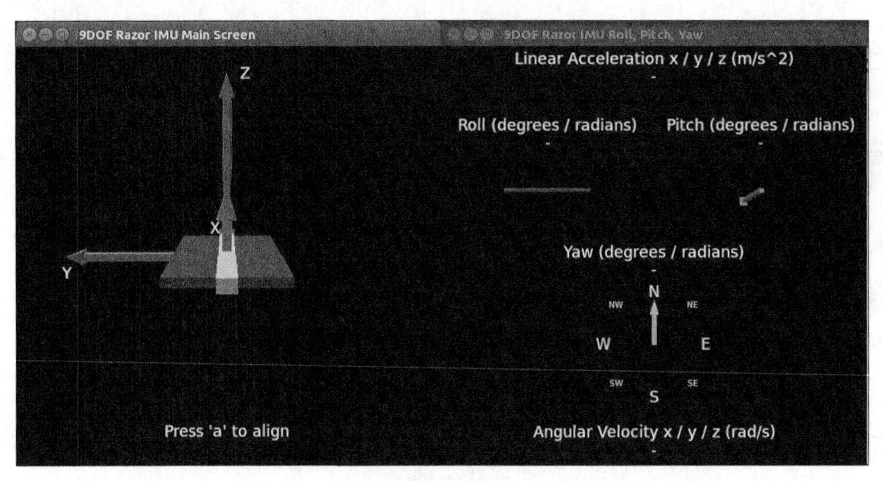

图 5-5　9Dof Razor IMU 工作界面

如果一切正常，我们使用 rostopic 列表和 type 命令将会看到话题/imu of sensor_msgs/Imu 消息类型。消息类型的内容大致如图 5-6 所示。

```
Header header

geometry_msgs/Quaternion orientation
float64[9] orientation_covariance # Row major about x, y, z axes

geometry_msgs/Vector3 angular_velocity
float64[9] angular_velocity_covariance # Row major about x, y, z axes

geometry_msgs/Vector3 linear_acceleration
float64[9] linear_acceleration_covariance # Row major x, y z
```

图 5-6 sensor_msgs/Imu

如果你移动传感器，会看到参数也会随之发生变化，如图 5-7 所示。

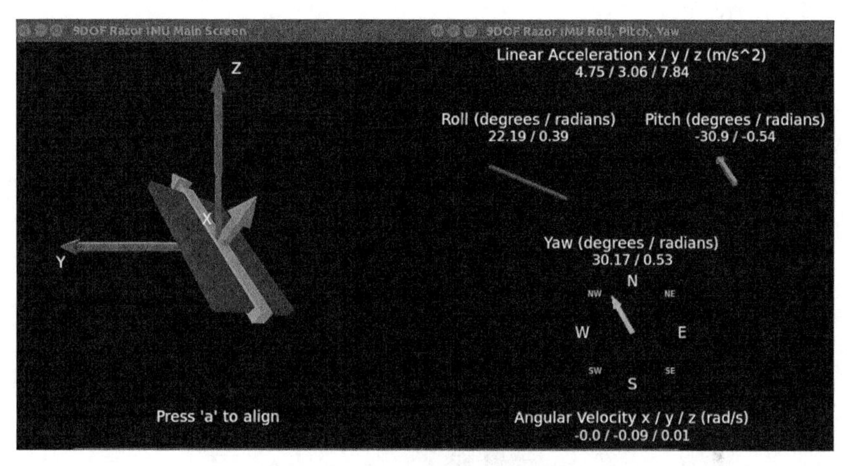

图 5-7 Razor IMU 的数据显示

5.4 使用 GPS 系统——Ublox

全球定位系统（Global Positioning System，GPS）是一种卫星导航系统，它能在任何条件下提供关于位置和时间的信息。它可以应用于各种飞机、船只和汽车的导航。该系统同时为军用和民用提供服务，可满足位于全球地面任一处连续且精确的确定三维位置、三维运动和时间的需求。

由于 GPS 接收器生产质量的不同，我们可以发现它们在性能和精度上的差异十分明显。我们可以选择一个低成本的 GPS 接收机，它的误差范围大概在 5m～10m 之内，通常用于较低精度需求的各种应用中，例如规划行动路线。其他情况下，我们可以使用昂贵的 GPS 设备，它们采用了差分 GPS（DGPS）技术。这种 GPS 精度高，定位误差小于 10cm，可以工作在实时运动学（RTK）模式下。

5.4.1　准备工作

在本节中，我们将使用 Ublox NEO-6MGPS 模块。NEO-6MGPS 模块是一个性能良好的完整 GPS 接收设备，内置的 25mm×25mm×4mm 陶瓷天线提供了强大的卫星搜索能力。我们可以使用电源和信号指示器来监控模块的状态。

通常，GPS 模块使用串行协议将数据传输到计算机或微控制器（例如 Arduino）。类似的，Ublox NEO-6MGPS 模块具有 RS232 TTL 接口，默认波特率为 9600bit/s，电源为 3～5V。我们可以使用 USB 适配器将 NEO-6MGPS 模块连接到 Linux 系统或 PC，这个操作很简单，如图 5-8 所示。

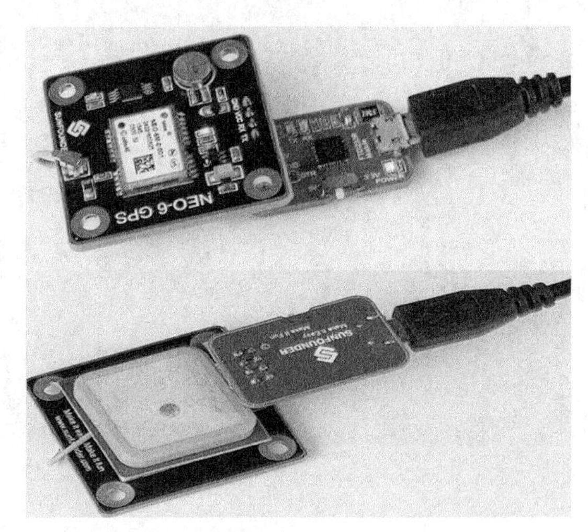

图 5-8　使用 USB 连接 NEO-6M GPS

这里，我们将开发和配置一个项目，用来将由 NEO-6MGPS 收集的定位数据发送到运行的 Linux 系统或 PC 上的 ROS 框架。

5.4.2　如何完成

1．使用以下命令安装 NMEA GPS 驱动程序包：

```
$ sudo apt-get install ros-kinetic-nmea-gps-driver
$ rosstack profile & rospack profile
```

2．从存储库下载功能包，并对其进行构建：

```
$ cd ~/catkin_ws/src
$ git clone git
```

```
https://github.com/ros-drivers/nmea_navsat_driver.git
$ cd ..
$ catkin_make
```

3．我们将运行 nmea_gpst_driver.py 脚本来执行 GPS 驱动程序，它需要两个参数：连接到 GPS 的端口名和波特率。

正确的端口名和支持波特率非常重要。

```
$ sudo chmod 666 /dev/ttyUSB0
$ rosrun nmea_gps_driver nmea_gps_driver.py _port:=/dev/ttyUSB0
_baud:=9600
```

5.4.3 工作原理

如果所有上述步骤都执行完毕，那么我们执行以下命令就可以在话题列表中看到名为 /fix 的话题：

```
$ rostopic list
$ rostopic type /fix
```

话题/fix 具有 sensor_msg/NavSatFix 消息类型。

我们可以回显该消息来查看所发送的实际数据流：

```
$ rostopic echo /fix
```

输出的结果如图 5-9 所示。

```
header:
  seq: 161
  stamp:
    secs: 40
    nsecs: 500000000
  frame_id: sensor
status:
  status: 0
  service: 0
latitude: -30.0602249716
longitude: -51.17391374
altitude: 9.960587315
position_covariance: [0.0025010000000000006, 0.0, 0.0, 0.0, 0.002501000000
6, 0.0, 0.0, 0.0, 0.0025010000000000006]
position_covariance_type: 2
---
```

图 5-9 GPS 数据流

5.5　使用伺服电动机——Dynamixel

在移动机器人领域里，伺服电动机可谓应用广泛。此类执行器主要用于移动传感器、轮子和机械臂。

Dynamixel 伺服电动机是一种智能执行器系统，专门用于连接机器人或机械结构的关节。它们按照模块化设计并采用菊花链连接，以便实现强大而灵活的机器人运动。

5.5.1　如何完成

1．通过执行以下命令安装所需的功能包和驱动程序：

```
$ sudo apt-get install ros-kinetic-dynamixel-motor
$ rosstack profile && rospack profile
```

2．从配套代码中获取该功能包并对其进行构建：

```
$ cd ~/catkin_ws/src
$ git clone git https://github.com/arebgun/dynamixel_motor.git
$ cd ..
$ catkin_make
```

5.5.2　工作原理

当完成了必要软件包和驱动程序的安装之后，我们将把转换器按照图 5-10 所示的方式连接到计算机，并查看是否被系统检测到。

图 5-10　与计算机连接的 Dynamixel

通常情况下，它会在/dev/文件夹下创建一个以 ttyUSBX 为名的新接口。如果你看到这个接口，那么表示 Dynamixel 设备的所有驱动都已经正确加载，而且它也已经成功连接到了 Linux 系统或者 PC。

可以使用以下命令启动 controller_manager 节点：

```
$ roslaunch dynamixel_tutorials controller_manager.launch
```

我们可以看到电动机已经被驱动检测到并在控制台输出。在该示例中，检测到一个名为 ID 4 的电动机，并进行初始化配置（见图 5-11）。

启动了 controller_manager.launch 文件之后，就可以查看话题列表。我们可以使用下面的命令行查看主题（见图 5-12）。

```
process[dynamixel_manager-1]: started with pid [4968]
[INFO] [WallTime: 1259367072.683441] pan_tilt_port: Pinging motor IDs 1 through
25...
[INFO] [WallTime: 1259367074.846670] pan_tilt_port: Found 1 motors - 1 AX-12 [4]
, initialization complete.
```

图 5-11 Dynamixel 驱动程序初始化

```
$ rostopic list
/diagnostics
/motor_states/pan_tilt_port
/rosout
/rosout_agg
```

图 5-12 控制管理器话题列表

如果使用 rostopic echo 命令查看/motor_states/pan_tilt_port，你会看到所有电动机的状态。在本例中，仅仅有一个 ID 为 4 的电动机。然而，不能使用这些话题来驱动电动机，所以需要加载另一个 launch 文件启动节点 dynamixel_controllers 来做这些工作。

```
$ roslaunch dynamixel_tutorials controller_spawner.launch
```

这时，在话题清单中会出现两个新话题，分别是/tilt_controller/command 和/tilt_controller/state，我们将会使用新话题/tilt_controller/command 中的类型消息 std_msgs/Float64 来驱动伺服电动机，如下所示：

```
$ rostopic pub /tilt_controller/command std_msgs/Float64 -- 0.4
```

我们会看到一个 Float64 类型的变量通过一个以弧度表示的位置指令来驱动电动机。一旦命令开始执行，我们会看到电动机转动，最后它会停止在 0.4rad 的位置上。

另外，我们还可以将 Dynamixel 电机级连到 Linux 系统，如图 5-13 所示。

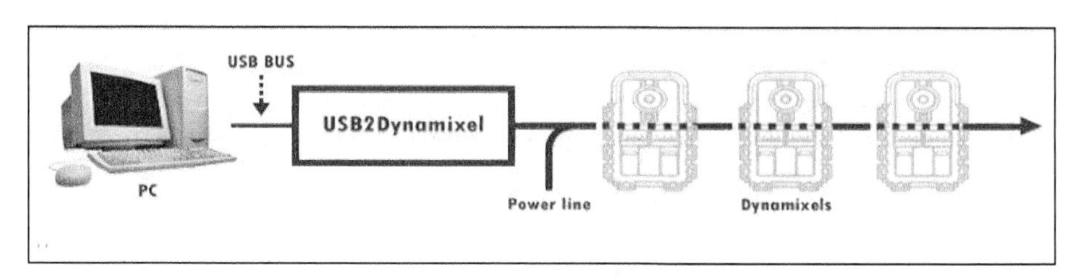

图 5-13 Dynamixel 电机的菊花链

如前所述，在驱动器的初始化期间，每个电机获得其自己的 ID，该 ID 将用于将来的通信。

5. 6 用激光测距仪——Hokuyo

在移动机器人的应用中，获取障碍物的具体位置、周边环境的轮廓等信息非常重要。而适用于环境和障碍物测绘的传感器主要有 2D 雷达和 3D 雷达。在移动机器人的前端安装一个面向前方和下方的 2D 激光扫描器是一个高效的环境和障碍物测绘解决方案。

5.6.1 准备工作

在本节中，我们将会看到如何使用机器人领域广泛应用的低成本激光雷达（LIDAR），例如 Hokuyo URG-04LX。Hokuyo 激光测距仪的功能与 sick 激光测距仪相似。sick 激光测距仪在过去的 10 年里已经成为移动机器人避障和测绘应用中的标准测距传感器。sick 激光测距仪的尺寸、重量和功耗都十分大，这意味着它只能应用在体积较大的移动机器人上。而相比之下，Hokuyo 激光测距仪尺寸更小、重量更轻，同时功耗也更小，因此适合应用在小型的移动机器人身上。

我们可以在 Hokuyo 官网获得关于 Hokuyo 激光测距仪的更多信息。Hokuyo 激光测距仪可以用来实现实时导航和建立地图。

5.6.2 如何完成

1. 首先需要安装驱动程序才能使用 URG-04LX-UG01。

2. 从配套代码中获取该功能包，并从源代码处构建包，因为 ROS 发行版没有包含构建好的功能包。

```
$ cd ~/catkin_ws/src
$ git clone git clone
https://github.com/ros-drivers/driver_common.git
$ git clone https://github.com/ros-drivers/hokuyo_node.git
$ cd ..
$ catkin_make
```

5.6.3 工作原理

当所需的功能包和驱动程序安装完毕，我们就可以使用 USB 电缆来连接激光器 URG-04LX-UG01 和计算机，然后检查系统是否能够正确地检测到它和它是否被正确地配置：

```
$ ls -l /dev/ttyACM0
```

当激光器成功地与计算机连接之后，系统就会检测到它，因为上述命令行的结果是以下输出：

```
crw-rw---- 1 root dialout 166, 0 May 14 12:06 /dev/ttyACM0
```

需要注意的是，在我们这个例子中，系统创建了节点/dev/ttyACM0；但是在其他系统中这个节点可能是/dev/ttyACMX。

在某些情况下，可能需要重新配置激光设备以便 ROS 能够访问和使用它。在默认情况下，我们需要获取 root 访问权限：

```
$ sudo chmod a+rw /dev/ttyACM0
```

如果一切顺利，我们将会切换到 Hokuyo URG-04LX-UG01 设备上。在一个命令行窗口中启动 roscore，在另一个命令行窗口中执行以下命令：

```
$ rosrun hokuyo_node hokuyo_node
```

如果 hokuyo_node 正确启动，前面的命令将显示以下输出：

```
[ INFO] [1458876560.194647219]: Connected to device with ID: H1000589
```

我们可以使用 rostopic 列表查看 hokuyo_node 创建的所有话题，然后你会在输出中看到图 5-14 所示的内容。

```
/diagnostics
/hokuyo_node/parameter_descriptions
/hokuyo_node/parameter_updates
/rosout
/rosout_agg
/scan
```

图 5-14　rostopic 查看 hokuyo_node

其中/scan 话题的消息类型 sensor_msgs/LaserScan 是用来发布关于激光扫描的信息。使用 rostopic 命令可以看到激光器的工作原理以及发送了哪些数据：

```
$ rostopic echo /scan
```

这将显示图 5-15 所示的输出。这些数据很难被人理解。如果你想更好地理解数据的含义，最好的办法是使用 RViz 在图形化界面下展示数据。在下一章中，我们将更详细地了解关于配置 RViz 以可视化激光扫描的更多信息。

图 5-15　激光扫描数据

5.7　使用 Kinect 传感器查看 3D 环境中的对象

Kinect 是一款软件和硬件技术相结合的创新性设备。我们可以轻松地将 Kinect 传感器连接到 Xbox 360 或者计算机上。Kinect 传感器中有 3 种硬件协同工作以帮助我们完成各种任务。

- **彩色 VGA 视频摄像头（Color VGA video camera）**：这种摄像头通过检测红色、绿色和蓝色这 3 个颜色分量，即所谓的“RGB 摄像机”来辅助面部识别和其他特征检测。
- **深度传感器（Depth sensor）**：红外投影仪和单色 CMOS 传感器配合工作，可以在各种照明条件下以三维“看清”室内环境。
- **多阵列麦克风（Multi-array microphone）**：这是一个由 4 个麦克风组成的阵列，可以将玩家的声音与室内环境中的噪声分离开来。玩家可以在离麦克风几米远的地方使用语音控制。

我们可以在 Microsoft 产品网站上找到 Microsoft Kinect。进一步研究 Kinect 的技术规范发现，视频和深度传感器相机都具有 640 像素×480 像素的分辨率，并以 30 帧/秒运行。

规范还表明该产品在约 1.5m 的深度范围内工作良好。

5.7.1　准备工作

在这里我们将使用两类传感器：RGB 摄像头和深度传感器。而在最新版本的 ROS 中，你将可以使用全部的 3 种传感器。

5.7.2　如何完成

1．安装 Microsoft Kinect 的所需功能包和驱动程序如下：

```
$ sudo apt-get install ros-kinetic-openni-camera
$ rosstack profile && rospack profile
```

2．从配套代码中获取 openni_camera 包，并从源代码构建功能包：

```
$ cd ~/catkin_ws/src
$ git clone https://github.com/ros-drivers/openni_camera.git
$ cd ..
$ catkin_make
```

5.7.3　工作原理

当功能包和驱动程序的构建和安装工作都完成之后，我们就可以将 Microsoft Kinect 传感器插入 Linux 系统或 PC 中，然后运行以下命令来启动节点开始使用传感器：

```
$ rosrun openni_camera openni_node
$ roslaunch openni_launch openni.launch
```

在执行前面的命令之前必须先运行 roscore。如果所有工作都按计划进行的话，你将不会看到任何错误信息。

接下来，将学习如何使用 Kinect 传感器。我们可以使用“rostopics list”列出当传感器驱动和节点启动时创建的话题。虽然这条命令会列出很多话题，但是对于我们来说最重要的就是图 5-16 所示的这几个。

```
...
/camera/rgb/image_color
/camera/rgb/image_mono
/camera/rgb/image_raw
/camera/rgb/image_rect
/camera/rgb/image_rect_color
...
```

图 5-16　Kinect sensor 的话题列表

如果你要查看从传感器获取的图像，可以使用 image_view 功能包。使用的指令如下所示：

```
$ rosrun image_view image_view image:=/camera/rgb/image_color
```

这里你应该已经注意到我们使用参数的图像将图像话题重命名（重映射）为/camera/rgb/image_color。同样的，我们可以通过修改前面命令行中的主题来从深度传感器观看图像：

```
$ rosrun image_view image_view image:=/camera/depth/image
```

运气不错！我们看到了图 5-17 所示的界面。

图 5-17　Kinect: RGB 图像和深度图像

另一个重要的话题是/camera/depth/points，它发布了点云数据，这种数据是深度图像的 3D 展示形式。另外，我们可以在 RViz 中查看点云数据，RViz 是 ROS 提供的 3D 可视化工具。图 5-18 显示了 RViz 中可视化的点云。仔细观察 RViz 的显示面板，其中的 PointCloud2 的 Topic 选项值需要被设置为“/camera/depth/point”。

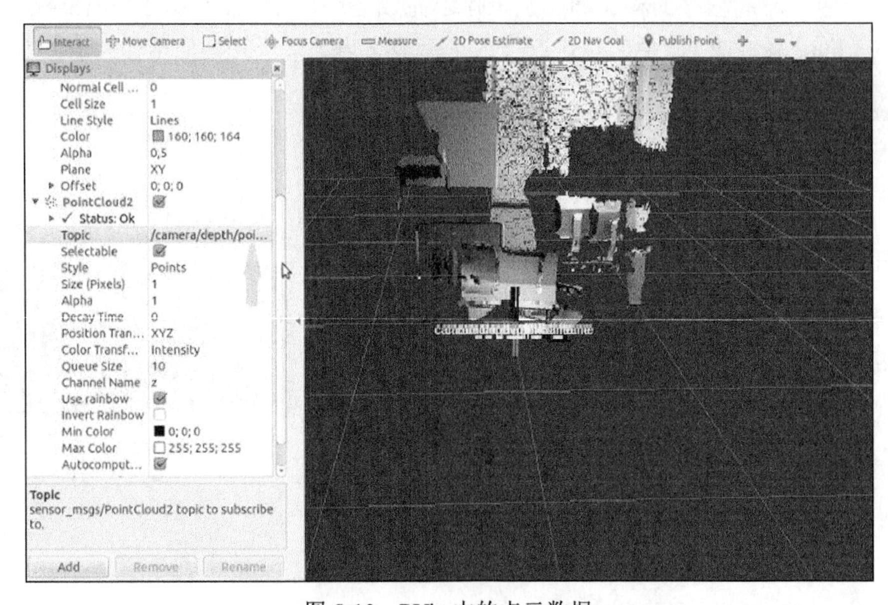

图 5-18　RViz 中的点云数据

5.8 用游戏杆或游戏手柄

游戏杆是一种输入装置，可用于控制计算机装置上的光标或指针的移动。使用这个设备，我们可以执行或控制大量的动作。在本节中，我们将讨论如何将游戏杆装置与ROS框架连接，以及如何控制真实或模拟的机器人。操纵杆装置的种类众多，可用于多种应用。

5.8.1 如何完成

1．在开始游戏杆的工作之前，我们需要先安装一些功能包和驱动程序。

2．要安装这些功能包到Ubuntu系统中，首先执行下面的命令：

```
$ sudo apt-get install ros-kinetic-joystick-drivers
$ rosstack profile & rospack profile
```

3．从配套代码中获取joystick_drivers功能包，并从源代码构建包：

```
$ cd ~/catkin_ws/src
$ git clone https://github.com/ros-drivers/joystick_drivers.git
$ cd ..
$ catkin_make
```

5.8.2 工作原理

在安装这些功能包之后，我们把游戏杆连接到计算机系统，并使用以下命令检查游戏杆是否被识别：

```
$ ls /dev/input/
```

这条命令将产生一个输出，显示系统中对应于输入设备的所有节点，如图5-19所示。

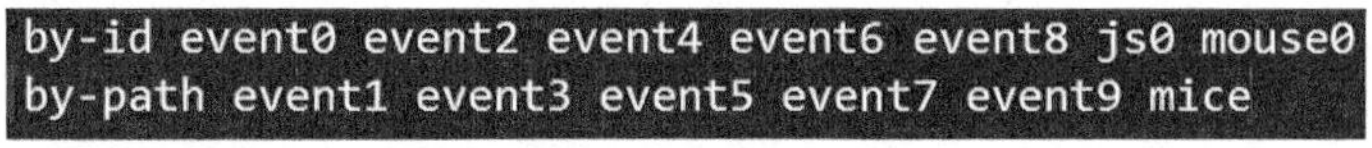

```
by-id event0 event2 event4 event6 event8 js0 mouse0
by-path event1 event3 event5 event7 event9 mice
```

图5-19 系统的输入设备

我们发现，当游戏杆插入计算机系统时，驱动程序创建了一个名为js0 的设备节，我们能使用jstest命令检查它是否工作：

```
$ sudo jstest /dev/input/js0
```

这条命令的输出如图 5-20 所示。

```
Axes: 0: 0 1: 0 2: 0 Buttons: 0:off 1:off 2:off 3:off 4:off 5:off 6:off 7:off
8:off 9:off 10:off
```

图 5-20 jstest 命令的执行结果

这表示我们所使用的罗技（型号：Logitech F710）游戏杆有 8 个轴向输入和 11 个按钮。当我们移动游戏杆时，数值就会产生变化。

现在我们可以确定游戏杆的功能正常，接下来需要在 ROS 中测试它的功能，使用的命令如下所示：

```
$ rosrun joy joy_node
```

如果 joy_node 的配置都正确，效果如图 5-21 所示。

```
[ INFO] [1357571588.441808789]: Opened joystick: /dev/input/js0. deadzone_: 0.
050000.
```

图 5-21 joy_node 启动消息

命令 rostopic list 显示了/joy 话题的消息类型 sensor_msgs/Joy，这个话题是由 joy_node 创建的。要查看这个节点发送的消息，可以使用以下命令：

```
$ rostopic echo /joy
```

我们将看到类似图 5-22 所示的输出。

```
joy topic output
---
header:
  seq: 429
  stamp:
    secs: 1415227355
    nsecs: 833352850
  frame_id: ''
axes: [0.19235174357891083, -0.0, 1.0, -0.04268254339694977, -0.048208002001047134, 1.0
buttons: [0, 0, 0, 0, 0, 0, 0, 0, 0, 0, 0, 0, 0, 0, 0]
---
```

图 5-22 /joy 话题的输出

我们也可以编写一个订阅游戏杆主题的节点，以及如何生成用于移动机器人模型的指令。

第 6 章 ROS 建模与仿真

在这一章中，我们将就以下内容进行研究：

- 使用 URDF 实现机器人建模；
- 使用 xacro 实现机器人建模；
- 使用关节状态发布器和机器人状态发布器；
- 掌握 Gazebo 系统结构以及与 ROS 的接口。

6.1 简介

在上一章中，我们了解了一些在机器人领域广泛应用的传感器和执行器的使用、配置和开发。不过对于真实世界的应用程序来说，如果能使用真实硬件和机器人进行工作，将会更加令人振奋和信服。不过这一点对于大部分机器人开发人员来说是不可能实现的，所以我们在这里将学习物理世界和机器人的模拟操作。

当我们不能随心所欲地使用真实的机器人和硬件时，仿真器就是一个很好的替代工具。我们可以在将算法应用到实际机器人之前使用它进行验证和测试。

在本章中，我们将学习如何开发一个机器人的 3D 模型，这是现实世界应用所需要的。其中将包括如何创建关节、如何向模型添加纹理，以及如何使用 ROS 节点来控制机器人。

我们还会介绍 Gazebo，它是一个 ROS 社区所广泛使用的仿真器框架。在这个仿真器框架中已经支持了对多种真实机器人的模拟。可以使用 Gazebo 来加载机器人的 3D 模型，模拟它们的感知，并在虚拟世界中控制它们。此外，我们将学习如何使用由社区设计机器人的其他部分，特别是夹持器和传感器（如激光测距仪和相机）。

6.2　理解使用 URDF 实现机器人建模

标准化机器人描述格式（Unified Robot Description Format，URDF）是一种用于描述机器人及其几何结构、部分结构、关节、物理属性等的 XML 格式文件。每次在 ROS 中使用 3D 机器人都会有 URDF 文件与之对应，例如移动机器人（Turtlebot）、人形机器人（PR2）或者某些类型的空中机器人。

在下面的小节中，我们将学习如何使用 URDF 文件格式来创建用于开发真实世界机器人的 3D 模型。

6.2.1　准备工作

我们来构造一个有 4 个轮子的移动机器人和一个带夹持器的机器人手臂。首先需要在工作空间里的 ROS 包中创建各个示例程序，或者从配套资源中复制 chapter6_tutorials 文件，这个文件中包含两个功能包：robot_description 和 robot_gazebo。

6.2.2　工作原理

我们先做一个带有 4 个轮子的机器人底座，首先要在 chapter6_tutorials/robot_description/urdf 文件夹中创建一个名为 mobile_robot.urdf 的文件，并向其添加如下内容：

```
<?xml version="1.0"?>
<robot name="mobile">
   <link name="base_link">
         <visual>
               <geometry>
                     <box size="0.2 .3 .1"/>
               </geometry>
               <origin rpy="0 0 0" xyz="0 0 0.05"/>
               <material name="yellow">
                     <color rgba="255 255 0 1"/>
               </material>
         </visual>
         <collision>
               <geometry>
                     <box size="0.2 .3 0.1"/>
               </geometry>
         </collision>
         <inertial>
               <mass value="100"/>
```

```
                <inertia ixx="1.0" ixy="0.0" ixz="0.0" iyy="1.0" iyz="0.0"
izz="1.0"/>
            </inertial>
    </link>
    <link name="wheel_1">
            <visual>
                <geometry>
                    <cylinder length="0.05" radius="0.05"/>
                </geometry>
                <origin rpy="0 1.5 0" xyz="0.1 0.1 0"/>
                <material name="black">
                    <color rgba="0 0 0 1"/>
                </material>
            </visual>
            <collision>
                <geometry>
                    <cylinder length="0.05" radius="0.05"/>
                </geometry>
            </collision>
            <inertial>
                <mass value="10"/>
                <inertia ixx="1.0" ixy="0.0" ixz="0.0" iyy="1.0" iyz="0.0"
izz="1.0"/>
            </inertial>
    </link>
    <link name="wheel_2">
            <visual>
                <geometry>
                    <cylinder length="0.05" radius="0.05"/>
                </geometry>
                <origin rpy="0 1.5 0" xyz="-0.1 0.1 0"/>
                <material name="black"/>
            </visual>
            <collision>
                <geometry>
                    <cylinder length="0.05" radius="0.05"/>
                </geometry>
            </collision>
            <inertial>
                <mass value="10"/>
                <inertia ixx="1.0" ixy="0.0" ixz="0.0" iyy="1.0" iyz="0.0"
izz="1.0"/>
            </inertial>
    </link>
    <link name="wheel_3">
            <visual>
```

```
                <geometry>
                      <cylinder length="0.05" radius="0.05"/>
                </geometry>
                <origin rpy="0 1.5 0" xyz="0.1 -0.1 0"/>
                <material name="black"/>
          </visual>
          <collision>
                <geometry>
                      <cylinder length="0.05" radius="0.05"/>
                </geometry>
          </collision>
          <inertial>
                <mass value="10"/>
                <inertia ixx="1.0" ixy="0.0" ixz="0.0" iyy="1.0" iyz="0.0"
izz="1.0"/>
          </inertial>
    </link>
    <link name="wheel_4">
          <visual>
                <geometry>
                      <cylinder length="0.05" radius="0.05"/>
                </geometry>
                <origin rpy="0 1.5 0" xyz="-0.1 -0.1 0"/>
                <material name="black"/>
          </visual>
          <collision>
                <geometry>
                      <cylinder length="0.05" radius="0.05"/>
                </geometry>
          </collision>
          <inertial>
                <mass value="10"/>
                <inertia ixx="1.0" ixy="0.0" ixz="0.0" iyy="1.0" iyz="0.0"
izz="1.0"/>
          </inertial>
    </link>
    <joint name="base_to_wheel1" type="continuous">
          <parent link="base_link"/>
          <child link="wheel_1"/>
          <origin xyz="0 0 0"/>
    </joint>
    <joint name="base_to_wheel2" type="continuous">
          <parent link="base_link"/>
          <child link="wheel_2"/>
          <origin xyz="0 0 0"/>
    </joint>
```

```
    <joint name="base_to_wheel3" type="continuous">
          <parent link="base_link"/>
          <child link="wheel_3"/>
          <origin xyz="0 0 0"/>
    </joint>
    <joint name="base_to_wheel4" type="continuous">
          <parent link="base_link"/>
          <child link="wheel_4"/>
          <origin xyz="0 0 0"/>
    </joint>
</robot>
```

这些 URDF 代码是基于 XML 的，这种格式并不强制缩进，但是最好还是使用缩进格式。因此，我建议你使用一个支持缩进的编辑器或者找到合适插件并进行配置（例如，比较优秀的是 Vim 中的.vimrc 文件或者默认情况下使用的 atom 编辑器）。

1. URDF 文件格式

可能你已经注意到了，在代码中有两种用于描述机器人几何结构的基本字段：link（连接）和 joint（关节）。第一个连接的名字是 base_link（基本连接），这个名称在文件中必须唯一：

```
<link name="base_link">
      <visual>
            <geometry>
                  <box size="0.2 .3 .1"/>
            </geometry>
            <origin rpy="0 0 0" xyz="0 0 0.05"/>
            <material name="yellow">
                  <color rgba="255 255 0 1"/>
            </material>
      </visual>
      ...
</link>
```

前面的代码中使用了 visual 字段来定义在仿真环境中的物体。在代码中我们可以定义几何形状（圆柱体、立方体、球体和网格）、材质（颜色和纹理）以及原点。然后使用以下代码来对关节进行定义：

```
<joint name="base_to_wheel1" type="continuous">
      <parent link="base_link"/>
      <child link="wheel_1"/>
      <origin xyz="0 0 0"/>
</joint>
```

在 joint 字段中，我们先定义了名称（要求唯一）。然后定义了关节类型（包括 fixed、revolute、continuous、floating 或 planar）、父连接坐标系以及子连接坐标系（关节相连的前后坐标系）。在这个例子中，base_link 是 wheel_1 的父连接坐标系。

我们可以使用 check_urdf 命令工具来检查前面创建的 URDF 文件书写的语法是否正确以及配置是否有误。

```
$ check_urdf mobile_robot.urdf
```

该命令执行完毕的输出如图 6-1 所示。

```
kumar@kumar-Inspiron-5437:~/catkin_ws-01/src/chapter6_tutorials/robot_description/urdf$ check_urdf mobile_robot.urdf
robot name is: mobile_robot
---------- Successfully Parsed XML ---------------
root Link: base_link has 4 child(ren)
    child(1):  wheel_1
    child(2):  wheel_2
    child(3):  wheel_3
    child(4):  wheel_4
```

图 6-1　URDF 文件的输出

如果希望以图形化的方式来查看这些内容的话，可以使用 urdf_to_graphiz 命令工具：

```
$ urdf_to_graphiz mobile_robot.urdf
```

这个命令将生成两个文件：origins.pdf 和 origins.gv。我们可以按照如下代码使用 evince 打开这个文件：

```
$ evince mobile.pdf
```

图 6-2 显示了该文件中的架构图。

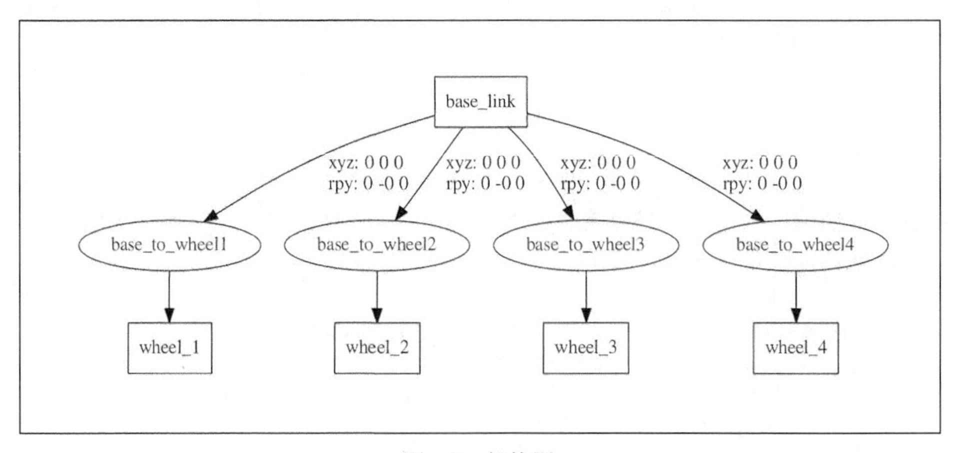

图 6-2　架构图

2. 在 RViz 里查看 3D 模型

我们刚刚研究了如何创建一个 3D 模型机器人。从这里，我们可以使用 RViz 来查看这个机器人的三维模型仿真。紧接着我们要在 robot1_description/launch 文件夹下创建 simulation.launch 文件，并在文件中输入下面的代码。另外我们也可以选择从配套代码中获取这段代码：

```
<?xml version="1.0"?>
<launch>
   <arg name="model" />
   <arg name="gui" default="False" />
   <param name="robot_description" textfile="$(arg
model)" />
   <param name="use_gui" value="$(arg gui)"/>
   <node name="joint_state_publisher"
pkg="joint_state_publisher"
type="joint_state_publisher" ></node>
   <node name="robot_state_publisher"
pkg="robot_state_publisher" type="state_publisher" />
   <node name="rviz" pkg="rviz" type="rviz" args="-d
$(find robot_description)/robot.rviz" />
</launch>
```

接下来，我们使用如下命令启动这个机器人模型：

```
$ roslaunch robot_description simulation.launch
model:="'rospack find
robot_description'/urdf/mobile_robot.urdf"
```

在这里我们可以看到图 6-3 所示的移动机器人 3D 模型。

类似的，我们来设计一个机器人机械手的 3D 模型。它将包含如下组件：一段基座臂、一段连接臂和一个夹持器。我们可以在配套代码的 chapter6_tutorials/robot_description/urdf/arm_robot.urdf 文件中找到完整的设计模型，然后，我们可以使用以下命令启动机器人模型。

```
$ roslaunch robot_description display.launch
model:="'rospack find
robot1_description'/urdf/arm_robot.urdf"
```

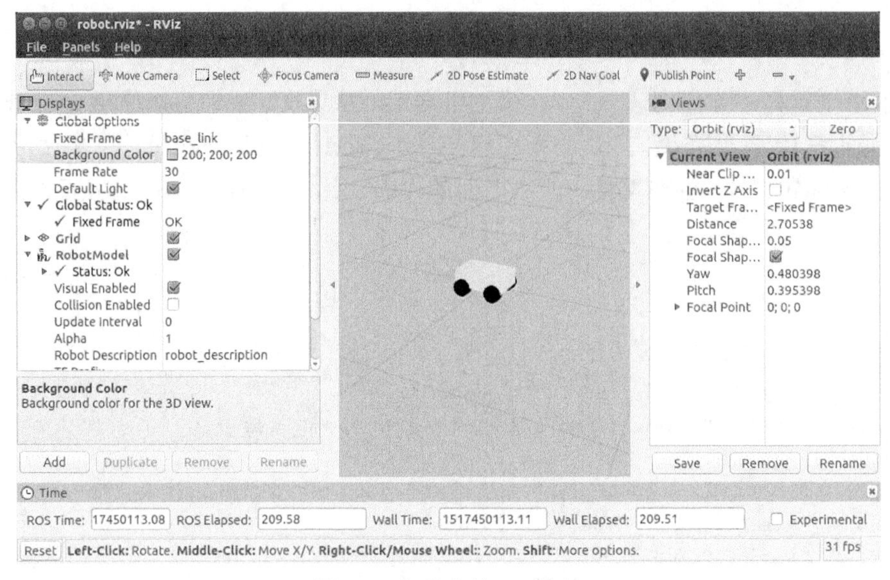

图 6-3　机器人的 3D 模型

我们可以看到图 6-4 所示的机器人机械手的 3D 模型。

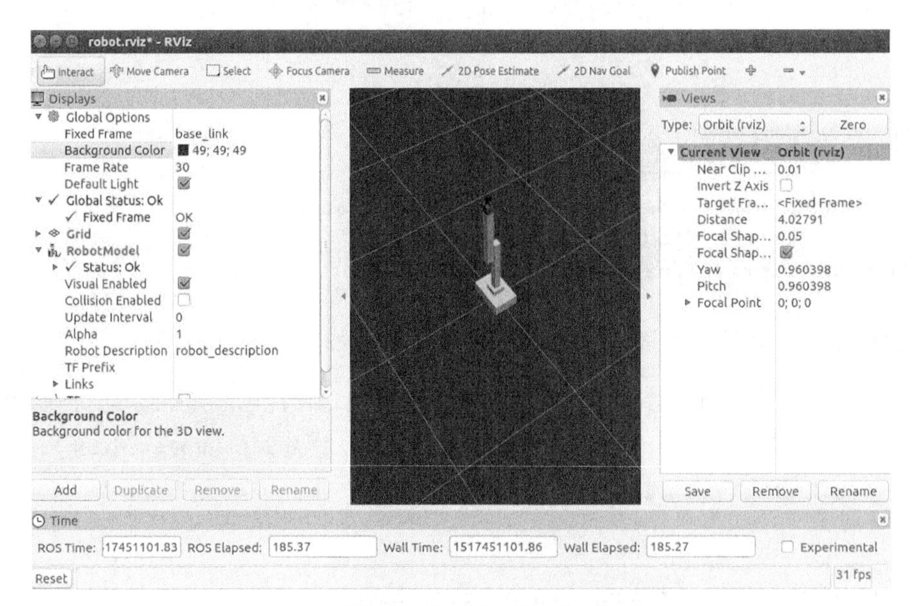

图 6-4　机器人机械手

3．将网格加载到机器人模型中

我们希望自己的模型有一个更加真实的外观，这并不能仅仅依靠增加基本的几何形状和模块来实现。这一点可以通过加载网格来实现，我们可以加载自行创建的网格（mesh），也可以使用其他机器人模型的网格。

在这个机器人机械手的 3D 模型中，我们将要使用 PR2 机器人的夹持器。在下面的代码中你会看到如何使用它：

```
<link name="left_gripper">
        <visual>
              <origin rpy="0 0 0" xyz="0 0 0"/>
              <geometry>
                    <mesh
filename="package://urdf_tutorial/meshes/l_finger.dae"
/>
              </geometry>
        </visual>
        <collision>
              <geometry>
                    <box size="0.1 .1 .1"/>
              </geometry>
        </collision>
        <inertial>
              <mass value="1"/>
              <inertia ixx="1.0" ixy="0.0" ixz="0.0"
iyy="1.0" iyz="0.0" izz="1.0"/>
        </inertial>
</link>
```

这与我们之前使用的示例链接类似，但是在几何部分中添加了网格。因此你可以在图 6-5 中看到结果。

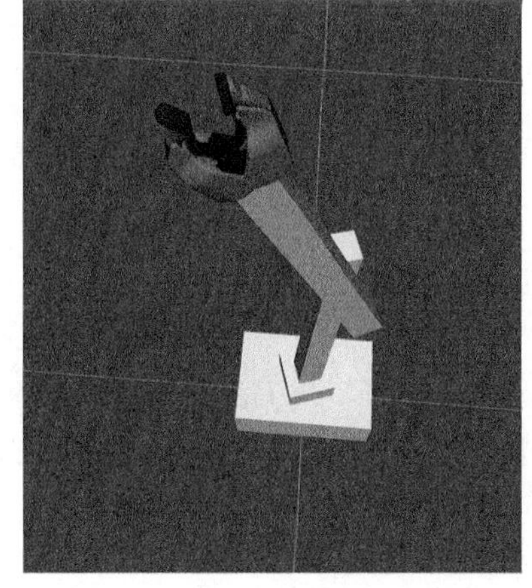

图 6-5 Mesh 模型

4. 控制与运动

机器人的三维模型可以按照 URDF 文件中描述的关节进行控制和运动。在这个机器人机械手的实例中，最常用的关节类型是转动关节。

你可能已经注意到了在 arm_1_to_arm_base 上所使用的转动关节，其代码如下所示：

```
<joint name="arm_1_to_arm_base" type="revolute">
        <parent link="arm_base"/>
        <child link="arm_1"/>
        <axis xyz="1 0 0"/>
```

```
        <origin xyz="0 0 0.15"/>
        <limit effort ="1000.0" lower="-1.0"
upper="1.0" velocity="0.5"/>
</joint>
```

转动关节的转动角度具有一定的限制。这个限制通过 URDF 文件中的行<limit effort = "1000.0" lower="-1.0" upper="1.0" velocity="0.5"/>来设置。我们可以使用 axis xyz="100"选择转动轴来运动，也可以使用<limit>标签来定义一个属性集合，例如 effort 用来定义关节所承受的最大力，lower 给关节的下限赋值，举个例子来说旋转关节的单位是弧度，移动关节的单位是米，upper 用来给关节的上限赋值，velocity 用来限制关节的最大速度。

我们可以使用 Join_State_Publisher 图形化用户界面（GUI）运行 Rviz 并确定关节的轴或转动极限值。

```
$ roslaunch robot_description simulation.launch
model:="'rospack find
robot_description'/urdf/arm_robot.urdf" gui:=true
```

这时会弹出一个图 6-6 所示的窗口界面。

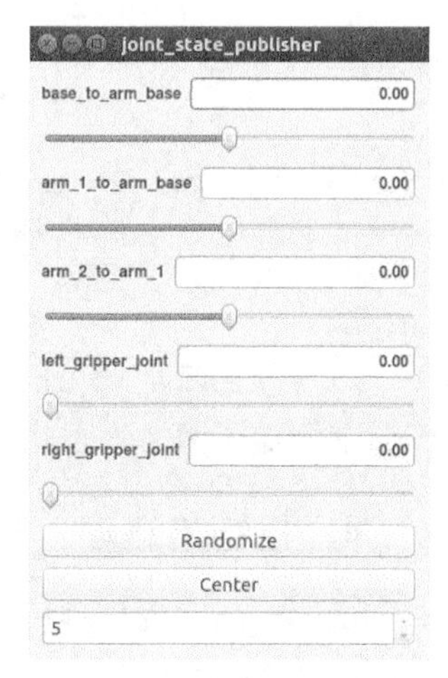

图 6-6　关节状态发布器

类似的，在移动机器人模型使用 continuous 型关节的代码片段如下所示：

```
<joint name="base_to_wheel1" type="continuous">
        <parent link="base_link"/>
        <child link="wheel_1"/>
        <origin xyz="0 0 0"/>
</joint>
```

5．物理属性

如果需要在 Gazebo 或者其他具有物理引擎的仿真软件中进行 3D 机器人仿真，就需要 URDF 文件中定义模型的物理属性和碰撞属性。换而言之，我们需要设定几何尺寸来计算可能的碰撞，设定重量来计算惯性等。

我们需要保证模型文件中的所有连接都有这些参数，否则就无法使用物理引擎对这些机器人进行仿真。不过网格之间的碰撞在计算上是十分复杂的，而使用简单的几何形状比实际的网格模型更容易进行碰撞计算。

在下面的代码中，你会看到移动机器人的 mobile_robot.urdf 中名称为 wheel_1 连接的物理和碰撞特性：

```
<link name="wheel_1">
         <visual>
               <geometry>
                     <cylinder length="0.05"
radius="0.05"/>
               </geometry>
               <origin rpy="0 1.5 0" xyz="0.1 0.1 0"/>
               <material name="black">
                     <color rgba="0 0 0 1"/>
               </material>
         </visual>
         <collision>
               <geometry>
                     <cylinder length="0.05"
radius="0.05"/>
               </geometry>
         </collision>
         <inertial>
               <mass value="10"/>
               <inertia ixx="1.0" ixy="0.0" ixz="0.0"
iyy="1.0" iyz="0.0" izz="1.0"/>
         </inertial>
</link>
```

类似的，我们需要为所有连接添加 collision 和 inertial 元素，因为如果你不这样做，Gazebo 将无法使用这些模型。

我们能够在配套代码的 robot1_description/urdf/robot1_physics.urdf 中查看包含所有参数的完整文件。

6.3 理解使用 Xacro 实现机器人建模

在这一节中，我们来研究 Xacro。XML Macros 可以帮助我们压缩 URDF 文件的大小，并且增加文件的可读性和可维护性。这种新的格式还可以帮助我们创建模型并复用这些模型以创建相同的结构。

6.3.1 准备工作

现在我们来使用 Xacro 文件格式来代替 URDF 构建一个带有 4 个轮子的移动机器人和一个带有夹持器的手臂机器人，就像上一章做过的那样。首先我们需要在工作空间里的 ROS 包中创建各个示例程序，或者从配套代码中复制 chapter6_tutorials 文件，这个文件中包含两个功能包 arm_robot.xacro 和 mobile_robot.xacro。

6.3.2 工作原理

在开始使用 Xacro 之前，我们需要指定一个命名空间，以便文件能够正确地解析。例如，下面是一个 Xacro 文件的代码片段：

```
<?xml version="1.0"?>
<robot xmlns:xacro="http://www.ros.org/wiki/xacro" name="mobile">
```

需要注意的是，文件的扩展名必须是.xacro 而不是.urdf。

1. 常量

我们使用 Xacro 来声明常量，就像在其他编程语言中所做的一样。举例来说，对于 4 个轮子使用相同长度和半径的移动机器人来说，可以进行如下声明和定义：

```
<xacro:property name="length_wheel" value="0.05" />
<xacro:property name="radius_wheel" value="0.05" />
```

这些值可以稍后在代码中以下列方式使用：

```
${name_of_variable}:
<cylinder length="${length_wheel}"
radius="${radius_wheel}"/>
```

2. 数学方法

我们可以在${}结构中使用基本的四则运算加（+）、减（–）、乘（*）、除（/）、负号（–）和圆括号来构建任意复杂的表达式。但是不支持求幂和取模运算：

```
<cylinder radius="${wheel_diameter/2}" length="0.1"/>
<origin xyz="${reflection*(width+0.04)} 0 0.25" />
```

因此，我们就可以在 Xacro 中实现使用数学方法进行参数化设计。

3. 宏

宏是 Xacro 功能包中最有用的组件。例如在这个 3D 机器人模型设计中就会使用以下宏来实现 inertial 的初始化：

```
<xacro:macro name="default_inertial" params="mass">
    <inertial>
      <mass value="${mass}" />
      <inertia ixx="1.0" ixy="0.0" ixz="0.0"
        iyy="1.0" iyz="0.0"
        izz="1.0" />
      </inertial>
</xacro:macro>
```

现在不妨来比较一下两个 urdf 格式的文件 mobile_robot.urdf、arm_robot.urdf 与两个 xacro 格式的文件 mobile_robot.xacro、arm_robot.xacro，可以发现使用 xacro 至少减少了 30 行没有任何功能的重复行。通过使用宏和变量，还能够进一步对文件进行精简。

如果希望在 RViz 中使用.xacro 文件，就需要将它转换成.urdf 文件。我们可以执行以下命令来完成转换：

```
$ rosrun xacro xacro.py "'rospack find
robot_description'/urdf/mobile_robot.xacro" >
"'rospack find
robot_description'/urdf/mobile_robot_processed.urdf"
$ rosrun xacro xacro.py "'rospack find
robot_description'/urdf/arm_robot.xacro" > "'rospack
find robot_description'/urdf/arm_robot_processed.urdf"
```

6.4 理解关节状态发布器和机器人状态发布器

我们已经完成机器人 3D 模型的建造工作，而且也能够在 RViz 中看到它了。因此在本节中，我们将学习如何通过节点来控制和移动机器人。ROS 提供了一些极为优秀的机器人的控制工具，例如 ros_control 功能包。另外，joint_state_publisher 和 robot_state_publisher 功能包也经常用于实现对机器人的控制。

6.4.1 准备动作

和上一节讲过的一样，我们需要在工作空间的 ROS 功能包中创建各自的示例程序。这一点既可以通过在robot_description/src文件夹中创建mobile_state_publisher.cpp和arm_state_publisher.cpp文件来实现，也可以从配套代码中复制chapter6_tutorials功能包实现。

对于mobile_state_publisher.cpp功能包来说，它应该包含以下内容：

```
#include <string>
#include <ros/ros.h>
#include <sensor_msgs/JointState.h>
#include <tf/transform_broadcaster.h>
int main(int argc, char** argv) {
    ros::init(argc, argv, "mobile_state_publisher");
    ros::NodeHandle n;
    tf::TransformBroadcaster broadcaster;
    ros::Publisher joint_pub =
n.advertise<sensor_msgs::JointState>("joint_states", 1);
    ros::Rate loop_rate(30);

    const double degree = M_PI/180;

    // robot state
    double angle= 0;

    // message declarations
    geometry_msgs::TransformStamped odom_trans;
    sensor_msgs::JointState joint_state;
    odom_trans.header.frame_id = "odom";
    odom_trans.child_frame_id = "base_link";

    while (ros::ok()) {
        //update joint_state
        joint_state.header.stamp = ros::Time::now();
        joint_state.name.resize(4);
        joint_state.position.resize(4);
        joint_state.name[0] ="base_to_wheel1";
        joint_state.position[0] = 0;
        joint_state.name[1] ="base_to_wheel2";
        joint_state.position[1] = 0;
        joint_state.name[2] ="base_to_wheel3";
        joint_state.position[2] = 0;
        joint_state.name[3] ="base_to_wheel4";
        joint_state.position[3] = 0;

        // update transform
        // (moving in a circle with radius)
        odom_trans.header.stamp = ros::Time::now();
```

```
        odom_trans.transform.translation.x = cos(angle);
        odom_trans.transform.translation.y = sin(angle);
        odom_trans.transform.translation.z = 0.0;
        odom_trans.transform.rotation =
tf::createQuaternionMsgFromYaw(angle);

        //send the joint state and transform
        joint_pub.publish(joint_state);
        broadcaster.sendTransform(odom_trans);

        // Create new robot state
        angle += degree/4;

        // This will adjust as needed per iteration
        loop_rate.sleep();
    }
    return 0;
}
```

对于 arm_state_publisher.cpp 功能包来说，它应该包含以下内容：

```
#include <string>
#include <ros/ros.h>
#include <sensor_msgs/JointState.h>
//#include <tf/transform_broadcaster.h>

int main(int argc, char** argv) {

    ros::init(argc, argv, "arm_state_publisher");
    ros::NodeHandle n;
    ros::Publisher joint_pub =
n.advertise<sensor_msgs::JointState>("joint_states", 1);
    ros::Rate loop_rate(30);

    const double degree = M_PI/180;

    // robot state
    double inc= 0.005, base_arm_inc= 0.005, arm1_armbase_inc= 0.005,
arm2_arm1_inc= 0.005, gripper_inc= 0.005, tip_inc= 0.005;
    double angle= 0 ,base_arm = 0, arm1_armbase = 0, arm2_arm1 = 0, gripper
= 0, tip = 0;

    // message declarations
    sensor_msgs::JointState joint_state;
```

```
    while (ros::ok()) {
        //update joint_state
        joint_state.header.stamp = ros::Time::now();
        joint_state.header.frame_id = "base_link";
        joint_state.name.resize(7);
        joint_state.position.resize(7);
        joint_state.name[0] ="base_to_arm_base";
        joint_state.position[0] = base_arm;
        joint_state.name[1] ="arm_1_to_arm_base";
        joint_state.position[1] = arm1_armbase;
        joint_state.name[2] ="arm_2_to_arm_1";
        joint_state.position[2] = arm2_arm1;
        joint_state.name[3] ="left_gripper_joint";
        joint_state.position[3] = gripper;
        joint_state.name[4] ="left_tip_joint";
        joint_state.position[4] = tip;
        joint_state.name[5] ="right_gripper_joint";
        joint_state.position[5] = gripper;
        joint_state.name[6] ="right_tip_joint";
        joint_state.position[6] = tip;

        //send the joint state and transform
        joint_pub.publish(joint_state);
        // Create new robot state
        arm2_arm1 += arm2_arm1_inc;
        if (arm2_arm1<-1.5 || arm2_arm1>1.5) arm2_arm1_inc *= -1;
        arm1_armbase += arm1_armbase_inc;
        if (arm1_armbase>1.2 || arm1_armbase<-1.0) arm1_armbase_inc *= -1;
        base_arm += base_arm_inc;
        if (base_arm>1. || base_arm<-1.0) base_arm_inc *= -1;
        gripper += gripper_inc;
        if (gripper<0 || gripper>1) gripper_inc *= -1;
        angle += degree/4;
        // This will adjust as needed per iteration
        loop_rate.sleep();
    }
    return 0;
}
```

在下面的小节中，我们将讨论前面的代码是如何控制和移动机器人的。

6.4.2 工作原理

在这个移动机器人的案例中，我们首先来研究一下tf坐标系的概念以及它们之间的关系和变换。ROS 中最为常用的坐标系为 map、odom 和 base_link。其中 map 坐标系是世界固连坐标系，它可用于长时间的全局参考。odom 坐标系可用于精确的、短时间的局部参考。

base_link 与移动机器人的底座紧密相连。通常这些坐标系是相互关联的，它们之间的关系可通过图形表示为 map|odom|base_link。大多数情况下，当我们没有定义 map 坐标系时，world 坐标就会成为一个全局参考。

在我们的基本控制节点 mobile_state_publisher.cpp 中，首先创建了一个名为 odom 的坐标系，所有的变换都以这个新坐标系作为参考。在我们的设计中，所有连接都是 base_link 的子连接，所有坐标系都会连接到 odom 坐标系。

我们可以参考下面定义这些关系的代码：

```
geometry_msgs::TransformStamped odom_trans;
sensor_msgs::JointState joint_state;
odom_trans.header.frame_id = "odom";
odom_trans.child_frame_id = "base_link";
```

接下来我们将会创建一个用于控制模型所有关节的新主题 joint_state。Joint_state 保存的数据用来描述一系列转矩控制关节的状态。因为我们设计的模型总共有 7 个关节，所以需要创建一条带有 7 个字段的消息：

```
joint_state.header.stamp = ros::Time::now();
joint_state.header.frame_id = "base_link";
joint_state.name.resize(7);
joint_state.position.resize(7);
joint_state.name[0] ="base_to_arm_base";
joint_state.position[0] = base_arm;
joint_state.name[1] ="arm_1_to_arm_base";
joint_state.position[1] = arm1_armbase;
joint_state.name[2] ="arm_2_to_arm_1";
joint_state.position[2] = arm2_arm1;
joint_state.name[3] ="left_gripper_joint";
joint_state.position[3] = gripper;
joint_state.name[4] ="left_tip_joint";
joint_state.position[4] = tip;
joint_state.name[5] ="right_gripper_joint";
joint_state.position[5] = gripper;
joint_state.name[6] ="right_tip_joint";
joint_state.position[6] = tip;
```

在本示例中，我们会控制机器人在一个圆形的轨迹上运动。以下的代码定义消息字段中的坐标：

```
odom_trans.header.stamp = ros::Time::now();
odom_trans.transform.translation.x = cos(angle)*1;
odom_trans.transform.translation.y = sin(angle)*1;
odom_trans.transform.translation.z = 0.0;
odom_trans.transform.rotation = tf::createQuaternionMsgFromYaw(angle);
```

最后，我们会在每个控制循环中发布机器人的最新状态：

```
joint_pub.publish(joint_state);
broadcaster.sendTransform(odom_trans);
```

我们将在 arm_state_xacro.launch 文件中添加以下内容：

```
<launch>
   <arg name="model" />
   <arg name="gui" default="False" />
   <param name="robot_description" command="$(find xacro)/xacro --inorder
$(arg model)" />
   <param name="use_gui" value="$(arg gui)"/>
   <node name="arm_state_publisher_tutorials" pkg="robot_description"
type="arm_state_publisher_tutorials" />
   <!--node name="joint_state_publisher" pkg="joint_state_publisher"
type="joint_state_publisher"/-->
   <node name="robot_state_publisher" pkg="robot_state_publisher"
type="state_publisher" />
   <node name="rviz" pkg="rviz" type="rviz" args="-d $(find
robot_description)/arm.rviz" />
</launch>
```

类似的，我们将在 mobile_state_xacro.launch 文件中添加以下内容：

```
<launch>
   <arg name="model" />
   <arg name="gui" default="False" />
   <param name="robot_description" command="$(find xacro)/xacro --inorder
$(arg model)" />
   <param name="use_gui" value="$(arg gui)"/>
   <node name="mobile_state_publisher_tutorials" pkg="robot_description"
type="mobile_state_publisher_tutorials" />
   <!--node name="joint_state_publisher" pkg="joint_state_publisher"
type="joint_state_publisher"/-->
   <node name="robot_state_publisher" pkg="robot_state_publisher"
```

```
type="state_publisher" />
   <node name="rviz" pkg="rviz" type="rviz" args="-d $(find
robot_description)/mobile.rviz" />
</launch>
```

接下来必须安装以下功能包：

```
$ sudo apt-get install ros-kinetic-map-server
$ sudo apt-get install ros-kinetic-fake-localization
```

使用以下代码编译工作区中的功能包：

```
$ cd ~/catkin_ws
$ catkin_make
```

我们使用以下命令可以在 RViz 中移动机器人的 3D 模型，并且可以直接看到它的圆形运动：

```
$ roslaunch robot_description mobile_state_xacro.launch model:="'rospack
find robot1_description'/urdf/mobile_robot.xacro"
```

在图 6-7 中，我们可以看到移动机器人所做的圆形运动。

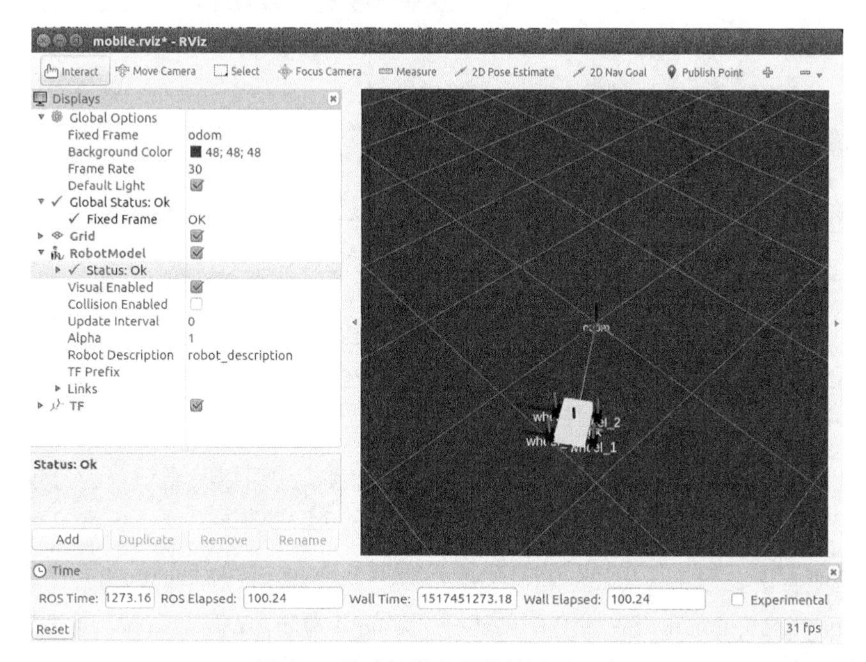

图 6-7 移动机器人所做的圆形运动

类似的，我们可以使用以下命令来启动带有完整模型的新节点。我们将会在 RViz 中看到 3D 模型的每一个关节都在运动。

```
$ roslaunch robot_description arm_state_xacro.launch model:="'rospack find
robot1_description'/urdf/arm_robot.xacro"
```

在图 6-8 中，我们可以看到手臂机器人的关节。

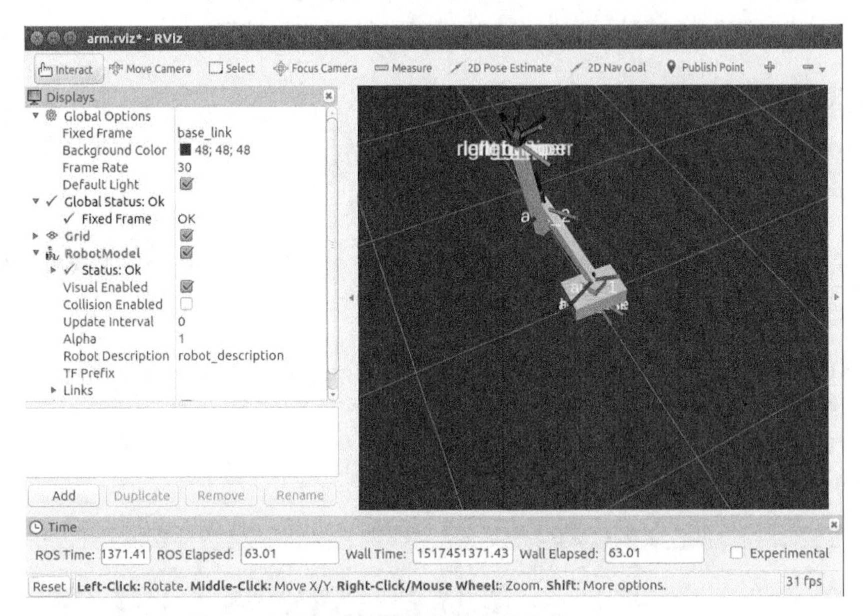

图 6-8　手臂机器人的关节

6.4.3　更多内容

我们还可以使用诸如 SketchUp 和 Blender 之类的 3D 建模软件来生成模型的网格设计，可以使用*.dae 或者*.sdf 格式来导出生成的设计。我们可以创建一个能在 RViz 里查看的模型 URDF 文件。不过使用建模软件开发 3D 模型网格设计的详细过程超出了本书的范围，读者可以自行在网上找到相关资源。

我们在配套代码中的 robot_description/meshes 文件夹中可以找到一个名为 bot.dae 的文件，这是一个用于演示目的的移动机器人模型的基本网格设计。

通过这个实例我们将学习如何通过 URDF 文件来使用 3D 模型的网格设计。因此，我们将在 robot_description/urdf 文件夹中创建一个新的名为 dae.urdf 的文件，并添加以下代码（参见配套代码中的 robot_description/urdf/dae.urdf 功能包）。

```
<?xml version="1.0"?>
<robot name="robot">
  <link name="base_link">
    <visual>
      <geometry>
        <mesh scale="1 1 1"
filename="package://robot_description/meshes/bot.dae"/>
      </geometry>
      <origin xyz="0 0 0.226"/>
    </visual>
  </link>
</robot>
```

这个模型仅导出一个文件，因此轮子和底盘都在同一个物体中。如果想要创建一个部件能够移动的机器人，必须分别使用不同的文件导出模型的每一个部分。

我们可以使用以下命令来验证模型：

```
$ roslaunch robot_description simulation.launch model:="'rospack find
robot_description'/urdf/dae.urdf"
```

你将会看到图 6-9 所示的输出结果。

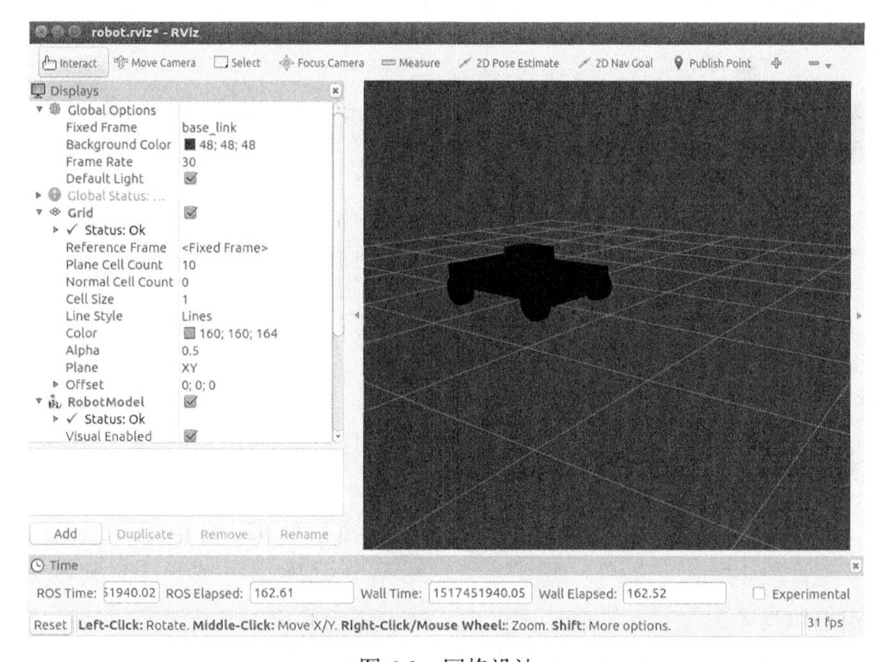

图 6-9 网格设计

6.5 理解 Gazebo 系统结构以及与 ROS 的接口

正如我们在前一章中所讨论的，Gazebo 是一个具有物理引擎的仿真框架，它能够针对复杂的结构化和非结构化环境来完成多机器人的仿真。它能够在 3D 环境中对多个机器人、传感器及物体进行仿真，生成实际传感器的反馈以及物体之间的物理交互。

6.5.1 准备工作

现在的 Gazebo 独立于 ROS，并在 Ubuntu 中以独立功能包安装。在这一节中，我们将学习如何使用 Gazebo 与 ROS 进行交互操作。我们将会学习如何使用之前创建的机器人 3D 模型，如何加载一个激光传感器和一个摄像头，以及如何在虚拟环境中控制和移动这个机器人。

我们将会使用到在上一节中创建的模型，但是并不包含那个机械臂，这样会让示例更简单一些。首先使用下面的命令来确定 Gazebo 已经安装正确：

```
$ gazebo
```

如果需要在 ROS 中环境中使用 Gazebo 工作，我们需要使用以下命令来安装与 Gazebo 通信的 ROS 功能包：

```
$ sudo apt-get install ros-kinetic-gazebo-ros-pkgsros-kinetic-Gazebo-ros-
control
```

如果一切正常的话，当上面的命令执行完就可以看到 Gazebo 的图形化操作界面了。我们可以使用以下命令测试 Gazebo 与 ROS 的集成，该命令之后会弹出 Gazebo 的图形化操作界面：

```
$ roscore
$ rosrun gazebo_ros gazebo
```

6.5.2 如何完成

在 Gazebo 中导入机器人模型之前，我们需要先完成 URDF 文件。要在 Gazebo 中使用模型，需要定义更多元素。另外，我们也将使用.xacro 文件，虽然这会使问题变得复杂，不过从开发的角度来说，它的功能非常强大。我们能够在配套代码中的 chapter6_tutorials/robot_description/urdf/robot_gazebo.xacro 找到修改后的文件：

```
<link name="base_link">
            <visual>
            <geometry>
                        <box size="0.2 .3 .1"/>
                  </geometry>
            <origin rpy="0 0 1.54" xyz="0 0 0.05"/>
            <material name="white">
                  <color rgba="1 1 1 1"/>
            </material>
            </visual>
      <collision>
            <geometry>
                        <box size="0.2 .3 0.1"/>
            </geometry>
      </collision>
      <xacro:default_inertial mass="10"/>
</link>
```

你可能已经注意到在上面代码中的 collision 和 inertial 部分，它们对于在 Gazebo 中运行模型是必需的，这样才能实现物理引擎的模拟。

另外，为了在 Gazebo 中添加可见的纹理，我们需要在 robot_gazebo.xacro 中引入 robot.gazebo 文件：

```
<xacro:include filename="$(find robot_description)/urdf/robot.gazebo" />
```

上面代码中的 robot.gazebo 包含如下所示的纹理信息，我们可以在配套代码中的 chapter6_tutorials 功能包中找到完成的文件：

```
<gazebo reference="base_link">
  <material>Gazebo/Orange</material>
</gazebo>

<gazebo reference="wheel_1">
       <material>Gazebo/Black</material>
</gazebo>

<gazebo reference="wheel_2">
       <material>Gazebo/Black</material>
</gazebo>

<gazebo reference="wheel_3">
       <material>Gazebo/Black</material>
```

```
</gazebo>

<gazebo reference="wheel_4">
      <material>Gazebo/Black</material>
</gazebo>
```

接下来，我们要创建一个名为 gazebo.launch 的集成文件来启动所有的组件，这个文件需要在文件夹 chapter6_tutorials/robot_gazebo/launch/中创建，并添加如下代码，参见配套代码中 chapter6_tutorials 的代码：

```
<launch>
  <!-- these are the arguments you can pass this launch file, for example
paused:=true -->
  <arg name="paused" default="true" />
  <arg name="use_sim_time" default="false" />
  <arg name="gui" default="true" />
  <arg name="headless" default="false" />
  <arg name="debug" default="true" />
  <!-- We resume the logic in empty_world.launch, changing only the name of
the world to be launched -->
  <include file="$(find gazebo_ros)/launch/empty_world.launch">
    <arg name="world_name" value="$(find robot1_gazebo)/worlds/robot.world"
/>
    <arg name="debug" value="$(arg debug)" />
    <arg name="gui" value="$(arggui)" />
    <arg name="paused" value="$(arg paused)" />
    <arg name="use_sim_time" value="$(arg use_sim_time)" />
    <arg name="headless" value="$(arg headless)" />
  </include>
  <!-- Load the URDF into the ROS Parameter Server -->
  <arg name="model" />
  <param name="robot_description" command="$(find xacro)/xacro.py $(arg
model)" />
  <!-- Run a python script to the send a service call to gazebo_ros to
spawn a URDF robot -->
  <node name="urdf_spawner" pkg="gazebo_ros" type="spawn_model"
respawn="false" output="screen" args="-urdf -model robot1 -
paramrobot_description -z 0.05" />
</launch>
```

使用以下命令在 Gazebo 中启动机器人模型：

```
$ roslaunch robot_gazebo gazebo.launch model:="'rospack find
robot1_description'/urdf/robot_gazebo.xacro"
```

很快，我们就可以在 Gazebo 中看到图 6-10 所示的机器人了。这里的仿真初始状态是暂停的，我们必须通过单击位于显示栏左下角的 play 按钮来启动它。

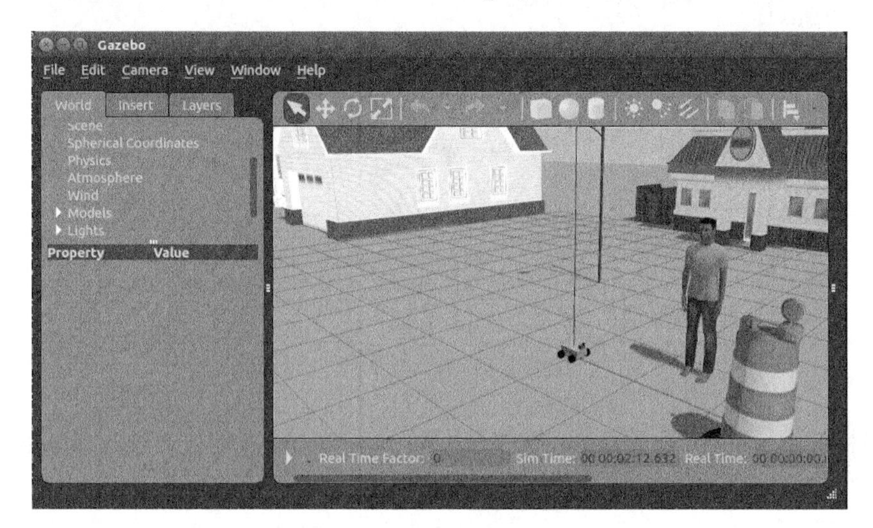

图 6-10 一个在 Gazebo 虚拟世界中的机器人模型

欢迎你！现在我们在虚拟世界中已经迈出了第一步。

1. 传感器的集成

现在已经了解了如何对机器人的物理特性和运行方式进行仿真，接下来我们学习如何在 Gazebo 中仿真它的传感器。

通常情况下，当想要对传感器进行模拟时，我们就需要实现它的行为。换而言之，这需要我们建立传感器的数学模型。

在本节中，我们来研究如何向之前建立的移动机器人模型中添加一个摄像头和激光传感器。考虑到这些传感器都是新添加到机器人模型上的，所以首先要确定它们的安装位置。在前面的截图中，你可能已经在 Gazebo 注意到了一个很像 Hokuyo 激光器的新 3D 模型，以及一个代表摄像头的红色立方体。

我们会从 gazebo_ros_demos 功能包中调用激光仿真器插件。为机器人添加 Hokuyo 激光 3D 模型很简单，我们只需要向.xacro 文件中添加如下这些代码行：

```
<link name="hokuyo_link">
    <collision>
      <origin xyz="0 0 0" rpy="0 0 0"/>
      <geometry>
```

```
        <box size="0.1 0.1 0.1"/>
          </geometry>
        </collision>
        <visual>
          <origin xyz="0 0 0" rpy="0 0 0"/>
          <geometry>
            <mesh filename="package://robot_description/meshes/hokuyo.dae"/>
          </geometry>
        </visual>
        <inertial>
          <mass value="1e-5" />
          <origin xyz="0 0 0" rpy="0 0 0"/>
          <inertia ixx="1e-6" ixy="0" ixz="0" iyy="1e-6" iyz="0" izz="1e-6" />
        </inertial>
    </link>
```

我们将向.gazebo 文件里添加 libgazebo_ros_laser.so 插件，它可以在 gazebo 中模拟 Hokuyo 激光测距雷达的行为。同样，我们还可以添加 libgazebo_ros_camera.so 插件来模拟摄像头。

添加的代码可以参配套代码中 chapter6_tutorials 功能包的 robot.gazebo 代码：

```
    <!-- hokuyo -->
      <gazebo reference="hokuyo_link">
        <sensor type="ray" name="head_hokuyo_sensor">
          <pose>0 0 0 0 0 0</pose>
          <visualize>false</visualize>
          <update_rate>40</update_rate>
          <ray>
            <scan>
              <horizontal>
                <samples>720</samples>
                <resolution>1</resolution>
                <min_angle>-1.570796</min_angle>
                <max_angle>1.570796</max_angle>
              </horizontal>
            </scan>
            <range>
              <min>0.10</min>
              <max>30.0</max>
              <resolution>0.01</resolution>
            </range>
            <noise>
              <type>gaussian</type>
              <!-- Noise parameters based on published spec for Hokuyo laser
```

```
                achieving "+-30mm" accuracy at range < 10m. A mean of 0.0m
and
                stddev of 0.01m will put 99.7% of samples within 0.03m of
the true
                reading. -->
           <mean>0.0</mean>
           <stddev>0.01</stddev>
         </noise>
       </ray>
       <plugin name="gazebo_ros_head_hokuyo_controller"
filename="libgazebo_ros_laser.so">
         <topicName>/robot/laser/scan</topicName>
         <frameName>hokuyo_link</frameName>
       </plugin>
     </sensor>
   </gazebo>

   <!-- camera -->
   <gazebo reference="camera_link">
     <sensor type="camera" name="camera1">
       <update_rate>30.0</update_rate>
       <camera name="head">
         <horizontal_fov>1.3962634</horizontal_fov>
         <image>
           <width>800</width>
           <height>800</height>
           <format>R8G8B8</format>
         </image>
         <clip>
           <near>0.02</near>
           <far>300</far>
         </clip>
         <noise>
           <type>gaussian</type>
           <!-- Noise is sampled independently per pixel on each frame.
                That pixel's noise value is added to each of its color
                channels, which at that point lie in the range [0,1]. -->
           <mean>0.0</mean>
           <stddev>0.007</stddev>
         </noise>
       </camera>
       <plugin name="camera_controller" filename="libgazebo_ros_camera.so">
         <alwaysOn>true</alwaysOn>
         <updateRate>0.0</updateRate>
         <cameraName>robot/camera1</cameraName>
```

```
        <imageTopicName>image_raw</imageTopicName>
        <cameraInfoTopicName>camera_info</cameraInfoTopicName>
        <frameName>camera_link</frameName>
        <hackBaseline>0.07</hackBaseline>
        <distortionK1>0.0</distortionK1>
        <distortionK2>0.0</distortionK2>
        <distortionK3>0.0</distortionK3>
        <distortionT1>0.0</distortionT1>
        <distortionT2>0.0</distortionT2>
      </plugin>
    </sensor>
</gazebo>
```

最后，我们可以使用如下的命令来启动更新后的模型：

```
$ roslaunch robot_gazebo gazebo.launch model:="'rospack find
robot1_description'/urdf/robot_gazebo.xacro.xacro"
```

在图 6-11 中，我们可以看到一个机器人模型，它的上方有一个代表 Hokuyo 激光器的黑色小圆柱体，激光器旁边是一个用来模拟摄像机的红色立方体。

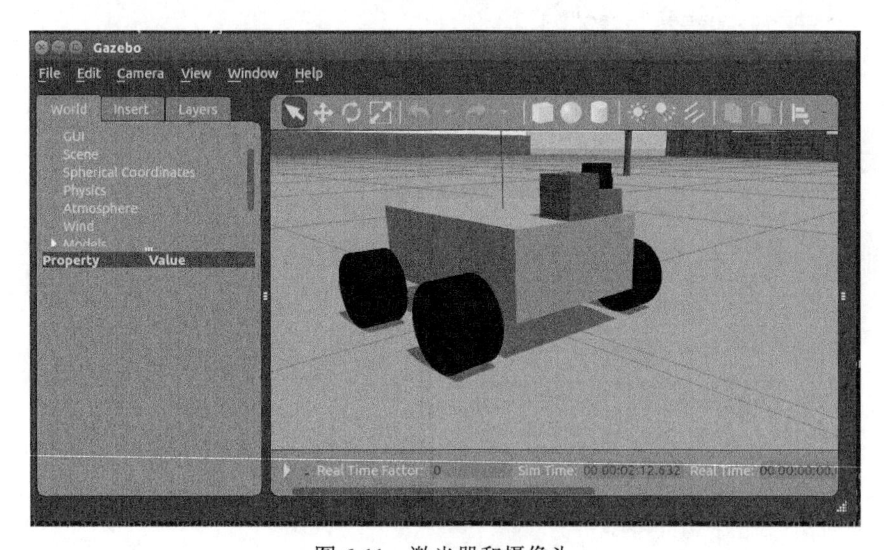

图 6-11　激光器和摄像头

相当令人兴奋的是，这个激光器和摄像头会产生“真实”的传感器数据。我们能够通过 rostopic echo 命令来查看这些数据：

```
$ rostopic echo /robot/laser/scan
$ rosrun image_view image_view image:=/robot/camera1/image_raw
```

图 6-12 显示了激光器和摄像头的输出。

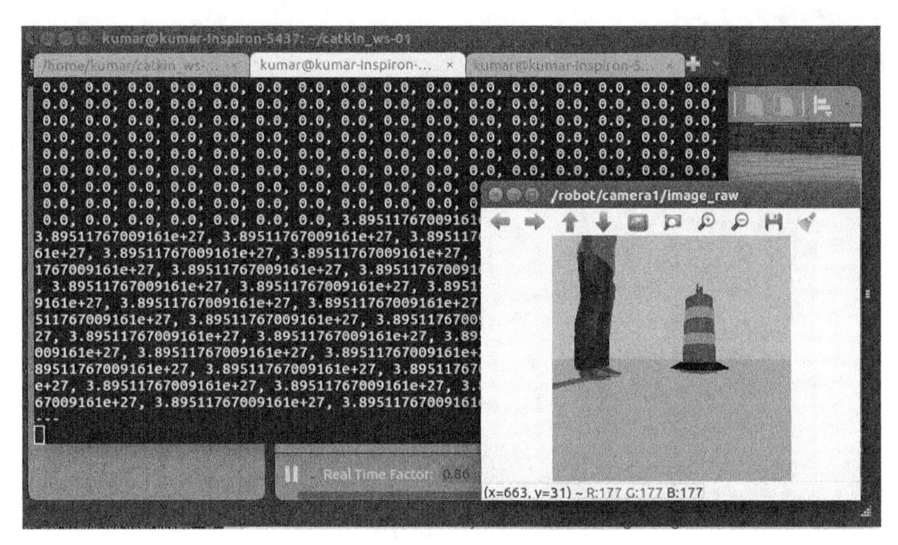

图 6-12 激光器和摄像头的输出

2. 使用地图

在 Gazebo 中，我们能够使用 SDF 文件格式构建出如办公室、住房、大山等虚拟环境。在这里我们将会使用一张 Gazebo GUI 创建的住房地图，它已经以 robot.world 为名（文件格式为 SDF）保存在了 chapter6_tutorials/robot_gazebo/文件夹中，图 6-13 给出了这个住房的地图。

另外，默认安装的 gazebo_worlds 功能包中包含了很多已经创建好的虚拟世界地图。其中就包含了 Willow Garage 办公室，如果你希望启动这个场景，就可以执行如下命令：

```
$ roslaunch gazebo_ros willowgarage_world.launch
```

我们可以看到图 6-13 所示的输出。

Gazebo 需要使用性能较好的计算机和处理能力较强的 GPU。另外需要注意的是，这个软件有时会发生崩溃，不过 ROS 社区已经为软件的稳定付出了大量的努力。通常情况下，我们可以尝试在它崩溃之后再次启动它，这种情形有时会重复多次，如果这个问题始终会出现，那么最好将它升级为最新的版本。

3. 控制机器人

差速驱动机器人又被称为滑动转向（skid-steer）机器人，其运动由固定在机器人身体两侧的独立驱动轮确定。它的设计中没有转向机构，但我们可以通过改变两侧车轮的相对旋转速度来改变它的方向。

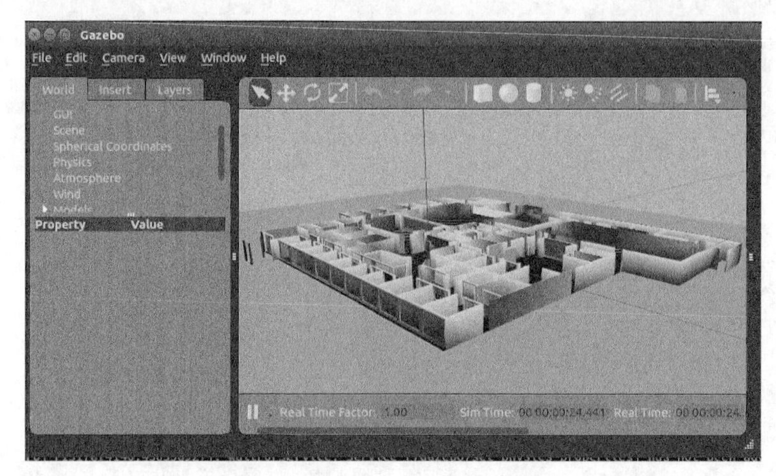

图 6-13　Willow Garage 办公室

在 Gazebo 中我们需要对虚拟世界的机器人、关节、传感器等设备行为进行编程。ROS 同样提供了一个名为 libgazebo_ros_skid_steer_drive.so 的插件来控制我们上面提到的差速驱动机器人。

我们可以向 robot_gazebo.xacro（参见配套代码）添加以下代码行来将该控制器集成到机器人模型中：

```
<!-- Drive controller -->
<gazebo>
  <plugin name="skid_steer_drive_controller"
filename="libgazebo_ros_skid_steer_drive.so">
    <updateRate>100.0</updateRate>
    <robotNamespace>/</robotNamespace>
    <leftFrontJoint>base_to_wheel1</leftFrontJoint>
    <rightFrontJoint>base_to_wheel3</rightFrontJoint>
    <leftRearJoint>base_to_wheel2</leftRearJoint>
    <rightRearJoint>base_to_wheel4</rightRearJoint>
    <wheelSeparation>4</wheelSeparation>
    <wheelDiameter>0.1</wheelDiameter>
    <robotBaseFrame>base_link</robotBaseFrame>
    <torque>1</torque>
    <topicName>cmd_vel</topicName>
    <broadcastTF>0</broadcastTF>
  </plugin>
</gazebo>
```

在上面的代码中，我们将主要实现执行控制器的设置，其中 base_to_wheel1、base_to_wheel2、base_to_wheel3 和 base_to_wheel4 关节被选择作为机器人的驱动轮。另外，我们还将配置 topicName 参数发布命令来控制机器人。在这个例子中，我们配置话题/cmd_vel 来移动机器人，这个话题中默认包含一个 sensor_msgs/Twist 类型。

最后，我们输入以下命令使用控制器和地图移动机器人模型：

```
$ roslaunch robot_gazebo gazebo.launch model:="'rospack find
robot1_description'/urdf/robot_gazebo.xacro"
```

我们会看到和上一节中相同的景象，即一个机器人出现在地图中。接下来就可以使用键盘来移动地图中的机器人，这里需要使用 teleop_twist_keyboard 功能包，它可以在我们按下键盘某个键之后发布话题/cmd_vel。首先，我们需要先来安装这个功能包：

```
$ sudo apt-get install ros-kinetic-teleop-twist-keyboard
```

然后，我们将启动节点，这样它将会捕获到按键操作并发布速度命令：

```
$ rosrun teleop_twist_keyboard teleop_twist_keyboard.py
```

你可以看到一个打开的新终端，里面包含一些指令，在这里我们可以使用按键来移动机器人。这个命令行必须位于各个窗口的最顶层才能够接收按键操作。

一切都很顺利，我们可以驾驶机器人穿越住宅区，还可以从摄像机中可视化图像，并查看激光传感器的输出，如图 6-14 所示。

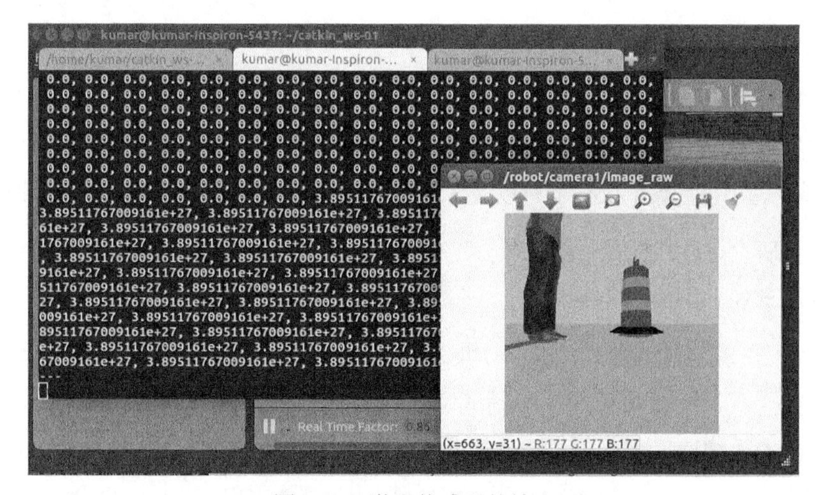

图 6-14　激光传感器的输出

第 7 章 ROS 中的移动机器人

在这一章中，我们将就以下内容进行研究：

- ROS 导航功能包；
- 移动机器人与导航系统的交互；
- 为导航功能包集创建启动文件；
- 为导航功能包集设置 RViz 可视化；
- 机器人定位—自适应蒙特卡罗定位（Adaptive Monte Carlo Location，AMCL）；
- 使用 rqt_reconfigure 配置导航功能包参数；
- 移动机器人的自主导航—避开障碍物。

7.1 简介

在前面的章节中，我们已经学习了如何在 Gazebo 中来实现机器人的开发、移动和手臂的控制，安装一些传感器和执行器，以及如何使用游戏手柄或者键盘来移动和控制机器人。

本章将会研究 ROS 导航功能包集，它是 ROS 最强大的功能之一，我们会使用它来装备一个可以自主移动的机器人。

首先，我们将学习如何为各种移动机器人来配置导航功能包集。然后，我们还将讨论如何在模拟机器人上配置和启动导航功能包集，并设置配置的参数来获得最佳结果。

最后，我们将研究在 ROS 中执行同步定位与地图构建（Simultaneous Localization And Mapping，SLAM），它将在机器人运动时实现环境地图的构建。此外，我们还将研究导航功能包集中的自适应蒙特卡罗定位（AMCL）算法。

7.2 ROS 导航功能包集

ROS 导航功能包集由一组算法组成，这些算法使用机器人传感器和里程计的功能，并提供了接口，以便使用标准的消息来控制机器人。通过这个功能包我们就可以轻松地将机器人移动到期望的位置（不会产生碰撞或者卡在某个位置，也不会丢失控制信号）。

我们可以将这个功能包集成到任何移动机器人上，不过需要根据机器人的设计规范对一些配置参数进行修改。如果我们想要更为高效地使用这个功能包集，还需要开发一些接口节点。

7.2.1 准备工作

在使用导航功能包集之前，机器人需要满足以下条件。

- 导航功能包集只能够处理差速驱动和全向轮驱动的机器人。
- 机器人的形状必须是正方形或矩形。
- 机器人必须能提供所有关于关节和传感器位置之间关系的信息。
- 机器人至少必须有一个距离传感器或类似的装置，比如平面激光器或声纳。另外，深度传感器也可以被投影为测距传感器。

图 7-1 展示了 ROS 导航功能包集的组织架构。在图中包含了灰色、白色和虚线这 3 种框。其中的白框表示里面的这些功能包集已经集成在了 ROS 中，并且其中的所有节点能够为机器人实现自主导航。

在下一节中，我们将讨论导航功能包集里面那些平台相关组件的开发，这些组件显示在灰色框中。

7.2.2 工作原理

在本节中，我们将讨论各种坐标系的变换和转换树的查看，然后介绍如何在 Gazebo 和真实的机器人中发布传感器和里程信息。我们还会讨论如何创建一个用来控制移动机器人的基础控制器。

最后，我们将研究使用一个使用 ROS 导航功能包集的移动机器人创建的环境地图。

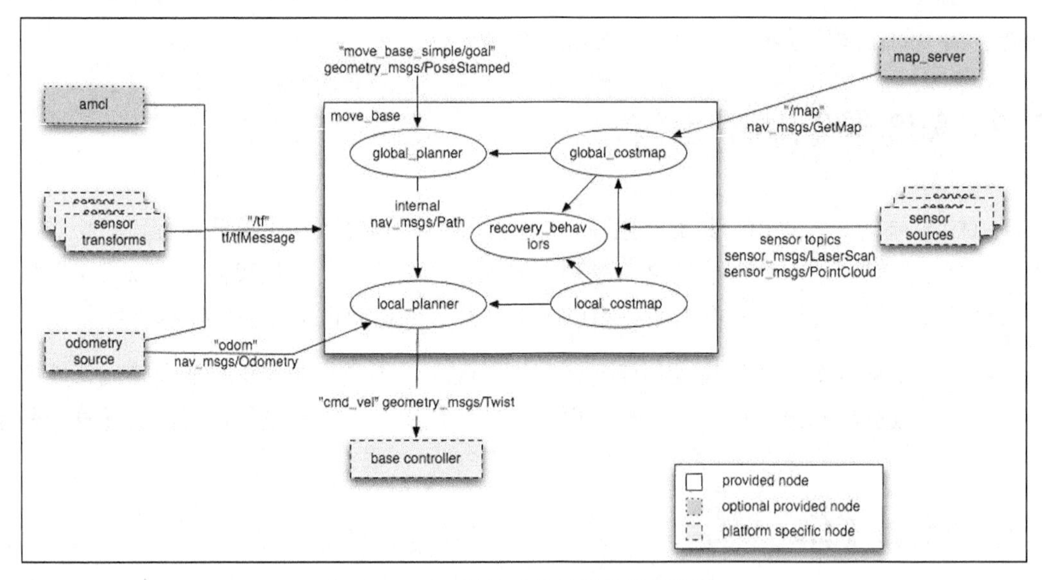

图7-1 ROS导航功能包集的组织架构

1. 创建变换

正如我们在上一节中讨论的，导航功能包集需要关于传感器、轮子和关节在机器人主体固定框架（也被称作base_link）中的位置以及它们坐标框架之间关系的信息。

我们可以回忆第3章中学习到的有关转换框架（TF）软件库的知识，可以利用这些知识来管理变换树。

换言之，我们可以为机器人增加更多的传感器和部件，而TF库将处理所有的关系，并执行所有的数学运算，从而得到一个变换树，它根据不同参考帧之间的平移和旋转来定义偏移。

我们在第6章中开发了移动机器人仿真模型，该模型在其底盘上安装摄像机和激光传感器。此外，导航系统必须知道激光和摄像头在机器人底盘上的位置，以检测碰撞，例如车轮和墙壁之间的碰撞。因此，所有传感器和关节必须正确配置TF库，以便导航功能包集能够准确知道每个组件的位置，并以一致的方式移动机器人。

对于真正的机器人，我们必须编写代码来配置每个组件并对其进行转换。然而，如果机器人的URDF代表了真实的机器人，我们的仿真将与真实的机器人完全相同，因此实际上不需要配置每个组件。在例子中，为了模拟在URDF文件中指定的机器人的几何图形，不需要再次配置机器人，因为我们正在使用robot-state_publisher包发布机器人的坐标变换树。

我们可以使用以下命令查看上一章开发的移动机器人的坐标变换树。

```
$roslaunch chapter7_tutorials gazebo_map_robot.launch model:="'rospack find
chapter7_tutorials'/urdf/robot_model_01.xacro"
$rosrun tf view_frames
```

图 7-2 显示了我们的模拟移动机器人的坐标变换树。

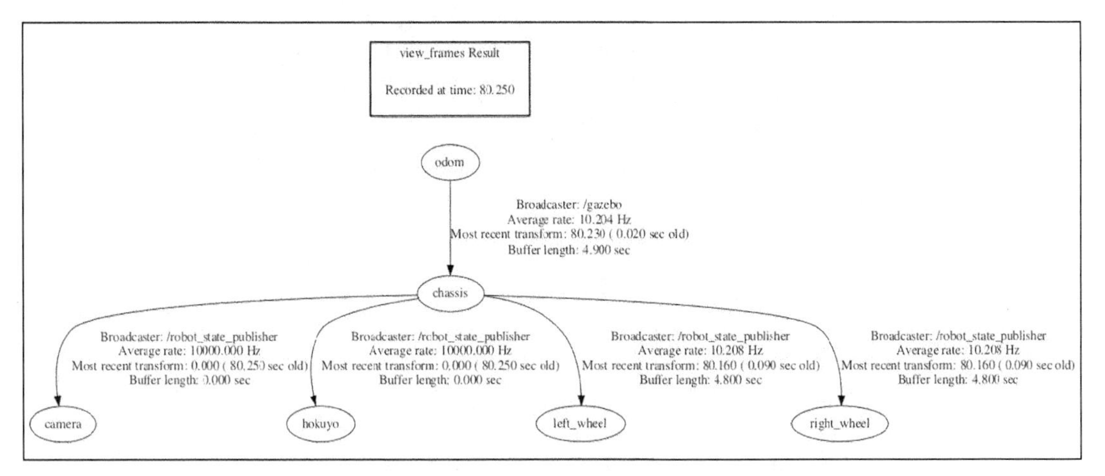

图 7-2 坐标变换树

2. 传感器

真实的机器人往往可以使用多个传感器来感知世界。我们可以使用很多节点来接收这些数据并进行处理，但是导航功能包集仅支持使用平面距离传感器。所以传感器必须使用下面的格式来发布数据：/sensor_msgs::LaserScan 或者/sensor_msgs::PointCloud2。

我们将使用位于模拟移动机器人前面的激光器来实现在 Gazebo 世界中的导航。这个激光器是在 Gazebo 中仿真出来的，它在 hokuyo_link 坐标系中以/robot/laser/scan 为话题名发布数据。

在这里我们之所以不需要再进行任何配置就能够在导航功能包集中使用激光器，是因为在.urdf 文件中已经配置过 tf 树，而且激光器也能够使用正确的格式发布数据。

在使用真实激光器的案例中，我们需要为其开发一个驱动程序。在第 5 章中，我们已经讲解过了如何将一个 Hokuyo 激光器设备连接到 ROS。

我们可以使用以下命令在仿真器中查看激光传感器的工作：

```
$roslaunch chapter7_tutorials gazebo_xacro.launch model:="'rospack find
chapter7_tutorials'/urdf/robot_model_04.xacro"
```

图 7-3 展示了 Gazebo 中的激光传感器。

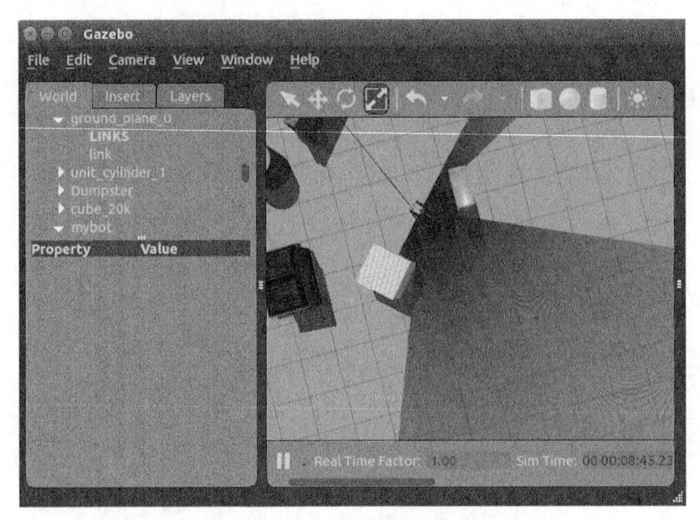

图 7-3 Gazebo 中的激光传感器

图 7-4 显示了在 RVIZ 中激光数据传感器的可视化效果。

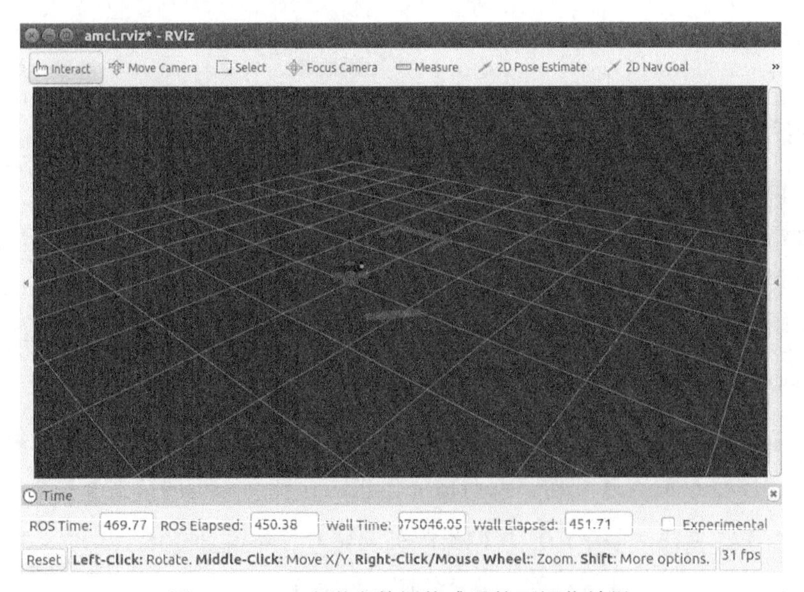

图 7-4 RViz 中激光数据传感器的可视化效果

3．里程信息

导航功能包集还需要获取机器人的里程信息，里程信息是指相对某一个固定点或者整个 Word 坐标系的偏移矢量。在这里，它指的是从 base_link 坐标系与 odom 坐标系中固定点之间的距离。

导航功能包集使用的消息类型是 nav_msgs/Odometry。我们可以使用以下命令查看消息的数据结构，查看的结果如下所示：

```
$ rosmsg show nav_msgs/Odometry
```

在图 7-5 中，我们可以看到这个位姿包含两个结构，一个显示了欧氏坐标系中的位置，另一个则使用了一个四元数显示了机器人的方向。同样，速度信息也包含两个结构，一个是线速度，另一个是角速度。我们这里所使用的模拟移动机器人只有线性 x 速度和角 z 速度，因为它被模拟为差速驱动模型。

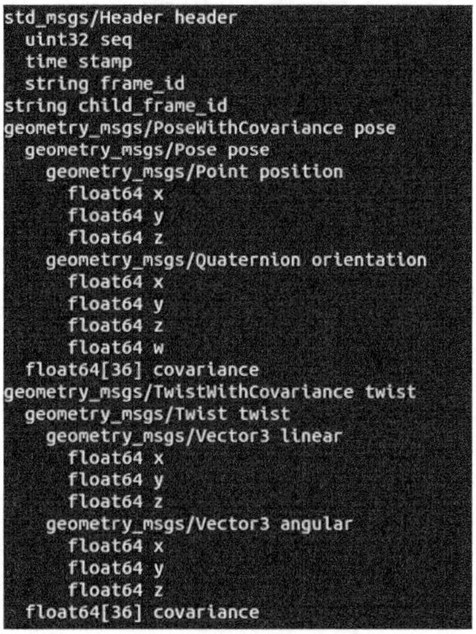

```
std_msgs/Header header
  uint32 seq
  time stamp
  string frame_id
string child_frame_id
geometry_msgs/PoseWithCovariance pose
  geometry_msgs/Pose pose
    geometry_msgs/Point position
      float64 x
      float64 y
      float64 z
    geometry_msgs/Quaternion orientation
      float64 x
      float64 y
      float64 z
      float64 w
  float64[36] covariance
geometry_msgs/TwistWithCovariance twist
  geometry_msgs/Twist twist
    geometry_msgs/Vector3 linear
      float64 x
      float64 y
      float64 z
    geometry_msgs/Vector3 angular
      float64 x
      float64 y
      float64 z
  float64[36] covariance
```

图 7-5　里程信息结构

因为里程其实就是两个坐标系之间的位移，所以我们就有必要发布两个坐标系之间的坐标变换信息。因为我们是在一个虚拟世界中工作，所以就来讨论一下如何在 Gazebo 中使用里程计。

正如在前面所研究过的那样，我们的机器人在仿真环境中的移动和现实世界中的机器人是相似的。我们使用第 6 章中配置过的 diffdrive_plugin 插件来驱动机器人，这个驱动程序会发布机器人在仿真环境中的里程信息，所以我们并不需要为 Gazebo 再编写任何代码。

我们将在 Gazebo 中执行移动机器人，并查看里程计是如何工作的。在两个独立的命令行窗口中输入以下命令：

```
$ roslaunch chapter7_tutorials gazebo_xacro.launch model:="'rospack find
robot1_description'/urdf/robot_model_04.xacro"
$ rosrun teleop_twist_keyboard teleop_twist_keyboard.py
```

输出显示的结果如图 7-6 所示。

这些指令中使用的是倒引号，而不是简单的单引号。在这里我们要注意这一点，防止指令'rospack find robot1_description'没有生成所需的输出结果。我们可以执行$ rospack find robot1_description 来完成这个输出，例如：

```
$ roslaunch chapter7_tutorials gazebo_xacro.launch
model:=/home/kbipin/catkin_workspace/src/
robot1_description1/urdf/robot_model_04.xacro
```

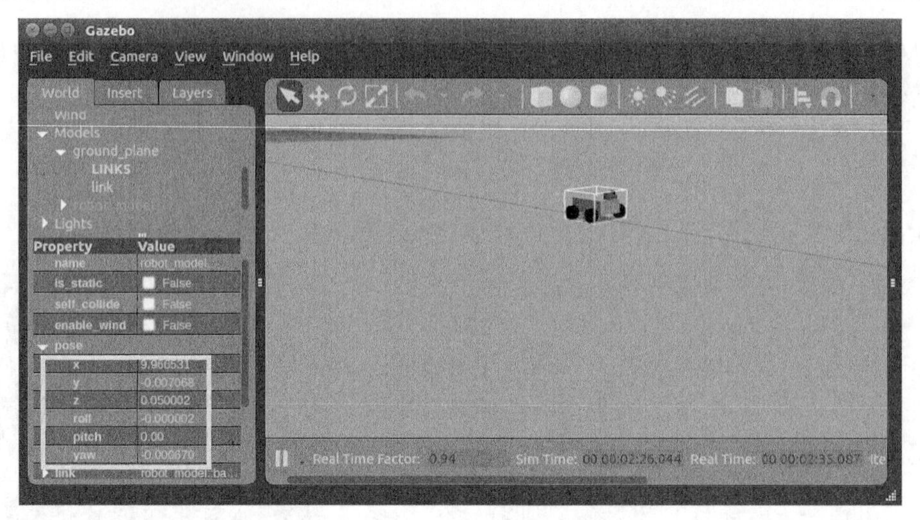

图 7-6　Gazebo 中的里程计数据

然后，我们可以用键盘移动机器人几秒，以生成关于里程计话题的新数据。

在和图 7-6 所示相同的 Gazebo 模拟器屏幕上，我们可以单击模型 robot_model1 来查看对象模型的属性。其中的一个属性就是机器人的位姿（pose）。同样，我们可以单击位姿来查看相应字段的数据，这是机器人在虚拟世界中的位置。当我们移动机器人时，这些数据将不断变化，详见图 7-6 中框内的数据变化。

Gazebo 不断地发布里程计数据，我们可以通过查看话题来观察这些数据。我们也可以在 shell 中键入以下命令来查看它发送的数据：

```
$ rostopic echo /odom/pose/pose
```

我们将看到图 7-7 所示的输出。

```
position:
  x: 8.48172093136
  y: -0.0100300547219
  z: 0.0
orientation:
  x: -6.76648258058e-07
  y: -2.21915350959e-06
  z: -0.000596712629633
  w: 0.999999821964
---
position:
  x: 8.48672095069
  y: -0.0100359458754
  z: 0.0
orientation:
  x: -2.0040114215e-06
  y: 3.17518798786e-06
  z: -0.00059677150774
  w: 0.999999821925
---
```

图 7-7　里程计数据

也可以通过查看 PublishOdometry（Double Step_Time）函数等来了解 Gazebo 是如何生成里程测量数据的。

一旦了解了 Gazebo 如何以及在哪里获取里程数据，下一步就是学习它如何发布里程数据和相对于一个真实机器人的坐标变换数据。不过，目前考虑到机器人对平台的依赖性，我们并不会在这里研究真实的机器人。

4. 基础控制器

导航功能包集的关键组件之一就是基础控制器。因为它是通过机器人硬件通信进行有效控制的唯一途径。然而，ROS 不提供任何通用的基础控制器，所以必须为移动机器人平台开发一个基础控制器。

基础控制器必须订阅名为/Cmd 级别的话题，该话题具有消息类型/Geometry_msgs::Twist。此信息也可用于以前看到的里程计信息。除此之外，基础控制器必须以正确的线速度和角速度为机器人平台生成正确的命令。

我们可以通过在命令行（shell）中键入以下命令来调用此消息的结构，以查看其内容：

```
$ rosmsg show geometry_msgs/Twist
```

这个命令的输出结果如图 7-8 所示。

```
geometry_msgs/Vector3 linear
  float64 x
  float64 y
  float64 z
geometry_msgs/Vector3 angular
  float64 x
  float64 y
  float64 z
```

图 7-8 速度指令

从图 7-8 可以看出，两个向量结构分别显示了 x、y 和 z 轴的线速度和角速度。考虑到我们所使用的机器人差速驱动平台，驱动它的两个电动机只能够让机器人前进、后退或者转向。因此对于这个实例的机器人，只需要使用线速度 x 和角速度 z。

因为是在 Gazebo 这个虚拟环境中对机器人进行仿真，所以用于机器人运动/仿真的基础控制器是在驱动程序中实现。这也就意味着在 Gazebo 中不必为机器人创建一个基础控制器。

接下来，我们需要在 Gazebo 中运行机器人来理解基础控制器的作用。然后要在不同的命令行窗口中运行以下命令：

```
$ roslaunch chapter7_tutorials gazebo_xacro.launch model:="'rospack find
chapter7_tutorials'/urdf/robot_model_05.xacro"
$ rosrun teleop_twist_keyboard teleop_twist_keyboard.py
```

当所有节点都已经启动并正常运行之后，我们就可以使用命令 rqt_graph 来查看各个节点之间的关系：

```
$ rqt_graph
```

输出的结果如图 7-9 所示。

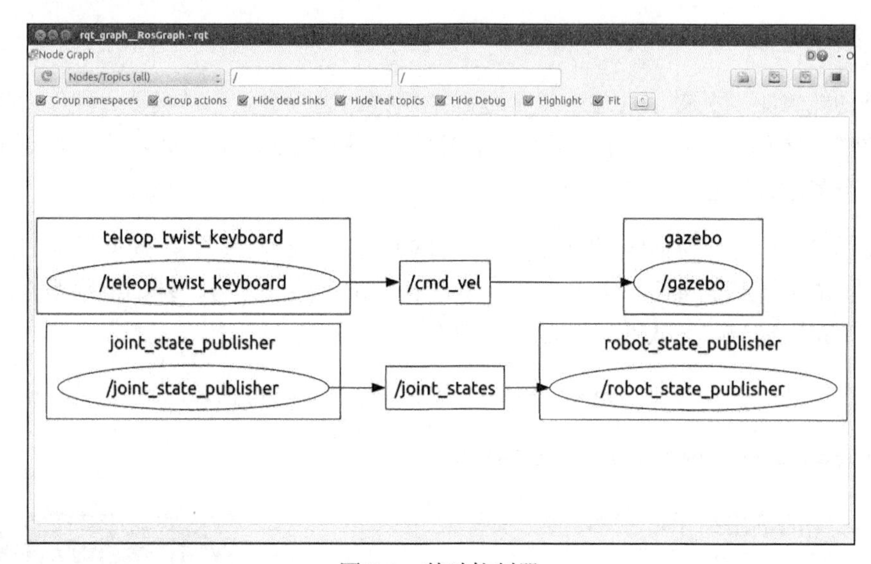

图 7-9　基础控制器

在图 7-9 中，我们可以看到 gazebo 自动订阅 teleop 节点生成的 cmd_vel 话题。就像前面讲到的那样，在 Gazebo 仿真环境中，正运行着差动轮式机器人仿真程序插件。仿真程序插件通过 cmd_vel 话题获取控制命令数据并移动机器人。同时，仿真程序插件生成里程信息。另外，可以假设我们有足够的背景知识来开发物理机器人的基础控制器。

5. 地图

在这一章中，我们将会学习如何使用在 Gazebo 中创建的移动机器人来创建、保存和加载地图。不过，如果没有使用合适工具的话，构造地图将会是一件非常复杂的工作。而 ROS 中的工具 map_server 就能够帮助你使用里程计和激光传感器来创建地图。

首先，我们需要在 chapter7_tutorials/launch 中以 gazebo_mapping_robot.launch 为名创建一个.launch 文件，并向其中添加如下代码：

```
<?xml version="1.0"?>
<launch>
```

```
<!-- this launch file corresponds to robot model in ros-
pkg/robot_descriptions/pr2/erratic_defs/robots for full erratic -->
<param name="/use_sim_time" value="true" />
<!-- start up wg world -->
<include file="$(find gazebo_ros)/launch/willowgarage_world.launch"/>
<arg name="model" />
<param name="robot_description" command="$(find xacro)/xacro.py $(arg
model)" />
<node name="joint_state_publisher" pkg="joint_state_publisher"
type="joint_state_publisher" ></node>
<!-- start robot state publisher -->
<node pkg="robot_state_publisher" type="robot_state_publisher"
name="robot_state_publisher" output="screen" >
<param name="publish_frequency" type="double" value="50.0" />
</node>
<node name="spawn_robot" pkg="gazebo_ros" type="spawn_model" args="-urdf -
param robot_description -z 0.1 -model robot_model" respawn="false"
output="screen" />
<node name="rviz" pkg="rviz" type="rviz" args="-d $(find
chapter7_tutorials)/launch/mapping.rviz"/>
<node name="slam_gmapping" pkg="gmapping" type="slam_gmapping">
<remap from="scan" to="/robot/laser/scan"/>
<param name="base_link" value="base_footprint"/>
</node>
</launch>
```

有了这个 launch 文件，我们就可以在 Gazebo 仿真环境中启动这个 3D 模型。在这个仿真环境中，我们能够通过正确地配置 RViz 和通过 slam_mapping 来实时地构建地图。我们需要在命令行窗口中运行这个 launch 文件，并在另一个命令行窗口中运行 teleop 节点来移动机器人，需要输入的命令如下所示：

```
$ roslaunch chapter7_tutorials gazebo_mapping_robot.launch
model:="'rospack find chapter7_tutorials'/urdf/robot1_base_04.xacro"
$ rosrun teleop_twist_keyboard teleop_twist_keyboard.py
```

现在来观察图 7-10，当使用键盘来移动机器人时，我们会在 RViz 屏幕上看到很多空白和未知的空间，也有一部分空间已经被地图覆盖，通常这部分已知的地图被称为覆盖网格地图（Occupancy Grid Map，OGM）。对应的，每当机器人移动或接收到新信息时，slam_mapping 节点就会对地图进行更新。在构建地图之前，节点 slam_mapping 需要对机器人的位置有一个很准确的估计，所以它需要使用激光扫描和里程计来构建 OGM。

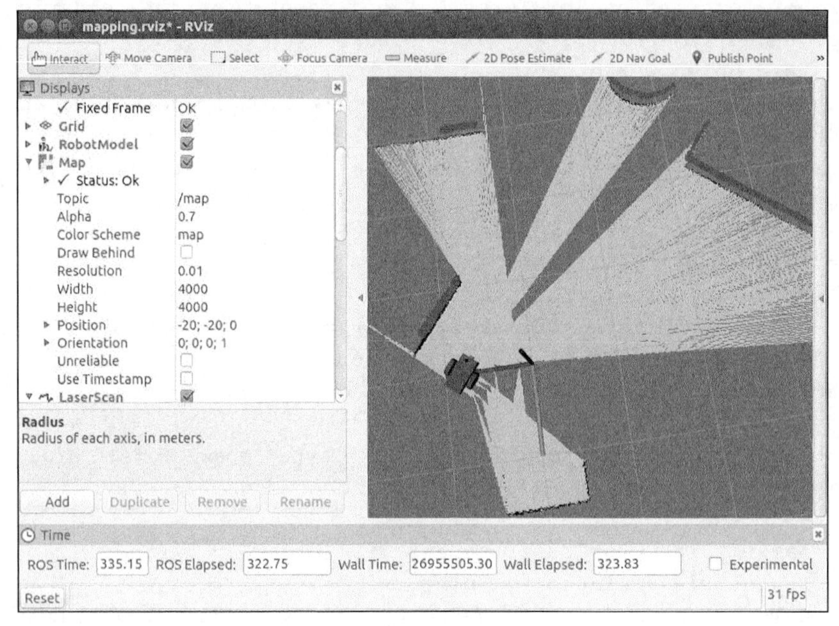

图 7-10　已知的地图

当我们按照预期完成了全部地图的构建工作，就可以通过导航功能包集来将地图保存起来，并在下次使用时对其进行调用。我们可以使用如下命令将地图进行保存：

```
$ rosrun map_server map_saver -f map
```

成功执行上面命令之后，会产生两个文件 map.pgm 和 map.yaml。其中第一个文件是以.pgm 为格式的地图，而另一个则是该地图的配置文件。图 7-11 给出了 map.yaml 的内容：

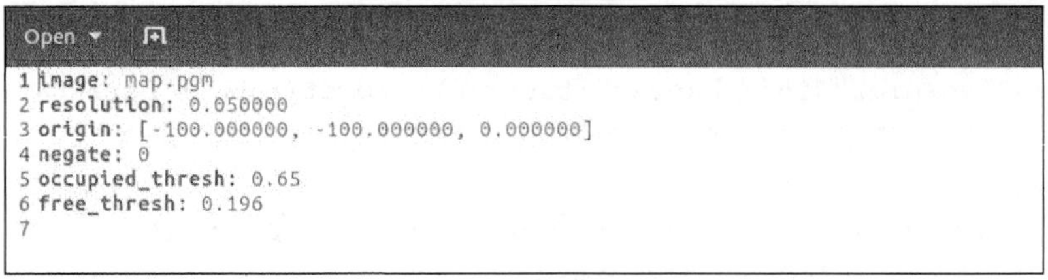

```
Open ▾
1 image: map.pgm
2 resolution: 0.050000
3 origin: [-100.000000, -100.000000, 0.000000]
4 negate: 0
5 occupied_thresh: 0.65
6 free_thresh: 0.196
7
```

图 7-11　map.yaml

同样，现在我们可以使用自己常用的图像查看工具来打开.pgm 图像文件，查看到的内容如图 7-12 所示。

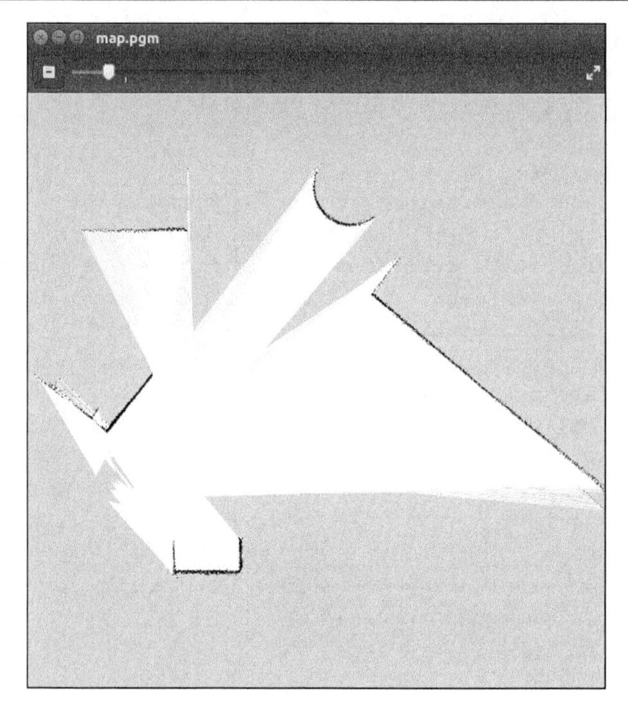

图 7-12 map.pgm

当我们使用机器人所创建的地图时，需要使用 map_server 功能包来载入它。使用下面的命令就可以加载地图：

```
$ rosrun map_server map_server map.yaml
```

另外，我们还需要在 chapter7_tutorials/launch 目录中创建一个名为 gazebo_map_robot.launch 的.launch 文件，并添加以下代码：

```
<?xml version="1.0"?>
<launch>
<!-- this launch file corresponds to robot model in ros-
pkg/robot_descriptions/pr2/erratic_defs/robots for full erratic -->
<arg name="paused" default="true"/>
<arg name="use_sim_time" default="false"/>
<arg name="gui" default="true"/>
<arg name="headless" default="false"/>
<arg name="debug" default="false"/>
<!-- start up wg world -->
<include file="$(find gazebo_ros)/launch/empty_world.launch">
<arg name="debug" value="$(arg debug)" />
<arg name="gui" value="$(arg gui)" />
```

```
<arg name="paused" value="$(arg paused)"/>
<arg name="use_sim_time" value="$(arg use_sim_time)"/>
<arg name="headless" value="$(arg headless)"/>
</include>
<arg name="model" />
<param name="robot_description" command="$(find xacro)/xacro.py $(arg
model)" />
<node name="joint_state_publisher" pkg="joint_state_publisher"
type="joint_state_publisher" ></node>
<!-- start robot state publisher -->
<node pkg="robot_state_publisher" type="robot_state_publisher"
name="robot_state_publisher" output="screen" >
<param name="publish_frequency" type="double" value="50.0" />
</node>
<node name="spawn_model" pkg="gazebo_ros" type="spawn_model" args="-urdf -
param robot_description -z 0.1 -model robot_model" respawn="false"
output="screen" />
<node name="map_server" pkg="map_server" type="map_server" args=" $(find
chapter7_tutorials)/maps/map.yaml" />
<node name="rviz" pkg="rviz" type="rviz" />
</launch>
```

现在，我们可以使用以下命令指定要使用的机器人模型并启动文件：

```
$ roslaunch chapter7_tutorials gazebo_map_robot.launch model:="'rospack
find chapter7_tutorials'/urdf/robot_model_04.xacro"
```

此时，我们可以在RViz中观察到机器人模型和地图。导航功能包集会使用地图服务器发布的地图和激光器的读数完成定位，这个定位是通过例如AMCL之类的扫描匹配算法实现的。

我们会在接下来的一节中学习更多关于地图和机器人定位的知识。

7.3 移动机器人与导航系统的交互

在上一节中，我们学习了如何配置机器人以便它可以使用导航功能包集。在本节中，我们将学习如何在配置导航功能包集以及将其与机器人进行集成。上一节中完成的所有工作都是为这个目的而服务的。现在是时候让机器人活起来了。

7.3.1 准备工作

在本节中，我们将讨论并学习以下内容：

- 导航功能包集的工作原理；
- 使用配置文件来配置导航功能包集的所需参数；
- 为机器人的导航功能包集创建 lauch 文件。

在我们开始学习之前，可以先从配套代码中获取所需的 chapter7_tutorial 源码。

另外，我们也可以在工作空间中创建相应的文件。

7.3.2 如何完成

（1）在文件夹 chapter7_tutorials/launch 创建一个名为 chapter7_configuration_gazebo.launch 的文件，并添加如下代码：

```
<?xml version="1.0"?>
<launch>
<param name="/use_sim_time" value="true" />
<remap from="robot/laser/scan" to="/scan" />
<!-- start up wg world -->
<include file="$(find gazebo_ros)/launch/willowgarage_world.launch">
</include>
<arg name="model" default="$(find
chapter7_tutorials)/urdf/robot_model_05.xacro"/>
<param name="robot_description" command="$(find xacro)/xacro.py $(arg
model)" />
<node name="joint_state_publisher" pkg="joint_state_publisher"
type="joint_state_publisher" ></node>
<!-- start robot state publisher -->
<node pkg="robot_state_publisher" type="robot_state_publisher"
name="robot_state_publisher" output="screen" />
<node name="spawn_robot" pkg="gazebo_ros" type="spawn_model" args="-urdf -
param robot_description -z 0.1 -model robot_model" respawn="false"
output="screen" />
<node name="rviz" pkg="rviz" type="rviz" args="-d $(find
chapter7_tutorials)/launch/navigation.rviz" />
</launch>
```

在这个 launch 文件中完成了机器人的配置，这些内容都是导航功能包集所需要的。另外，这个配置文件与我们在上一节中研究和使用过的文件非常相似。

（2）执行启动文件，如下所示：

```
$ roslaunch chapter7_tutorials chapter7_configuration_gazebo.launch
```

我们将会看到图 7-13 所示的界面。

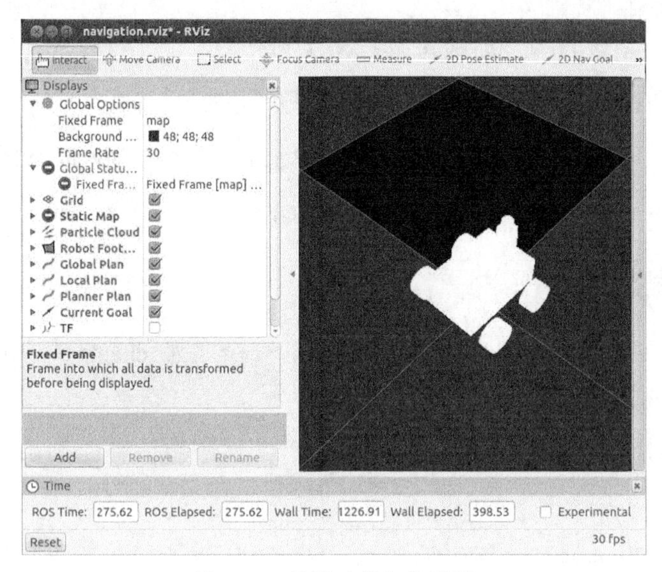

图 7-13 导航功能包集配置

虽然我们还没有进行过任何配置，在图 7-13 的左侧却可以看到一些有红色、蓝色或者黄色底纹的字段。在接下来的部分中，我们将讨论如何配置 RViz，以便可以将它与导航功能包集一起使用并查看所有话题。

7.3.3 工作原理

现在我们将要开始学习如何配置导航功能包集以及所需文件。首先，我们需要研究代价地图（costmap）的概念，以及机器人在地图中移动的两种导航算法：全局（global）导航和局部（local）导航。

全局导航用于创建从起点到地图中目标位置或一个远距离目标的路径，而局部导航用于创建避开障碍物到达近距离目标的路径，例如，机器人周围有一个 4m×4m 的方形窗口。

类似的，globalcostmap 是用来实现全局导航，而 localcostmap 则是用来实现局部导航的。代价地图的参数用于配置算法计算行为。有些参数是全局代价地图和局部代价地图所通用的，它们会在共享文件中进行定义。

这里面的配置主要由 3 个文件组成，如下所示：

- costmap_common_params.yaml；
- global_costmap_params.yaml；

- local_costmap_params.yaml。

到现在为止，我们已经对代价地图和它们的作用有了一个初步的认识。下面我们将创建这些配置文件，并了解那些要使用到的配置参数的作用。

1. 基本参数

本节将从基本的参数说起，首先在 chapter6_tutorials/launch 中创建一个名为 costmap_common_params.yaml 的文件，并添加下面的代码（我们可以参考配套代码来获得更多信息）。

```
obstacle_range: 2.5
raytrace_range: 3.0
footprint: [[-0.2,-0.2],[-0.2,0.2], [0.2, 0.2], [0.2,-0.2]]
#robot_radius: ir_of_robot
inflation_radius: 0.5
cost_scaling_factor: 10.0
observation_sources: scan
scan: {sensor_frame: base_link, observation_persistence: 0.0,
max_obstacle_height: 0.4, min_obstacle_height: 0.0, data_type: LaserScan,
topic: /scan, marking: true, clearing: true}
```

上面的这个文件用来配置用于 local_costmap 和 global_costmap 的基本参数。参数 obstacle_range 和 raytrace_range 用来定义传感器的最大距离读数，并在代价地图加入新的信息。参数 footprint 用来为导航功能包集定义机器人的几何参数。另外，参数 cost_scaling_factor 定义了机器人绕过障碍物的行为是激进还是保守。

同样，参数 observation_sources 用来设定导航功能包集所使用的传感器来感知真实的世界。在这个实例中，在 Gazebo 中使用一个模拟激光传感器，不过在这里也可以使用点云来完成这个任务：

```
{sensor_frame: base_link, observation_persistence: 0.0,
max_obstacle_height: 0.4, min_obstacle_height: 0.0, data_type: LaserScan,
topic: /scan, marking: true, clearing: true}
```

这里配置好的激光器用于在代价地图中添加和清除障碍，我们还可以添加一个探测范围较大的传感器来寻找障碍物，以及一个传感器用于导航和清除障碍物。我们可以参考 ROS 导航功能包集教程来获得更多信息。

2. 全局代价地图

接下来，我们将要配置全局代价地图文件。在这里我们首先在 chapter7_tutorials/launch

文件夹中创建一个名为global_costmap_params.yaml的新文件，并将下面的代码添加到其中：

```
global_costmap:
global_frame: /map
robot_base_frame: /base_footprint
update_frequency: 1.0
static_map: true
```

这里面的参数 global_frame 和 robot_base_frame 用来定义地图和机器人之间的坐标变换，这个变换将用于全局代价地图。我们还可以在这里为代价地图配置更新频率，在我们的这个实例中该频率值为1Hz。

参数 static_map 用来配置是否使用地图或者地图服务器来初始化代价地图。如果我们不打算使用静态地图的话，这个值可以设置为false。

3. 局部代价地图

当全局代价地图配置完成之后，就可以开始配置局部代价地图。首先我们在 chapter7_tutorials/launch 中创建一个名为local_costmap_params.yaml的新文件，并添加如下代码：

```
local_costmap:
global_frame: /map
robot_base_frame: /base_footprint
update_frequency: 5.0
publish_frequency: 2.0
static_map: false
rolling_window: true
width: 5.0
height: 5.0
resolution: 0.02
tranform_tolerance: 0.5
planner_frequency: 1.0
planner_patiente: 5.0
```

这段代码中的参数有global_frame、robot_base_frame、update_frequency与static_map，和上一节介绍的一样，用来配置全局代价地图。而参数 publish_frequency 定义了更新的频率，参数rolling_window用于在导航过程中保持代价地图始终以机器人为中心。

参数transform_tolerance用来配置转换的最大延迟，参数planner_frequency用来配置规划循环的频率。参数planner_patiente用来在执行空间清理操作前配置规划器，以寻找一条有效路径的等待时间（以s为单位）。

最后，我们可以通过参数width、height和 resolution 来配置代价地图的面积和分辨率，这些参数的单位都是米。

4. 规划器配置

好了，现在已经完成了对全局和局部代价地图的配置，就要开始配置底盘规划器了。底盘规划器用来产生一个控制移动机器人的速度命令。我们首先在文件夹 chapter7_tutorials/launch 中创建一个名为 base_local_planner_params.yaml 的新文件，并添加以下代码：

```
TrajectoryPlannerROS:
max_vel_x: 0.2
min_vel_x: 0.05
max_rotational_vel: 0.15
min_in_place_rotational_vel: 0.01
min_in_place_vel_theta: 0.01
max_vel_theta: 0.15
min_vel_theta: -0.15
acc_lim_th: 3.2
acc_lim_x: 2.5
acc_lim_y: 2.5
holonomic_robot: false
```

这个 config 文件定义了机器人的最大速度、最小速度以及加速度。只有当我们是在一个完整约束的平台（holonomic platform）中使用移动机器人时，参数 holonomic_robot 的值才要设置为 true。而我们现在是在一个不同的非完全约束平台中工作。而全向车辆指的是它能够从任意位置向已配置空间移动。

7.4 为导航功能包集创建 launch 文件

在前面的一节中，我们研究了如何配置一个导航功能包集。现在我们需要创建一个 launch 文件，这样就可以在启动导航功能包集的同时加载所有的配置了。

7.4.1 准备工作

我们首先在文件夹 chapter7_tutorials/launch 中创建一个名为 move_base.launch 的新文件，并添加以下代码：

```
<?xml version="1.0"?>
<launch>
<!-- Run the map server -->
<node name="map_server" pkg="map_server" type="map_server" args="$(find
chapter7_tutorials)/maps/map.yaml" output="screen"/>
```

```
<include file="$(find amcl)/examples/amcl_diff.launch" >
</include>
<node pkg="move_base" type="move_base" respawn="false" name="move_base"
output="screen">
<param name="controller_frequency" value="10.0"/>
<param name="controller_patiente" value="15.0"/>
<rosparam file="$(find
chapter7_tutorials)/launch/costmap_common_params.yaml" command="load"
ns="global_costmap" />
<rosparam file="$(find
chapter7_tutorials)/launch/costmap_common_params.yaml" command="load"
ns="local_costmap" />
<rosparam file="$(find
chapter7_tutorials)/launch/local_costmap_params.yaml" command="load" />
<rosparam file="$(find
chapter7_tutorials)/launch/global_costmap_params.yaml" command="load" />
<rosparam file="$(find
chapter7_tutorials)/launch/base_local_planner_params.yaml" command="load"
/>
</node>
</launch>
```

你可能已经注意到这个 launch 文件中包含了前面提到的所有配置。另外，我们还会启动一个地图服务器，这个服务器中包含了前面介绍 ROS 导航功能包中创建的地图以及 AMCL 节点。

因为我们使用的是差速驱动机器人，这里的 amcl 节点就是专用于支持这种机器人平台的。如果我们使用的是全向移动驱动机器人，就需要使用 amcl_omni.launch 文件。

7.4.2 工作原理

在启动这个集成的 launch 文件之前，需要先启动 chapter7_configuration_gazebo launch 文件。首先在两个独立的命令行窗口中输入如下命令：

```
$ roslaunch chapter7_tutorials chapter7_configuration_gazebo.launch
$ roslaunch chapter7_tutorials move_base.launch
```

好了，恭喜你！图 7-14 所示的界面表示你已经成功了。

这时你可能已经发现 RViz 中的所有选项已经都变成蓝颜色了，这是一个好信号，表示一切正常，干得漂亮！

在下面的小节中，我们将会就导航功能包集中用于实时可视化所有话题所需要的各种配置选项进行研究。

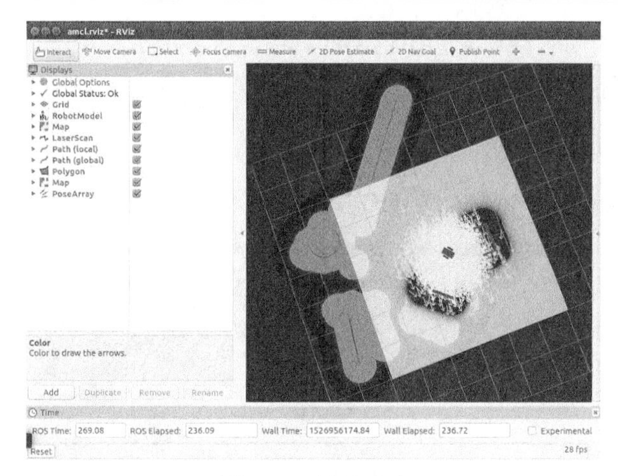

图 7-14　导航成功

7.5　为导航功能包集设置 RViz 可视化

将导航功能包集所使用的所有数据和话题进行可视化是一个非常不错的做法，在本节中会研究如何配置 RViz 来实现每个话题发送数据的可视化，并检查它们的正确性。

7.5.1　准备工作

我们在两个独立的窗口分别输入下面的命令，它们可以启动导航功能包集、Gazebo 中的模拟移动机器人、包含地图的虚拟环境和用来实现可视化操作的工具 RViz：

```
$ roslaunch chapter7_tutorials chapter7_configuration_gazebo.launch
$ roslaunch chapter7_tutorials move_base.launch
```

正如前面所讲的那样，我们将会看到和之前使用 RViz 截图中相同的窗口，并且在另一个窗口中可以看到 Gazebo 虚拟世界和仿真移动机器人。

7.5.2　工作原理

我们将会研究如何在 RViz 中配置以下话题，它们对于使用 ROS 导航功能包集运行的自主移动机器人至关重要。自主移动机器人能够在非结构化环境中自主地到达目标并躲避障碍物。

1. 2D 位姿估计

2D 位姿估计允许用户通过设置机器人在环境中的位姿来初始化导航功能包集的定位系统。导航功能包集会等待/initialpose 话题发布的第一个位姿，它是通过在 RViz 窗口中单击鼠标发布。如果在开始时没有这样做的话，机器人将开始自动定位过程，并尝试设置初始位姿。

我们能在图 7-15 中看到设置初始位姿的截图，这里单击“2D Pose Estimate”（2D 位姿估计）按钮，在地图机器人的初始位置上单击。

- Topic：initialpose。
- Type：geometry_msgs/PoseWithCovarianceStamped。

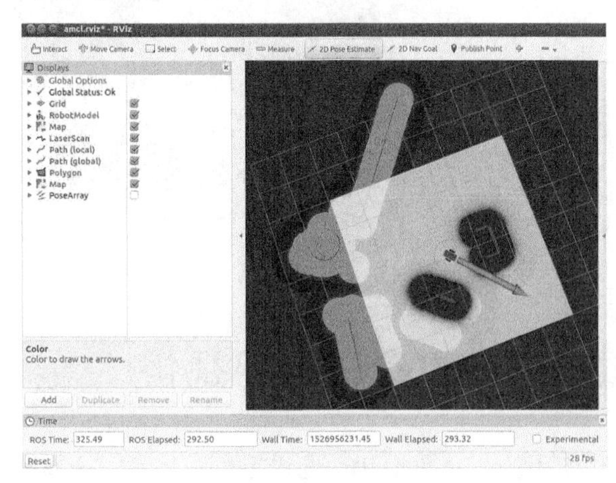

图 7-15　2D 位姿估计

2．2D 导航目标

2D 导航目标（快捷键 G）允许用户向导航系统发送一个目标。导航功能包集等待名为 /move_base_simple/goal 的话题，这是通过 RViz 窗口发送的。

我们可以在 RViz 中单击“2D Nav Goal”按钮，并选择地图和机器人的移动目标，这个过程如图 7-16 所示。

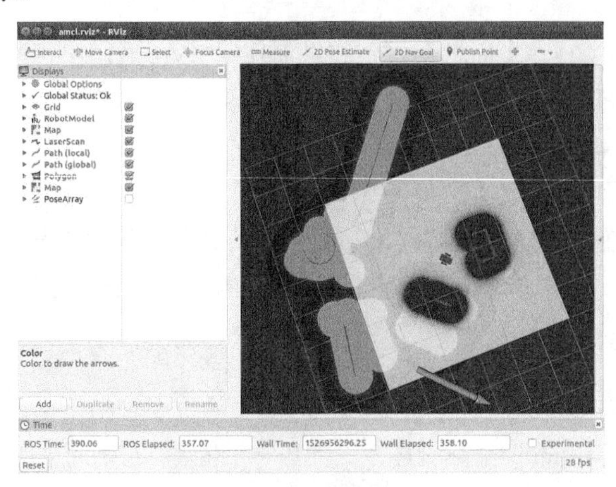

图 7-16　2D 导航目标

- Topic: move_base_simple/goal。
- Type: geometry_msgs/PoseStamped。

3．静态地图

通过 launch 文件的 map_server 节点，我们可以将静态地图发送给 RViz 来实现可视化，也可以在 RViz 窗口中查看前一节中创建的地图。

- Topic：map。
- Type：nav_msgs/GetMap。

4．粒子云

接下来，我们来查看用于机器人定位系统的粒子云，这里的云表示关于机器人位姿的不确定性。我们将会为机器人获取图 7-17 所示的点云。

- Topic: particlecloud。
- Type: geometry_msgs/PoseArray。

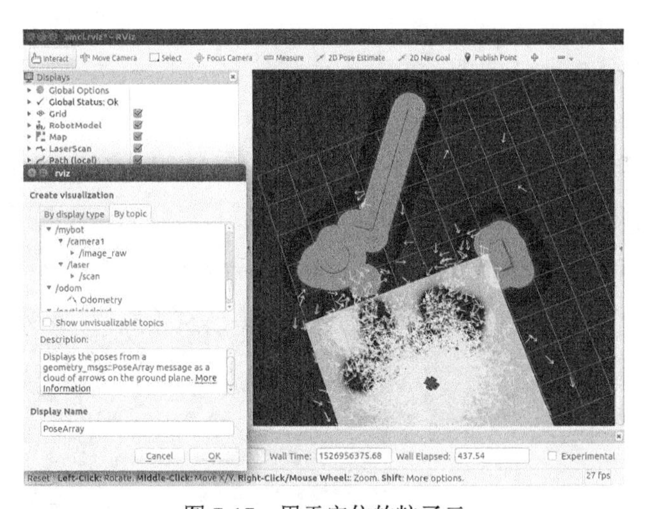

图 7-17　用于定位的粒子云

5．机器人占用的空间

这个值用来表明机器人所占用的空间，由在 costmap_common_params 文件中配置的参数 width 和 height 所决定。这个尺寸对于导航功能包集很重要，因为只有配置正确才能保证机器人在运动时避免碰撞。

- Topic：local_costmap/robot_footprint。
- Type：geometry_msgs/Polygon。

图 7-18 显示了机器人所占用的空间：

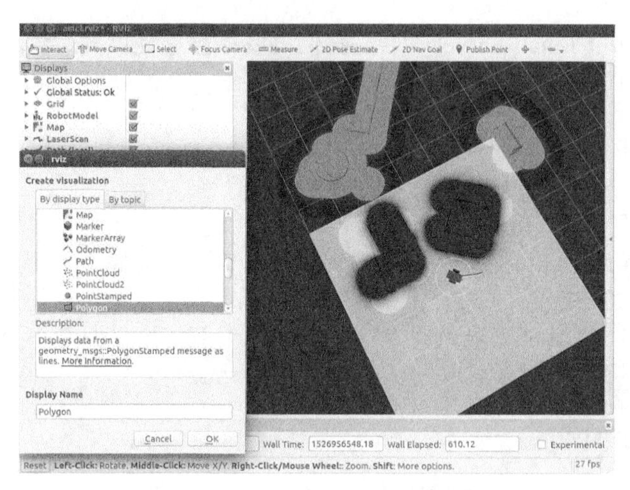

图 7-18　机器人所占用的空间

6．局部代价地图

现在我们来研究一下导航包集的局部代价地图，如图 7-19 所示，其中粉红色线表示检测到的障碍物，蓝色区域表示障碍物的扩大区域。如果要实现无碰撞导航，机器人的中心点不应与包含障碍物扩大区域的网格单元重叠。

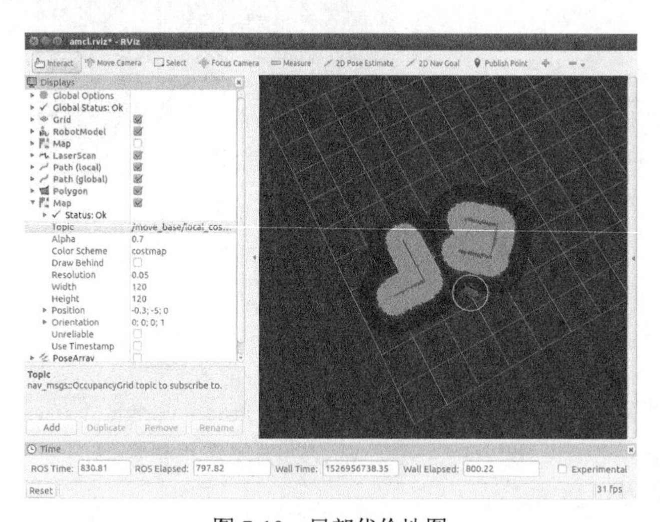

图 7-19　局部代价地图

- Topic: move_base/local_costmap/costmap。
- Type: nav_msgs/OccupancyGrid。

7. 全局代价地图

导航包集使用全局代价地图来实现导航，如图 7-20 所示，图中的粉红色线表示检测到的障碍物。蓝色区域表示障碍物的扩大区域。为了找到一个避开障碍物的路径，则机器人的中心位置应该避开障碍物扩大区域的单元格。

- Topic：move_base/global_costmap/costmap。
- Type：nav_msgs/OccupancyGrid。

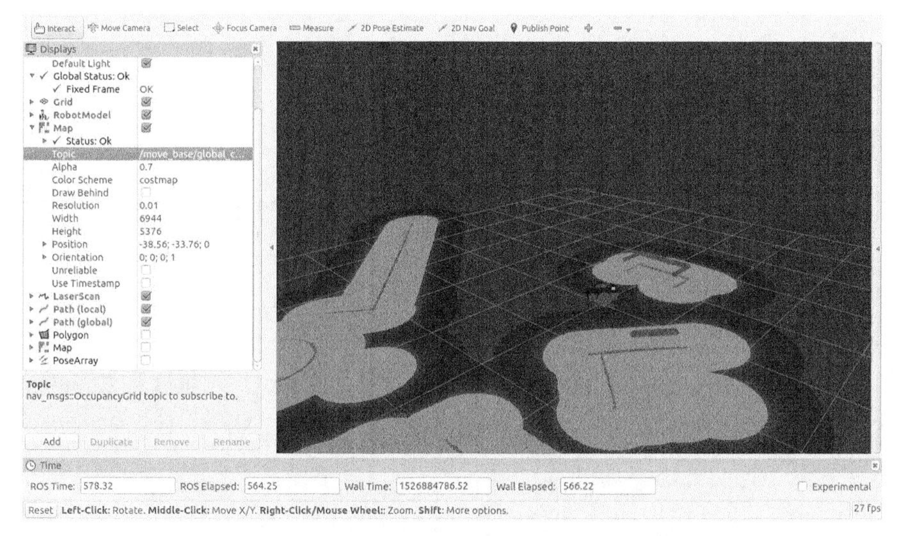

图 7-20　全局代价地图

8. 全局规划

全局规划表示当前局部规划器正在处理的路径，而这个路径在图 7-21 中显示为蓝线，它是全局路径规划的一部分。在执行全局路径规划时，机器人可能会看到障碍物，因此导航包集为了避免发生碰撞，就会在遵循全局规划的前提下重新计算路径。

- Topic：TrajectoryPlannerROS/global_plan。
- Type：nav_msgs/Path。

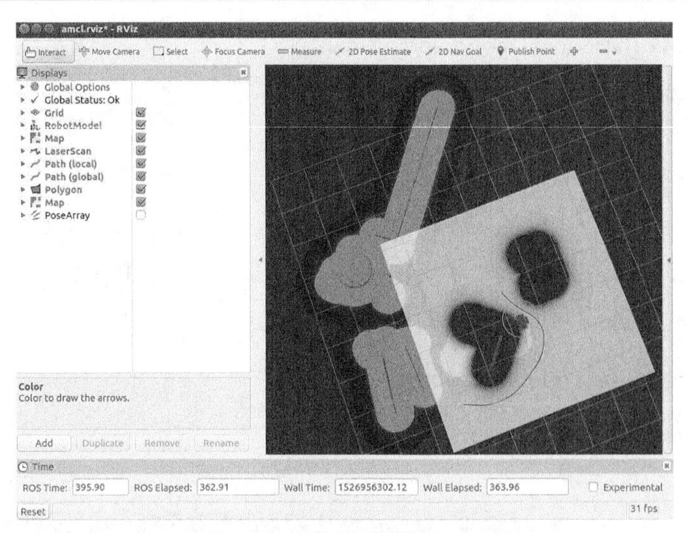

图 7-21 全局规划

9. 局部规划

局部规划显示了当前局部规划器发送到基础控制器的速度命令产生的运动轨迹。

- Topic：TrajectoryPlannerROS/local_plan。
- Type：nav_msgs/Path。

我们可以在图 7-22 中看到机器人前方的绿色线条，它显示了当前机器人是否正在运动，而且这个线条的长度表明了机器人当前的运行速度。

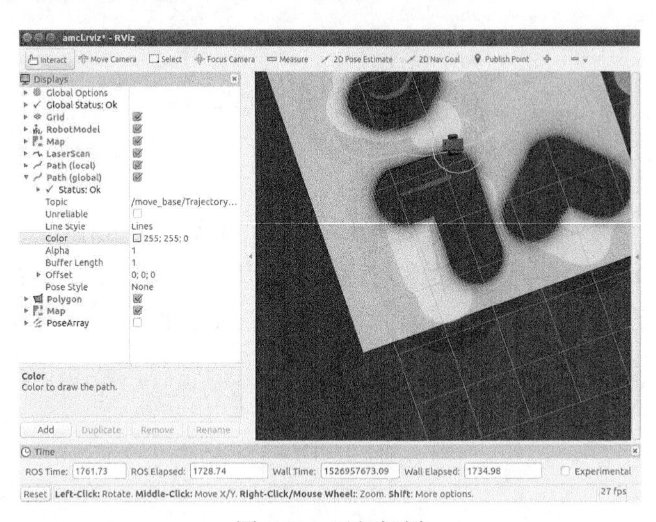

图 7-22 局部规划

10．规划器规划

规划器规划显示了由全局规划器计算得到的完整规划，这些线条看起来和全局规划中的路径很类似。

- Topic：NavfnROS/plan。
- Type：nav_msgs/Path。

图 7-23 给出了规划器规划的结果。

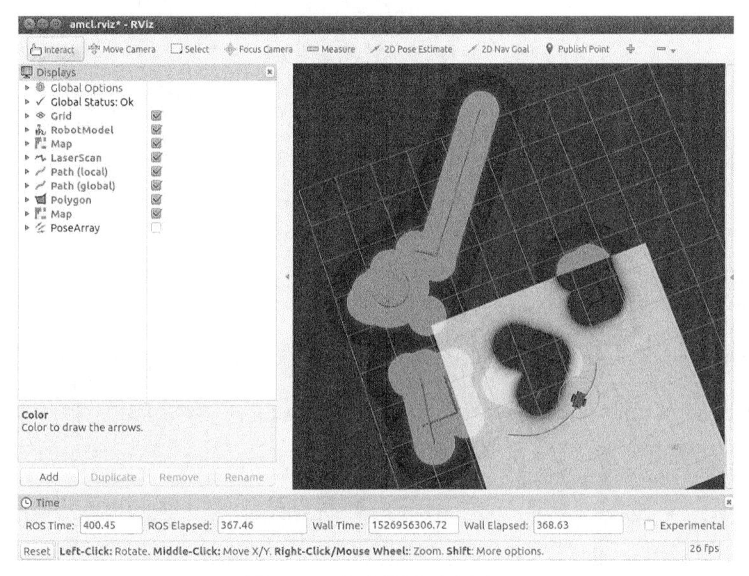

图 7-23　规划器规划路径

11．当前目标

图 7-24 中的红色箭头部分为当前目标，它显示了导航功能包中试图实现的目标位姿，它是机器人的最终位姿。

- Topic：current_goal。
- Type：geometry_msgs/PoseStamped。

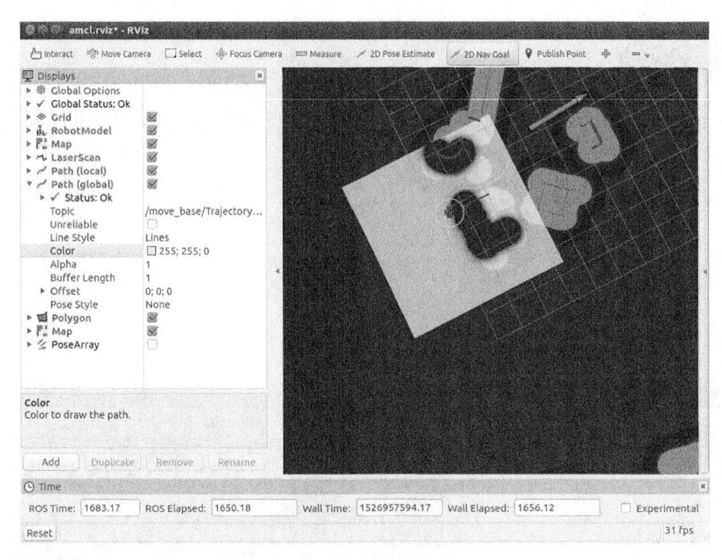

图 7-24　目标位姿

7.5.3　更多内容

在前一节中，我们研究了在 RViz 中查看导航功能包集所需的全部内容，这些内容可以帮助我们判断机器人是否发生了异常。另外，我们还可以通过运行 rqt_graph 命令来查看图 7-25 所示的 ROS 导航系统总览图。

ROS 导航系统总览图（如图 7-25 所示）是通过使用 rqt_graph 工具生成的。此图在这里可能显示得不够清晰，但是考虑到全书的完整性，我们还是将它放在了这里。

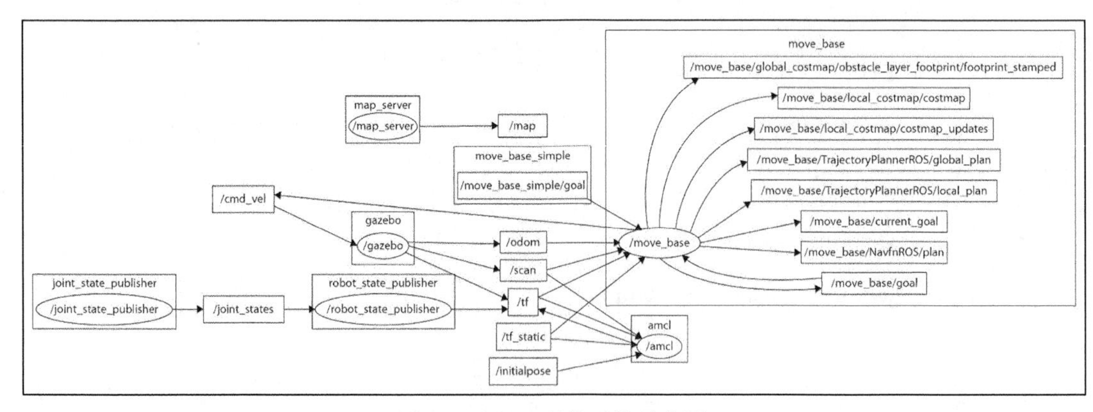

图 7-25　ROS 导航系统总览图

7.6　机器人定位——自适应蒙特卡罗定位（AMCL）

我们将要在给定地图上使用 AMCL 算法来完成机器人定位。AMCL 算法是一种通过在已知地图中使用粒子滤波算法追踪机器人位姿的概率统计定位技术。这个算法包含很多配置选项，它们对该算法的定位性能有很大的影响。

7.6.1　准备工作

AMCL 算法主要使用激光器扫描和激光地图，不过，我们可以使用其他类型的传感器数据（例如立体视觉或者雷达之类产生点云的数据）来扩展功能。在启动过程中，节点 AMCL 会根据安装配置文件中的参数来初始化它的粒子滤波器。如果机器人的初始位姿没有设定，amcl 将会从坐标系的原点开始运行。不过，这里最好使用前面提到的“2D Pose Estimate”按钮来设定 RViz 中的初始位姿。

7.6.2　工作原理

由于这里的机器人是差速驱动平台或者模型，所以我们使用 amcl_diff.launch 文件。现在我们来深入地研究 amcl_diff.launch 文件中的一些参数的意义。

```
<launch>
<node pkg="amcl" type="amcl" name="amcl" output="screen">
<!-- Publish scans from best pose at a max of 10 Hz -->
<param name="odom_model_type" value="diff" />
<param name="odom_alpha5" value="0.1" />
<param name="transform_tolerance" value="0.2" />
<param name="gui_publish_rate" value="10.0" />
<param name="laser_max_beams" value="30" />
<param name="min_particles" value="500" />
<param name="max_particles" value="5000" />
<param name="kld_err" value="0.05" />
<param name="kld_z" value="0.99" />
<param name="odom_alpha1" value="0.2" />
<param name="odom_alpha2" value="0.2" />
<!-- translation std dev, m -->
<param name="odom_alpha3" value="0.8" />
<param name="odom_alpha4" value="0.2" />
<param name="laser_z_hit" value="0.5" />
<param name="laser_z_short" value="0.05" />
<param name="laser_z_max" value="0.05" />
```

```
<param name="laser_z_rand" value="0.5" />
<param name="laser_sigma_hit" value="0.2" />
<param name="laser_lambda_short" value="0.1" />
<param name="laser_lambda_short" value="0.1" />
<param name="laser_model_type" value="likelihood_field" />
<!--<param name="laser_model_type" value="beam"/> -->
<param name="laser_likelihood_max_dist" value="2.0" />
<param name="update_min_d" value="0.2" />
<param name="update_min_a" value="0.5" />
<param name="odom_frame_id" value="odom" />
<param name="resample_interval" value="1" />
<param name="transform_tolerance" value="0.1" />
<param name="recovery_alpha_slow" value="0.0" />
<param name="recovery_alpha_fast" value="0.0" />
</node>
</launch>
```

这里面的参数 min_particles 和 max_particles 设置了算法运行时所允许粒子的最小和最大数量。通常来说，粒子数量越多，精确度也就会越高，但是 CPU 的占用率也越大。

参数 laser_model_type 用来配置激光的类型。在这里我们选择使用 likelihood_field，不过在算法中也可以使用 beam 激光。

另外，虽然 initial_pose_x、initial_pose_y 和 initial_pose_a 设定了算法启动时机器人的初始位置，但是在 launch 文件中并不包含这些内容。不过如果你希望机器人每次都在充电坞启动，那么可以在 launch 文件中修改这个位置。

另外，我们也可以参考 amcl 的官方资料，这里提供了关于 amcl 的配置和参数的大量信息。

7.7 使用 rqt_reconfigure 配置导航功能包集参数

ROS 中提供了工具 rqt_reconfigure 来查看和修改参数，它可以在不重新启动仿真器的情况来实时地进行配置。

工作原理

我们可以使用下面的命令来启动 rqt_reconfigure：

```
$ rosrun rqt_reconfigure rqt_reconfigure
```

我们将得到图 7-26 所示的输出。

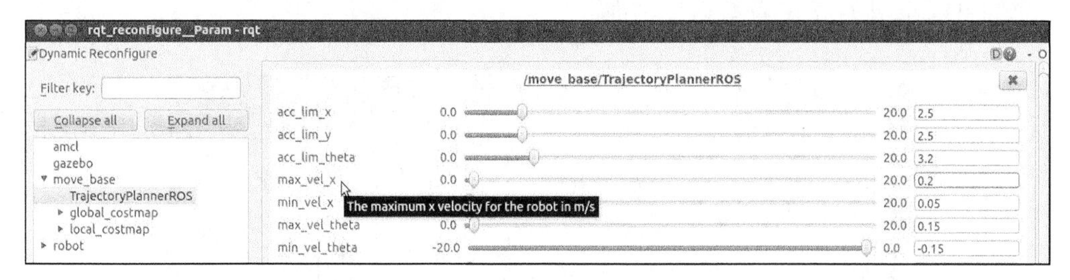

图 7-26 动态参数配置

在这里我们可以修改 base_local_planner_params.yaml 文件中的参数 max_vel_x 或者 max_vel_theta。

另外，我们只要将鼠标指针悬停在参数名字上，就可以看到关于该参数的一个简洁描述。这一点对于我们了解每个参数的功能十分有用。

7.8 移动机器人的自主导航——避开障碍物

导航功能包集是安全地将机器人从一个位置移动到另一个位置时最强大的功能包。导航功能包集的目标是产生一条安全的路径，换言之，就是机器人通过处理来自传感器和环境地图的数据而产生的一条无碰撞的路径。导航功能包集的一个重要功能是躲避障碍物，我们可以通过在 Gazebo 中的移动机器人前面添加一个对象来轻松查看此功能。

7.8.1 准备工作

Gazebo 中预置了一些 3D 物体和障碍物，我们可以使用图形化操作界面中的“Insert model”选项来将它们添加到场景中。导航功能包集会检测到这些障碍物，并自动创建一条新的路径。

7.8.2 工作原理

同时，我们可以在 RViz 窗口看到一个绕开障碍物的全局规划。如果这个机器人在一个充满了静态和动态障碍物的真实环境中行走，你就会发现它的有趣之处了。如果机器人检测到了一次可能的碰撞之后，它就会改变方向，并通过其他路径向目标靠近。

需要注意的是，对这些障碍物的检测会减小局部规划器代价地图的覆盖范围（例如机器人周围的一个 5m×5m 的区域)。

我们可以在图 7-27 中查看这个功能。

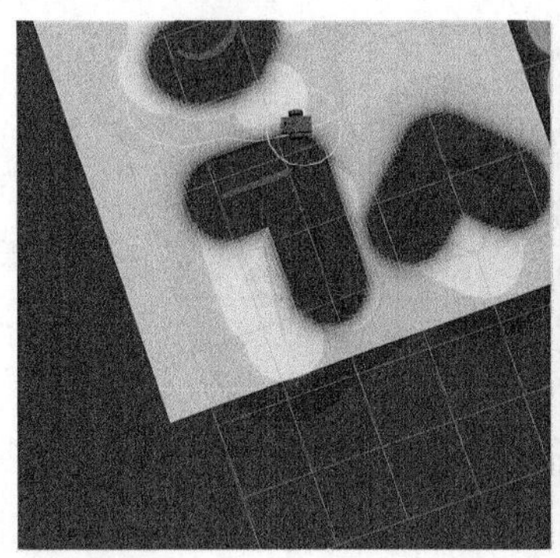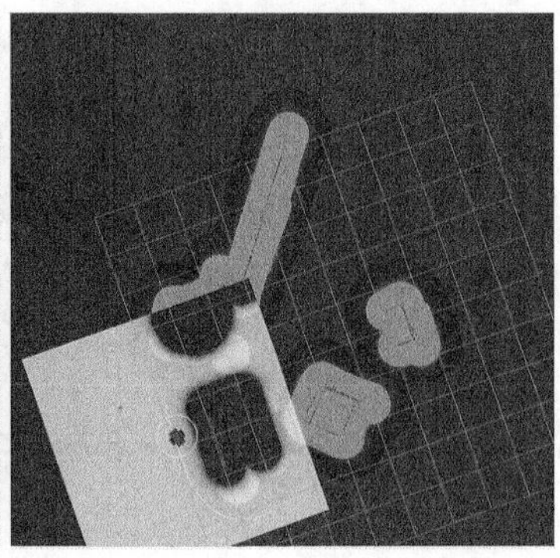

图 7-27 躲避障碍物

7.9 发送目标

我们已经通过使用 RViz 和它的操作界面来控制机器人在地图上移动，虽然刚开始这是很有趣的，但是时间长了就会发觉有点乏味了。

7.9.1 准备工作

我们可以指定一系列目标点并将它们发送给机器人，这样即使我们不在计算机前，也只需按一下按钮，就可以让机器人去很多地方。在这一节中，我们将会学习如何使用 actionlib 来完成这个功能。在第 3 章中，我们已经研究过 actionlib。

虽然 actionlib 看起来与服务很像，但是如果服务要花费很长时间来处理一个请求，那么客户端可能在执行期间就会取消请求。更进一步地，它还会定期地收到有关请求进展情况的反馈。

7.9.2 工作原理

接下来，我们会在文件夹 chapter7_tutorials/src 中创建一个名为 sendGoals.cpp 的新文件，并向其中添加如下代码：

```
#include <ros/ros.h>
 #include <move_base_msgs/MoveBaseAction.h>
```

```
#include <actionlib/client/simple_action_client.h>
#include <tf/transform_broadcaster.h>
#include <sstream>
typedef actionlib::SimpleActionClient<move_base_msgs::MoveBaseAction>
MoveBaseClient;
int main(int argc, char** argv){
ros::init(argc, argv, "navigation_goals");
MoveBaseClient ac("move_base", true);
while(!ac.waitForServer(ros::Duration(5.0))){
ROS_INFO("Waiting for the move_base action server");
}
move_base_msgs::MoveBaseGoal goal;
goal.target_pose.header.frame_id = "map";
goal.target_pose.header.stamp = ros::Time::now();
goal.target_pose.pose.position.x = 1.0;
goal.target_pose.pose.position.y = 1.0;
goal.target_pose.pose.orientation.w = 1.0;
ROS_INFO("Sending goal");
ac.sendGoal(goal);
ac.waitForResult();
if(ac.getState() == actionlib::SimpleClientGoalState::SUCCEEDED)
ROS_INFO("You have arrived to the goal position");
else{
ROS_INFO("The base failed for some reason");
}
return 0;
}
```

上面的代码就是向移动机器人发送目标的一个基本的实例。

接下来，我们可以编译功能包并启动导航功能包集来测试新程序。我们需要在两个独立的命令行（shell）中输入以下命令来启动所有节点并加载配置：

```
$ roslaunch chapter7_tutorials chapter7_configuration_gazebo.launch
$ roslaunch chapter7_tutorials move_base.launch
```

当配置好了 2D 位姿估计之后，我们需要在一个新打开的终端中输入以下命令来启动 sendGoals 节点：

```
$ rosrun chapter6_tutorials sendGoals
```

在 RViz 屏幕内，我们可以在地图中看到一个如图 7-28 所示的新的全局规划。

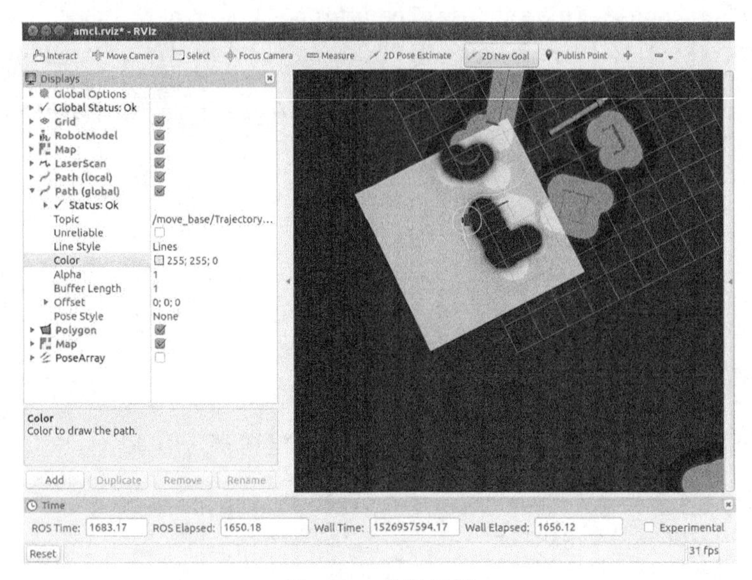

图7-28 发送目标

这表示导航功能包集已经接受了新的目标命令。当机器人已经到达了目标之后，我们将会在“sendGoals”运行的命令行（shell）中看到消息“You have arrived to the goal position”。通过这个办法，我们可以列出目标或路标，为机器人创建一条路线并规划一个任务。

第 8 章 ROS 中的机械臂

在这一章中，我们将会就以下主题进行讲解：

- MoveIt 的基本概念；
- 使用图形化界面进行运动规划；
- 使用控制程序执行运动规划；
- 在运动规划中增加感知；
- 使用机械臂或机械手执行抓取操作。

8.1 简介

在第 7 章中，我们学习了如何为各种移动机器人配置导航功能包集，随后研究了同步定位与地图构建（Simultaneous Localization And Mapping，SLAM）。此外，我们还学习了导航功能包集中的自适应蒙特卡罗定位（AMCL）算法。

在本章中，我们将讨论如何创建和配置 MoveIt，这是一个用于机械臂机器人和执行运动规划的功能包。我们还将学习如何增强感知和执行抓取。

ROS 操作是一个术语，用来指机器人对其环境中物体的任何操作。听起来有些奇怪，这其实意味着它将会在物理上改变世界中的某些东西，例如，将一个物体从它的初始位置移开。

本章的主要目标是学习我们需要掌握的一些基本工具，以便了解 ROS 操作是如何工作的，以及如何在机械臂机器人上面使用这些工具。

有很多原因促使我们去学习 ROS 操作。现在机械臂机器人已经在许多环境中使用，为人类很难完成的任务提供了解决方案。我们将在下面的小节中介绍其中的一些原因。

8.1.1　危险工作场所

这里的危险工作场所指的是人类身处其中会遇到危险的环境：

- 空间探索；
- 铸造车间；
- 水下环境；
- 工厂。

例如图 8-1 就显示了一个这样的危险工作场所。

图 8-1　水下操作

8.1.2　重复或令人厌烦的工作

重复或令人厌烦的工作往往指的是工业环境中那些必须由机器人来完成的长时间重复执行的任务（见图 8-2）。

图 8-2　工厂里的装配工作

8.1.3　人类难以操作的工作环境

这是指人类很难管理的工作环境，例如：

- 特别细微的工作环境；
- 特别巨大的工作环境；
- 需要特别高精度的工作环境。

图 8-3 就展示了这样一种环境。

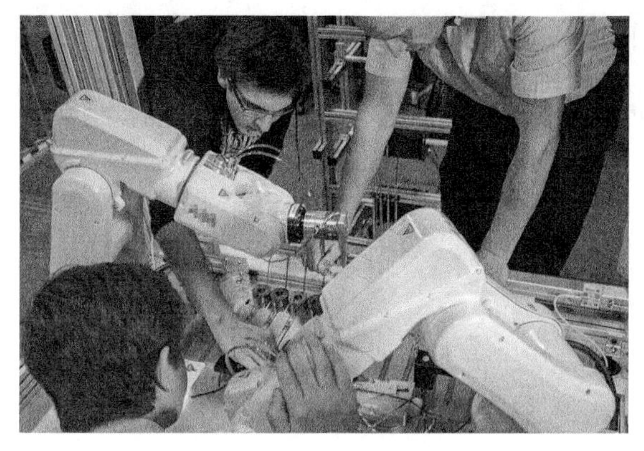

图 8-3 片上系统

其实还有许多其他领域也开始使用机械臂机器人。例如，手术和病患护理（见图 8-4 和图 8-5）。

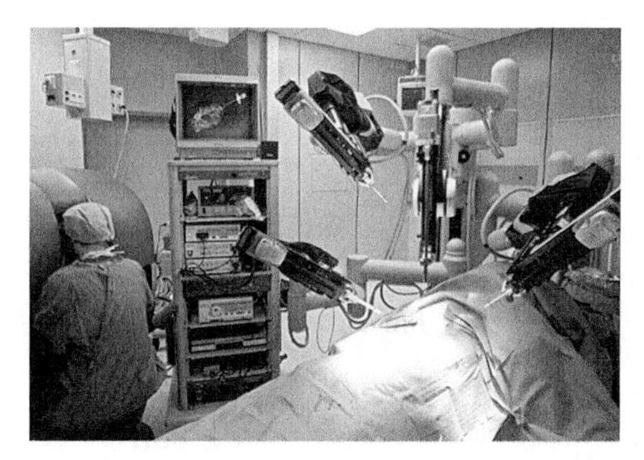

图 8-4 手术用机器人

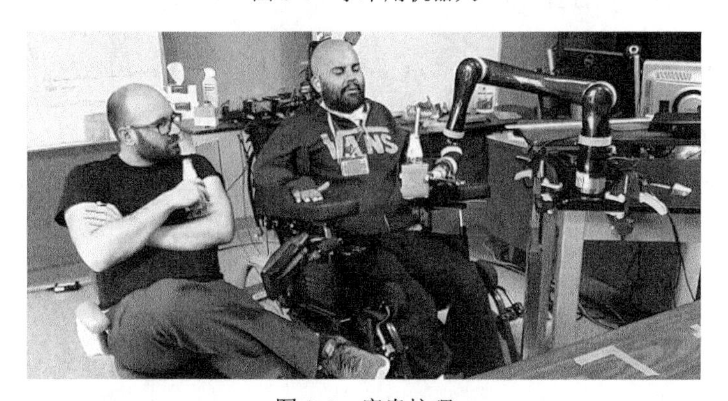

图 8-5 病患护理

总之，在不久的将来，当目前的各种对操作机器人的限制都被克服的时候，它们将被应用于更多样的情况和环境中，而我们就有可能是第一批开发出那种技术的人。

8.2 MoveIt 的基本概念

为了让读者能更好地理解本章的内容，在这一节中我们将来了解一些有关 ROS 操作的基本概念。

我们的研究围绕以下 4 个主题展开：

- MoveIt；
- 运动规划；
- 感知；
- 抓取。

所以，正如我们已经列出的那样，首先来了解一下 MoveIt。

8.2.1 MoveIt

MoveIt 是一组允许我们使用 ROS 执行操作的包和工具。MoveIt 提供进行运动规划、操作、感知、运动学、碰撞检查、控制和导航的软件和工具。没错，它正是这么一款全面而且极为有用的工具。我们可以查看 MoveIt 官方网站上的文档来了解关于它的详细信息。

是不是觉得很棒？不过现在是不是觉得有那么一点茫然，毕竟这是一个提供了太多选项的大工具包。别紧张！在下一节中，我们将学习如何使用 MoveIt，而且也将看到如何在 ROS 中使用这个工具来执行操作。

8.2.2 运动规划

那么对于 ROS 操作来说，我们还需要学习些什么呢？对了，运动规划！这是什么意思呢？它指的就是做出一个物体在不与其他物体发生碰撞的情况下，从 A 点运动到 B 点的路线。

换而言之，你需要控制机器人的不同关节和连杆，避免它们之间或者它们与环境中的其他物体发生碰撞。

8.2.3 感知

当然了，我们还必须要了解感知！当我们和环境中的任何对象进行交互时，必须首先要看见它。我们需要知道对象在哪里，是什么，而这正是感知的目的。通常感知的任务由 RGBD 相机（如 Kinect）完成，它们用来改进一些操作任务，例如检测模拟中生成的新对象之类。

8.2.4 抓取

最后，你需要了解什么是抓取。通常来说抓握这个词指的是带有某种目的去抓住环境中的一个物体，例如改变对象的位置。在抓取过程中，还影响了其他一些变量，例如对环境的感知。

虽然抓取看起来是一项非常简单的任务，但事实并非如此。在这个过程中有很多变量需要考虑，还有很多环节可能出错！在接下来的部分中，我们将学习抓握的基本知识。

8.2.5 准备工作

我们需要一个机械臂机器人来完成这些任务。我们已经了解这种机器人可以在物理上对其工作环境进行改变。

一个机械臂机器人被建模为一个由关节连接的多刚体，其末端被称为机器人的末端执行器。基本上任何操作器都由以下 3 个基本部分组成。

- **连杆**（Link）：连接操作器关节的刚性件。
- **关节**（Joint）：用来在操作器连杆之间提供平移或旋转运动的连接器。
- **末端执行器**（End Effector）：具体包括以下内容。
  - 夹具/工具。
  - 带有传感器的夹具/工具。

在图 8-6 中，我们可以查看操作机器人，并看到作为其组成部分的连杆、关节和末端效应器。

最后来熟悉一些机器人操作中常用的基本术语。

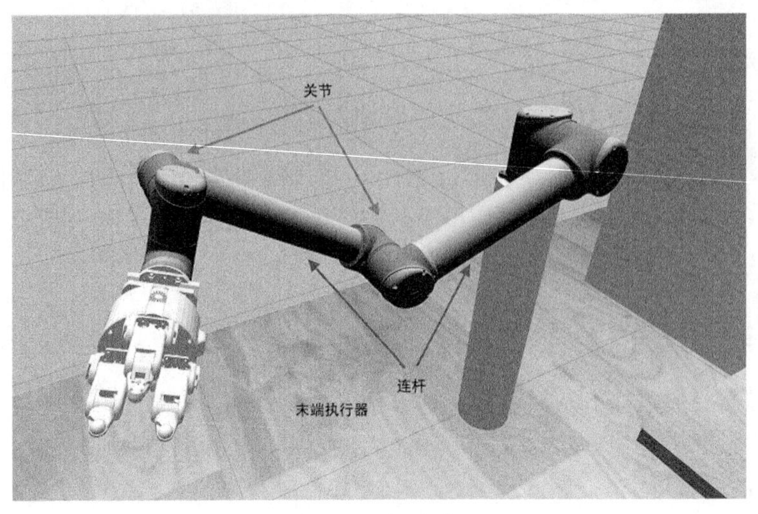

图 8-6　机械臂

1．操作的自由度

DoFs 是指机器人的自由度（Degrees of Freedom，DoFs）。这又是什么意思呢？其实这是指机器人机械臂可以进行活动部位的数量。如果一个系统的 DoFs 为 n，表示它的配置需要 n 个参数。

- 对于机械臂来说，这个配置由它所具有的关节数量所决定。所以，可以说关节的数量决定了操作器的自由度数量。
- 一个三维空间中的刚性对象有 6 个参数，其中有 3 个参数用于定位（X、Y、Z），3 个参数用于方向（滚动、俯仰和偏航角）。如果操作器的自由度小于 6，则手臂无法以任意方向到达工作空间中的每个点；而如果操作器的自由度大于 6，从运动学上来看，机器人是冗余的。另外，操作器的自由度越大，就越难以控制。

2．夹具

夹具是一种能够抓住物体进行操作的设备。提到夹具，最好的比方莫过于人的手。就像人手一样，夹持器可以抓住、收缩、处理和释放物品。通常夹持器可以是后期连接到机器人上的，也可以是固定自动化系统的一部分。夹持器有许多样式和尺寸，因此我们可以为应用选择正确的型号。图 8-7 显示了一个典型的夹具。

图 8-7　夹持器

8.3 使用图形化界面完成运动规划

在本节中，我们将学习如何为工业机器人创建一个MoveIt功能包。通过完成这一部分，我们将能够创建一个让机器人执行运动规划的功能包。

正如我们在前一节中提到的那样，MoveIt是一个非常复杂但有用的工具。因此，在本小节中，我们不会深入讨论MoveIt工作的细节，也不会涉及它能提供的全部功能。

幸运的是，MoveIt提供了一个非常优秀且易于使用的GUI，它将帮助我们与机器人交互，以执行运动规划。但是，在实际使用MoveIt之前，我们需要构建一个功能包。这个功能包将生成使用我们定义的机器人（在urdf文件中定义的）和MoveIt所需的全部配置和启动文件。

8.3.1 准备工作

首先，你需要启动MoveIt设置助手（setup assistant），我们可以通过输入以下命令来完成这个操作：

```
$ roslaunch moveit_setup_assistant setup_assistant.launch
```

如果在之前的安装中没有包含MoveIt功能包的话，可以使用如下命令来安装这个功能包：

```
$ sudo apt-get install ros-kinetic-moveit
```

然后我们会看到图8-8所示的界面。

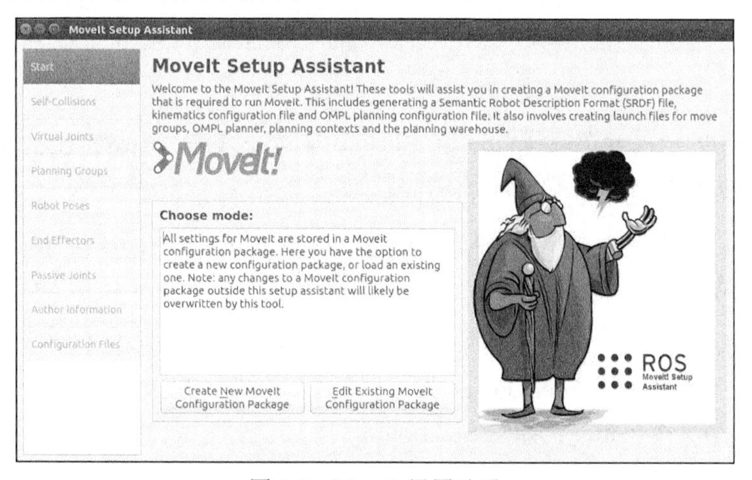

图8-8 MoveIt设置助手

现在我们已经打开了 MoveIt 设置助手，接下来的工作就是要加载机器人文件。单击“Create New MoveIt Configuration Package”按钮，就会打开一个图 8-9 所示的窗口。

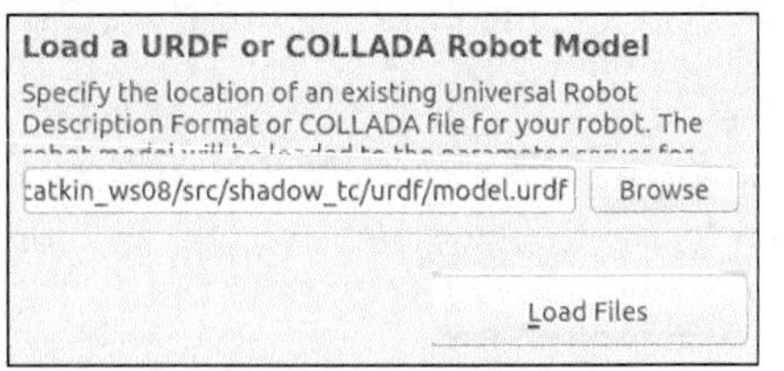

图 8-9 创建一个新的 MoveIt 配置包

现在只需要单击“Browse”按钮，选中 chapter8_tutorials 功能包中的 model.urdf 文件，然后单击“Load Files”按钮。我们需要将这个文件复制到自己的工作空间中，然后就会看到图 8-10 所示的操作界面。

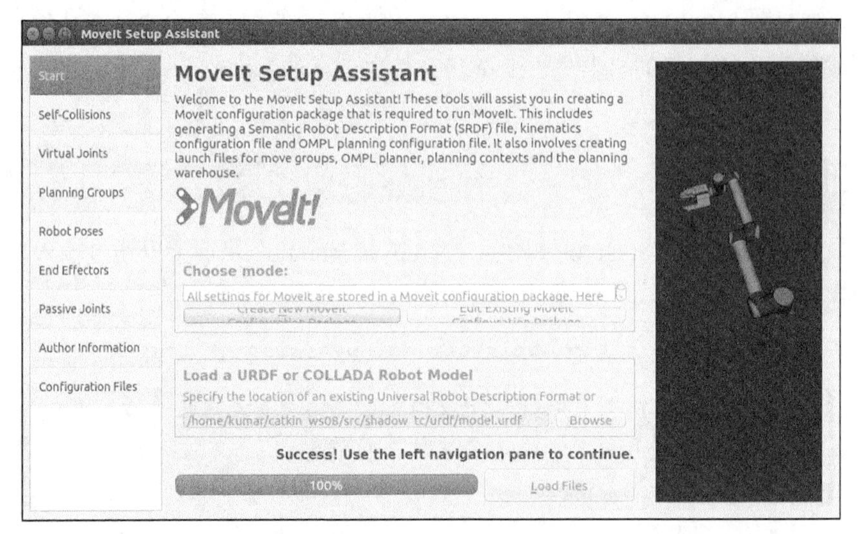

图 8-10 加载一个机器人模型

现在，我们已经在将机器人的 MoveIt 设置助手中加载了 xacro 文件，现在可以开始配置这个机器人了。

我们将左侧的选项卡切换到“Self-Collisions”，然后单击“Regenerate Default Collision Matrix”。最后我们将会看到图 8-11 所示的界面。

在这里我们只是定义了一些不需要考虑冲突检查的连杆对。例如，相邻的连杆，这是考虑到它们将始终处于冲突之中

接下来切换到 Virtual Joints 选项卡，在这里，我们可以使用它来为机器人的底座定义一个虚拟关节。单击“Add Virtual Joint”按钮，将这个关节命名为“FixedBase”，并将“Parent Frame”的值设置为“world”，如图 8-12 所示。

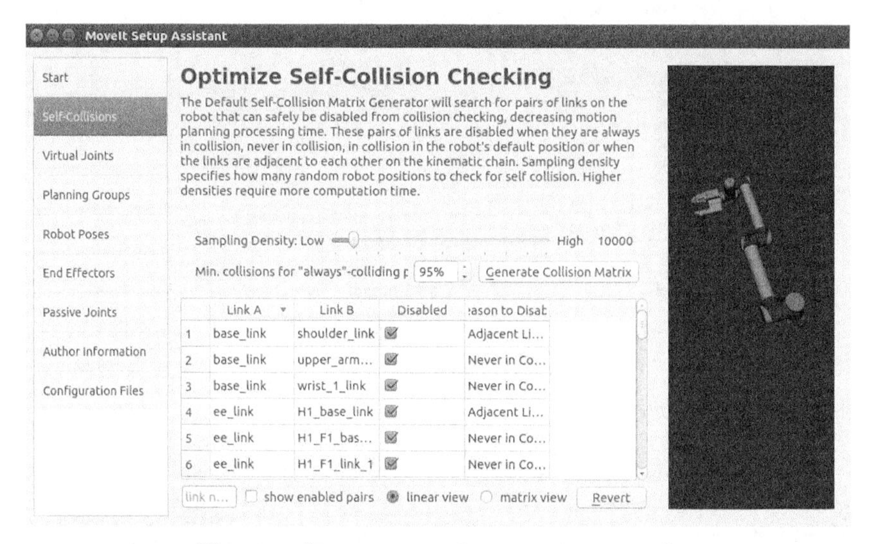

图 8-11 “Regenerate Default Collision Matrix”

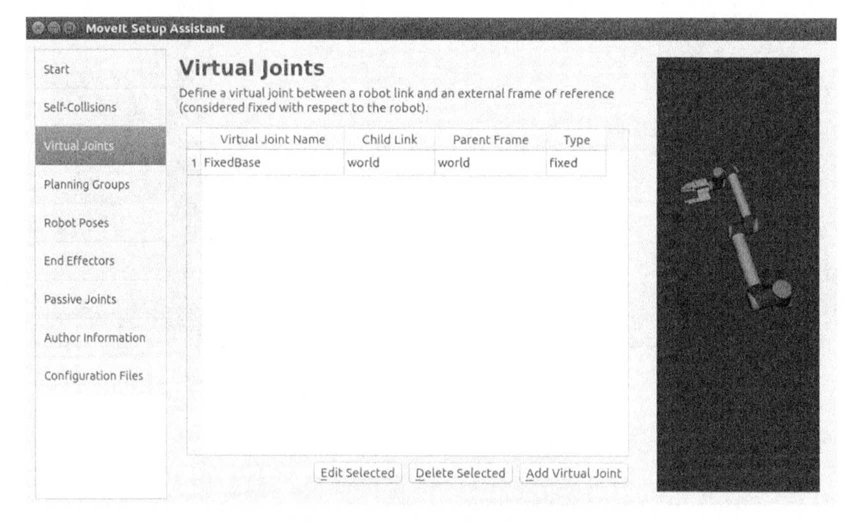

图 8-12 添加一个虚拟关节

最后，我们单击“Save”按钮。这就创造了一个假想的关节，将机器人的底座和虚拟世界连接起来。

现在打开“Planning Groups”选项卡，然后单击“Add Group”按钮。这里我们将要创建一个名为“arm”新群组（group），它使用了“KDLKinematicsPlugin”，如图 8-13 所示。

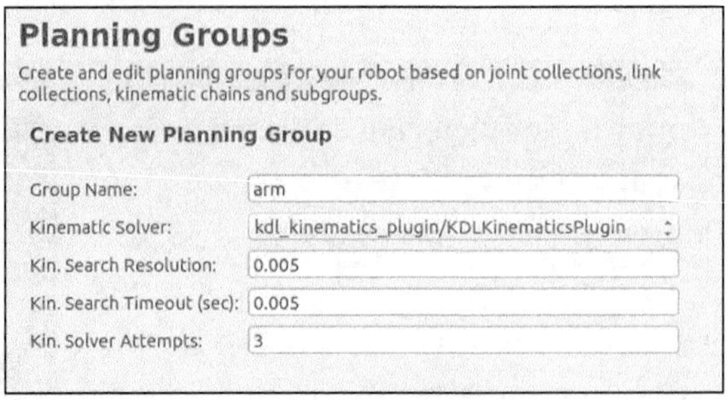

Planning Groups
Create and edit planning groups for your robot based on joint collections, link collections, kinematic chains and subgroups.
Create New Planning Group
Group Name:
arm
Kinematic Solver:
kdl_kinematics_plugin/KDLKinematicsPlugin
Kin. Search Resolution:
0.005
Kin. Search Timeout (sec):
0.005
Kin. Solver Attempts:
3

图 8-13　规划群组

接下来，我们来单击“Add Joints”按钮，然后选中构成机器人手臂的全部关节（除了夹持器之外），如图 8-14 所示。

MoveIt Setup Assistant
Start
Self-Collisions
Virtual Joints
Planning Groups
Robot Poses
End Effectors
Passive Joints
Author Information
Configuration Files
Planning Groups
Create and edit planning groups for your robot based on joint collections, link collections, kinematic chains and subgroups.
Edit 'arm' Joint Collection
Available Joints
Selected Joints
Joint Names
1 FixedBase
2 world_joint
3 base_link-base_fixed_joint
4 shoulder_pan_joint
5 shoulder_lift_joint
6 elbow_joint
7 wrist_1_joint
8 wrist_2_joint
9 wrist_3_joint
Joint Names
1 shoulder_pan_joint
2 shoulder_lift_joint
3 elbow_joint
4 wrist_1_joint
5 wrist_2_joint
6 wrist_3_joint
Save
Cancel

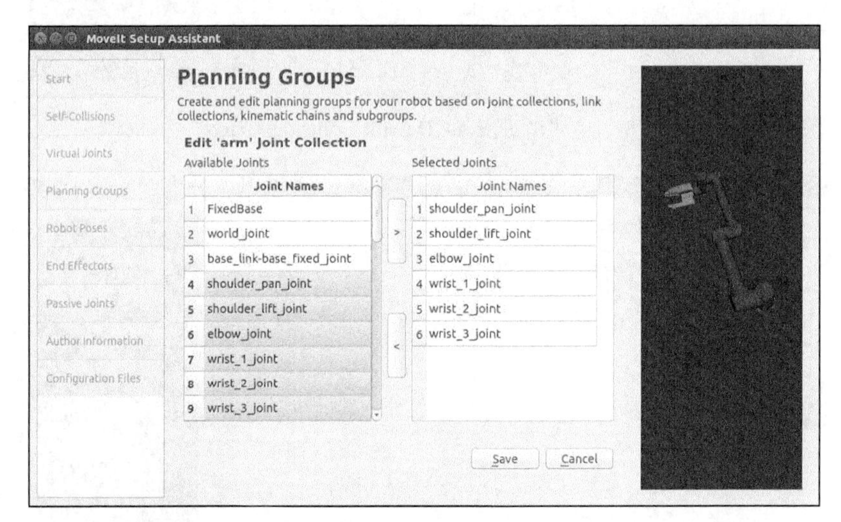

图 8-14　添加关节

最后我们单击“Save”按钮，就会看到图 8-15 所示的窗口。

Planning Groups
Create and edit planning groups for your robot based on joint collections, link collections, kinematic chains and subgroups.
Current Groups
arm
Joints
shoulder_pan_joint - Revolute
shoulder_lift_joint - Revolute
elbow_joint - Revolute
wrist_1_joint - Revolute
wrist_2_joint - Revolute
wrist_3_joint - Revolute
Links
Chain
Subgroups

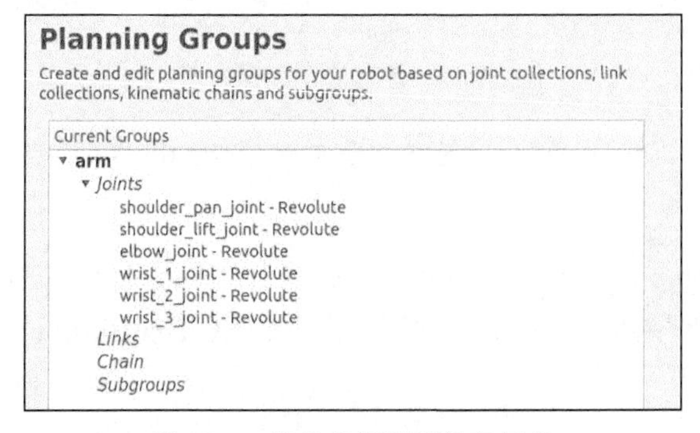

图 8-15　将关节的配置保存起来

我们定义了一组用于实现运动规划的连杆，同时也定义了用来计算规划的插件。现在我们需要再来重复相同的过程，不过这次的目标是夹持器。在这种情况下，我们无须定义任何运动学计算器。如果你并不知道应该添加哪些关节，可以参照图 8-16 所示的设置。

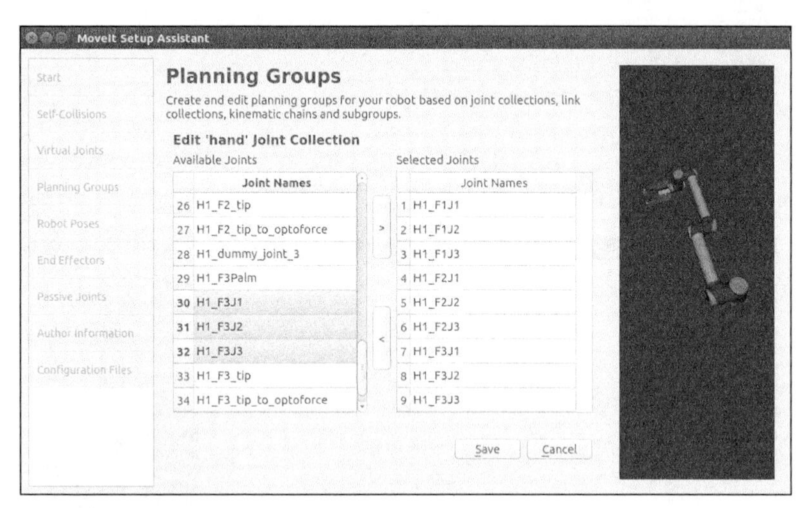

图 8-16 夹持器关节

最后，我们可以看到图 8-17 所示的界面。

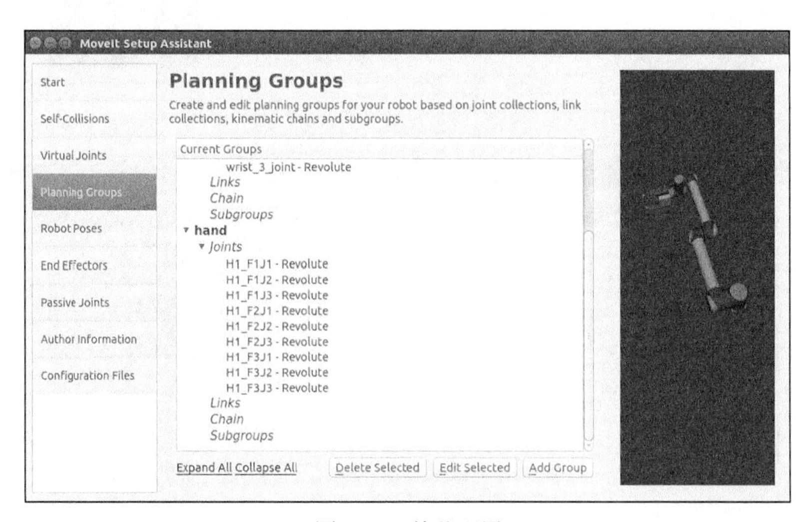

图 8-17 关节配置

现在，要为我们的机器人创建几个预先定义的位姿。我们将转到“Robot Poses”选项卡并单击“Add Pose”按钮。我们可以在屏幕左侧定义位姿的名称及其所在的规划组。如图 8-18 所示，在这个实例中，我们将把第一个位姿命名为“open”，它显然与“hand”组有关。

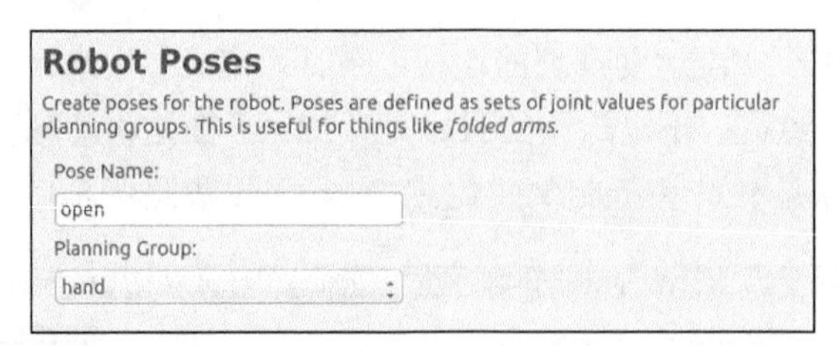

图 8-18 机器人的“hand”关节组

现在，我们必须定义与这个位姿相关的关节位置。对于这种情况，我们可以按照图 8-19 所示的方式进行设置。

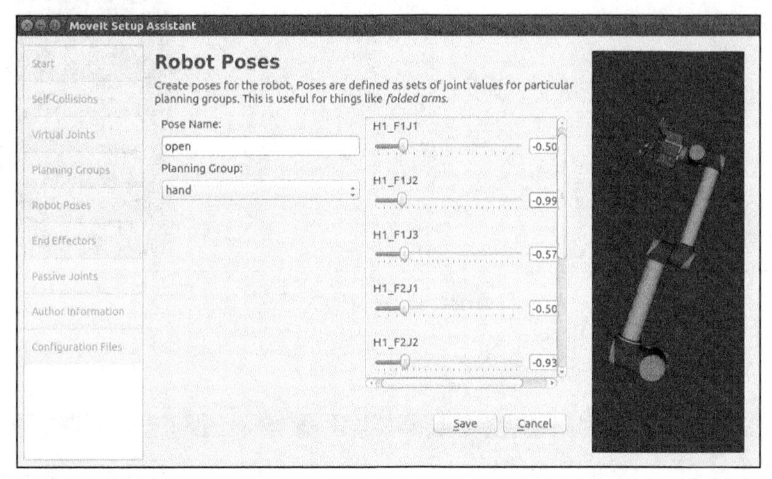

图 8-19 位姿“Open”中关于 hand 的配置

接下来重复这个操作，不过这次我们要定义的是“close”位姿，设置方式如图 8-20 所示。

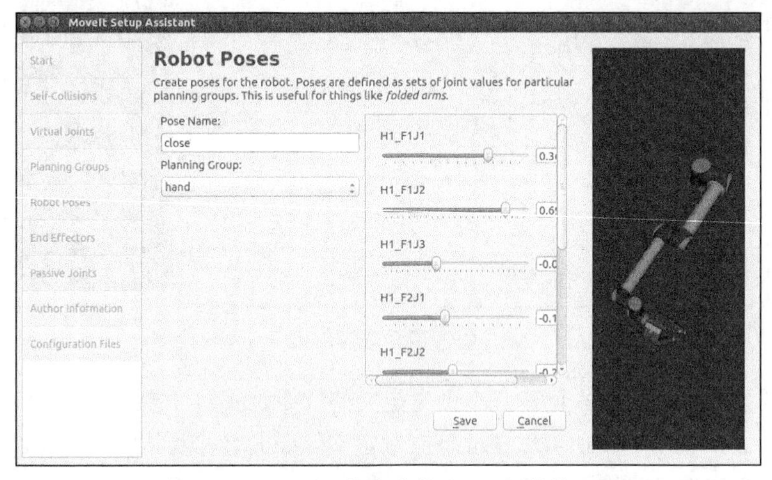

图 8-20 “close”位姿中与 hand 相关的配置

最后在“arm”组中创建一个“start”位姿，设置的方式如图 8-21 所示。

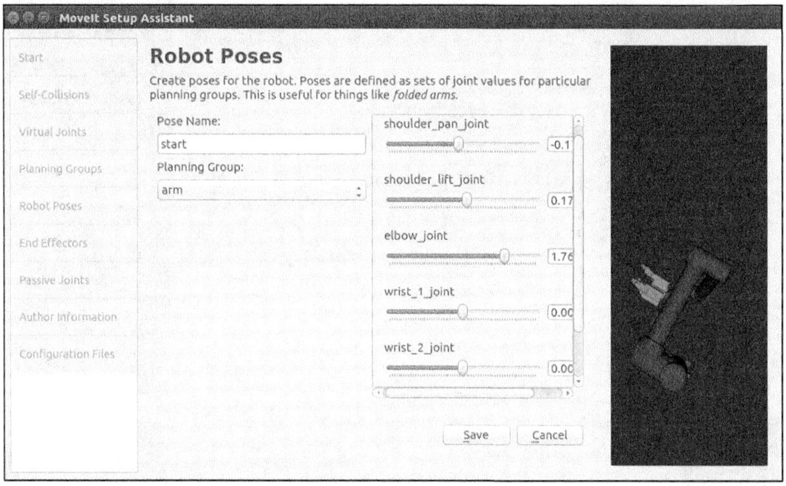

图 8-21 “Start”位姿中与 arm 有关的配置

下面的步骤是要建立机器人的末端执行器。我们需要选择左侧选项卡中“End Effectors”中的“Add End Effector”按钮。如图 8-22 所示，我们为这个末端执行器起名为 hand。

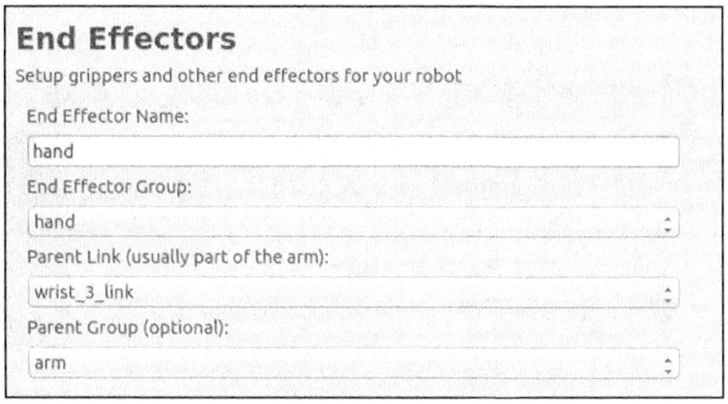

图 8-22 末端执行器配置

接下来，在“Author Information”选项卡中输入姓名和电子邮件地址。

最后，我们打开“Configuration Files”选项卡，然后单击“Browse”按钮。如图 8-23 所示，打开“catkin_ws0B/src”目录，然后在其中创建一个新的目录，并将其改名为“myrobot_moveit_config”。最后单击“Choose”来选中你刚刚创建的目录。

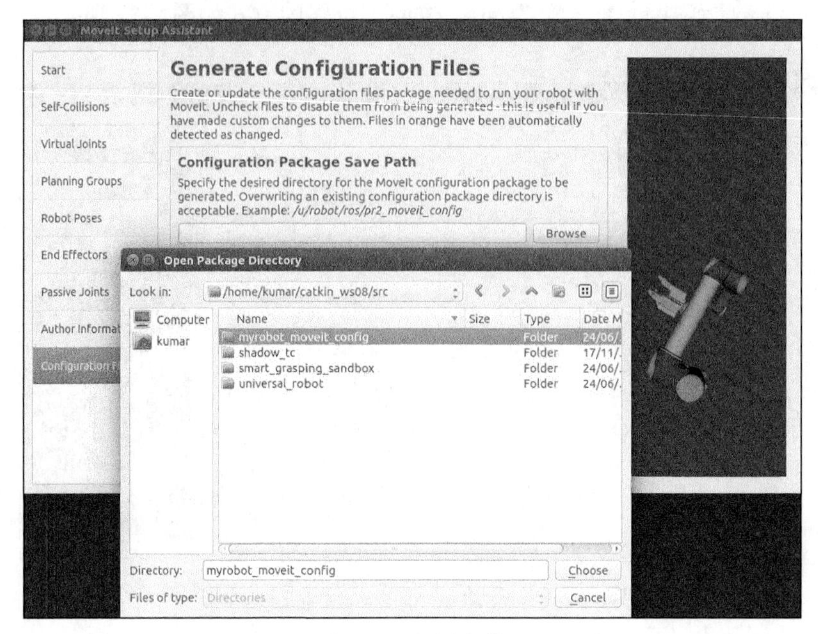

图 8-23　配置文件

现在，我们单击按钮“Generate Package”。如果一切正常的话，我们可以看到图 8-24 所示的界面。

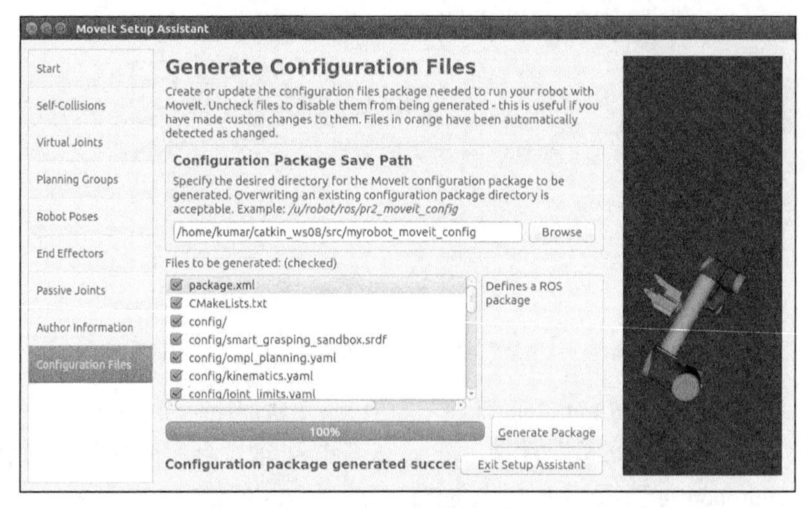

图 8-24　保存配置文件

好了！刚刚我们为机器人创建好了一个 MoveIt 功能包。在有些情况下，你可能需要对 MoveIt 功能包进行编辑（例如在将来的练习中，当你检测到错误发生时），就可以通过在设置助手中选择“Edit Existing Moveit Configuration Package”选项，然后选择功能包来进行编辑。

如果对 MoveIt 功能包进行了修改，则需要重新启动模拟器才能使更改生效。

既然我们已经为机器人创建了一个 MoveIt 功能包，并且对它做了很多的工作，那么接下来就更深入地研究 MoveIt 功能包的一些关键方面。

MoveIt 的架构

我们先来快速浏览一下 MoveIt 的架构。了解 MoveIt 这个功能包的架构可以帮助我们更好地使用它。图 8-25 展示了 MoveIt 功能包的架构。

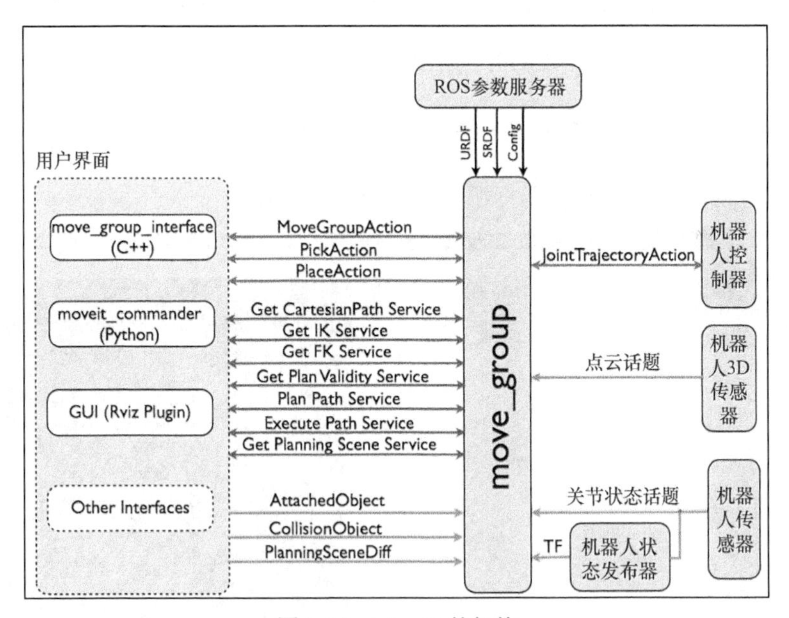

图 8-25 MoveIt 的架构

我们可以把 move_group 看作 MoveIt 的核心，因为这个节点实际上充当着机器人各个组件的集成器，并根据用户的需要来提供操作和服务。

节点 move_group 会收集机器人的信息，例如点云、机器人的状态以及使用消息和话题表示的机器人 TF。

节点 move_ group 会从参数服务器上采集机器人运动学数据，如机器人描述（URDF）、语义机器人描述格式（SRDF）和配置文件。当我们为机器人生成一个“MoveIt!”功能包时，就会产生 SRDF 文件和配置文件。配置文件包含了用于设置关节限制、感知、运动学、末端效应器等的参数文件。这些文件位于功能包的 config 文件夹中。

8.3.2　如何完成

当 MoveIt 功能包可以获取关于机器人及其配置全部信息的时候，我们就可以认为它的配置是正确的，然后可以在图形化界面中操作这个机器人。我们可以使用 C++或者 Python 调用 MoveIt 的 API 让移动组节点来完成各种拾取/放置、IK 或 FK 等操作。另外，我们可以使用 RViz 运动规划插件在 RViz 图形化界面中来操作机器人。我们将在下一小节中来完成这些工作。

基础的运动规划

首先，我们将简单地启动 MoveIt 的 Rviz 环境并开始进行一些关于运动规划的测试。

我们执行以下命令来启动 MoveIt 的 RViz 演示环境：

```
$roslaunch myrobot_moveit_config demo.launch
```

如果一切正常的话，我们会看到图 8-26 所示的界面。

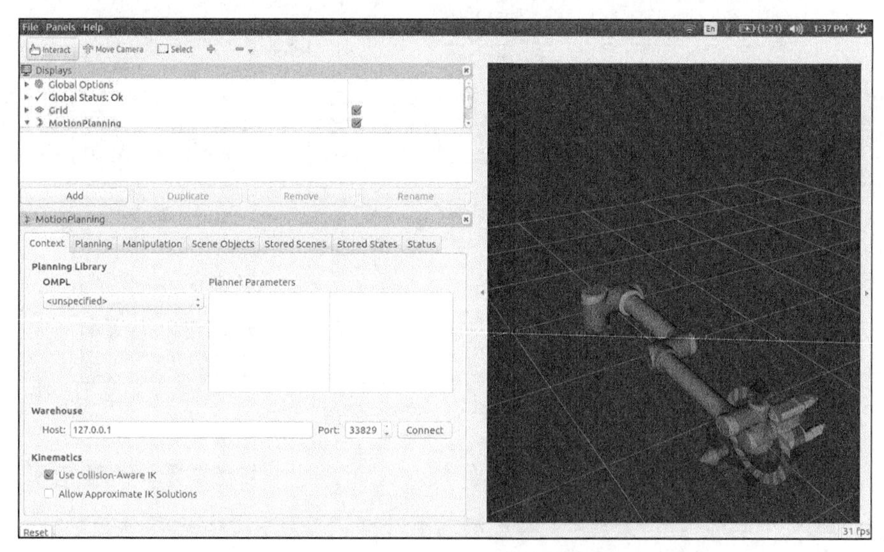

图 8-26　MoveIt 的运动规划窗口

现在我们单击窗口的“Planning”选项卡，就会看到图 8-27 所示的操作界面。

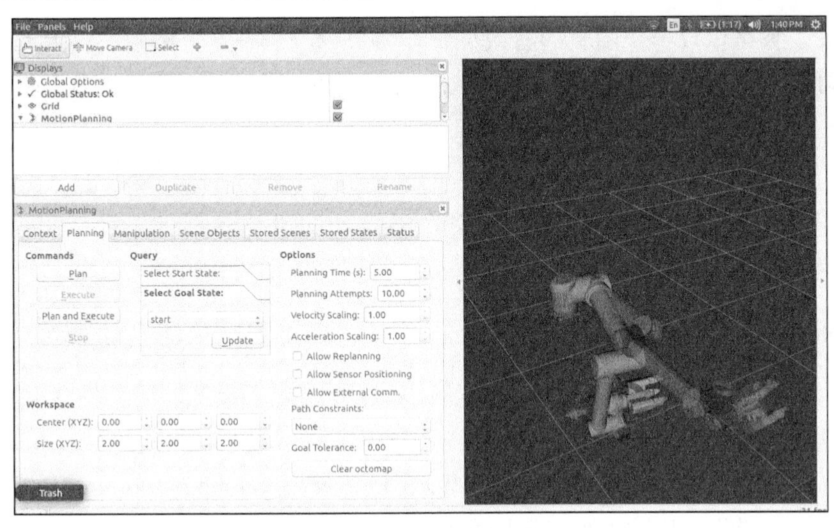

图 8-27　运动规划配置

在我们开始规划之前，最好选择对当前起始状态进行更新。所以首先我们将位于“Query”部分的“Select Goal State”下拉列表框的值设置为“start”（我们在前一小节中定义的位姿中使用的），然后单击“Update”按钮。机器人场景就会使用已选择的新位置进行更新。

现在，我们可以在 Commands 部分单击“Plan”按钮。机器人将开始规划一个到达该点的轨迹，如图 8-28 所示。

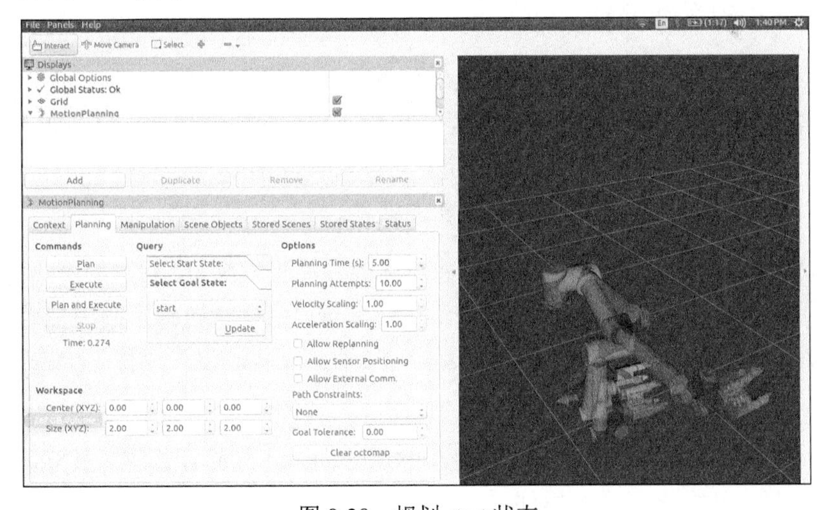

图 8-28　规划 start 状态

最后，当我们单击“Execute”按钮之后，这个机器人就会按照这个轨迹执行。

我们刚刚已经尝试了这个新的工具。如果你愿意，可以试着选择不同选项来重复这个过程。例如，你可以以一个随机的有效位置作为目标，而不是上例中的“start”位置。另外，我们可以在上方的“Displays”部分选中或取消各种不同的可视化选项。

8.3.3 工作原理

现在我们已经了解了如何通过 MoveIt 的 RViz 的 GUI 来执行一些基本的运动规划。我们对 MoveIt 的了解已经更上一层楼了。接下来我们来讨论一些有趣的概念！

1. MoveIt 的场景规划

“规划场景”是用于重现机器人周围的世界环境以及机器人自身的状态。move_group 内部的规划场景显示器（planning scene monitor）负责完成规划场景再现。节点 move_group 中还包含另外一个被称为“世界几何结构显示器”（world geometry monitor）的部分，它通过机器人的传感器和用户输入来构建三维世界。

规划场景显示器会从机器人中读取 joint_state 话题，从世界几何结构显示器读取传感器信息和世界几何结构。三维点云地图（occupancy map monitor）使用 3D 感知构建环境的 3D 表示，称为 Octomap，世界场景显示器读取它的内容。我们可以使用点云数据来产生 Octomap，使用三维点云地图更新器。同样，深度图像由深度图像占用率地图更新器生成。在后面介绍感知时，你可以看到这一部分内容。

2. MoveIt 的运动处理

MoveIt 中为使用插件来切换各种逆运动学算法提供了很大的灵活性。用户可以将自己的 IK 解算器编写为 MoveIt 插件并在需要时从默认解算器插件切换。MoveIt 中的默认 IK 解算器是一个基于雅克比的数值解算器，用户可以将自己的 IK 解算器编写为 MoveIt 插件，并在需要时从默认解算器插件切换到这个新的插件。

相比起分析解算器，数值解算器可以将更多的时间投入到 IK 问题的解决上。IKFAST 包可以产生用于解析 IK 问题的 C++代码，虽然它可以应用于各种不同类型机器人的机械臂，但它更适合自由度小于 6 的机械臂。这里产生的 C++代码也可以使用一些 ROS 工具转换成 MoveIt 插件。

因为 MoveIt 中的 RobotState 类中已经包含了正向运动学和计算雅克比矩阵的功能，所以我们不需要解决正向运动学的插件。

3. MoveIt 的碰撞检测

规划场景的 CollisionWorld 对象使用弹性碰撞库（Flexible Collision Library，FCL）功

能包进行碰撞检测配置。支持碰撞检测的对象包括网格、原始形状（例如，方形、圆柱体、圆锥体、球体和圆盘等）以及三维点云地图。

碰撞检测是运动规划中最消耗资源的计算任务之一。为了减少计算的难度，MoveIt 提供允许冲突矩阵（Allowed Collision Matrix，ACM），该矩阵包含了一个用来检测两对物体之间碰撞的二进制值。如果矩阵的值为 1，表示无须考虑两对物体之间的碰撞。我们可以将这个值设置为 1，这样实体间总是离得太远，它们永远不会相互碰撞。对 ACM 进行优化，可以减少避免碰撞所需的计算量。你应该还记得这是我们在创建功能包时所做过的工作！

8.3.4　更多内容

到目前为止，我们在 MoveIt 应用程序中移动了机器人。这是非常有用的，因为我们可以做很多测试，而不用担心对机器人和环境的任何损害。但是无论如何，我们最终的目标还是移动真正的机器人。

我们创建的 MoveIt 功能包能够提供必要的 ROS 服务和操作，以便规划和执行轨迹，但它无法将这些轨迹传递给真正的机器人。我们所执行的所有运动学都是在 MoveIt 提供的内部模拟器中执行的。为了与真正的机器人通信，有必要对在本节开头创建的 MoveIt 包做一些修改。

显然，我们没有一个真正的机器人来完成这个任务。所以我们将应用同样的方法来移动模拟的机器人。

移动真实的机器人

首先，我们需要创建一个用来定义如何控制真正机器人关节的文件。在 MoveIt 包的 config 文件夹中，创建一个名为 controllers.yaml 的新文件，并将以下内容复制到其中：

```
controller_list:
  - name: arm_controller
    action_ns: follow_joint_trajectory
    type: FollowJointTrajectory
    joints:
      - shoulder_pan_joint
      - shoulder_lift_joint
      - elbow_joint
      - wrist_1_joint
      - wrist_2_joint
      - wrist_3_joint
  - name: hand_controller
    action_ns: follow_joint_trajectory
    type: FollowJointTrajectory
```

```
    joints:
      - H1_F1J1
      - H1_F1J2
      - H1_F1J3
      - H1_F2J1
      - H1_F2J2
      - H1_F2J3
      - H1_F3J1
      - H1_F3J2
      - H1_F3J3
```

在这里我们定义了用来控制机器人关节的动作服务器。

首先，我们要设定用来控制机器人手臂关节轨迹控制动作服务器的名称。但是，我们如何才能知道这个值？这里需要在一个命令行界面中打开 Rostopic 列表，就可以看到具有如下结构的话题列表（见图 8-29）。

```
user ~ $ rostopic list
/arm_controller/command
/arm_controller/follow_joint_trajectory/cancel
/arm_controller/follow_joint_trajectory/feedback
/arm_controller/follow_joint_trajectory/goal
/arm_controller/follow_joint_trajectory/result
/arm_controller/follow_joint_trajectory/status
/arm_controller/state
```

图 8-29 手臂关节轨迹控制动作服务器

现在我们知道这个机器人中有一个叫作/arm_controller/follow_joint_trajectory/的手臂关节轨迹控制动作服务器。另外，也可以通过检查操作服务器所使用的消息来查看，使用的类型为 FollowJointTrajectory。最后，我们已经知道了这个机器人使用关节的名称。我们在创建 MoveIt 功能包时应该看见过这些内容，我们也可以在 model.urdf 文件中找到它们。

类似的，我们可以使用相同的步骤来查看/hand_controller/follow_joint/trajectory 动作服务器（见图 8-30）。

```
/hand_controller/command
/hand_controller/follow_joint_trajectory/cancel
/hand_controller/follow_joint_trajectory/feedback
/hand_controller/follow_joint_trajectory/goal
/hand_controller/follow_joint_trajectory/result
/hand_controller/follow_joint_trajectory/status
```

图 8-30 手关节轨迹控制动作服务器

接下来，我们必须创建一个文件来定义配置目录中机器人关节的名称；创建一个名为 joint_name.yaml 的新文件，并向其中复制以下内容：

```
controller_joint_names: [shoulder_pan_joint, shoulder_lift_joint,
elbow_joint, wrist_1_joint, wrist_2_joint, wrist_3_joint, H1_F1J1, H1_F1J2,
H1_F1J3, H1_F2J1, H1_F2J2, H1_F2J3, H1_F3J1, H1_F3J2, H1_F3J3]
```

现在，如果我们打开 launch 目录中的 smart-grassing-sandbox-MoveIt-controller-manager.launch.xml 文件，就会看到它是空的。因此，我们要向其中添加以下内容：

```
<launch>
  <rosparam file="$(find myrobot_moveit_config)/config/controllers.yaml"/>
  <param name="use_controller_manager" value="false"/>
  <param name="trajectory_execution/execution_duration_monitoring"
value="false"/>
  <param name="moveit_controller_manager"
value="moveit_simple_controller_manager/moveitSimpleControllerManager"/>
</launch>
```

我们在这里将加载刚刚创建的 controllers.yaml 文件和 MoveItsImpleControllerManager 插件，这样就可以将 MoveIt 中计算得到的规划发送给真正的机器人。不过在这个例子中，这是一个模拟机器人。

最后，我们需要创建一个新的启动文件来配置用来控制机器人的系统。我们将在 launch 目录中创建一个新的名为 myrobot_planning_execution.launch 的启动文件，并向其中添加以下内容：

```
<launch>
  <rosparam command="load" file="$(find
myrobot_moveit_config)/config/joint_names.yaml"/>

  <include file="$(find
myrobot_moveit_config)/launch/planning_context.launch" >
    <arg name="load_robot_description" value="true" />
  </include>

  <node name="joint_state_publisher" pkg="joint_state_publisher"
type="joint_state_publisher">
    <param name="/use_gui" value="false"/>
    <rosparam param="/source_list">[/joint_states]</rosparam>
  </node>

  <include file="$(find myrobot_moveit_config)/launch/move_group.launch">
    <arg name="publish_monitored_planning_scene" value="true" />
  </include>

  <include file="$(find myrobot_moveit_config)/launch/moveit_rviz.launch">
    <arg name="config" value="true"/>
  </include>
</launch>
```

最后，我们将加载 joint_names.yaml 文件并启动一些 launch 文件，以便设置 MoveIt 环境。如果需要，我们可以检查这些 launch 文件的功能。现在，我们将重点放在正在启动的 joint_state_publisher 节点上。

如果我们再打开一个话题列表，你会发现有一个话题叫作 joint_states。模拟机器人关节的状态正是在这个话题中公布的。所以，我们需要将这个主题放到/source_list 参数中，以便 MoveIt 知道机器人在每个时刻的位置。

最后，我们只需要启动刚刚创建的启动文件（myrobotou planningou execution.launch）并规划一个轨迹，就像我们在前一节中学习的那样。当规划好轨迹之后，我们可以按下执行按钮，在模拟机器人中执行轨迹。

祝贺你！我们可以看到图 8-31 所示的执行轨迹的模拟机器人。

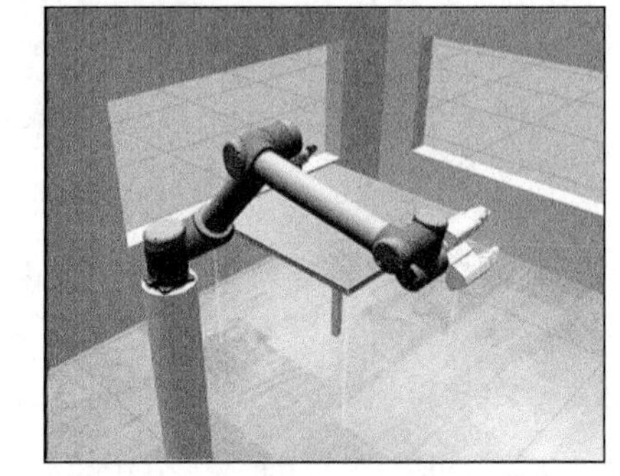

图 8-31　执行轨迹的模拟机器人手臂

8.4　使用控制程序执行运动规划

在上一节中，我们了解到可以使用 MoveIt 的 RViz 环境中的机器人来规划和执行轨迹。但是，这不是最常见的情况。

通常，我们想用控制程序来移动自己的机器人，这正是我们在这一章要做的！在本课程中，我们将使用 Python 来控制机器人，因为它简单且快速。

首先，我们必须为提取机器人创建一个 MoveIt 包，就像我们在前一节中学习的那样。

8.4.1　准备工作

我们可以为模拟机器人创建一个 MoveIt 包，就像前一节中所做的那样。我们必须在这个包中添加两个计划组（planning groups）：一个用于手臂，另一个用于末端效应器（end-effector）。

你可以在 chapter8_tutorials/src/model 文件夹中找到必要的 urdf 文件，该文件名为 fetch.urdf。

我们可以创建任意多的位姿，但有两个非常重要的位姿是 start 和 home。

图 8-32 显示了机器人的 start 位姿。

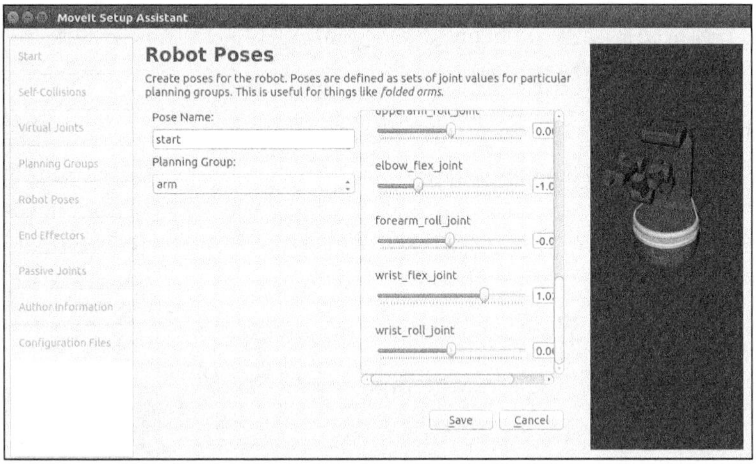

图 8-32　抓取机器人的 start 位姿

图 8-33 显示了 Home 位姿，这是所有机械臂机器人的常见位姿。

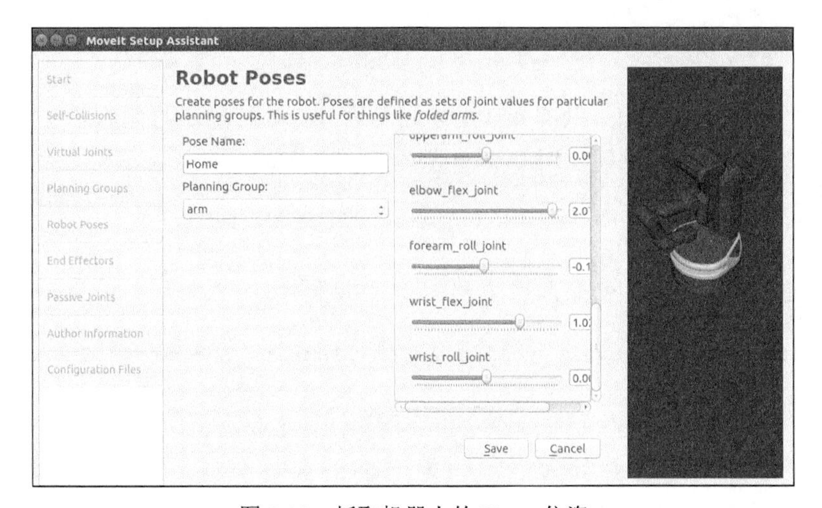

图 8-33　抓取机器人的 Home 位姿

接下来，我们将把这个 MoveIt 包连接到模拟机器人上。

我们将测试是否可以使用 MoveIt 包规划和执行轨迹，这些轨迹是否适用于模拟机器人。

当你试图将夹持器添加到 controllers.yaml 文件时，可能会感到困惑。如果你知道该怎么做，那就继续添加吧。如果不知道，你可以等到下一节再添加它，在那里将讲解这一点。

现在你还不必将夹持器添加到 controllers.yaml 文件中。但是，在创建 MoveIt 包时，必须将其添加到规划组和末端效应器部分。

好了，现在你已经知道怎么做了！在这种情况下，不需要创建虚拟关节，因此可以将这里保留为空。

干得漂亮！我们已经成功创建了 MoveIt 功能包，现在已经是“万事俱备，只欠东风”了。

在开始本节内容之前，我们先来执行以下命令来提升抓取机器人的身体，这样就可以更容易完成机器人手臂轨迹的规划和执行。

```
$ roslaunch fetch_gazebo_demo move_torso.launch
```

图 8-34 展示了机器人身体上升的过程。

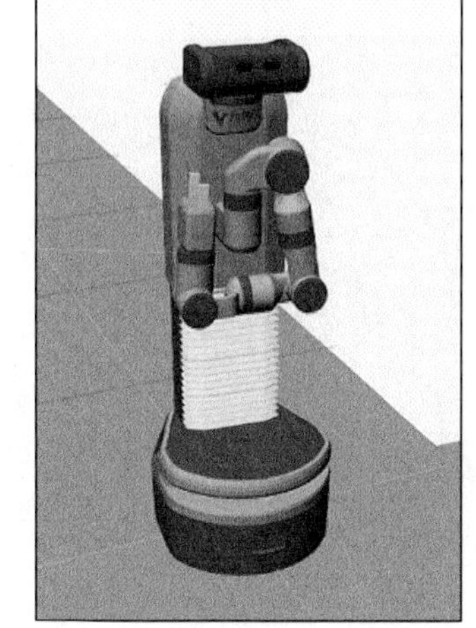

图 8-34　抓取机器人的身体

8.4.2　如何完成

正如我们在前面章节中提到的那样，规划轨迹与执行轨迹之间存在着差异。在本节的第一部分中，我们来了解如何使用 Python 脚本来规划轨迹。

1. 规划一个轨迹

首先，通过键入下面的命令来启动 MoveIt RViz 环境：

```
$ roslaunch fetch_moveit_config fetch_planning_execution.launch
```

要注意，在不同情况下使用的命令也会有所不同，这取决于你当时对 MoveIt 功能包和启动文件的命名。在这个示例中，假定它们的名称分别为 fetch-MoveIt-config 和 fetch-planning-execution.launch：

```
#! /usr/bin/env python
import sys
import copy
import rospy
import moveit_commander
```

```
import moveit_msgs.msg
import geometry_msgs.msg
moveit_commander.roscpp_initialize(sys.argv)
rospy.init_node('move_group_python_interface_tutorial', anonymous=True)

robot = moveit_commander.RobotCommander()
scene = moveit_commander.PlanningSceneInterface()
group = moveit_commander.MoveGroupCommander("arm")
display_trajectory_publisher =
rospy.Publisher('/move_group/display_planned_path',
moveit_msgs.msg.DisplayTrajectory)

pose_target = geometry_msgs.msg.Pose()
pose_target.orientation.w = 1.0
pose_target.position.x = 0.96
pose_target.position.y = 0
pose_target.position.z = 1.18
group.set_pose_target(pose_target)
plan1 = group.plan()
rospy.sleep(5)
moveit_commander.roscpp_shutdown()
```

几秒之后，我们将会看到机器人按照上面代码的设定开始规划轨迹（见图 8-35）。

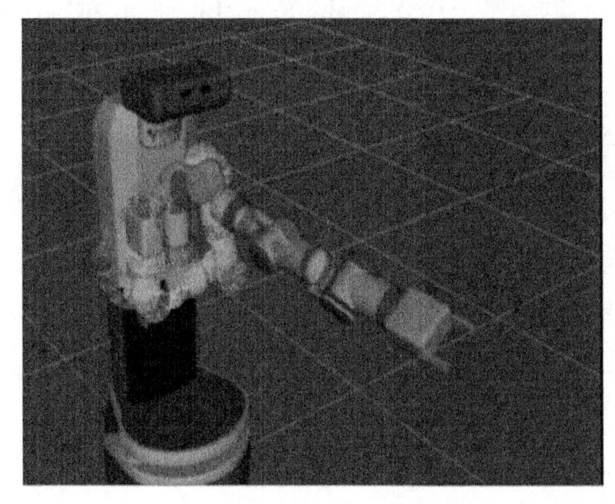

图 8-35　规划一个轨迹

干得漂亮！但是这段代码是如何工作的？其中的每一部分又都是什么意思呢？先让我们把它分解：

```
import sys
import copy
```

```
import rospy
import moveit_commander
import moveit_msgs.msg
import geometry_msgs.msg
```

上面这部分代码导入了程序所需要的一些模块和消息。在这部分中最重要的就是 moveit_commander 模块，我们通过它实现了与 MoveIt 的 RViz 接口的通信。

```
moveit_commander.roscpp_initialize(sys.argv)
```

这句代码实现了对 moveit_commander 模块的初始化。

```
rospy.init_node('move_group_python_interface_tutorial', anonymous=True)
```

上面这句代码中初始化了一个 ROS 节点。

```
robot = moveit_commander.RobotCommander()
```

在这里我们创建了一个 RobotCommander 对象，它是与机器人进行交互的接口。

```
scene = moveit_commander.PlanningSceneInterface()
```

在这段代码中，我们创建了一个 PlanningSceneInterface 对象，它是一个与机器人周围世界进行交互的接口。

```
group = moveit_commander.MoveGroupCommander("arm")
```

本章在创建 MoveIt 功能包时定义了一些关节操作器组，这段代码创建的 MoveGroup Commander 对象就是与其进行交互的接口。这样我们就可以与这组关节进行交互，在这个例子中，这组关节就是一个完整的手臂：

```
display_trajectory_publisher =
rospy.Publisher('/move_group/display_planned_path',
moveit_msgs.msg.DisplayTrajectory)
```

这段代码中定义了一个话题发布者，它会将话题发布到/move_group/display_planned_path。通过发布这个话题，我们将能够通过 MoveIt 的 RViz 来实现对规划运动的可视化。

```
pose_target = geometry_msgs.msg.Pose()
pose_target.orientation.w = 1.0
pose_target.position.x = 0.7
pose_target.position.y = -0.05
```

```
pose_target.position.z = 1.1
```

在这里，我们创建了一个位姿对象，它将作为目标发送的消息类型。然后我们为定义了目标位姿的变量进行赋值：

```
plan1 = group.plan()
```

最后，我们将通知之前创建的操作器组来计算规划，如果计算成功的话，将结果显示在 MoveIt 的 RViz 中：

```
moveit_commander.roscpp_shutdown()
```

最后，我们关闭了 moveit_commander 模块创建一个名为 my_motion_scripts 的功能包来执行前面的代码。在这个功能包中，我们要创建一个名为 src 的新目录，并在其中创建一个名为 planning_script.py 的文件。最后将我们刚刚讨论过的代码复制到这个文件中。为了启动 planning_script.py 文件，我们还需要在这个功能包中创建一个包含 launch 文件的启动目录。

我们可以修改分配给变量 pose_target 的值，然后执行代码并查看是否成功完成了新位姿。我们还可以重复这个过程，使用不同的位姿再进行一次实验。

2．规划关节空间（joint space）目标

有些时候我们可能需要为特定关节设置目标，而不是如何将末端效应器移向目标。下面我们就来看看如何实现这一点。

首先，我们需要使用以下命令启动“MoveIt!”的 RViz 环境：

```
$ roslaunch fetch_moveit_config fetch_planning_execution.launch
```

并执行以下 Python 代码：

```
#! /usr/bin/env python
import sys
import copy
import rospy
import moveit_commander
import moveit_msgs.msg
import geometry_msgs.msg

moveit_commander.roscpp_initialize(sys.argv)
rospy.init_node('move_group_python_interface_tutorial', anonymous=True)
```

```
robot = moveit_commander.RobotCommander()
scene = moveit_commander.PlanningSceneInterface()
group = moveit_commander.MoveGroupCommander("arm")
display_trajectory_publisher =
rospy.Publisher('/move_group/display_planned_path',
moveit_msgs.msg.DisplayTrajectory)
group_variable_values = group.get_current_joint_values()
group_variable_values[5] = -1.5
group.set_joint_value_target(group_variable_values)
plan2 = group.plan()
rospy.sleep(5)
MoveIt_commander.roscpp_shutdown()
```

当代码执行成功之后，我们就可以看到机器人按照前面的代码来规划行动了（见图 8-36）。

图 8-36　规划一个空间目标

太棒了，是吧！不过正如我们之前所做的，让我们先来分析一下引入的新代码，以便了解发生了什么：

```
group.clear_pose_targets()
```

这句代码中，我们清除了变量 pose_target 的值：

```
group_variable_values = group.get_current_
joint_values()
```

接下来我们获取了当前关节的值：

```
group_variable_values[3] = 1.5
group.set_joint_value_target(group_variable_values)
```

现在我们来修改其中一个关节的值，并将这个新的值设定为目标。

```
plan2 = group.plan()
```

最后，我们只需要计算新的关节空间（joint space）目标的计划。

在 my_motion_scripts 功能包中，我们将创建一个名为 joint_planning.py 的新文件。同样，正如之前所做的，我们可以通过给不同的关节赋予不同的值来执行一些测试。

3. 从运动规划中获取有用信息

通过运行这些代码，我们还可以获得一些有用的数据。下面给出了一些例子，例如我们可以通过下面的命令来得到某个组的坐标系统：

```
print "Reference frame: %s" % group.get_planning_frame()
```

我们可以通过执行下面的代码来获取特定组的末端效应器连杆：

```
print "End effector: %s" % group.get_end_effector_link()
```

执行下面的代码可以得到机器人所有组的列表：

```
print "Robot Groups:"
print robot.get_group_names()
```

执行下面的代码可以得到关节的当前值：

```
print "Current Joint Values:"
print group.get_current_joint_values()
```

我们还可以得到机器人末端执行器的当前位姿，如下所示：

```
print "Current Pose:"
print group.get_current_pose()
```

最后，我们可以检查机器人的一般状态，如下所示：

```
print "Robot State:"
print robot.get_current_state()
```

现在我们可以在功能包中创建一个名为 get_data.py 的新文件，将前面所学习过的所有新代码都添加到其中，并检查得到的结果。

8.4.3 执行轨迹

现在你已经掌握了一些使用 Python 代码来规划轨迹的方法。不过，如何使用一个真实的机器人来执行这个轨迹呢？其实很简单，我们只需要用计划组（planning group）调用函数 go()就可以执行轨迹：

```
group.go(wait=True)
```

通过执行这一行代码，我们将通知机器人执行为规划组设置的最后一条轨迹。

首先，我们需要通过执行以下命令来启动 MoveIt RViz 环境：

```
$ roslaunch fetch_moveit_config fetch_planning_execution.launch
```

我们将创建一个名为 execute_trajectory.py 的新 Python 脚本，并从 joint_planning.py 复制代码。然后在新脚本中添加一行代码，以执行该轨迹。

此外，我们可以使用任意规划轨迹的代码来尝试这一点。当代码执行完成后，我们将在 Gazebo 中看到模拟机器人如何规划前面代码中描述的指定运动，如图 8-37 所示。

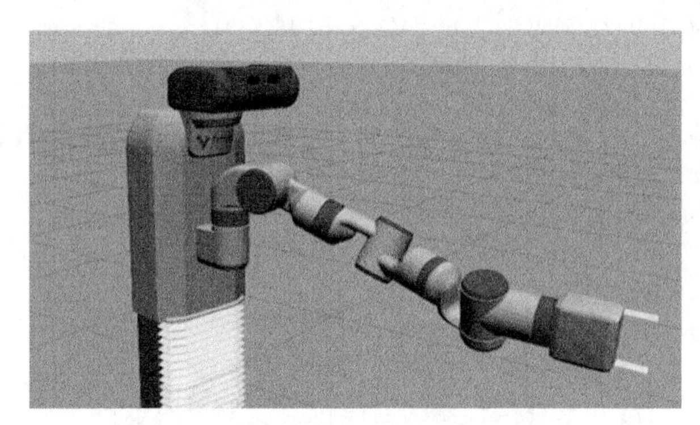

图 8-37 执行轨迹

当完成了本章的所有工作之后，我们还需要将机器人恢复原位。

好的，现在我们已经完成了当前的任务！我希望你对此感到很有趣，更重要的是你学习到了很多东西！如果你希望了解如何将感知添加到运动规划任务中的话，请看下文分解！

8.5 在运动规划中增加感知

在上一节中，我们学习了如何使用程序为机器人规划和执行轨迹。但是我们并没有考虑到感知的问题。

正常情况下，我们需要考虑来自 3D 视觉传感器（例如 Kinect 相机）的数据，这将为我们提供有关环境的实时信息，从而使我们能够规划更真实的运动，引入环境所发生的任何变化。因此，在本节中，我们将学习如何添加 3D 视觉传感器观察移动，以便实现视觉辅助运动规划！

8.5.1 准备工作

首先，为了更好地处理感知，我们需要对当前模拟进行一些修改。我们将在工作区中创建一个名为 table.urdf 的新文件，并将以下代码添加到该文件中：

```
<robot name="simple_box">
  <link name="my_box">
    <inertial>
      <origin xyz="0 0 0.0145"/>
      <mass value="0.1" />
      <inertia ixx="0.0001" ixy="0.0" ixz="0.0" iyy="0.0001" iyz="0.0"
izz="0.0001" />
    </inertial>
    <visual>
      <origin xyz="-0.23 0 0.215"/>
      <geometry>
        <box size="0.47 0.46 1.3"/>
      </geometry>
    </visual>
    <collision>
      <origin xyz="-0.23 0 0.215"/>
      <geometry>
        <box size="0.47 0.46 1.3"/>
      </geometry>
    </collision>
  </link>
  <gazebo reference="my_box">
    <material>Gazebo/Wood</material>
  </gazebo>
  <gazebo>
    <static>true</static>
  </gazebo>
</robot>
```

接下来，我们执行以下命令在抓取机器人前面生成一个对象：

```
$ rosrun gazebo_ros spawn_model -file /home/user/catkin_ws/src/table.urdf -
urdf -x 1 -model my_object
```

执行的结果如图 8-38 所示。

图 8-38 一个处在有物体环境中的机器人

接下来，我们将执行以下命令来移动抓取机器人的头部，使其对着新生成的对象。

```
$ roslaunch fetch_gazebo_demo move_head.launch
```

我们还可以启动 RViz 并添加相应的元素，来实现相机点云的可视化，如图 8-39 所示。

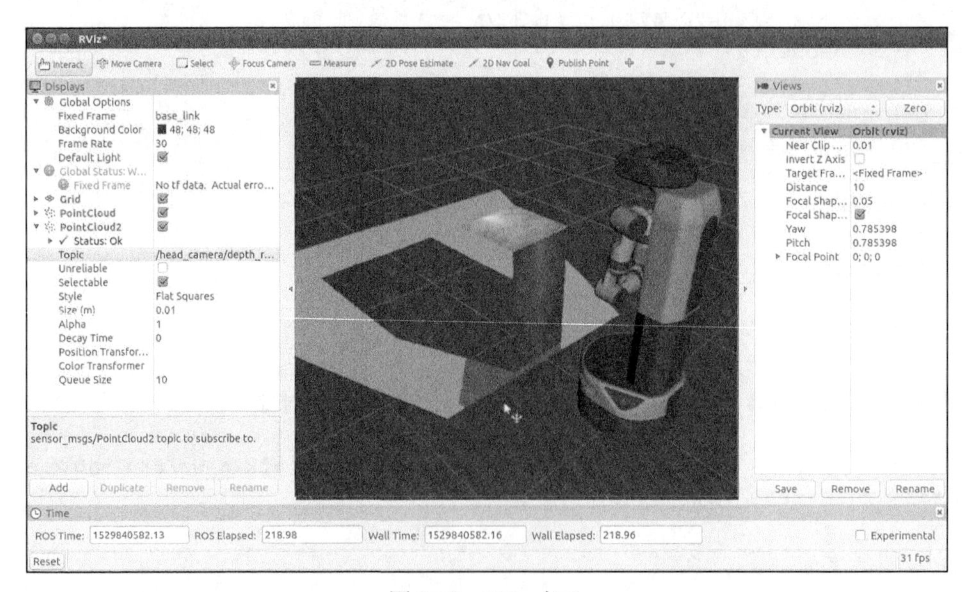

图 8-39 RViz 点云

8.5.2 如何完成

现在我们建立好了适合感知工作的环境。接下来，我们来看看如何在前面学习的关于运动规划的内容中来添加感知！

为 MoveIt 添加感知

为了将传感器添加到我们在上一节中创建的 MoveIt 包中，需要在包中进行一些修改。

首先，我们需要在名为 sensorsrgbd.yaml 的 config 文件夹中创建一个新文件，并在该文件中复制以下内容：

```
sensors:
    - sensor_plugin: occupancy_map_monitor/PointCloudOctomapUpdater
      point_cloud_topic: /head_camera/depth_registered/points
      max_range: 5
      padding_offset: 0.01
      padding_scale: 1.0
      point_subsample: 1
      filtered_cloud_topic: output_cloud
```

这些代码的主要任务是在配置将使用的插件，以便将 3D 传感器与 MoveIt 连接起来。在文件中定义的参数如下。

- sensor_plugin：这个参数指定我们在 robot 中使用的插件的名称。
- point_cloud_topic：该插件将读取这个话题的点云数据。
- max_range：这是距离限制（以 m 为单位），超出这个范围之外的任何点都不会用于处理。
- padding_offset：当过滤云包含机器人连杆（自过滤）时，该值将考虑到机器人连杆和附加对象。
- padding_scale：该值也将在自过滤时考虑在内。
- point_subsample：如果更新过程缓慢，则可以对点进行子采样。如果我们将该值设置为大于 1，则将跳过这些点，不进行处理。
- filtered_cloud_topic：这是经过过滤的最终云话题。我们将通过这个话题获得处理过的点云，主要用于调试。

接下来，我们需要完成 launch 文件夹中的空白 fetch_moveit_sensor_manager.launch.xml 文件。我们需要将刚才创建的 yaml 文件加载到此文件中：

```
<launch>
    <rosparam command="load" file="$(find
test_moveit_config)/config/sensors_rgbd.yaml" />
</launch>
```

根据你对 MoveIt 功能包命名的不同，rosparam 标记的内容也会有所不同。在这个示例命令中，假定包名为 fetch-MoveIt-config。

最后，我们来查看 sensor_manager.launch.xml 文件。它应该如下所示。

```
<launch>
  <!-- This file makes it easy to include the settings for sensor managers
-->
  <!-- Params for the octomap monitor -->
  <!-- <param name="octomap_frame" type="string" value="some frame in
which the robot moves" /> -->
  <param name="octomap_resolution" type="double" value="0.025" />
  <param name="max_range" type="double" value="5.0" />
  <!-- Load the robot specific sensor manager; this sets the
moveit_sensor_manager ROS parameter -->
  <arg name="moveit_sensor_manager" default="fetch" />
  <include file="$(find fetch_moveit_config)/launch/$(arg
moveit_sensor_manager)_moveit_sensor_manager.launch.xml" />
</launch>
```

同样，include 标记的内容可能会因为我们对 MoveIt 功能包的命名不同而有所不同。在这个示例命令中，假定包名为 fetch-moveit-config。

现在，我们可以再次启动 MoveIt 的 RViz 环境。我们将在场景中看到一个点云，以可视化的方式展示机器人，如图 8-40 所示。

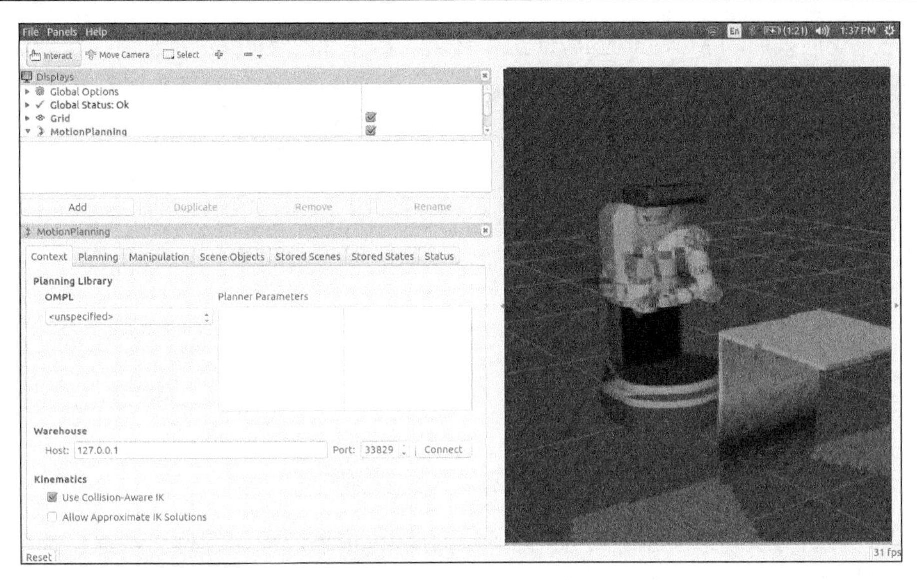

图 8-40 机器人可视化

8.5.3 工作原理

很有趣吧，但是这一切是如何工作起来的呢？它的原理又是什么呢？这里我们不妨来研究一下。其实我们使用了一个插件（PointCloudUpdater），它将模拟从位于抓取机器人头部相机获取的点云，进入到 MoveIt 规划场景。

机器人环境被映射为八叉树表示，可以使用名为 octomap 的库来构建它。

octomap 作为 MoveIt 中的插件（称为 Occupancy Map Updater plugin），MoveIt 支持不同的传感器插件去感知环境，主要通过两种方式：点云和深度图像。

目前，MoveIt 中有以下处理 3D 数据的插件。

- **点云占用地图更新程序（PointCloud Occupancy Map Updater）**：这个插件可以接受（sensor_msgs/pointcloud2）点云形式的输入。这也是你将在本章中使用的。
- **深度图像占用地图更新程序（Depth Image Occupancy Map Updater）**：这个插件可以接收深度图像（传感器图像/图像）形式的输入。

8.5.4 更多内容

现在，我们可以从机器人的环境中获取实时数据。不过你是否认为这将会影响正在计算的动作规划吗？下面让我们做个试验来理解一下。

首先，我们来启动 MoveIt 的 RViz 工作环境，接下来在 motion 界面中，我们将会选中在前一节中创建的“Start”位姿。然后规划一个到达目标的轨迹，如图 8-41 所示。

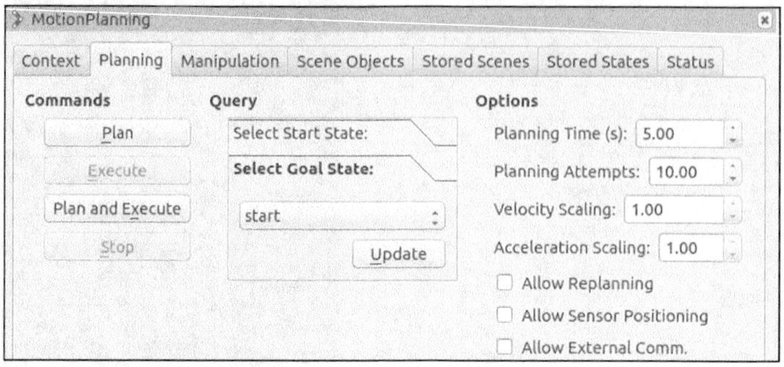

图 8-41　规划一个有障碍的轨迹

随后，我们将从模拟中删除对象，步骤是右键单击该对象，选择“删除”选项，然后再次规划到“Start”位姿的轨迹。之后，检查是否与之前的轨迹存在差异。

确实是这样的，根据规划场景的选择，将会计算出不同的运动规划。是不是很有意思？

我们可以继续进行运动规划的实验，在这些实验中可以让物体变成各种不同的形状以及处于不同的位置，看看它们都对规划轨迹产生了哪些影响。如果愿意，你也可以执行这些轨迹。

8.5.5　参考资料

到目前为止，我们一直在使用由 3D 传感器生成的点云，这个传感器集成在抓取机器人中。但是，我们之前已经看到，这不是唯一可以增加感知的方法。在下面的实验中，我们将看到如何在不使用点云的情况下添加感知。

现在我们必须保证机器人前面有一个物体。如果没有，我们需要执行以下命令在抓取机器人前面生成一个对象。

```
$ rosrun gazebo_ros spawn_model -file /home/user/catkin_ws/src/object.urdf
-urdf -x 1 -model my_object
```

接下来，我们需要对配置文件进行修改，才能使用 DepthImageUpdater 来替换当前正在使用的插件。下面我们来查看下面的配置文件：

```
sensors:
    - sensor_plugin: occupancy_map_monitor/DepthImageOctomapUpdater
    image_topic: /head_camera/depth_registered/image_raw
```

```
queue_size: 5
near_clipping_plane_distance: 0.3
far_clipping_plane_distance: 5.0
skip_vertical_pixels: 1
skip_horizontal_pixels: 1
shadow_threshold: 0.2
padding_scale: 4.0
padding_offset: 0.03
filtered_cloud_topic: output_cloud
```

最后我们需要重新启动整个环境，并规划一个轨迹来检查它是否能准确对环境进行检测。

就这样，我们已经完成了当前的任务！我希望你能喜欢这部分内容，最重要的是，你现在又学会了很多新的内容！在下一节中，我们来学习抓取操作。

8.6 使用机械臂或者机械手来完成抓取操作

我们使用机械手机器人的主要目标之一就是从一个位置来抓取一个对象，并将其放置在另一个位置，这通常被称为抓取和放置。我们通过机器人的末端执行器（可能是机械手、夹具等）来完成物体抓取的操作。虽然这个任务听起来很简单，但事实并非如此。实际上这是一个非常复杂的过程，因为在抓取对象时有很多变量需要考虑。

人类是利用自己的智慧实现抓取操作，但是机器人则不同，它必须使用我们创建的规则才能实现这个操作。抓取操作中的一个因素是力度，抓取器/末端执行器需要调整抓取物体时的力度，同时需要确保抓取时不会使物体变形。

8.6.1 准备工作

首先我们来查看如何在 MoveIt 中来实现抓取。这意味着我们在执行过程中并不涉及真正的机器人。

在此我们将使用 moveit_simple_grasps 功能包，这个功能包可以非常简单地生成各种简单物体，例如方块或者圆柱的抓取位姿。这个功能包会以被抓取对象的位置作为输入，然后生成必要的抓取动作序列，以实现抓取对象。

目前这个功能包支持 Baxter、Reem 和 Clam Arm 等机器人。另外，我们还可以在只进行少量修改的前提下，就将这个功能包与其他机械手机器人连接。

首先，我们来创建一个名为 myrobot grassing 的新功能包。在这个功能包里，创建一个名为 launch 的新文件夹，然后在其中创建一个名为 grasp_generator_server.launch 的文件，并将以下内容复制到此文件中：

```
<launch>
  <arg name="robot" default="fetch"/>
  <arg name="group" default="arm"/>
  <arg name="end_effector" default="gripper"/>
  <node pkg="moveit_simple_grasps" type="moveit_simple_grasps_server"
name="moveit_simple_grasps_server">
    <param name="group" value="$(arg group)"/>
    <param name="end_effector" value="$(arg end_effector)"/>
    <rosparam command="load" file="$(find fetch_gazebo)/config/$(arg
robot)_grasp_data.yaml"/>
  </node>
</launch>
```

在这个启动文件中，我们启动了一个抓取服务器，它将向抓取客户机节点提供抓取序列。我们需要在节点中指定以下内容：

- 机械臂的规划组；
- 末端执行器的规划组。

我们还需要加载 fetch_grasp_data.yaml 文件，这个文件中包含关于夹持器的详细信息。现在我们来创建这个文件。

我们首先在这个功能包中创建一个名为 config 的新文件夹，然后在其中创建一个名为 fetch_grasp_data.yaml 的新文件，并将以下内容复制到其中：

```
base_link: 'base_link'
gripper:
  #The end effector name for grasping
  end_effector_name: 'gripper'
  # Gripper joints
  joints: ['l_gripper_finger_joint', 'r_gripper_finger_joint']
  #Posture of grippers before grasping
  pregrasp_posture: [0.048, 0.048]
  pregrasp_time_from_start: 4.0
  grasp_posture: [0.016, 0.016]
  grasp_time_from_start: 4.0
  postplace_time_from_start: 4.0
  # Desired pose from end effector to grasp [x, y, z] + [R, P, Y]
```

```
grasp_pose_to_eef: [-0.12, 0.0, 0.0]
grasp_pose_to_eef_rotation: [0.0, 0.0, 0.0]
end_effector_parent_link: 'wrist_roll_link'
```

在这个文件中提供了关于夹持器的详细信息，我们可以对这些参数进行优化来改善抓取过程。在这里定义的最为重要的参数包括以下部分。

- end_effector_name：末端效应器组的名称，跟 MoveIt 功能包中描述的一样。
- joints：构成夹持器的关节。
- pregrasp_posture：夹持器在抓取动作之前的位置（open position）。
- pregrasp_time_from_start：抓取动作执行之前的等待时间。
- grasp_posture：夹持器在抓取动作时的位置（closed position）。
- grasp_time_from_start：抓取动作执行之后的等待时间。
- postplace_time_from_start：末端效应器的名称。
- grasp_pose_to_eef：末端效应器执行抓取所需的位姿—— [x, y, z]。
- grasp_pose_to_eef：末端效应器执行抓取所需的位姿—— [roll, pitch,yaw]。
- end_effector_parent_link：将夹具连接到机器人的连杆的名称。

到现在为止，我们已经创建了一个抓取服务器的基本结构，可以向这个服务器发送对象位置，它将为我们返回一个序列，以便能够抓取指定的对象。但是，为此我们需要与服务器通信，这正是我们在下一小节中将要学习的内容。

创建一个取放任务

我们可以通过各种方式来完成取放任务。例如，我们可以直接向机器人发送一个定义好的关节值序列，这样机器人就可以按照这个预定义来执行运动。在这种情况下，我们必须将对象放置在规定的位置。这种方式被称为正向运动学，因为必须事先知道关节值的序列，才能执行某个轨迹。

另一种方法是使用没有视觉反馈的逆运动学（Inverse Kinematic，IK）。在这个情况下，我们向机器人提供要拾取的对象所在的位置（*X*、*Y* 或 *Z*），通过进行一些 IK 计算，机器人将知道为了达到对象的位置需要执行哪些运动。

同样，另一种方法是使用具有视觉支持或反馈的逆运动学。在这种情况下，我们将使用一个节点，通过读取机器人传感器（如 Kinect 相机）的数据来识别物体的位姿。这个视觉节点将为我们提供物体的位姿，同样，通过使用 IK 计算，机器人将知道到达物体所需的动作。

不过，还有一种被认为是最高效也最常用的方法，但是它需要对象识别知识，这个部分并不在本书的范围内。因此，在接下来的课程中，我们将会使用第二种方法，虽然它大致和第三种方法相同，但是没有使用对象识别。如果你之前已经有了一些感知知识，那么就可以只添加一个对象识别节点，这个节点会发送对象的位姿，而不必在代码本身中设置该位姿。

总结一下，我们在后面要做的就是创建一个节点，该节点将向抓取服务器发送一个对象位姿，以便接收到达该位姿的合适的关节值。

8.6.2　如何完成

我们在上一小节创建的功能包中建立一个名为 scripts 的新文件夹，并在其中创建一个名为 pick_and_place.py 的新文件，然后向其中复制以下代码：

```
#!/usr/bin/env python

import rospy

from moveit_commander import RobotCommander, PlanningSceneInterface
from moveit_commander import roscpp_initialize, roscpp_shutdown

from actionlib import SimpleActionClient, GoalStatus

from geometry_msgs.msg import Pose, PoseStamped, PoseArray, Quaternion
from moveit_msgs.msg import PickupAction, PickupGoal
from moveit_msgs.msg import PlaceAction, PlaceGoal
from moveit_msgs.msg import PlaceLocation
from moveit_msgs.msg import MoveItErrorCodes
from moveit_simple_grasps.msg import GenerateGraspsAction,
GenerateGraspsGoal, GraspGeneratorOptions

from tf.transformations import quaternion_from_euler

import sys
import copy
import numpy


# Create dict with human readable MoveIt! error codes:
```

```
moveit_error_dict = {}
for name in MoveItErrorCodes.__dict__.keys():
    if not name[:1] == '_':
        code = MoveItErrorCodes.__dict__[name]
        moveit_error_dict[code] = name


class Pick_Place:
    def __init__(self):
        # Retrieve params:
        self._table_object_name = rospy.get_param('~table_object_name',
'Grasp_Table')
        self._grasp_object_name = rospy.get_param('~grasp_object_name',
'Grasp_Object')

        self._grasp_object_width = rospy.get_param('~grasp_object_width',
0.01)
        self._arm_group = rospy.get_param('~arm', 'arm')
        self._gripper_group = rospy.get_param('~gripper', 'gripper')

        self._approach_retreat_desired_dist =
rospy.get_param('~approach_retreat_desired_dist', 0.2)
        self._approach_retreat_min_dist =
rospy.get_param('~approach_retreat_min_dist', 0.1)

        # Create (debugging) publishers:
        self._grasps_pub = rospy.Publisher('grasps', PoseArray,
queue_size=1, latch=True)
        self._places_pub = rospy.Publisher('places', PoseArray,
queue_size=1, latch=True)

        # Create planning scene and robot commander:
        self._scene = PlanningSceneInterface()
        self._robot = RobotCommander()

        rospy.sleep(1.0)

        # Clean the scene:
        self._scene.remove_world_object(self._table_object_name)
        self._scene.remove_world_object(self._grasp_object_name)

        # Add table and Coke can objects to the planning scene:
        self._pose_table    = self._add_table(self._table_object_name)
        self._pose_coke_can =
self._add_grasp_block_(self._grasp_object_name)
```

```
        rospy.sleep(1.0)

        # Define target place pose:
        self._pose_place = Pose()

        self._pose_place.position.x = self._pose_coke_can.position.x
        self._pose_place.position.y = self._pose_coke_can.position.y - 0.10
        self._pose_place.position.z = self._pose_coke_can.position.z + 0.08

        self._pose_place.orientation =
Quaternion(*quaternion_from_euler(0.0, 0.0, 0.0))

        # Retrieve groups (arm and gripper):
        self._arm = self._robot.get_group(self._arm_group)
        self._gripper = self._robot.get_group(self._gripper_group)

        # Create grasp generator 'generate' action client:
        self._grasps_ac =
SimpleActionClient('/moveit_simple_grasps_server/generate',
GenerateGraspsAction)
        if not self._grasps_ac.wait_for_server(rospy.Duration(5.0)):
            rospy.logerr('Grasp generator action client not available!')
            rospy.signal_shutdown('Grasp generator action client not
available!')
            return

        # Create move group 'pickup' action client:
        self._pickup_ac = SimpleActionClient('/pickup', PickupAction)
        if not self._pickup_ac.wait_for_server(rospy.Duration(5.0)):
            rospy.logerr('Pick up action client not available!')
            rospy.signal_shutdown('Pick up action client not available!')
            return

        # Create move group 'place' action client:
        self._place_ac = SimpleActionClient('/place', PlaceAction)
        if not self._place_ac.wait_for_server(rospy.Duration(5.0)):
            rospy.logerr('Place action client not available!')
            rospy.signal_shutdown('Place action client not available!')
            return

        # Pick Coke can object:
        while not self._pickup(self._arm_group, self._grasp_object_name,
self._grasp_object_width):
            rospy.logwarn('Pick up failed! Retrying ...')
```

```
            rospy.sleep(1.0)

        rospy.loginfo('Pick up successfully')

        # Place Coke can object on another place on the support surface
(table):
        while not self._place(self._arm_group, self._grasp_object_name,
self._pose_place):
            rospy.logwarn('Place failed! Retrying ...')
            rospy.sleep(1.0)

        rospy.loginfo('Place successfully')

    def __del__(self):
        # Clean the scene:
        self._scene.remove_world_object(self._grasp_object_name)
        self._scene.remove_world_object(self._table_object_name)

    def _add_table(self, name):
        p = PoseStamped()
        p.header.frame_id = self._robot.get_planning_frame()
        p.header.stamp = rospy.Time.now()

        p.pose.position.x = 1.0
        p.pose.position.y = 0.08
        p.pose.position.z = 1.02

        q = quaternion_from_euler(0.0, 0.0, numpy.deg2rad(90.0))
        p.pose.orientation = Quaternion(*q)

        # Table size from ~/.gazebo/models/table/model.sdf, using the
values
        # for the surface link.
        self._scene.add_box(name, p, (0.86, 0.86, 0.02))

        return p.pose

    def _add_grasp_block_(self, name):
        p = PoseStamped()
        p.header.frame_id = self._robot.get_planning_frame()
        p.header.stamp = rospy.Time.now()

        p.pose.position.x = 0.62
        p.pose.position.y = 0.21
        p.pose.position.z = 1.07
```

```
        q = quaternion_from_euler(0.0, 0.0, 0.0)
        p.pose.orientation = Quaternion(*q)

        # Coke can size from ~/.gazebo/models/coke_can/meshes/coke_can.dae,
        # using the measure tape tool from meshlab.
        # The box is the bounding box of the coke cylinder.
        # The values are taken from the cylinder base diameter and height.
        self._scene.add_box(name, p, (0.077, 0.077, 0.070))

        return p.pose

    def _generate_grasps(self, pose, width):
        """
        Generate grasps by using the grasp generator generate action; based
on
        server_test.py example on moveit_simple_grasps pkg.
        """

        # Create goal:
        goal = GenerateGraspsGoal()

        goal.pose = pose
        goal.width = width
        options = GraspGeneratorOptions()
        # simple_graps.cpp doesn't implement GRASP_AXIS_Z!
        #options.grasp_axis = GraspGeneratorOptions.GRASP_AXIS_Z
        options.grasp_direction = GraspGeneratorOptions.GRASP_DIRECTION_UP
        options.grasp_rotation = GraspGeneratorOptions.GRASP_ROTATION_FULL

        # @todo disabled because it works better with the default options
        #goal.options.append(options)

        # Send goal and wait for result:
        state = self._grasps_ac.send_goal_and_wait(goal)
        if state != GoalStatus.SUCCEEDED:
            rospy.logerr('Grasp goal failed!: %s' %
self._grasps_ac.get_goal_status_text())
            return None

        grasps = self._grasps_ac.get_result().grasps

        # Publish grasps (for debugging/visualization purposes):
        self._publish_grasps(grasps)
```

```
        return grasps

    def _generate_places(self, target):
        """
        Generate places (place locations), based on
        https://github.com/davetcoleman/baxter_cpp/blob/hydro-devel/
        baxter_pick_place/src/block_pick_place.cpp
        """

        # Generate places:
        places = []
        now = rospy.Time.now()
        for angle in numpy.arange(0.0, numpy.deg2rad(360.0),
numpy.deg2rad(1.0)):
            # Create place location:
            place = PlaceLocation()

            place.place_pose.header.stamp = now
            place.place_pose.header.frame_id =
self._robot.get_planning_frame()

            # Set target position:
            place.place_pose.pose = copy.deepcopy(target)

            # Generate orientation (wrt Z axis):
            q = quaternion_from_euler(0.0, 0.0, angle )
            place.place_pose.pose.orientation = Quaternion(*q)
            # Generate pre place approach:
            place.pre_place_approach.desired_distance =
self._approach_retreat_desired_dist
            place.pre_place_approach.min_distance =
self._approach_retreat_min_dist

            place.pre_place_approach.direction.header.stamp = now
            place.pre_place_approach.direction.header.frame_id =
self._robot.get_planning_frame()

            place.pre_place_approach.direction.vector.x = 0
            place.pre_place_approach.direction.vector.y = 0
            place.pre_place_approach.direction.vector.z = 0.2

            # Generate post place approach:
            place.post_place_retreat.direction.header.stamp = now
            place.post_place_retreat.direction.header.frame_id =
self._robot.get_planning_frame()
```

```
            place.post_place_retreat.desired_distance =
self._approach_retreat_desired_dist
            place.post_place_retreat.min_distance =
self._approach_retreat_min_dist

            place.post_place_retreat.direction.vector.x = 0
            place.post_place_retreat.direction.vector.y = 0
            place.post_place_retreat.direction.vector.z = 0.2

            # Add place:
            places.append(place)

        # Publish places (for debugging/visualization purposes):
        self._publish_places(places)

        return places

    def _create_pickup_goal(self, group, target, grasps):
        """
        Create a MoveIt! PickupGoal
        """

        # Create goal:
        goal = PickupGoal()

        goal.group_name = group
        goal.target_name = target

        goal.possible_grasps.extend(grasps)
        goal.allowed_touch_objects.append(target)

        goal.support_surface_name = self._table_object_name

        # Configure goal planning options:
        goal.allowed_planning_time = 7.0

        goal.planning_options.planning_scene_diff.is_diff = True
        goal.planning_options.planning_scene_diff.robot_state.is_diff =
True
        goal.planning_options.plan_only = False
        goal.planning_options.replan = True
        goal.planning_options.replan_attempts = 20

        return goal
```

```
    def _create_place_goal(self, group, target, places):
        """
        Create a MoveIt! PlaceGoal
        """

        # Create goal:
        goal = PlaceGoal()

        goal.group_name = group
        goal.attached_object_name = target

        goal.place_locations.extend(places)

        # Configure goal planning options:
        goal.allowed_planning_time = 7.0

        goal.planning_options.planning_scene_diff.is_diff = True
        goal.planning_options.planning_scene_diff.robot_state.is_diff =
True
        goal.planning_options.plan_only = False
        goal.planning_options.replan = True
        goal.planning_options.replan_attempts = 20

        return goal

    def _pickup(self, group, target, width):
        """
        Pick up a target using the planning group
        """

        # Obtain possible grasps from the grasp generator server:
        grasps = self._generate_grasps(self._pose_coke_can, width)
        # Create and send Pickup goal:
        goal = self._create_pickup_goal(group, target, grasps)

        state = self._pickup_ac.send_goal_and_wait(goal)
        if state != GoalStatus.SUCCEEDED:
            rospy.logerr('Pick up goal failed!: %s' %
self._pickup_ac.get_goal_status_text())
            return None

        result = self._pickup_ac.get_result()

        # Check for error:
```

```
        err = result.error_code.val
        if err != MoveItErrorCodes.SUCCESS:
            rospy.logwarn('Group %s cannot pick up target %s!: %s' %
(group, target, str(moveit_error_dict[err])))

            return False

        return True

    def _place(self, group, target, place):
        """
        Place a target using the planning group
        """

        # Obtain possible places:
        places = self._generate_places(place)

        # Create and send Place goal:
        goal = self._create_place_goal(group, target, places)

        state = self._place_ac.send_goal_and_wait(goal)
        if state != GoalStatus.SUCCEEDED:
            rospy.logerr('Place goal failed!: %s' %
self._place_ac.get_goal_status_text())
            return None

        result = self._place_ac.get_result()

        # Check for error:
        err = result.error_code.val
        if err != MoveItErrorCodes.SUCCESS:
            rospy.logwarn('Group %s cannot place target %s!: %s' % (group,
target, str(moveit_error_dict[err])))

            return False
        return True

    def _publish_grasps(self, grasps):
        """
        Publish grasps as poses, using a PoseArray message
        """

        if self._grasps_pub.get_num_connections() > 0:
            msg = PoseArray()
            msg.header.frame_id = self._robot.get_planning_frame()
```

```
            msg.header.stamp = rospy.Time.now()

            for grasp in grasps:
                p = grasp.grasp_pose.pose

                msg.poses.append(Pose(p.position, p.orientation))

            self._grasps_pub.publish(msg)

    def _publish_places(self, places):
        """
        Publish places as poses, using a PoseArray message
        """

        if self._places_pub.get_num_connections() > 0:
            msg = PoseArray()
            msg.header.frame_id = self._robot.get_planning_frame()
            msg.header.stamp = rospy.Time.now()

            for place in places:
                msg.poses.append(place.place_pose.pose)

            self._places_pub.publish(msg)


def main():
    p = Pick_Place()

    rospy.spin()

if __name__ == '__main__':
    roscpp_initialize(sys.argv)
    rospy.init_node('pick_and_place')

    main()

    roscpp_shutdown()
```

好了，现在我们眼前是满屏的代码，而且这些代码里居然没有任何的讲解！如果你没有看懂这些代码，也无须担心。当这个实验结束之后，我们就来详细地讲解这部分代码。

首先，我们来启动上一节中 MoveIt 功能包中的生成的 demo.launch 文件：

```
$ roslaunch myrobot_moveit_config demo.launch
```

然后，我们将选项“Planning Attempts”的值设置为 7，如图 8-42 所示。

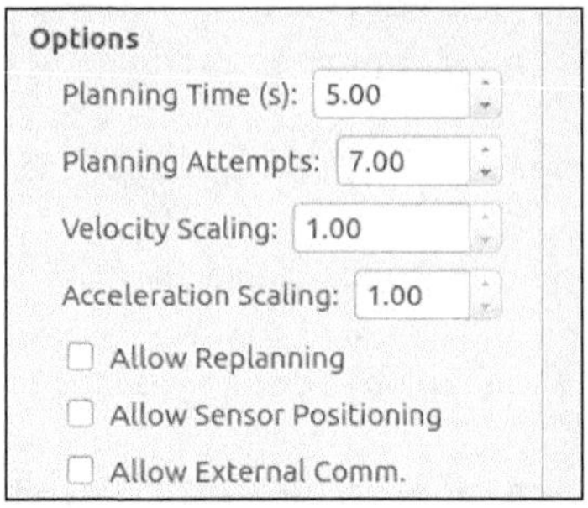

Options
Planning Time (s): 5.00
Planning Attempts: 7.00
Velocity Scaling: 1.00
Acceleration Scaling: 1.00
Allow Replanning
Allow Sensor Positioning
Allow External Comm.

图 8-42 选项“Planning Attempts”

接下来，我们将启动在前一小节中创建的抓取（grasp）服务器：

```
$ roslaunch myrobot_grasping grasp_generator_server.launch
```

最后，我们来启动刚刚创建的 python 脚本，并切换到 MoveIt 的 RViz 窗口，以可视化正在发生的事情，如图 8-43 所示。

```
$ rosrun myrobot_grasping pick_and_place.py
```

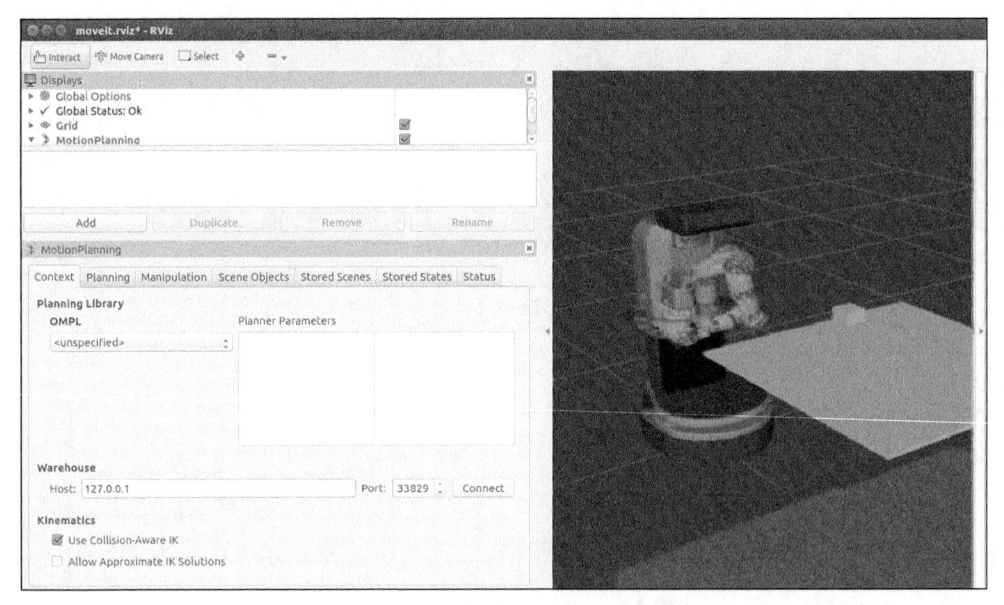

图 8-43 初始状态（Initial status）

在图 8-43 中，机器人显示为初始状态，即“Home”状态或“start”状态：

图 8-44 显示了机器人将如何生成抓握位姿，在那里它将开始抓取。因此，图 8-45 显示机器人已经抓住了对象，在这种实例中抓取的对象是一个立方体。

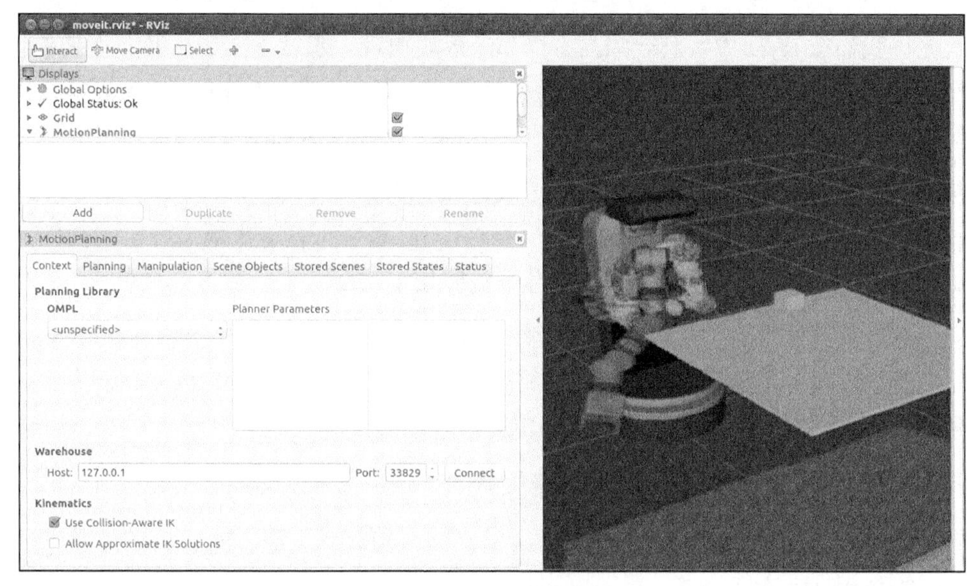

图 8-44　生成抓握位姿

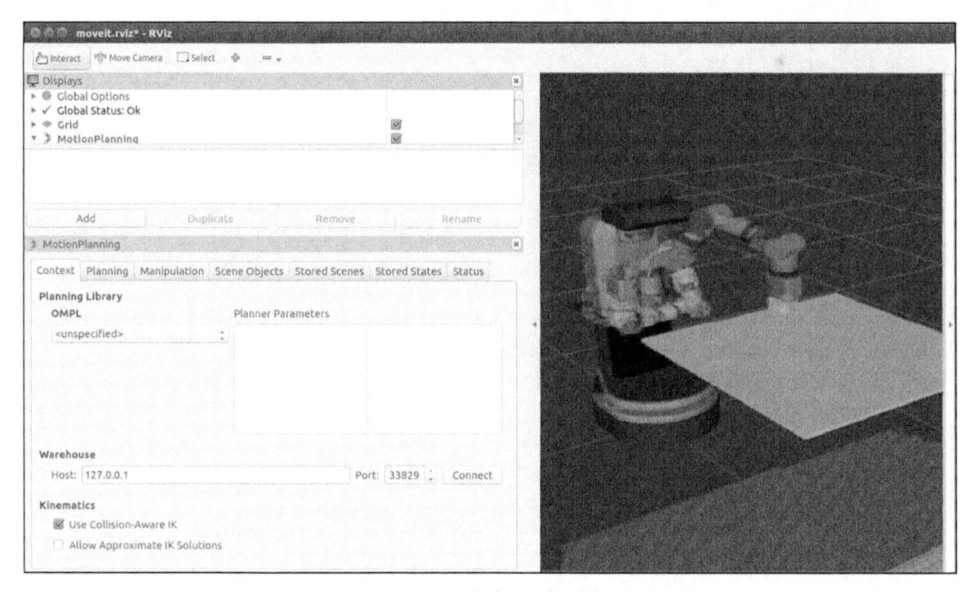

图 8-45　抓握一个对象

8.6.3 工作原理

在这个实验中发生了一些事情，让我们分别来讨论一下其中的各个部分。

首先，我们在RViz中看到一些立方体和矩形块出现。那就是桌子以及要抓住的物体！我们在pick_and_place.py脚本中创建了两个对象，并将它们添加到MoveIt规划场景中。每当我们将一个对象添加到规划场景中时，它都以这种方式显示。

接着，拾取操作开始了。在获取了抓取对象位置之后，节点将这个位置发送给抓取（grasp）服务器，而服务器将生成IK，并检查这个IK是否可以有效地完成拾取操作。如果找到了可行的IK解决方案，这个手臂将开始按照指定的运动来拾取这个对象。

当夹持器抓到这个对象之后，放置操作就开始了。同样，我们节点将向抓取（grasp）服务器发送放置对象的位置。然后服务器将检测达到该指定位置的有效IK解决方案。如果找到有效的解决方案，夹持器将移动到该位置并释放对象。

我们还可以查看/grasp和/place话题来更好地了解正在发生的事情。

好了，现在我们已经对上一个练习中所发生的一切有了更深入的认识了。现在让我们对这些代码也进行深入的研究，以了解它们是如何工作的。

首先，我们来了解一下表和抓取对象的创建以及添加方法：

```
def _add_table(self, name):
    p = PoseStamped()
    p.header.frame_id = self._robot.get_planning_frame()
    p.header.stamp = rospy.Time.now()
    #Table position
    p.pose.position.x = 0.45
    p.pose.position.y = 0.0
    p.pose.position.z = 0.22
    q = quaternion_from_euler(0.0, 0.0, numpy.deg2rad(90.0))
    p.pose.orientation = Quaternion(*q)
    # Table size
    self._scene.add_box(name, p, (0.5, 0.4, 0.02))
    return p.pose
```

在这部分代码中，我们将创建一个表并将其添加到规划场景中。

我们首先创建了PoseStamped消息，并为其中的必要参数frame_id、time stamp以及位置和方向进行了赋值。然后，我们使用add_box函数将桌子放置到场景中。

以下代码是抓取对象的关键部分：

```
def _add_grasp_block_(self, name):
    p = PoseStamped()
    p.header.frame_id = self._robot.get_planning_frame()
    p.header.stamp = rospy.Time.now()
    p.pose.position.x = 0.25
    p.pose.position.y = 0.05
    p.pose.position.z = 0.32
    q = quaternion_from_euler(0.0, 0.0, 0.0)
    p.pose.orientation = Quaternion(*q)
    # Grasp Object can size
    self._scene.add_box(name, p, (0.03, 0.03, 0.09))
    return p.pose
```

在这段代码的前一部分，我们使用与桌子相同的处理方法来处理抓取对象。

在创建了抓取对象与桌子之后，在接下来的代码中可以看到如何设置拾取和放置的位置。在这里提取了场景中抓取对象的位置，并将其 y 轴的值减去 0.06 作为抓取的位置。因此当取放操作开始时，抓握对象将位于对象初始位置 y 轴上方的 0.06m（6cm）处。

```
# Add table and grap object to the planning scene:
self._pose_table = self._add_table(self._table_object_name)
self._pose_grasp_obj = self._add_grasp_block_(self._grasp_object_name)
rospy.sleep(1.0)
# Define target place pose:
self._pose_place = Pose()
self._pose_place.position.x = self._pose_grasp_obj.position.x
self._pose_place.position.y = self._pose_grasp_obj.position.y - 0.06
self._pose_place.position.z = self._pose_grasp_obj.position.z
self._pose_place.orientation = Quaternion(*quaternion_from_euler(0.0, 0.0,
0.0))
```

下一步要做的是产生用于可视化的抓取位置数据序列，然后将抓取目标发送到抓取（grasp）服务器。如果这里有一个抓取序列，那么这个序列就会被发布出去；否则，它将会返回一个错误：

```
def _generate_grasps(self, pose, width):
    # Create goal:
    goal = GenerateGraspsGoal()
    goal.pose  = pose
    goal.width = width
    .....................
```

```
    .......................
    state = self._grasps_ac.send_goal_and_wait(goal)
    if state != GoalStatus.SUCCEEDED:
        rospy.logerr('Grasp goal failed!: %s' %
self._grasps_ac.get_goal_status_text())
        return None
    grasps = self._grasps_ac.get_result().grasps
    # Publish grasps (for debugging/visualization purposes):
    self._publish_grasps(grasps)
    return grasps
```

该函数会创建一个实现该位姿的数据序列：

```
def _generate_places(self, target):
    # Generate places:
    places = []
    now = rospy.Time.now()
    for angle in numpy.arange(0.0, numpy.deg2rad(360.0),
numpy.deg2rad(1.0)):
        # Create place location:
        place = PlaceLocation()
        ............................................
        .......................................
        # Add place:
        places.append(place)
    # Publish places (for debugging/visualization purposes):
    self._publish_places(places)
```

接下来的函数是_create_pickup_goal()，它会创建用于抓取对象的目标。这个目标需要发送到MoveIt：

```
def _create_pickup_goal(self, group, target, grasps):
    """
    Create a MoveIt! PickupGoal
    """

    # Create goal:
    goal = PickupGoal()

    goal.group_name  = group
    goal.target_name = target

    goal.possible_grasps.extend(grasps)

    goal.allowed_touch_objects.append(target)
```

```
    goal.support_surface_name = self._table_object_name

    # Configure goal planning options:
    goal.allowed_planning_time = 7.0

    goal.planning_options.planning_scene_diff.is_diff = True
    goal.planning_options.planning_scene_diff.robot_state.is_diff = True
    goal.planning_options.plan_only = False
    goal.planning_options.replan = True
    goal.planning_options.replan_attempts = 20

    return goal
```

另外，函数_create_place_goal()为 MoveIt 创建放置目标：

```
def _create_place_goal(self, group, target, places):
    """
    Create a MoveIt! PlaceGoal
    """

    # Create goal:
    goal = PlaceGoal()

    goal.group_name = group
    goal.attached_object_name = target

    goal.place_locations.extend(places)

    # Configure goal planning options:
    goal.allowed_planning_time = 7.0

    goal.planning_options.planning_scene_diff.is_diff = True
    goal.planning_options.planning_scene_diff.robot_state.is_diff = True
    goal.planning_options.plan_only = False
    goal.planning_options.replan = True
    goal.planning_options.replan_attempts = 20
    return goal
```

下面的函数实现了拾取和放置的功能。这些函数将生成一个抓取和放置的数据序列，将该序列发送给 MoveIt，无论是否成功执行，都会打印该运动规划的结果。

```
def _pickup(self, group, target, width):
    """
```

```
        Pick up a target using the planning group
        """

        # Obtain possible grasps from the grasp generator server:
        grasps = self._generate_grasps(self._pose_coke_can, width)

        # Create and send Pickup goal:
        goal = self._create_pickup_goal(group, target, grasps)

        state = self._pickup_ac.send_goal_and_wait(goal)
        if state != GoalStatus.SUCCEEDED:
            rospy.logerr('Pick up goal failed!: %s' %
    self._pickup_ac.get_goal_status_text())
            return None

        result = self._pickup_ac.get_result()

        # Check for error:
        err = result.error_code.val
        if err != MoveItErrorCodes.SUCCESS:
            rospy.logwarn('Group %s cannot pick up target %s!: %s' % (group,
    target, str(moveit_error_dict[err])))

            return False

        return True

    def _place(self, group, target, place):
        """
        Place a target using the planning group
        """

        # Obtain possible places:
        places = self._generate_places(place)

        # Create and send Place goal:
        goal = self._create_place_goal(group, target, places)

        state = self._place_ac.send_goal_and_wait(goal)
        if state != GoalStatus.SUCCEEDED:
            rospy.logerr('Place goal failed!: %s' %
    self._place_ac.get_goal_status_text())
            return None

        result = self._place_ac.get_result()
```

```
    # Check for error:
    err = result.error_code.val
    if err != MoveItErrorCodes.SUCCESS:
        rospy.logwarn('Group %s cannot place target %s!: %s' % (group,
target, str(moveit_error_dict[err])))

        return False

    return True
```

8.6.4　参考资料

现在我们已经了解了如何在 MoveIt 中执行抓取操作。但是如何才把这个应用到真正的机器人上呢？实际上，这一点很容易实现。

首先，我们执行以下命令在模拟环境中生成桌子和抓取对象：

```
$ rosrun gazebo_ros spawn_model -database table -gazebo -model table -x
1.30 -y 0 -z 0
$ rosrun gazebo_ros spawn_model -database demo_cube -gazebo -model
grasp_cube -x 0.65 -y 0.15 -z 1.07
```

这两条命令执行结束后将显示图 8-46 所示的界面。

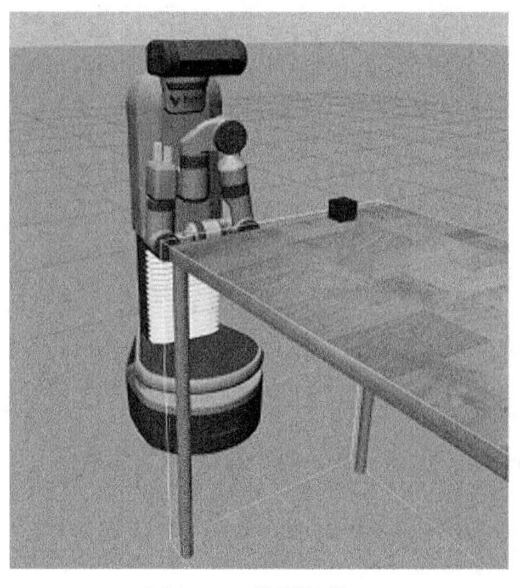

图 8-46　模拟机器人

接下来，我们来启动带有感知功能的 MoveIt：

```
$ roslaunch myrobot_moveit_config myrobot_planning_execution.launch
```

输出结果如图 8-47 所示。

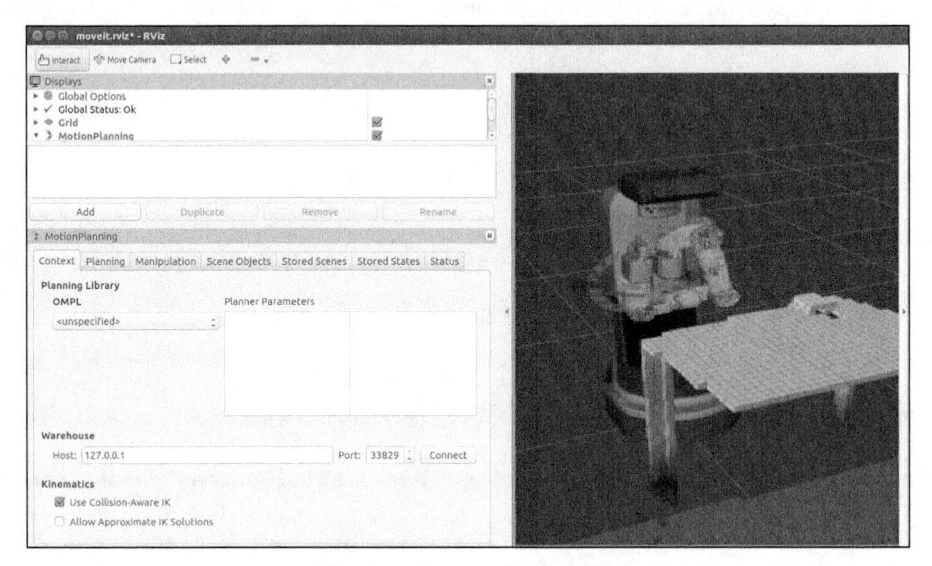

图 8-47　在 RViz 实现可视化

和之前一样，我们将选项“Planning Attempts”的值设置为 7（见图 8-48）。

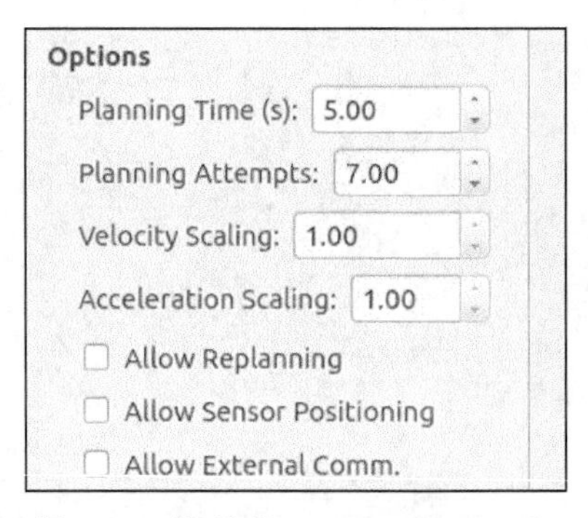

图 8-48　选项“Planning Attempts”

接下来，我们将启动在上一个实验中创建的抓取服务器：

```
$ roslaunch myrobot_grasping grasp_generator_server.launch
```

最后，我们将启动这个 python 脚本，并在 RViz 中查看 robot 的规划及其行动（见图 8-49）。

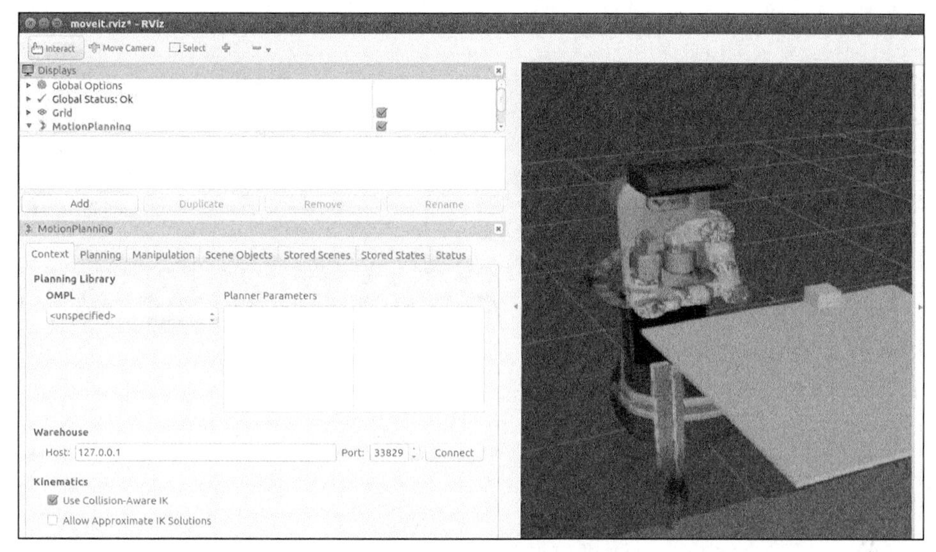

图 8-49　在 RViz 中查看

图 8-49 显示了 RViz 中机器人的感知和运动规划视图。相应地，图 8-50 显示了机器人在模拟环境中的运动。

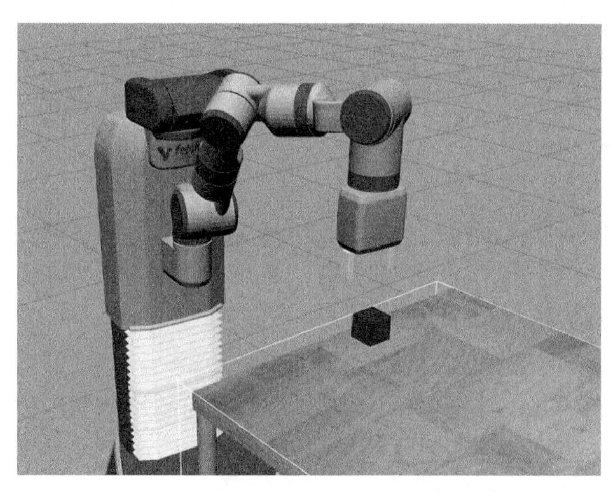

图 8-50　模拟视图

到此为止，本章内容已经全部结束了！全书也快要接近尾声了。

第 9 章
基于 ROS 的微型飞行器

在本章中，我们将讨论以下内容：

- MAV（微型飞行器）系统设计概述；
- MAV/无人机的通用数学模型；
- 利用 RotorS/Gazebo 来模拟 MAV/无人机；
- MAV/无人机自主导航框架；
- 与真正的 MAV/无人机——Parrot 和 Bebop 合作。

9.1 简介

在这一章中，我们将了解模块化的 MAV（微型飞行器）模拟器框架，通过它就可以快速开始对 MAV 进行研究和开发。当本章的学习结束之后，我们将会拥有一个可以使用的 MAV 模拟器，它将包含控制和状态估计（state estimation）功能。这个模拟器将采用模块化的方式来设计，我们可以轻松地调整模拟器里面的控制器和状态估计器，只需要更改一个参数文件和简单的几个步骤就可以在其中添加一个新的 MAV。另外，我们还将对不同的控制器和状态估计器的区别进行比较。

这个模拟器框架还可以用来处理更高级别的任务，例如通过定位与地图构建（Simultaneous Localization and Mapping，SLAM）来避免碰撞以及进行路径规划。我们将讨论所有组件的设计，这些组件将会与现实世界中的原型十分接近。因此，无论是在模拟环境中，还是在实际 MAV 中，都可以使用相同的控制器和状态估计器（包括它们的参数）。

9.2 MAV 系统设计概述

无论是对 MAV 的算法还是开发进行研究都需要使用到昂贵的硬件设备。更为重要的是，在进行真实试验中往往需要由受过专业培训的人员花费很长时间才能完成。不过在真实平台上发生的大多数失误并不会再次发生，因此并没有实际的研究意义，而且这种失误一旦发生，往往会导致飞行器的损坏。所以为了减少现场试验次数，人们开发了 RotorS 模拟器框架，这样一来，对 MAV 进行调试变得容易了很多，MAV 发生碰撞的概率也降低了许多。此外，这种框架对于学生开发的项目也是十分合适的，因为他们往往没有经济实力去购买那些价格昂贵的真实 MAV。

模拟器框架提供了可以进行碰撞规避和路径规划等高级实验，包括自动导航的 SLAM 的 MAV 模型。此外，该框架还包含了位置控制器和状态估计器。

准备工作

在本章中，我们将详细描述建立 RotorS 模拟器框架所需的步骤，图 9-1 展示了机器人操作系统（ROS）和 Gazebo。

当本章的学习完成后，我们将能够独立设置模拟器，掌握如何将基本传感器连接到 MAV，并使其能够在虚拟世界中实现自主导航。

图 9-1　RotorS 模拟器

我们还可以使用评估脚本来对算法进行比较。最后，我们还将讨论如何将本章中所学习到的所有内容以及开发的方法应用到真实的 MAV 中。

RotorS 模拟器中的主要部件如图 9-2 所示。虽然本章的重点是在介绍图 9-2 左侧所示的仿真部分，但是我们尽量保持了这些虚拟器结构的真实性。在理想情况下，模拟环境中所使用的高级别组件都可以在不做任何改动的情况下运行在真实平台上。

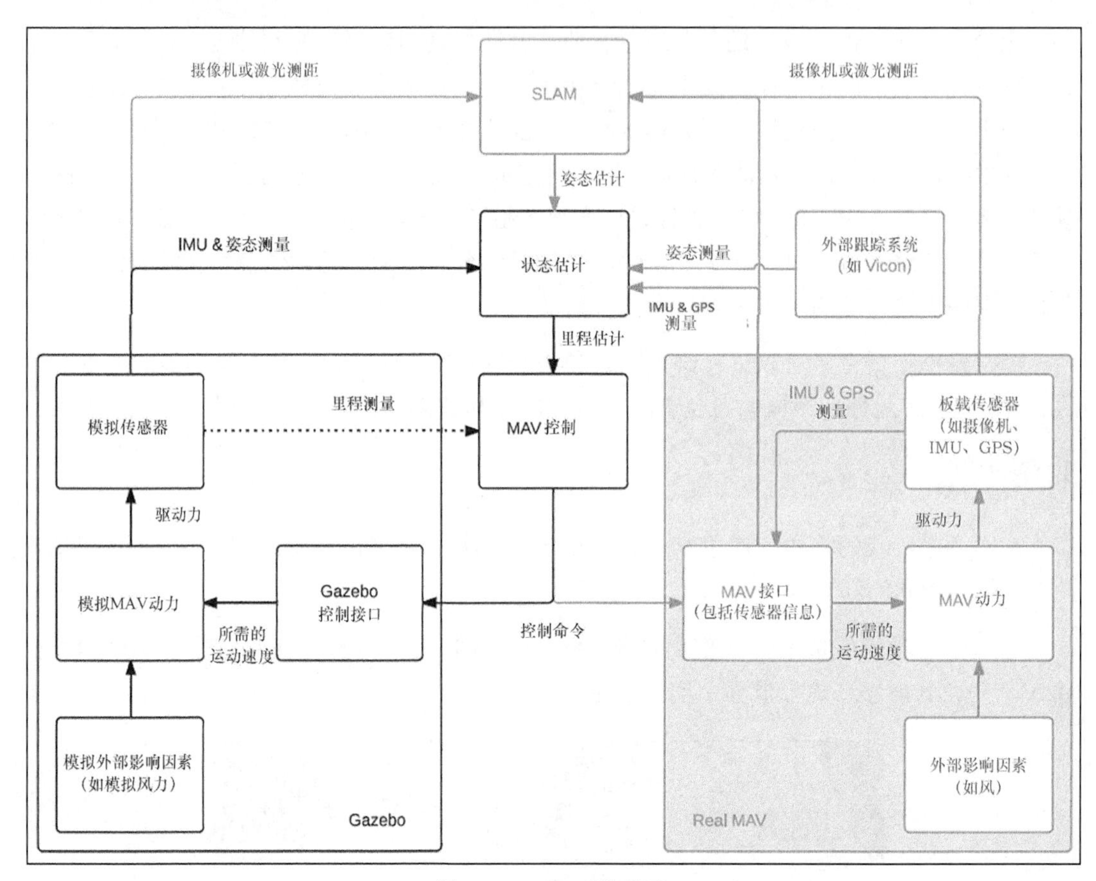

图 9-2 MAV 系统设计

在真实的 MAV 系统中使用的所有组件都可以使用 Gazebo 的插件和物理引擎模拟出来。我们采用模块化的方法来进行开发，其中的 MAV 由一个机身框架、固定数量的旋翼（可放置在指定位置）和几个传感器（可根据需要连接到车身）组成。

每个旋翼都拥有自己的运动动力学，它的参数可以在真实的 MAV 上的飞行数据来识别。同样，我们可以将多个传感器（如惯性测量单元[IMU]、立体摄像机、GPS 和用户开发的传感器）连接到机身框架上。此外，我们还可以为传感器添加噪声模型来模拟实际情况。

我们将研究一个具有简单接口的几何（geometric）控制器的实现，以便于实现不同控制策略的开发。它提供了对不同级别指令（例如角速率、姿态或位置控制）的调用。

其中一个最为重要的组成部分就是快速获取 MAV 预估状态的信息。虽然这个状态估计对真实的 MAV 是至关重要的，不过仿真状态下 MAV 的位置、方向、线性和角速度等参数都是直接由 Gazebo 插件所提供的。

9.3 MAV/无人机的通用数学模型

在本节中，我们将研究一些数学概念，它们将用于在模拟器中设计的 MAV 的运动学和动力学。在本章中，我们提到的 MAV 都是指多旋翼四轴飞行器，不过这些数学概念也可以应用于其他飞行器。MAV 的动力学与运动学是这里面十分重要的概念，我们可以通过它们在不同的指令级别（例如姿势或者位置与方向）上制定控制策略。此外我们还将研究四轴飞行器的状态估计，这将应用于更高级别的任务，例如路径规划或者局部碰撞避免（local collision avoidance）。

准备工作

图 9-3 给出的四轴飞行器是一种多旋翼直升机，由 4 个旋翼提升和推进。那么它最重要的组件及其功能是什么呢？四轴飞行器由两对相同的旋翼组成，其中一对旋翼顺时针旋转，另一对旋翼逆时针旋转。这些旋翼与电机相连，通过电子速度控制器驱动。通过调整每个旋翼的独立速度来实现对四轴飞行器的控制。通过调节每个旋翼的速度，就可以产生所需的总推力和总扭矩。

图 9-3 四轴飞行器

四轴飞行器中还含有一个微控制器；微控制器指的是一个基于嵌入式设备（如 Arduino）的小型计算机。各种不同的传感器（例如速度计和陀螺仪）都会连接到微控制器上，它们将会提供各种状态信息（位置、速度、加速度和方向）。电子接收器连接到微控制器，它将从遥控器传来的指令送到微控制器。所有的这些设备都由电池进行供电。

1．四轴飞行器的力量与力矩

如图 9-4 所示，四轴飞行器在垂直于旋翼旋转的平面上产生推力 F_i，这个推力的值与旋翼角速度的平方成正比。

$$F_i = K_f \times \omega_i^2$$
$$M_i = K_m \times \omega_i^2$$
$$M_y = (F_1 - F_2) \times L$$
$$M_y = (F_3 - F_4) \times L$$
$$Weight = mg$$

图 9-4 演示了这些力的作用。

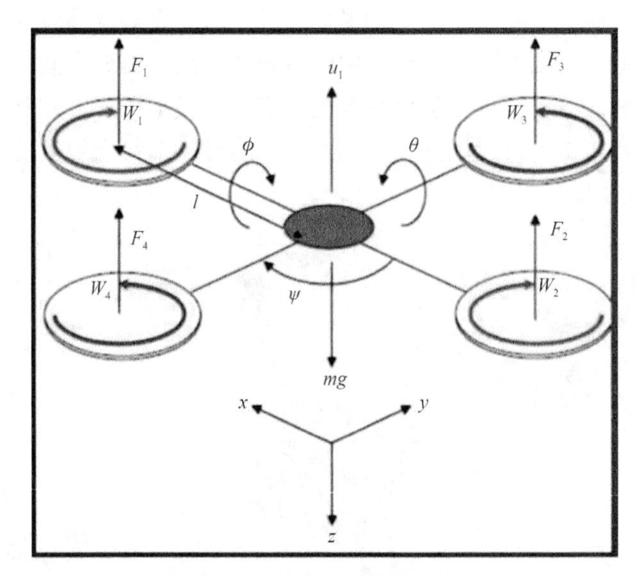

图 9-4　四轴飞行器的力与力矩

当旋翼旋转时，它们会在四轴飞行器上围绕 z 轴产生反作用力矩 M_i。这个反作用力矩与旋翼角速度的平方成正比。相对的两个旋翼产生的推力分别产生力矩 M_x 和 M_y。这些力矩由力的差值乘以两个旋翼之间的长度得出。最后，我们还需要考虑的是重力，它总是使四轴飞行器向下运动。

四轴飞行器的运动可以用牛顿第二运动定律来分析。

对于线性运动来说：

$$F = ma$$（力 = 质量×加速度）

对于角/旋转运动来说：

$$M = J\alpha$$（扭矩 = 转动惯量×角加速度）

2. 悬停和上下运动

让我们来看看四轴飞行器运动的一些条件。

首先，我们来研究四轴飞行器如何才能在空中盘旋。如果四轴飞行器在空中是稳定的，那么它必须处于平衡状态。也就是说所有的受力都必须平衡。螺旋桨产生的总推力 f_1、f_2、f_3 和 f_4 必须等于四轴飞行器的重量。而且，产生的所有力矩必须为零。

下面的公式给出了悬停的条件：

$$mg = F_1 + F_2 + F_3 + F_4$$
$$All\ Moments = 0$$

下面给出了运动方程：

$$m\ddot{r} = F_1 + F_2 + F_3 + F_4 - mg$$

$$m\ddot{r} = 0$$

在这种情况下控制方程的值是 $m\ddot{r}=0$。

在向上运动的情况下，所有旋翼产生的净推力将超过四轴飞行器的重量。这个结果表示四轴飞行器将向上运动。在这种情况下，必须一直保持条件 $m\ddot{r}>0$。下面给出了向上运动的条件：

$$mg < F_1 + F_2 + F_3 + F_4$$
$$All\ Moments \neq 0$$

下面给出了运动方程：

$$m\ddot{r} = F_1 + F_2 + F_3 + F_4 - mg$$

$$m\ddot{r} > 0$$

而对于向下运动来说，旋翼产生的净推力必须小于四轴飞行器的重量。向下运动的条件为：

$$mg > F_1 + F_2 + F_3 + F_4$$
$$All\ Moments \neq 0$$

运动方程为：

$$m\ddot{r} = F_1 + F_2 + F_3 + F_4 - mg$$

$$m\ddot{r} < 0$$

3．旋转（偏航）运动

偏航运动指的是四轴飞行器在水平面上的转动。就像前面讲过的那样，这种运动需要两个旋翼顺时针旋转，另两个旋翼逆时针旋转。这对推进器在相反的方向上产生反应力矩。如果每对旋翼产生的反作用力矩相等且相反，则无偏航运动。如果一对旋翼产生的旋转力矩大于另一对旋翼产生的力矩，则会产生一个净合成力矩，使四轴飞行器绕其垂直轴旋转。

偏航运动的条件是：

$$mg = F_1 + F_2 + F_3 + F_4$$
$$All\ Moments \neq 0$$

运动方程为：

$$m\ddot{r} = F_1 + F_2 + F_3 + F_4 - mg$$

$$I_{zz}\ddot{\Psi} = M_1 + M_2 + M_3 + M_4$$

4．直线（俯仰和滚转）运动

俯仰和滚转运动是四轴飞行器绕其水平轴的旋转。在这种情况下，相反的旋翼对产生不相等的力，这导致非零力矩。

线性运动的条件为：

$$mg < F_1 + F_2 + F_3 + F_4$$
$$All\ Moments \neq 0$$

运动方程为：

$$m\ddot{r} = F_1 + F_2 + F_3 + F_4 - mg$$

$$I_{xx} \times \ddot{\Phi} = (F_3 - F_4) \times L$$

$$I_{yy} \times \ddot{\theta} = (F_1 - F_2) \times L$$

这会导致四轴飞行器绕着水平轴旋转。对于水平面的直线运动，俯仰（Φ）和滚转（Θ）角度必须不能为 0，这将导致水平方向上的非零推力分量。这个力在水平面产生合力矩。

9.4 使用 RotorS/Gazebo 来模拟 MAV/无人机

在本节中，我们首先将研究 RotorS 模拟器的使用。我们还将就模拟器中的不同组件进行介绍。然后，我们将讲解如何使用控制器来控制 MAV 进入悬停模式，并执行线性和旋转动作。以及如何添加传感器，如何使用评估脚本来验证状态估计。最后，我们还将学习一些高级主题，例如如何构建自定义的模型、控制器或者传感器插件。

9.4.1 准备工作

在安装 RotorS 模拟器之前，我们需要使用应用软件包管理器在 Ubuntu 16.04（ROS Kinetic 版本）中安装必要的依赖项：

```
$ sudo sh -c 'echo "deb http://packages.ros.org/ros/ubuntu `lsb_release -
sc` main" > /etc/apt/sources.list.d/ros-latest.list'
$ wget http://packages.ros.org/ros.key -O - | sudo apt-key add -
$ sudo apt-get update
$ sudo apt-get install ros-kinetic-desktop-full ros-kinetic-joy ros-
kinetic-octomap-ros ros-kinetic-mavlink python-wstool python-catkin-tools
protobuf-compiler libgoogle-glog-dev ros-kinetic-control-toolbox
$ sudo rosdep init
$ rosdep update
$ source /opt/ros/kinetic/setup.bash
```

RotorS 的源安装与操作系统和 ROS 版本无关，所以这里我们只介绍在其中一个版本的安装过程。首先，我们要确保 catkin 工作区位于~/catkin-ws/src，并按照如下所示的方法获取模拟器和其他依赖项：

```
$ cd ~/catkin_ws/src
$ git clone https://github.com/ethz-asl/rotors_simulator.git
$ git clone https://github.com/ethz-asl/mav_comm.git
$ cd ~/catkin_ws /
$ catkin build
$ source ~/catkin_ws/devel/setup.bash
```

我们还希望与外部状态估计器一起使用实例，因此需要以下附加包：

```
$ cd ~/catkin_ws/src
$ git clone https://github.com/ethz-asl/ethzasl_msf.git
$ git clone https://github.com/ethz-asl/rotors_simulator_demos.git
$ git clone https://github.com/ethz-asl/glog_catkin.git
$ git clone https://github.com/catkin/catkin_simple.git
$ cd ~/catkin_ws /
$ catkin build
$ source ~/catkin_ws/devel/setup.bash
```

模拟器概述

我们可以将RotorS模拟器分成不同的部分，其框架如图9-5所示。我们可以通过描述一个已经存在的机器人的几何和运动特性，将其添加到模拟器中。

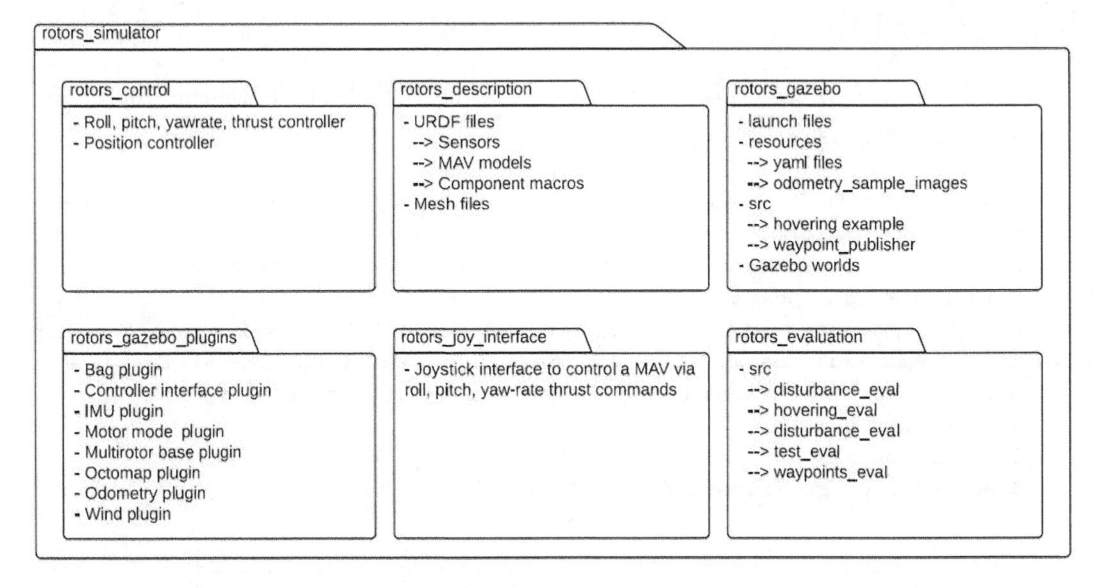

图9-5 模块化的Gazebo MAV模拟器框架

一个模拟器的设计可分为以下步骤。

（1）模型选择，你可以任选下面的一种方式。

- 选择RotorS中提供的一个模型。
- 创建一个自定义模型。

（2）向模型附加上传感器，你可以任选下面的一种方式。

- 使用一个RotorS中自带的传感器。

- 开发自定义的传感器并直接连接。

（3）向 MAV 中添加一个控制器，你可以任选下面的一个方式。

- 启动一个 RotorS 中自带的控制器。
- 开发一个自定义的控制器。

（4）状态估计器，你可以任选下面的一个方式。

- 使用理想的里程表传感器的输出。
- 使用下一节中讲解的 MSF。
- 开发一个自定义的状态估计器。

9.4.2 如何完成

为了检查设置是否有效，我们先从一个简短的实例开始，通过一架带有内置位置控制器的 Astec Firefly 品牌的六角旋翼直升机的模拟器来验证我们的设置。这里将使用一个可以发布里程测量数据的理想传感器，控制器可以直接使用这些数据。

1. 悬停

使用下面的命令将启动模拟：

```
$ roslaunch rotors_gazebo mav_hovering_example.launch
```

在图 9-6 中，我们可以看到六角旋翼直升机在 5s 后起飞，并飞到点 $P=$（0,0,1）。

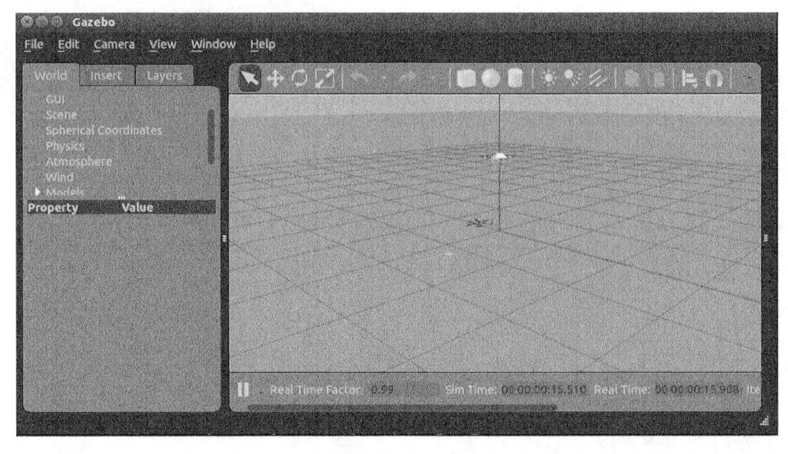

图 9-6 悬停

此外，图 9-7 显示了 ROS 通信网络，其中概述了正在运行的所有 ROS 节点，以及节点中正在通信的话题。

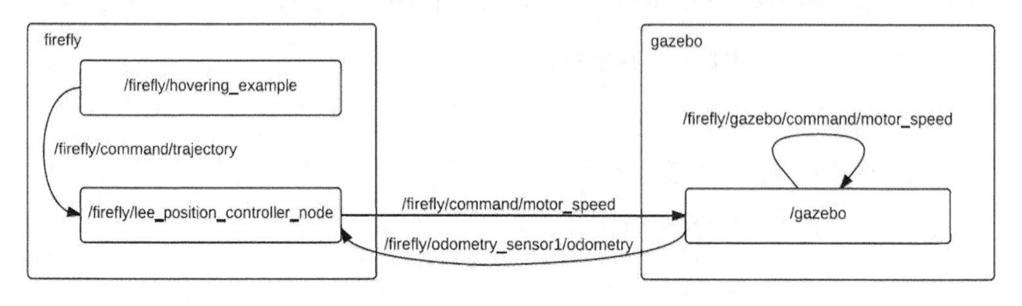

图 9-7　悬停——ROS 通信网络

虽然在图 9-7 中，Gazebo 仅显示一个 ROS 节点，但例如 IMU 和独立电机等在内的全部 Gazebo 插件都在运行。例如，一个安装在 Firefly 上的通用里程表传感器就正在 /firefly/odometry_sensor1 名称空间中发布里程计消息，如图 9-8 所示。

里程计信息中包括了 MAV 的位置、方向以及线性和角速度。因此，位置控制器可以直接订阅里程计信息。此外，控制器发布执行器消息，这些消息由 Gazebo 控制器接口读取并转发给各个电机模型插件。

控制器接收由 hovering_example 节点所发布的 MultiDOFJointTrajectory 消息，并从其中获取要执行的命令。这些消息中包含了位姿及其派生的引用，但是在本例中只包含了位姿和消息中设置的值。虽然 multidofjointrajectory 消息与规划器（例如 MoveIt）兼容，但在某些情况下，路径点也可以作为 posestamped 消息发布。

```
kbipin@kumar:~/catkin_ws$ rostopic list
/clock
/firefly/command/motor_speed
/firefly/command/pose
/firefly/command/trajectory
/firefly/gazebo/command/motor_speed
/firefly/ground_truth/imu
/firefly/ground_truth/odometry
/firefly/ground_truth/pose
/firefly/ground_truth/pose_with_covariance
/firefly/ground_truth/position
/firefly/ground_truth/transform
/firefly/imu
/firefly/joint_states
/firefly/motor_speed
/firefly/motor_speed/0
/firefly/motor_speed/1
/firefly/motor_speed/2
/firefly/motor_speed/3
/firefly/motor_speed/4
/firefly/motor_speed/5
/firefly/odometry_sensor1/odometry
/firefly/odometry_sensor1/pose
/firefly/odometry_sensor1/pose_with_covariance
/firefly/odometry_sensor1/position
/firefly/odometry_sensor1/transform
/firefly/wind_speed
```

图 9-8　Firefly 消息话题

我们可以通过使用规划器或者 waypoint_publisher 发布的 MultiDOFJointTrajectory 消息来改变 MAV 的位置索引。例如，我们可以使用下面的命令来将 Firefly 移动到给定的姿势（*x*，*y*，*z*，*yaw*）：

```
$ rosrun rotors_gazebo waypoint_publisher 5 0 1 0 __ns:=firefly
```

输出的结果如图 9-9 所示。

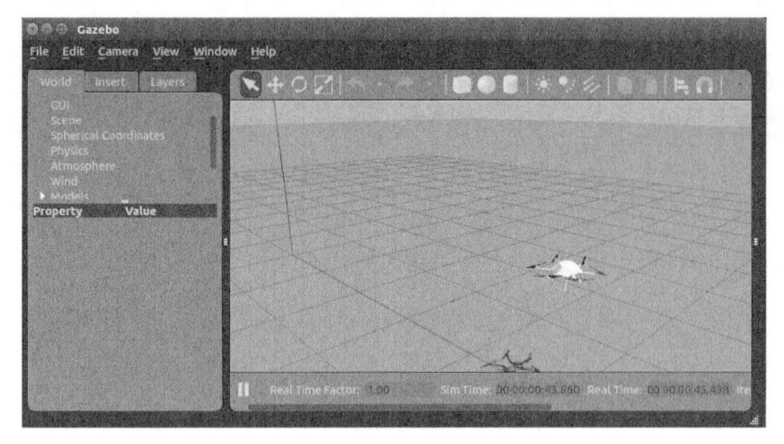

图 9-9 Firefly 运动

此外，我们可以通过设置 mav_name 参数来切换飞行器，例如下面给出的命令所示：

```
$ roslaunch rotors_gazebo mav_hovering_example.launch mav_name:=pelican
```

图 9-10 显示了这条命令的输出结果。

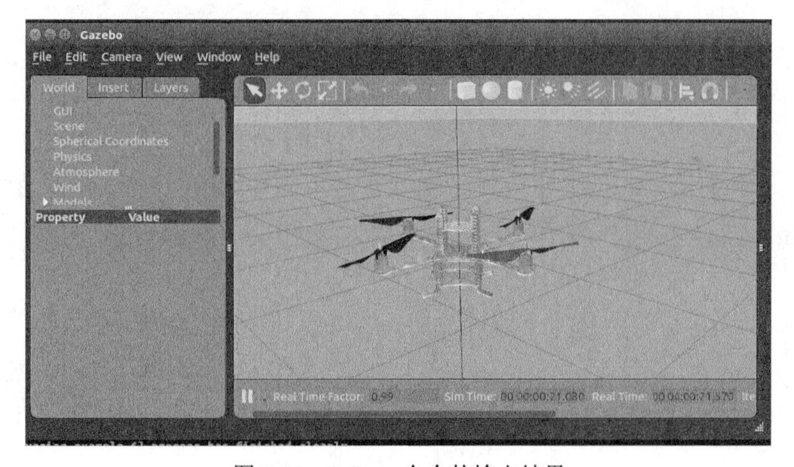

图 9-10 Pelican 命令的输出结果

在当前的 RotorS 功能包中，可以使用 asymmetric_quadrotor、firefly、hummingbird 和 pelican 等类型的 MAV。

- 所有控制参数都在 lee_controller_uumav_name>yaml 中设置，而控制器所使用的飞行器参数位于<mav_name>.yaml，这些参数的值各不相同。
- 在实际系统中，设备参数通常是未知的，所以我们只能使用估计的近似值。

2. 状态估计

不过一般来说，在真实的 MAV 中是不会直接使用如前一节中讲过的里程计传感器的。更确切地说，这里需要大量的传感器（例如 GPS 和磁强计、照相机或激光）来完成 SLAM，或者使用外部跟踪系统（例如运动捕获装置）来为位姿提供完整的 6 个自由度。在本节中，我们将研究如何使用 MSF 功能包从位姿传感器和 IMU 获得完整的状态。

我们运行上一节中下载的 rotors_simulator_demos 功能包，运行下面的命令可以启动所需的 ROS 节点：

```
$ roslaunch rotors_simulator_demos mav_hovering_example_msf.launch
```

在图 9-11 中，我们可以观察到这次 MAV 并不像之前例子中那样稳定，它在开始时有一个很小的偏移量（offset）。这里的抖动来自于来自姿态传感器上的模拟噪声和来自 IMU 偏差的偏移。不过，一段时间之后偏移量（offset）将会消失，这是因为 Extended Kalman Filter（EKF）正确评估了偏差。

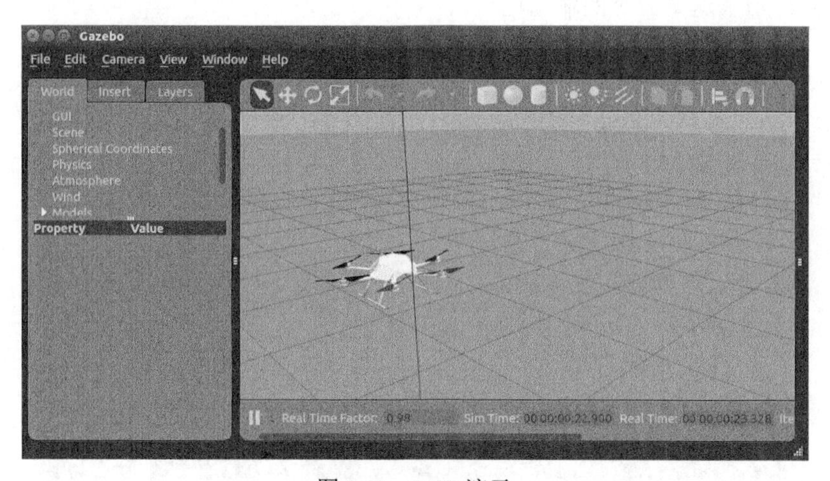

图 9-11 MSF 演示

在这里，我们来查看图 9-12 中重新绘制的 RQT 图，可以看到一个额外的节点已经启动。MSF 位姿传感器和控制器节点现在不再订阅 Gazebo 中的里程测量主题，而是订阅 MSF 中的里程测量话题。

我们可以使用如前面小节中讲述的命令来移动 MAV：

```
$ rosrun rotors_gazebo waypoint_publisher 5 0 1 0 __ns:=firefly
```

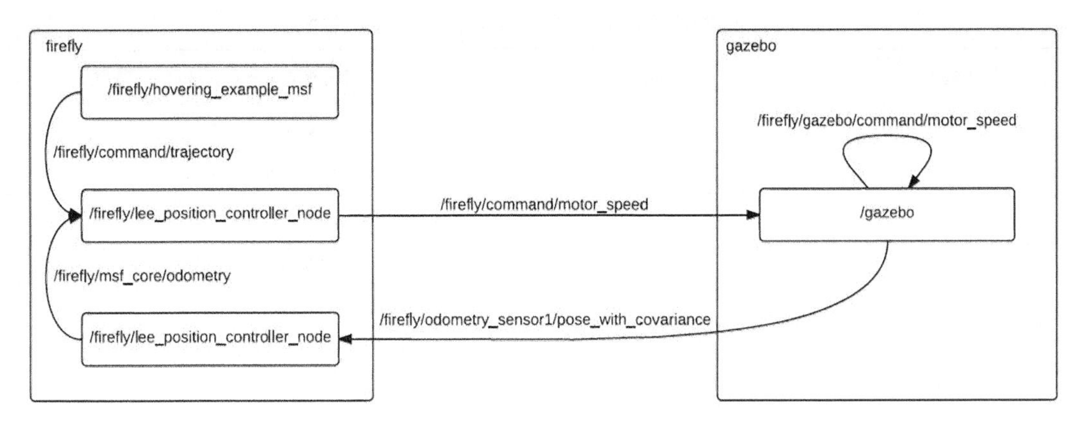

图 9-12 MSF – ROS 交流网络

MSF 功能包根据 IMU 测量值执行状态估计，它可以使用任何预定义的可用传感器组合，在本例中我们使用 pose_sensor，参数从 rotors_simulator_demos/resources 文件夹中的 msf_simulator.yaml 加载。

3. 传感器安装

在本节中，我们将讨论不同的传感器，以及如何将它们安装到 MAV 上。任何传感器都可以通过相应的 xacro 文件连接到飞行器上。在我们的示例中，mav_hoverin_example.launch 文件从 firefly_generic_odometry_sensor.gazebo 文件加载机器人描述，它通过调用以下命令向 Firefly 添加里程计传感器：

```
<xacro:odometry_plugin_macro (here go the macro properties )>
  <inertia (with i t s properties ) />
  <origin (with i t s properties ) />
</ xacro:odometry_plugin_macro>
```

在 component_snippets.xacro 文件中可以看到宏属性的解释，RotorS 传感器中的所有宏属性如下所示。

- namespace：分配给指定传感器的 ROS 命名空间。
- parent_link：附加到这个连杆上的传感器。
- some_topic：传感器发布消息的话题名称。

表 9-1 中提供了当前 RotorS 中使用的传感器的概述。

表 9-1 RotorS 模拟器中提供的 xacros 传感器概述

传感器	描述	Xacro-name Gazebo 插件
摄像头	标准 ROS 摄像机	camera_macro libgazebo_ros_camera.so
IMU	零均值高斯白噪声的 IMU	imu_plugin_macro librotors_gazebo_imu_plugin.so
里程计	模拟里程计传感器	odometry_plugin_macro librotors_gazebo_odometry_plugin.so
VI-Sensor	这是一款自主系统实验室（ASL）开发的带有立体相机并具有嵌入式同步和时间戳功能的 IMU	vi_sensor_macro libgazebo_ros_camera.so librotors_gazebo_odometry_plugin.so librotors_gazebo_imu_plugin.so libgazebo_ros_openni_kinetic.so

如图 9-13 所示，Firefly 上安装有一个指向前方并略微向下的 VI-Sensor，如果你想了解关于这个传感器的详细信息，可以访问 skybotix 官网。

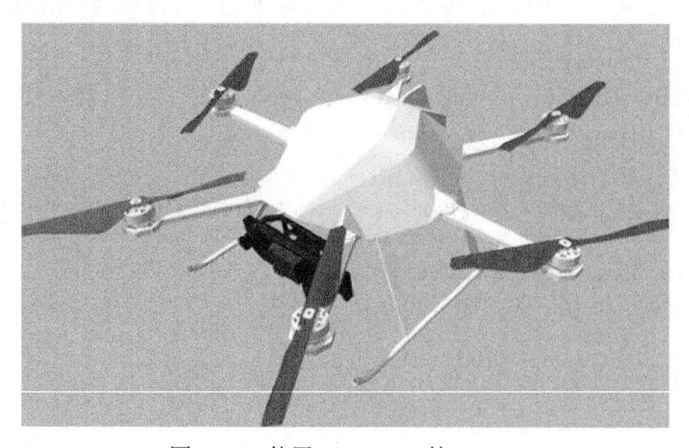

图 9-13 使用 VI-Sensor 的 Firefly

4. 评估

我们最感兴趣的是跟踪 MAV 在固定机身中相对于用户指定的惯性参照系的状态，以及它对干扰的反应。另外，我们关注的还有 MAV 飞到某个位置时的速度，以及它在指定设定点的精确度。

在第一个实验中，我们将使用以下命令来创建带有一个正在悬停飞行的 firefly 飞行器的包文件，该文件启用了日志记录：

```
$ roslaunch rotors_gazebo mav_hovering_example.launch enable_logging:=true
```

默认情况下，包文件将存储在用户主目录中的.ros 文件夹中。接下来，我们将通过执行以下脚本来对控制器进行评估：

```
$ rosrun rotors_evaluation hovering_eval.py -b
~/.ros/firefly_2018-04-06-11-32-58.bag --save_plots True --mav_name firefly
```

有时，没有编制索引的包文件会出错。我们可以通过以下方式重新建立索引：

```
$rosbag reindex <bagfile>
```

我们将从脚本中看到以下输出：

```
Position RMS error : 0.050 m
Angular velocity RMS error : 0.001 rad/s
```

此外，脚本将生成包含显示位置、位置误差和角速度这 3 个线图。图 9-14 显示了位置误差。

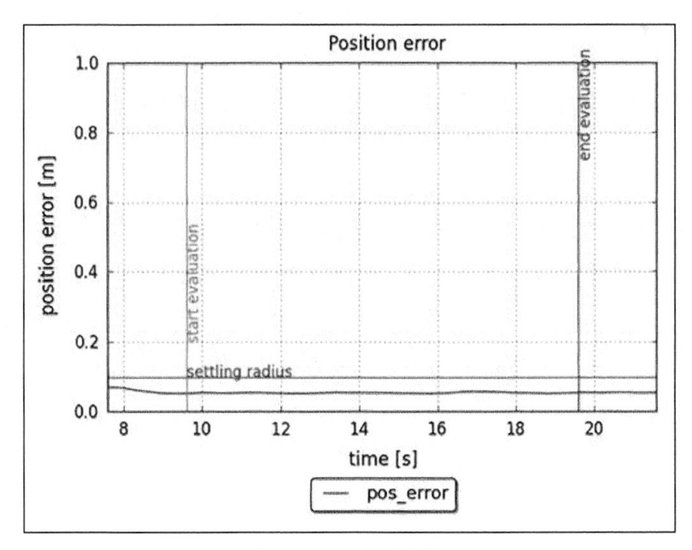

图 9-14 位置误差

图 9-15 显示了相对于时间的角速度。

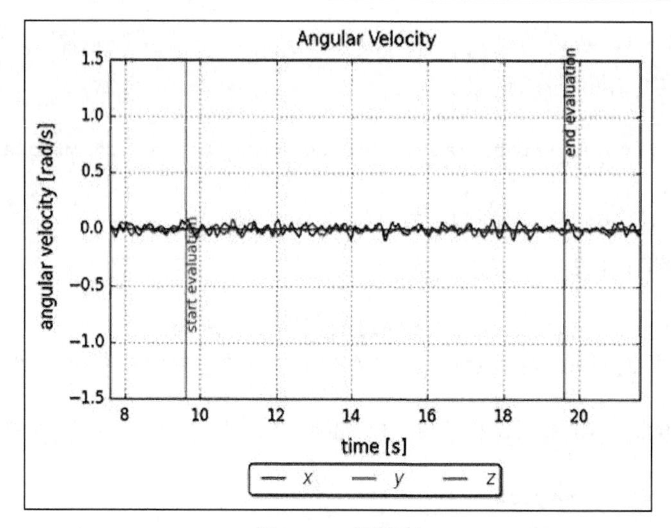

图9-15 角速度

我们还可以在里程计传感器上添加一些噪声来模拟真实的环境。这个噪声参数可以在firefly_generic_odometry_sensor.gazebo文件中设置。在这里我们可以使用waypoint_eval.py脚本来评估多重路径，使用disturbance_eval.py脚本来评估对外部干扰的反应。

9.4.3 工作原理

到目前为止，我们已经学会了如何使用RotorS提供的组件。如果带有这些标准传感器和控制器的MAV不能满足要求，在本节中我们将提供如何开发自定义的控制器。这里将研究如何集成一个新的MAV，如何编写新的传感器，以及如何处理一个状态估计器。

开发自定义的控制器

我们将研究如何为各种MAV来构建控制器。消息的传递由gazebo_controller_interface负责管理，电机动态特性由gazebo_motor_model负责处理。因此，开发自定义控制器的任务都可以简化为订阅状态估计器消息，参考命令和在command/motor_speed话题上发布执行器消息。或者我们也可以执行RollPitchYawrate-ThrustController和开发一个发布MultiDOFJointTrajectory消息的自定义位置控制器。这里，自定义位置控制器接收MultiDOFJointTrajectory消息作为一个控制输入，而rollpitch-yawrate-thrust控制器接收RollPitchYaw-rateThrust消息。

我们将控制器的设计分成两个部分：第一部分用来处理参数和消息传递，第二部分是一个执行计算的库。另外，这里最好使用位于rotors_control/src/nodes文件夹中的控制器ROS节点模板。它从ROS参数服务器读取控制器参数作为YAML文件，它们被分成控制器特定参数和飞行器特定参数。这个飞行器参数文件中包含 MAV 的质量、惯性和 rotor 配置，而控制器参数文件中指定了控制器增益。

我们的自定义控制器库位于 rotors_control/src/library 文件夹中。另一次，我们建议使用其中一个库作为开发自定义控制器的模板。这里有一个方法 CalculateRotorVelocities，它将会在每一个控制循环中被调用，并根据 MAV 的状态信息计算所需的 rotor 速度 ω。

9.4.4 更多内容

我们现在可以在 RotorS 中放飞这个 MAV 了。但是如果能将我们自己开发的 MAV 放入 RotorS 中就更好了。在这一节中，我们将研究如何将自行设计和开发的 MAV 集成到 RotorS 中，另外也将学习到如何将自定义的传感器编写成一个 Gazebo 插件。

我们将使用第 6 章中详细讨论过的统一机器人描述格式（URDF）和 XML 宏（Xacro）来进行对机器人的描述。

Gazebo 使用一种自己的格式来描述机器人、对象和环境，称为仿真描述格式（Simulation Description Format，SDF）。但是在这里我们仍然要使用 URDF 格式，因为这种格式可以在 RVIZ 中显示。所有 SDF 的特定属性都可以通过将其放入一个<gazebo>块中实现。而 Gazebo 可以将 URDF 文件转换为 SDF 文件。

想要在模拟环境中使用特定机器人是一件很简单的工作。首先我们需要确定机器人的哪些部分是固定的刚体；在 URDF 中，这些部分称为连杆（link），这些连杆的连接称为关节（joint）。

图 9-16 显示了非对称四旋翼直升机的不同连接和关节，其中每个关节都有父连杆和子连杆。网上有许多不同的关节可以使用，但是对于我们的应用程序，我们只使用 3 种类型：连续关节、固定关节和旋转关节。

在继续本节学习的过程中，我们将学习如何开发概念性的四旋翼飞行器或四轴飞行器模型，如图 9-16 所示。这种四旋翼飞行器模型具有不对称设计，有 4 个旋翼，其中有 3 个均匀分布在半径为 l 的圆的边缘，而其余的旋翼则放置在飞行器后部，臂长为 $l/3$。但是，所有旋翼的尺寸都相同。

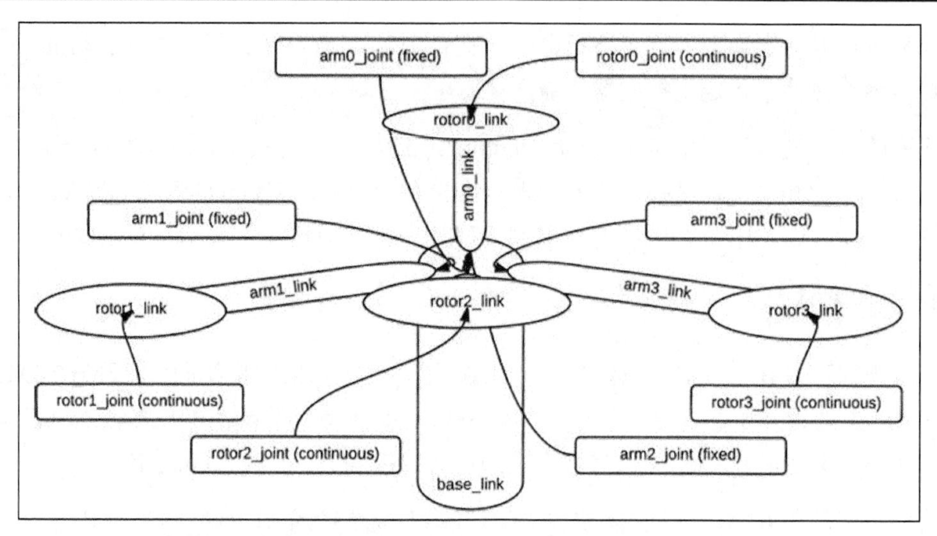

图 9-16　拥有 4 个非对称定向（aligned）旋翼的飞行器设计

现在基于一个 URDF 文件来描述模型。使用 urdf 描述的机器人在文件开头需要一对带有唯一名称的<robot>作为开始标记和结束标记，其中包含组装机器人所需的各种属性。我们先从添加机器人的基础开始，如下所示：

```
<robot name="asymmetric_quadrotor" xmlns:xacro="http://ros.org/wiki/xacro">
 <xacro:multirotor_base_macro
   robot_namespace="${namespace}"
   mass="${mass}"
   body_width="${body_width}"
   body_height="${body_height}"
   use_mesh_file="${use_mesh_file}"
   mesh_file="">
   <xacro:insert_block name="body_inertia"/>
 </xacro:multirotor_base_macro>
</robot>
```

上面的代码需要设置一些 xacro 属性，如 namespace 和 mass。我们可以将机械臂和机械旋翼通过基座（base link）连接。这里我们将以一个机械臂和机械旋翼为例讨论这一点。

如第 6 章所述，如果我们有一个带有机械臂的多旋翼直升机的网格文件，并且知道它的惯性，就可以跳过这一步，将旋翼直接连接到基座上。

不过，在所有其他 RotorS 中提供的 MAV 中，旋翼是直接连接到基座上。我们建议使用“component_snippets.xacro”和“multirotor_base.xacro”文件中提供的宏：

```
<link name="arm1_link">
  <xacro:box_inertial x="${arm_length}" y="0.03" z="0.01"
mass_box="${mass_arm}" />
    <visual>
       <origin xyz="${arm_length/2} 0 0" rpy="0 0 0" />
       <geometry>
         <box size="${arm_length} 0.03 0.01" />
       </geometry>
    </visual>
    <collision>
      <origin xyz="${arm_length/2} 0 0" rpy="0 0 0" />
      <geometry>
        <box size="${arm_length} 0.03 0.01" />
      </geometry>
    </collision>
</link>
<joint name="arm1_joint" type="fixed">
  <origin xyz="0 0 0" rpy="0 0 ${2 pi/3}" />
  <parent link="base_link" />
  <child link="arm1_link" />
</joint>
<xacro:vertical_rotor
  robot_namespace="${namespace}"
  suffix="1"
  direction="cw"
  motor_constant="${motor_constant}"
  moment_constant="${moment_constant}"
  parent="arm1_link"
  mass_rotor="${mass_rotor}"
  radius_rotor="${radius_rotor}"
  time_constant_up="${time_constant_up}"
  time_constant_down="${time_constant_down}"
  max_rot_velocity="${max_rot_velocity}"
  motor_number="1"
  rotor_drag_coefficient="${rotor_drag_coefficient}"
  rolling_moment_coefficient="${rolling_moment_coefficient}"
  color="Blue"
  use_own_mesh=" false "
  mesh="">
<origin xyz="${arm_length} 0 ${rotor_offset_top}" rpy="0 0 0" />
<xacro:insert_block name=" rotor_inertia "/>
</xacro:vertical_rotor>
```

因为我们对所有 4 个机械臂都使用了非常相似的设计方法，所以开发一个宏绝对是一个好主意，这里可以将其命名为 arm_with_rotor。这将以臂长、角度、电机编号和质量作为参数，我们可以使用以下命令检查这个设计：

```
$ rosrun xacro xacro .py <xacro_file> > <urdf_file>
$ check_urdf <urdf_file>
```

最后，我们在一个空的 Gazebo 世界中产生一个非对称四旋翼直升机：

```
$ roslaunch rotors_gazebo mav_hovering_example.launch
mav_name:=asymmetric_quadrotor
```

如图 9-17 所示，我们看到了这架刚刚产生的非对称四旋翼直升机。

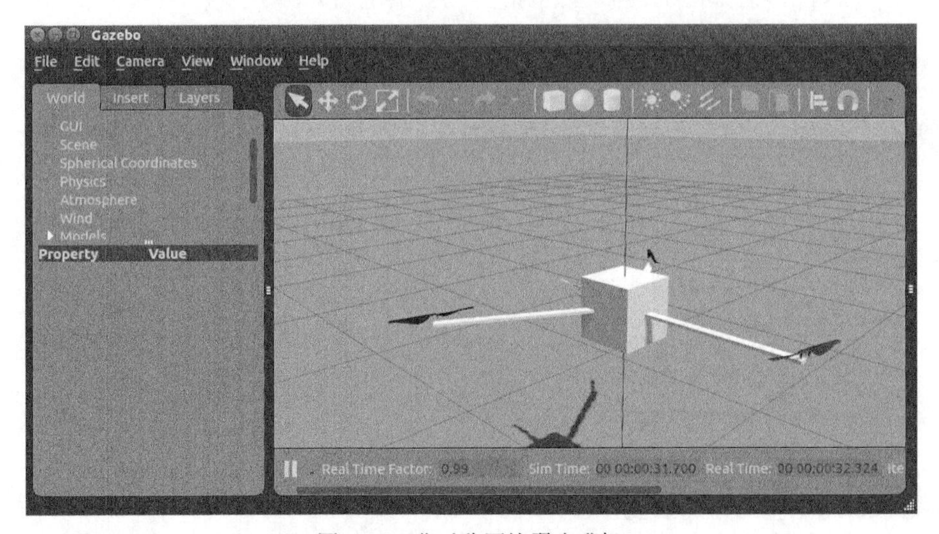

图 9-17　非对称四旋翼直升机

9.4.5　参考资料

为了让机器人模型感知环境并规划自己的运动，我们必须在模型中添加传感器。我们已经在前面的小节中讨论了如何添加可用的传感器。因此，这里将研究如何为新传感器开发 Gazebo 插件。

创建自定义传感器

只有当所有的传感器插件都无法满足需求的时候，才需要为传感器创建一个插件。在这一节中，我们将介绍如何开发一个风速传感器，它主要用来测量机器人的空速，空速的值就是机器人相对于空气的速度：

$$v_{air} = v_{wind} - v$$

为了将传感器集成到模拟器中，我们可以按照创建模型插件的过程来执行操作。另外我们需要创建一个关于所需话题的发布者，例如 air_speed。所有这些都可以在插件的 Load 方法中实现。在每次模拟迭代调用 OnUpdate 方法中，我们通过调用 getWorldLinearLevel() 来获取在 world 坐标系中连杆的速度：link_－>GetWorldLinearVel()。

然后执行前面在方程式中描述的计算，也可以在计算值中添加一些额外的噪声。此外，我们可以参考 GazeBoimuPlugin 和 GazeBoommetryPlugin 来了解如何将噪声添加到计算值中。

9.5 MAV/无人机的自主导航框架

RotorS 模拟器最大的优势是它集成了一个轨迹跟踪控制器。这样我们就可以在不必事先实现状态估计和控制器的情况下，来实现避免冲突和路径规划之类的高级任务。

9.5.1 准备工作

总的来说，我们拥有所需的设置和资源，可以为任何 MAV 试验和开发全面的自主导航框架。一旦我们在模拟中得到了一个有效的解决方案，将其转换成为现实世界系统中将会是一个工程任务。在本节中，我们来讨论如何在 RotorS 模拟器中实现碰撞避免和路径规划的一些想法。

1. 避免碰撞

MAV 中解决避免碰撞的一个常用方法就是将运行环境投影到二维平面上，并像第 7 章中所讲述的方式来配置 ROS 导航栈。为了完成这个任务，MAV 上需要安装一个合适的传感器，以此来感知周边环境并对其进行评估。幸运的是，Gazebo 为诸如 Hokuyo 之类的二维激光器提供了插件，这些激光器经常应用在真正的 MAV 上。不过这种方法在现实世界中并不太实用，因为这样一来，MAV 的操作空间实际上就被限制在一个固定高度的平面上了。

对于三维空间中的碰撞解决办法通常需要前置深度摄像头，比如 Gazebo 中已经实现了的 Kinect-sensor，这是一个很好的出发点。通常这种类型的传感器都是轻型的，可以提供关于周边环境的丰富信息。另外，我们也可以将单目摄像机（monocular camera）安装在 MAV 上，从而实现运动估计和对环境的三维建模。

图 9-18 中给出了一台 Parrot AR 无人机上的并行追踪与地图绘制（Parallel Tracking and

Mapping，PTAM）工作方式。

图 9-18　一台 Parrot AR 无人机上的并行追踪与绘制

同样，一台立体摄像机（stereo camera）可以计算图像的视差信息，并以此来实现三维空间中的避障。

此外，我们还可以使用 ORB-SLAM 进行状态估计和对环境的 3D 建模，图 9-19 给出的 Parrot Bebop 无人机上的单目鱼眼相机（monocular fish-eye camera）就是使用这种方法的。

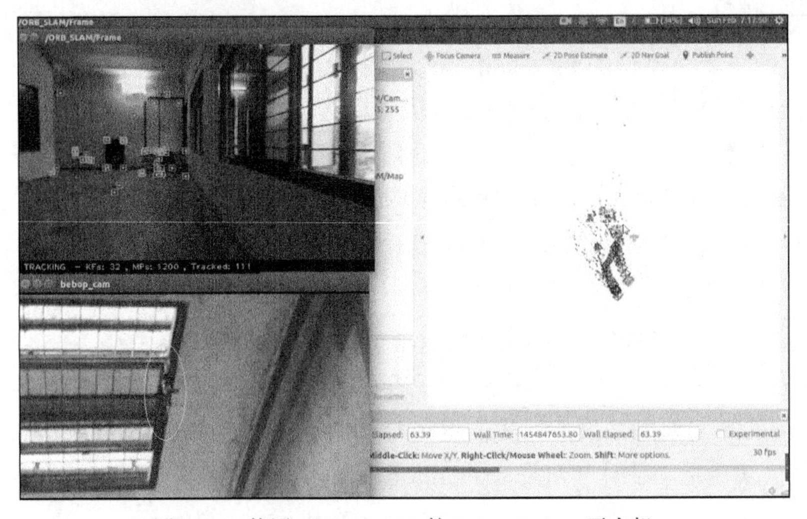

图 9-19　使用 ORB-SLAM 的 Parrot Bebop 无人机

2．路径规划

在 RotorS 模拟器中，我们可以建立一个包含发电厂和航路点发布者的演示环境，并在其中使用不同的规划算法进行实验。我们可以在 rotors_gazebo/resources 文件夹中找到使用八叉树表示的包含发电厂在内的演示环境文件，它可以用于 octomap_server 功能包。八叉树可以在规划器中进行有效的碰撞检查，并且适用于 3D 环境。

以下命令可以完成我们的实验设置：

```
$ roslaunch rotors_gazebo mav_powerplant_with_waypoint_publisher.launch
```

图 9-20 给出了执行该命令的结果。

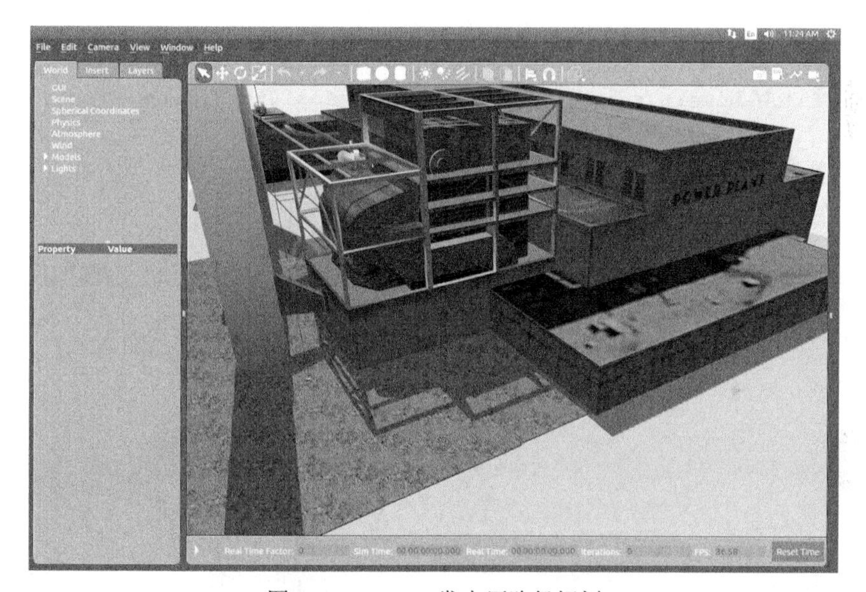

图 9-20　MAV：发电厂路径规划

ROS 中的 MoveIt 功能包中还提供了大量的规划算法。它们可以用来完成在静态环境中执行 3D 路径规划以及 MAV 的控制。

9.5.2　如何完成

在这一节中，我们将学习如何使用 MoveIt 来完成无人机导航的任务。MoveIt 是一个允许使用指定机器人完成运动规划的 ROS 框架。这表示使用这个框架，我们就可以在不与任何东西发生碰撞的前提下，从 A 点移动到 B 点（运动）。

这里有一点必须要提及，MoveIt 在默认情况下是为操作机器人设计的，这也正是它所擅长的领域。所以我们既然是为无人机进行规划轨迹，那么必须采取一些额外的措施来实现这个目的。

MoveIt是一个非常复杂和有效的工具。在这一章中我们并不会深入探讨它的工作原理以及它所提供的全部功能。不过如果你有兴趣去了解更多有关MoveIt的信息，可以访问它的官方网站。

MoveIt提供了一个非常优秀并且易于使用的用户图形界面，我们可以通过它与机器人进行互动，并执行运动规划。不过在实际使用MoveIt之前，需要先构建一个功能包。这个包将生成使用MoveIt定义的robot（在urdf文件中定义）所需的所有配置和启动文件。

我们需要执行下列步骤来生成所需的功能包。

（1）首先我们可以通过键入以下命令来启动MoveIt Setup Assistant（MoveIt设置助手）：

```
$ roslaunch moveit_setup_assistant setup_assistant.launch
```

（2）如果你是通过单击开始图标打开这个图形工具的话，就可以看到图9-21所示的界面。

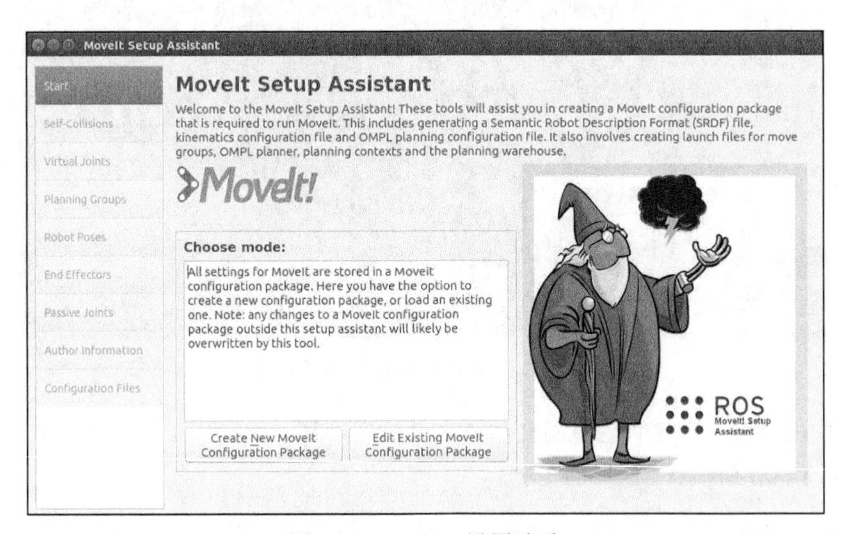

图9-21 MoveIt 设置助手

我们现在已经身处于MoveIt Setup Assistant之中了，接下来需要做的就是加载机器人文件。

（3）单击“Create New MoveIt Configuration Package”按钮，然后会出现一个如图9-22所示的新窗口。

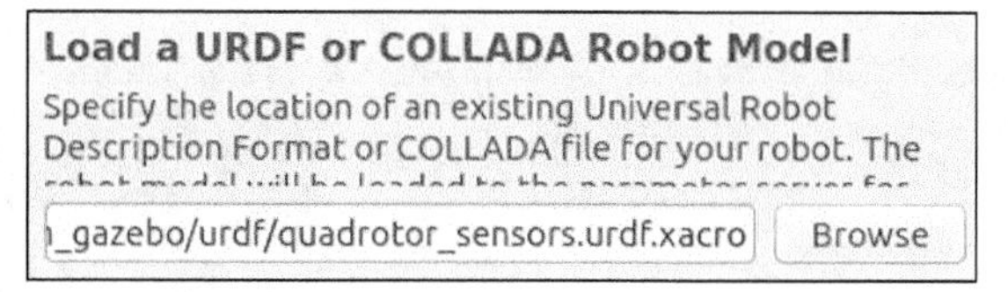

图 9-22 加载新的 MoveIt 配置功能包

（4）现在单击“Browse”按钮，然后选择名为 quadrotor_sensors.urdf.xacro 的 Xacro 文件，它位于 chapter9_tutorials/model 功能包中，选择完成后单击“Load Files”按钮。我们就可以看到如图 9-23 所示的操作界面了。

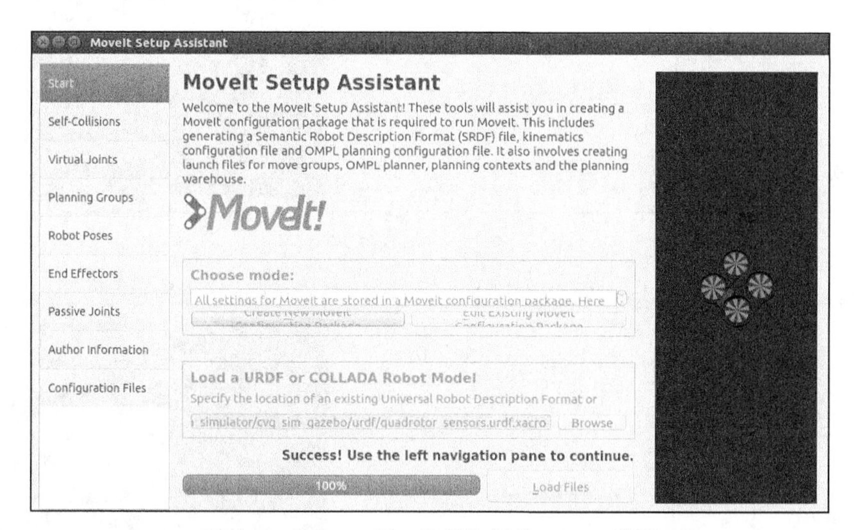

图 9-23 MoveIt 和 4 旋翼飞机的 URDF 模型

现在我们已经成功将机器人 xacro 文件加载到了 MoveIt Setup Assistant 中。

（5）接下来，我们切换到“Self-Collisions”选项卡，然后单击“Regenerate Default Collision Matrix”按钮。我们将会看到图 9-24 所示的内容。

这里我们只是定义了在执行碰撞检查时不需要考虑的连杆对。例如，因为它们是相邻的连杆，所以它们将始终处于碰撞状态。

（6）接下来，我们将切换到 Virtual Joints 选项卡。在这里通过单击“Add Virtual Joint”来为机器人底座定义一个虚拟关节，并将这个关节的名称设置为 virtual_joint。它的 Child Link 设置为 base_link，Parent Frame Name 设置为 world。另外，我们还将 Joint Type 设置为 floating，这个设置过程如图 9-25 所示。

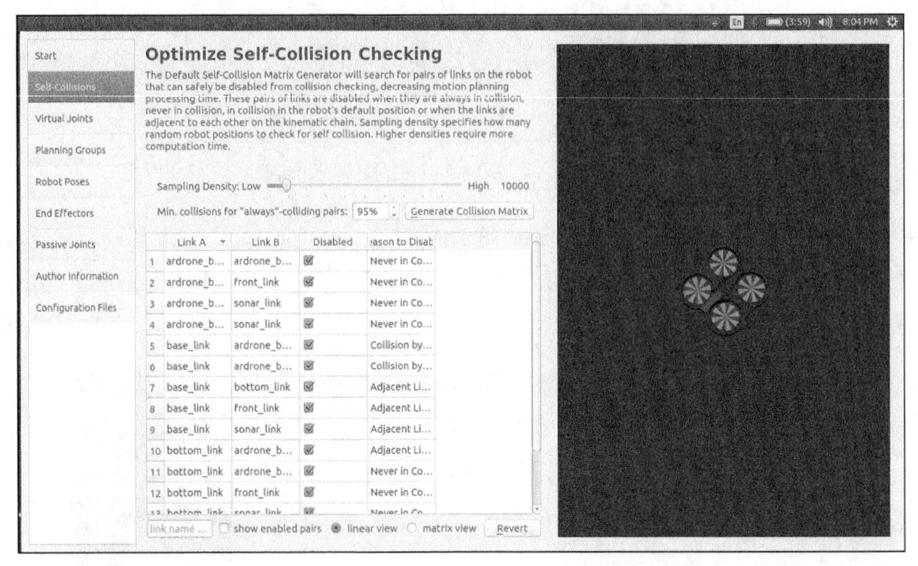

图 9-24　自碰撞检查

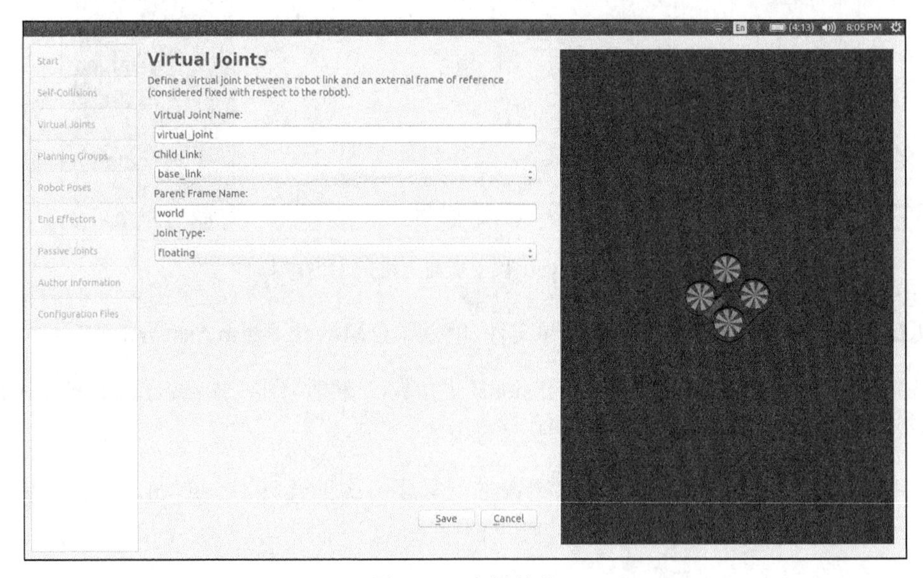

图 9-25　虚拟关节

（7）最后我们单击“Save”按钮。

到目前为止，我们所做的就是在创造一个假想的关节（见图 9-26），以此将我们机器人的底座连接到模拟世界。这个虚拟关节代表机器人底座在平面上的运动。由于四旋翼飞行器是一个多自由度的对象，因此这种虚拟关节将是一个浮动关节（floating joint）。

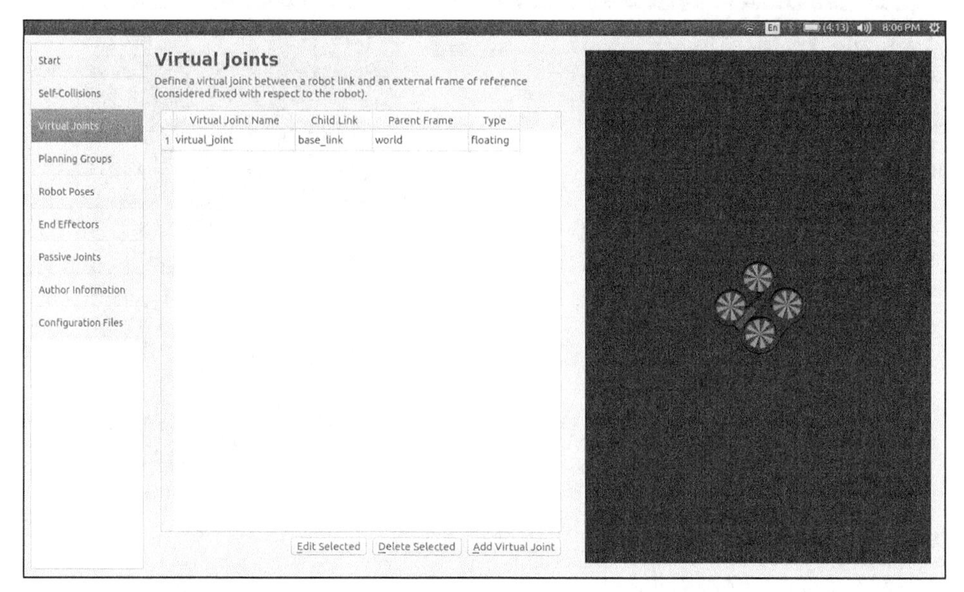

图 9-26 虚拟关节列表

（8）现在，我们打开“Planning Groups”选项卡然后单击“Add Group”按钮。这里我们首先来创建一个名为“Ardrone_Group”的新组，如图 9-27 所示。

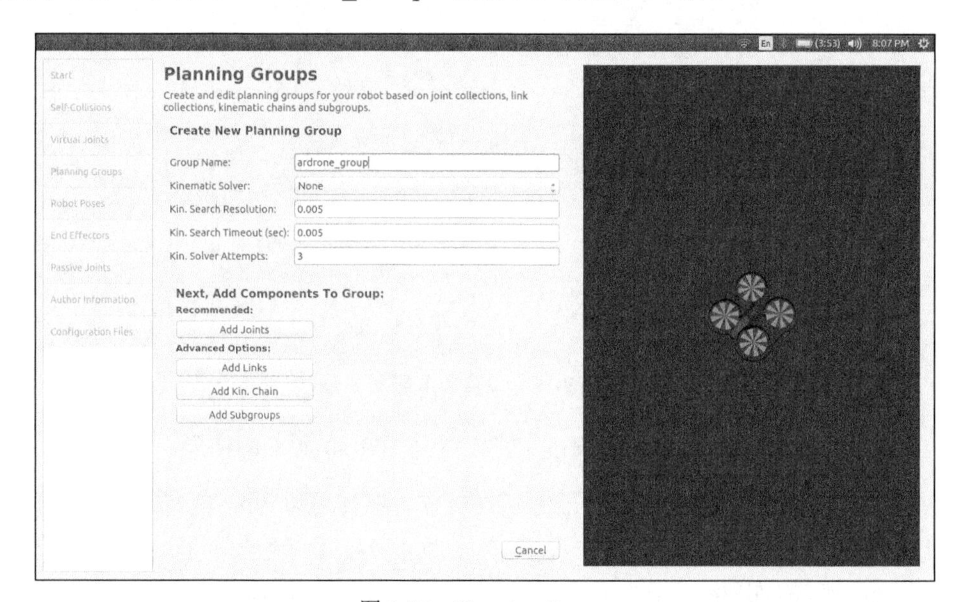

图 9-27 Planning Groups

（9）接下来，我们来单击“Add Joints”按钮，然后添加“virtual_joint”（见图 9-28）。

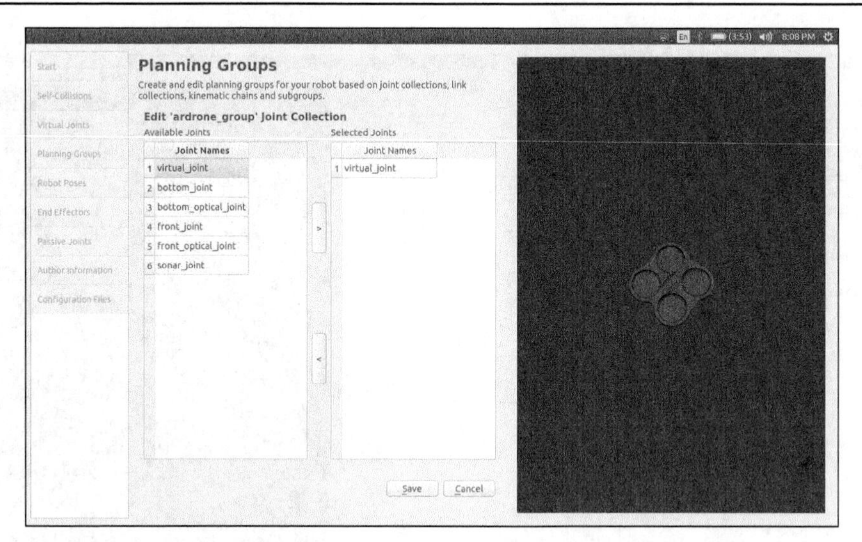

图 9-28 添加关节

（10）现在我们来重复相同的过程，但是并不向其中添加连杆。在这种情况下，我们首先添加“base_link”，如图 9-29 所示。

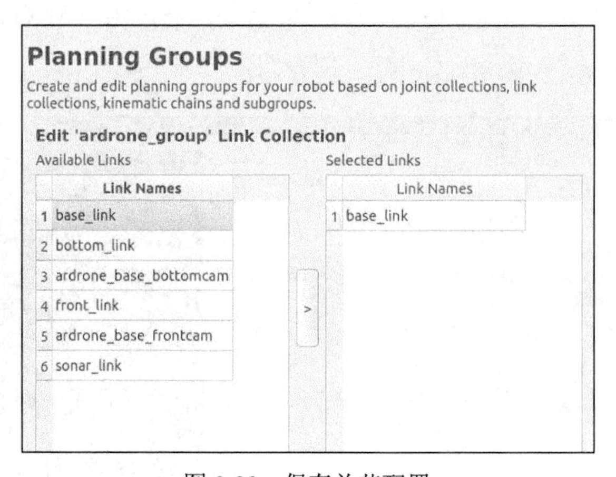

图 9-29 保存关节配置

（11）最后，我们单击“Save”按钮，将会得到图 9-30 所示的结果。

这些规划组用来描述四旋翼飞行器的不同部分，例如可以用来定义末端执行器（虽然在我们的这个四旋翼飞行器中并没有末端执行器），但是这里定义了一个名为“Ardrone_Group”的规划组，其中包含了“virtual_joint”和“base_link”。另外，我们可以将运动学解算器设置为无，因为可以将四旋翼飞行器看作简单的单个对象。

（12）接下来，我们需要切换到“Author Information”选项卡。在这里只需输入姓名和电子邮件。

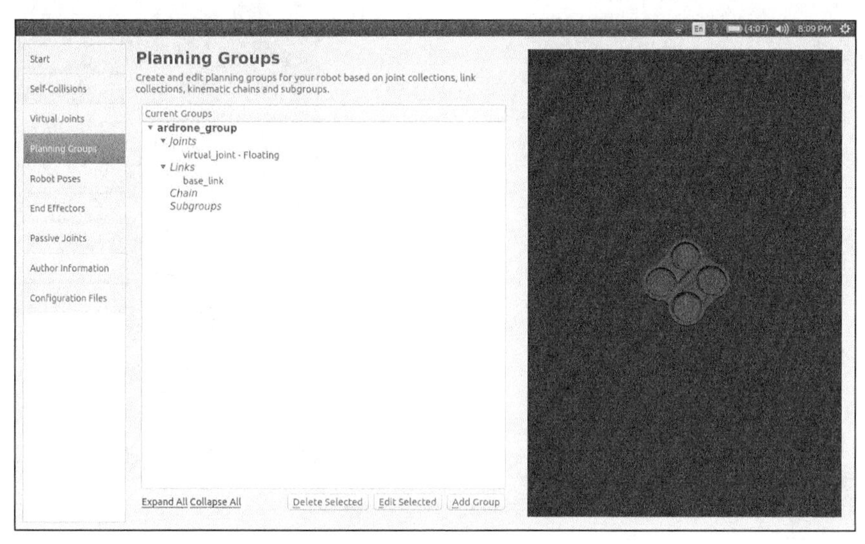

图 9-30　查看规划组

（13）最后，我们切换到“Configuration Files”选项卡，然后单击“Browse”按钮，打开 catkin_ws/src 文件夹，在这里我们会创建一个名为 ardrone_moveit_config 的新文件夹。现在，我们来选择刚才创建的目录，如图 9-31 所示：

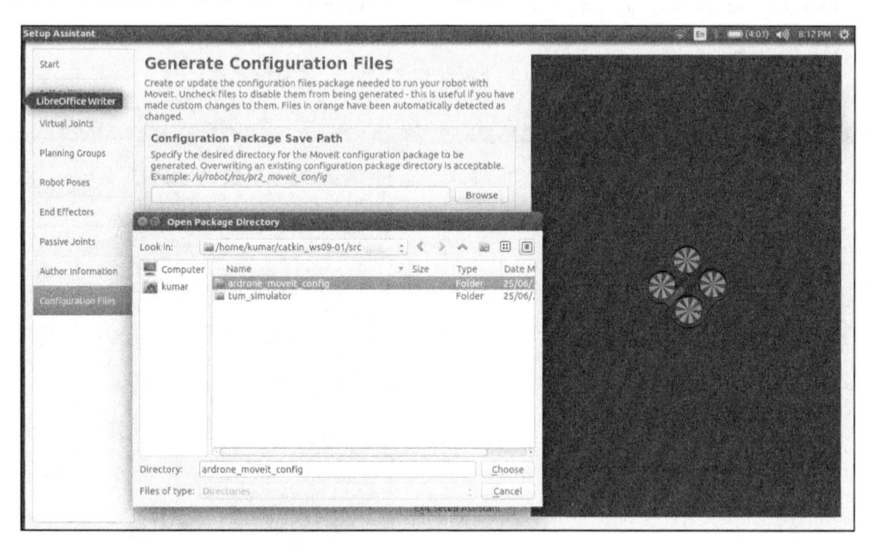

图 9-31　生成配置文件

（14）现在我们单击“Generate Package”按钮，一切正常的话，我们会看到图 9-32 所示的界面。

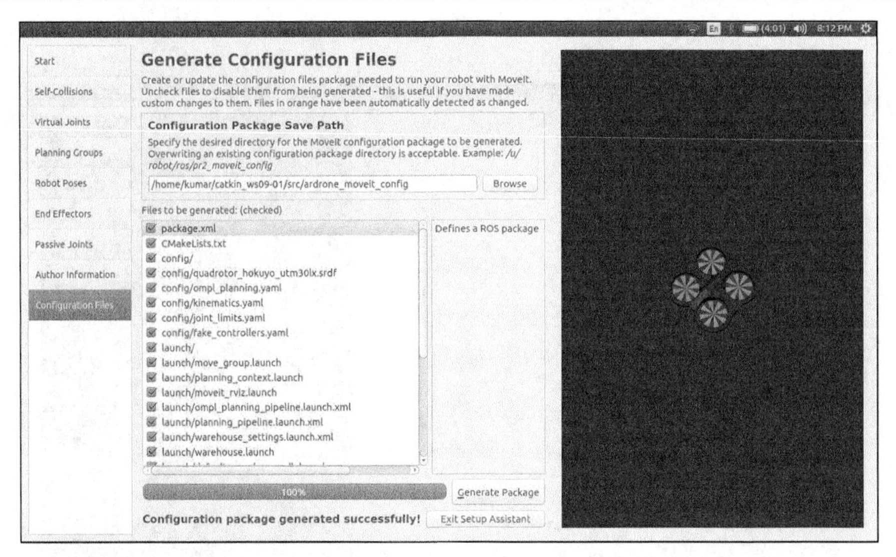

图 9-32　配置完成

就这样，我们已经为无人机创建好了 MoveIt 功能包，但是现在我们该做些什么呢？

（15）首先我们可以在 RViz 环境中启动 MoveIt，然后开始进行一些测试来检查一切是否正常。我们接下来要开始一个新的练习：

```
$ roslaunch ardrone_moveit_config demo.launch
```

（16）如果一切顺利的话，就可以看到图 9-33 所示的内容。

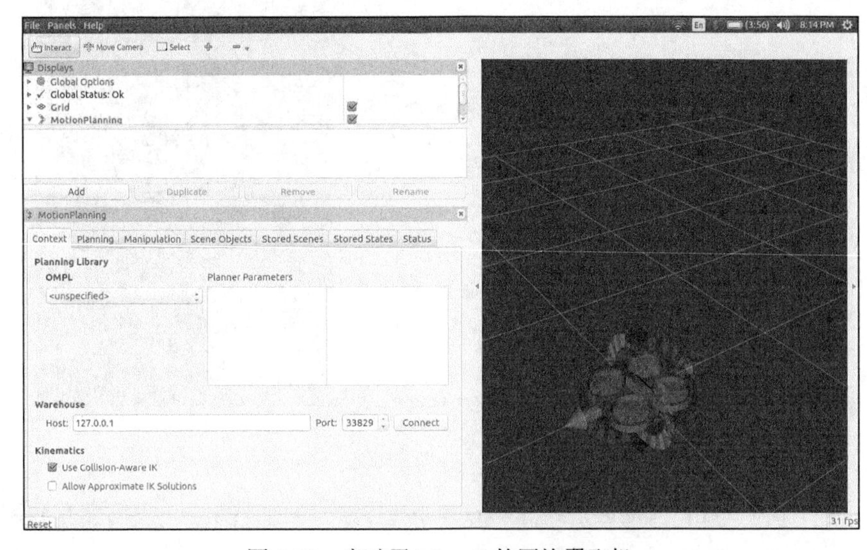

图 9-33　启动了 MoveIt 的四旋翼飞机

（17）现在我们切换到“Planning”选项卡，如图 9-34 所示。

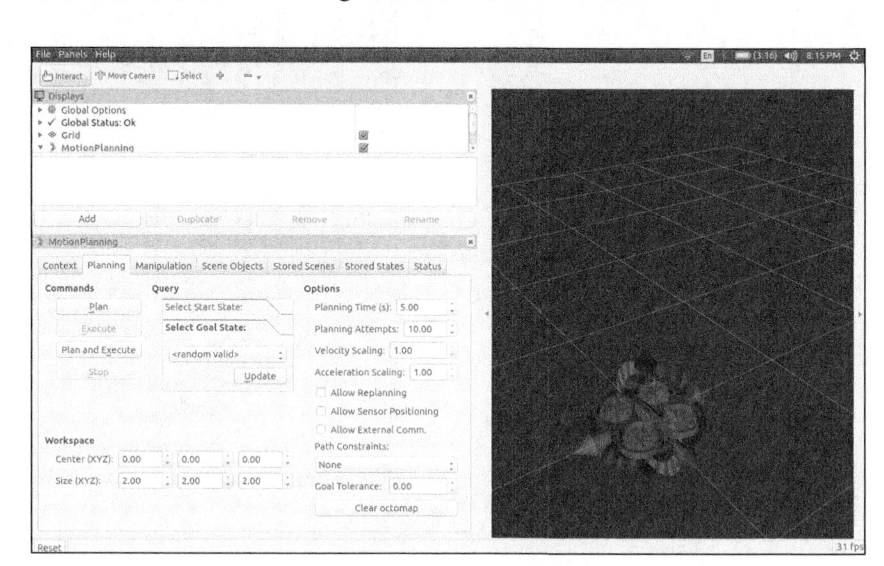

图 9-34　“Planning”选项卡

（18）在我们开始进行规划之前，最好先将“Select Start State”的值设置为<current>（见图 9-35）。

（19）现在我们需要将工作区设置为一个比当前值更大的值。要注意，在默认情况下，MoveIt 的操作对象是在小型工作空间中运动的机器人。不过，在现在的情况中我们使用的是无人机，它需要更大的工作空间。如图 9-36 所示，在这里我们就将工作空间设置为 10×10×10：

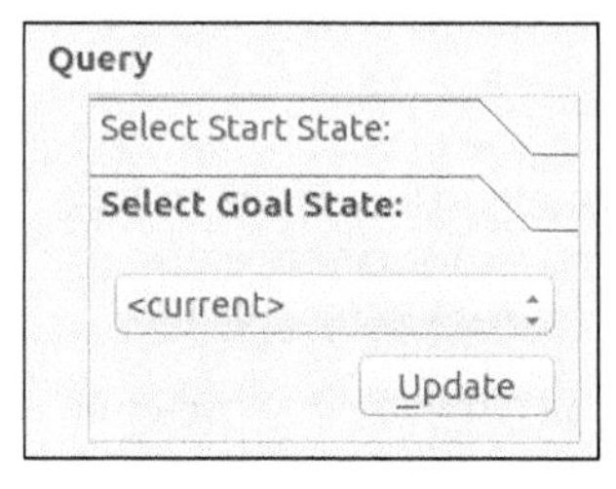

图 9-35　状态选择

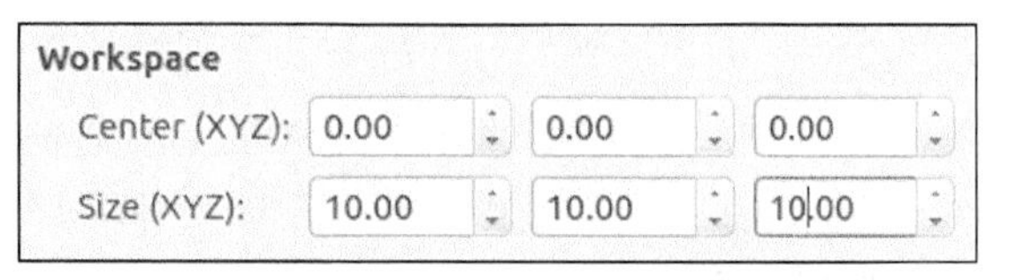

图 9-36　工作空间设置

（20）我们可以通过使用交互式箭头（interactive arrows）来移动无人机。我们使用这种方式将无人机移动到目标位置，然后单击“Plan”按钮。我们就会看到图 9-37 所示的轨迹规划过程。

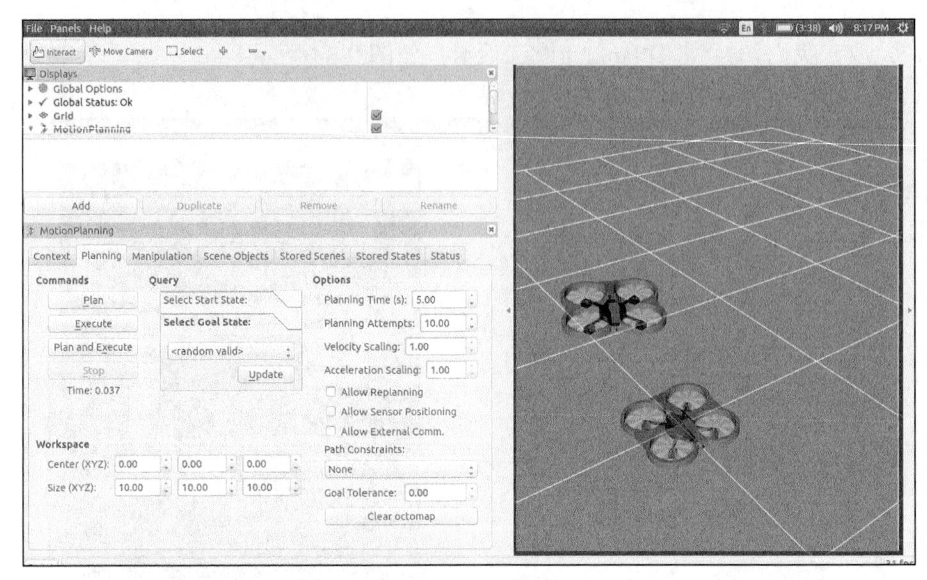

图 9-37　轨迹规划

现在你刚刚接触了这个新的工具，所以不妨对此多进行几次尝试。另外，我们也可以尝试为工作空间设置各种不同值，或者打开和关闭 Displays 列表中的各个选项，以此来查看它们对模拟器的影响。

好了，经检查，一切正常。另外，我们也加深了对 MoveIt 的理解。接下来就是要将整个环境集成到 MoveIt 中去。因为如果我们想要避开障碍物的话，首先得知道这个无人机身处于哪一个环境中。这里我们使用 OctoMap 来完成这个工作。

Octomap 基本上是一个三维的环境占用网格图，这个地图是基于八叉树建立的。OctoMaps 是由 OctoMap 库提供的，我们可以在网络上找到有关 Octomap 库的详细信息。

OctoMap 可以以插件（称为占用地图升级插件）的形式集成到 MoveIt 中，并可以通过各种不同类型传感器的输入（如点云和三维视觉传感器的深度图像）来更新八叉树。

不过在现在的实例中，我们的无人机上没有安装任何 3D 传感器，因此也不会使用这个插件。取而代之，我们要做一个简单而快速的解决方案，以便能够将一个 Octomap 引入 MoveIt 规划场景中。

由于我们的无人机上没有任何 3D 传感器，所以必须使用其他方式来构建这个 Octomap。在本例中，我们使用一个 Husky 机器人（上面安装了 Kinect 摄像头）构建了 Octomap。Octomap 可以通过 octomapping ros 包来构建。

当成功创建了 octomap 之后，我们可以很轻松地将其保存到一个文件中供以后使用。

在我们的例子中，这个 octomap 存储在一个名为 simple_octomap.bt 的文件中，该文件位于 chapter9_tutorials/maps 功能包中。

一旦创建并保存了一个 Octomap 之后，我们就可以使用 octomap_server 功能包来提供这个 octomap。我们可以使用如下命令来完成这个操作：

```
$ rosrun octomap_server octomap_server_node /path_to_octomap_file
```

在这个例子中，实际使用的命令如下所示：

```
$ roscd chapter9_tutorials;
$ cd maps
$ rosrun octomap_server octomap_server_node small_octomap.bt
```

但是，现在那个 octomap 是在哪里发布的呢？好吧，我们来看看。

当执行完上面的命令之后，指定文件中包含的完整 octomap 将作为 octomap_msgs/octomap 消息发布到名为/octomap_full 的话题中。此外，octomap 还会作为 visualization_msgs/MarkerArray 消息发布到 occupied_cells_vis_array 话题中，依次作为 rviz 中进行可视化的方框标记。

因此，如果我们想在 RViz 中可视化 octomap，就必须打开一个 RViz 窗口，添加一个 Marker Array 元素，并用 occupied_cells_vis_array 话题来配置它。然后我们就可以看到图 9-38 所示的窗口。

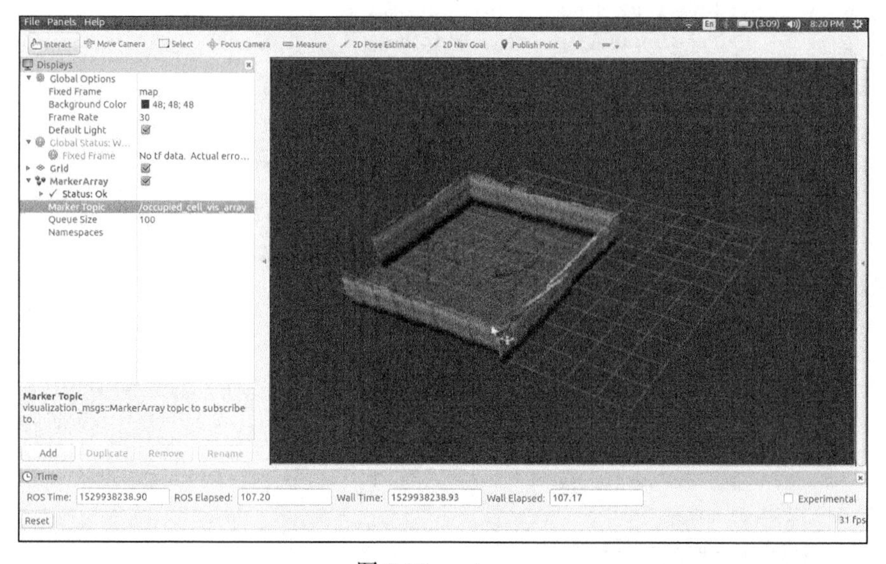

图 9-38 octomap

现在我们已经看到 octomap 被正确地发布了。但是怎么能把这个 octomap 添加到 MoveIt 的规划场景中？我们来了解一下。

首先，我们将创建一个名为 load_octomap 的新包，并将 rospy 添加为依赖项：

```
$ catkin_create_pkg load_octomap rospy
```

在这个新功能包的 src 文件夹中创建一个新的文件，并将其命名为 octoload.py。将下面的代码复制到新创建的 octoload.py 中。

```
#! /usr/bin/env python

import rospy
from octomap_msgs.msg import Octomap
from moveit_msgs.msg import PlanningScene, PlanningSceneWorld

class OctoHandler():
    mapMsg = None

    def __init__(self):
        rospy.init_node('moveit_octomap_handler')
        rospy.Subscriber('octomap_full', Octomap, self.cb, queue_size=1)
        pub = rospy.Publisher('move_group/monitored_planning_scene',
PlanningScene, queue_size=1)
        r = rospy.Rate(0.25)
        while(not rospy.is_shutdown()):
            if(self.mapMsg is not None):
                pub.publish(self.mapMsg)
            else:
                pass
            r.sleep()

    def cb(self, msg):
        psw = PlanningSceneWorld()
        psw.octomap.header.stamp = rospy.Time.now()
        psw.octomap.header.frame_id = 'map'
        psw.octomap.octomap = msg

        psw.octomap.origin.position.x = 0
        psw.octomap.origin.orientation.w = 1

        ps = PlanningScene()
        ps.world = psw
        ps.is_diff = True
        self.mapMsg = ps
```

```
if __name__ == '__main__':
    octomap_object = OctoHandler()
```

即使你对这段代码有不理解的地方，也不必担心，稍后我们就会对其进行讲解。我们在这个功能包中添加一个名为 launch 的新文件夹，并在其中添加一个 launch 文件来启动该代码。我们将这个文件命名为 load_octomap.launch。另外为 octomap 添加一对<node>标记。完成的代码如下所示：

```
<launch>

    <arg name="path"
default="/home/user/simulation_ws/src/small_octomap.bt"/>

    <node pkg="octomap_server" type="octomap_server_node"
name="octomap_talker" output="screen" args="$(arg path)">
    </node>
    <node pkg="load_octomap" type="octoload.py"
name="moveit_octomap_handler" output="screen">
    </node>
</launch>
```

接下来，我们执行 launch 文件，并按照本章前面提到的那样来再次启动 MoveIt 环境。我们按照图 9-39 所示来检查 octomap 是否正确地加载到 MoveIt 规划场景中。

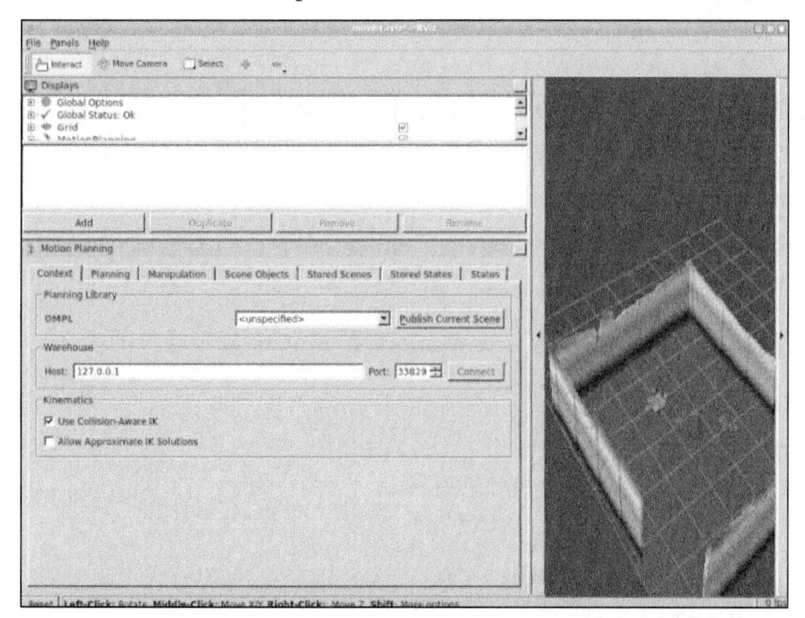

图 9-39 加载了 octomap 的 MoveIt

现在已经将 octomap 加载到 MoveIt 规划场景中了。但是这一切又是如何做到的呢？这些使用的代码都起了什么作用呢？接下来我们来了解一下：

```
from octomap_msgs.msg import Octomap
from moveit_msgs.msg import PlanningScene, PlanningSceneWorld
```

首先，我们导入了一些需要的消息。其中的 Octomap 能够用来处理 octomap 类型的信息。而 planningscene 和 PlanningSceneWorld 可以发布到 MoveIt 规划场景中：

```
class OctoHandler():
    mapMsg = None
```

这里，我们创建了一个名为 octohandler()的类，并初始化一个变量 mapMsg：

```
rospy.init_node('moveit_octomap_handler')
        rospy.Subscriber('octomap_full', Octomap, self.cb, queue_size=1)
        pub = rospy.Publisher('move_group/monitored_planning_scene',
PlanningScene, queue_size=1)
        r = rospy.Rate(0.25)
        while(not rospy.is_shutdown()):
            if(self.mapMsg is not None):
                pub.publish(self.mapMsg)
            else:
                pass
            r.sleep()
```

这段代码是类的构造函数。在这里我们定义了/octomap_full 话题的订阅者，这样就可以从这个话题中获得 octomap。在前面已经了解到这是一个发布 octomap 的话题，它需要通过 small_octomap.bt 文件来提供。另外，我们定义了一个发布者，通过这个发布者我们可以将一条消息发布到 move_group/monitored_planning_scene，而它正是 MoveIt 用来构建规划场景所使用的话题。

最后，我们创建了一个用来将 octomap 发布到 MoveIt 规划场景的循环。变量 mapMsg 始终有一个值（这个值将为 octomap）：

```
def cb(self, msg):
        psw = PlanningSceneWorld()
        psw.octomap.header.stamp = rospy.Time.now()
        psw.octomap.header.frame_id = 'map'
        psw.octomap.octomap = msg

        psw.octomap.origin.position.x = 0
```

```
        psw.octomap.origin.orientation.w = 1
        ps = PlanningScene()
        ps.world = psw
        ps.is_diff = True
        self.mapMsg = ps
```

这是我们之前定义的 Subscriber 的回调。每次将消息发布到/octomap_full 话题中，这个回调都会被激活。在这个回调中，我们在构建 PlanningScene()消息，这个消息会被发布到 move_group/monitored_planning_scene 话题中。

首先，我们来构建一个 planningsceneworld()消息，接着用 octomap 消息以及其他必需的值进行填充：

```
psw = PlanningSceneWorld()
        psw.octomap.header.stamp = rospy.Time.now()
        psw.octomap.header.frame_id = 'map'
        psw.octomap.octomap = msg

        psw.octomap.origin.position.x = 0
        psw.octomap.origin.orientation.w = 1
```

然后，我们将此消息传递给 planningscene()消息中的变量 world：

```
ps = PlanningScene()
        ps.world = psw
        ps.is_diff = True
```

最后，我们将这个消息保存到类的成员变量 mapmsg 中，这是我们要发布到 move_group/monitored_planning_scene 话题中的变量。回想前一段代码中的循环：

```
if(self.mapMsg is not None):
                pub.publish(self.mapMsg)
```

就这样！现在一切都变得更明确了。

现在，我们已经生成了自己的 MoveIt 功能包，并将 OctoMap 发布到 MoveIt 规划场景中，无人机以此可以了解身处的环境。这样，它就可以闪避阻碍其前进的障碍。不过我们还有一些事情要做。首先，我们需要将 MoveIt 环境连接到真正的无人机（在这种情况下，大家都知道，所谓的无人机是模拟的）。到目前为止，我们已经在 MoveIt 的应用中使用无人机。这非常有用，因为你可以在不担心任何损坏的情况下进行大量测试。但是我们最终的目标始终还是移动真正的机器人。

9.5.3 工作原理

我们刚刚创建的MoveIt功能包为轨迹规划提供了必要的ROS服务和行动，但是它无法将这些轨迹传递给真正的机器人去执行。所有的规划都是在MoveIt功能包中提供的内部模拟器中执行。为了能和真正的无人机通信，我们需要对本节开始时创建的MoveIt功能包进行修改。不过在此之前，我们需要先来学习一些关于MoveIt工作原理的内容。

MoveIt中使用的主节点是move_group。如图9-40所示的系统架构中，move_group节点集成了所有外部节点，以便为用户提供一组ROS操作和服务。这些外部节点包括四旋翼飞行器传感器和控制器、来自参数服务器的数据和用户界面。

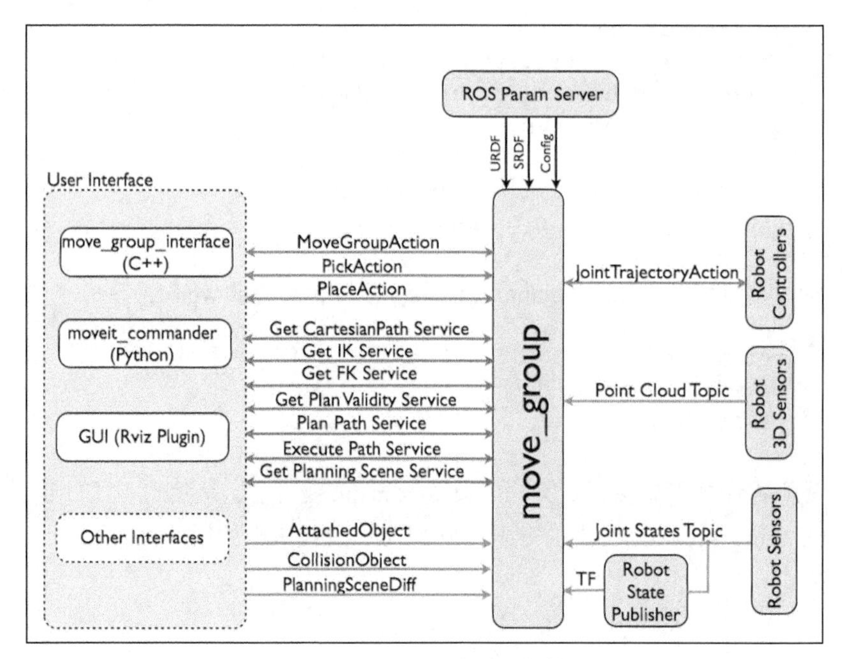

图9-40 MoveIt的系统架构

节点move_group通过ROS主题和操作与无人机通信。该节点通过监听/joint_states话题来获取当前状态信息，例如无人机的位置和方向。因此有必要启动一个joint_state_publisher来广播无人机的状态。move_group节点使用ROS TF库来接收有关四旋翼飞行器位姿的全局消息。TF库中提供了机器人基础坐标系与世界或者映射坐标系的转换。为了发布这个消息，需要启动robot_state_publisher节点。

节点move_group通过FollowJointTrajectoryAction接口与四旋翼飞行器的控制系统进

行交互。但是正如在本节开头提到的那样，最初，MoveIt 这个功能包是针对操作机械臂机器人这种情况而开发的，而这与我们当前的情况并不相符。所以我们需要根据无人机的多自由度动力学来修改 FollowJointTrajectoryAction 动作，这个新动作的名称为 MultiDofFollowJointTrajectory。在当前系统中已经提供了这个动作，所以我们不必再费心地去创建它了。我们只需要对 MoveIt 进行配置就可以使用这个动作。如果你希望查看更多关于这个动作的信息，可以查看由 Alessio Tonioni 开发的库文件。

好了！现在我们已经掌握了这些知识，接下来我们需要进行一些修改来实现将 MoveIt 功能包与真正无人机进行连接。

首先，我们需要创建一个文件来定义如何控制真正机器人的关节。在 MoveIt 功能包中的 config 文件夹中，我们将创建一个名为 controllers.yaml 的新文件，并将以下内容复制到其中：

```
controller_list:
  - name: multi_dof_joint_trajectory_action
    type: MultiDofFollowJointTrajectory
    default: true
    joints:
      - virtual_joint
```

在这里我们定义用来控制机器人关节的操作服务器。在这种情况下，无人机上只有 virtual_joint 关节。如前所述，为了实现控制，我们将要使用的操作服务器是 MultiDof FollowJointTrajectory。其中参数 name 定义了控制器的名称，参数 default 指定了这个控制器是否是 MoveIt 选中用来和特定关节组通信的主控制器。

接下来，我们要创建一个文件来定义无人机关节的限制。对于这个无人机，我们将限制其最大速度和加速度。同样，在 config 文件夹中，创建一个名为 joint_limits.yaml 的新文件，并将以下内容复制到其中：

```
joint_limits:
  virtual_joint:
    has_velocity_limits: true
    max_velocity: 0.2
    has_acceleration_limits: true
    max_acceleration: 0.04
```

现在，当我们打开 launch 目录中的 smart-grapping-sandbox-moveit-controller-manager.launch.xml 文件时，可以看到它是空的。我们将以下内容复制到其中：

```
<launch>
 <!-- Set the param that trajectory_execution_manager needs to find the
controller plugin -->
 <arg name="moveit_controller_manager"
default="moveit_simple_controller_manager/MoveItSimpleControllerManager" />
 <param name="moveit_controller_manager" value="$(arg
moveit_controller_manager)"/>
 <!-- load controller_list -->
 <rosparam file="$(find ardrone_moveit_config)/config/controllers.yaml"/>
</launch>
```

我们加载了刚刚创建的 controllers.yaml 文件和 MoveItSimpleControllerManager 插件，这个插件可以将 MoveIt 计算的规划发送到真正的机器人（在我们的这个案例中，这是一个模拟的无人机）。

然后，因为我们需要创建一个新的启动文件来设置整个系统，所以要在 launch 文件夹中，创建一个名为 ardrone_navigation.launch 的新 launch 文件：

```
<launch>
  <param name="use_sim_time" value="true" />
  <!-- Take the name of the package in which config is stored-->
  <arg name="config_pkg" default="$(find ardrone_moveit_config)" />

  <!-- By default, we are not in debug mode -->
  <arg name="debug" default="false" />

  <!-- Load the URDF, SRDF and other .yaml configuration files on the param
server -->
  <include file="$(arg config_pkg)/launch/planning_context.launch">
    <arg name="load_robot_description" value="true"/>
  </include>
  <node pkg="tf" type="static_transform_publisher"
name="world_to_footprint" args="0 0 0 0 0 0 world odom 5" />
  <node pkg="tf" type="static_transform_publisher" name="odom_to_nav"
args="0 0 0 0 0 0 odom nav 5" />
  <node pkg="tf" type="static_transform_publisher"
name="virtual_joint_broadcaster_0" args="0 0 0 0 0 0 base_footprint
base_link 5" />
  <node pkg="tf" type="static_transform_publisher"
name="odom_map_broadcaster" args="0 0 0 0 0 0 map world 5" />

  <!-- We do not have a robot connected, so publish fake joint states -->
  <node name="joint_state_publisher" pkg="joint_state_publisher"
type="joint_state_publisher">
```

```
    <param name="/use_gui" value="false"/>
    <rosparam
param="/source_list">[/move_group/fake_controller_joint_states]</rosparam>
  </node>

  <!-- Given the published joint states, publish tf for the robot links -->
 <node name="robot_state_publisher" pkg="robot_state_publisher"
type="robot_state_publisher" respawn="true" output="screen" />

 <node name="action_controller" pkg="action_controller"
type="action_controller" ></node>

  <!-- Run the main MoveIt executable without trajectory execution (we do
not have controllers configured by default) -->
  <include file="$(arg config_pkg)/launch/move_group.launch">
    <arg name="allow_trajectory_execution" value="true"/>
    <arg name="fake_execution" value="true"/>
    <arg name="info" value="true"/>
    <arg name="debug" value="$(arg debug)"/>
  </include>

  <!-- Run Rviz and load the default config to see the state of the
move_group node -->
  <include file="$(arg config_pkg)/launch/moveit_rviz.launch">
    <arg name="config" value="true"/>
    <arg name="debug" value="$(arg debug)"/>
  </include>
</launch>
```

最后，我们来启动所需的Launch文件来建立MoveIt环境。这里最重要的部分是：

```
<node pkg="tf" type="static_transform_publisher" name="world_to_footprint"
args="0 0 0 0 0 0 world odom 5" />
  <node pkg="tf" type="static_transform_publisher" name="odom_to_nav"
args="0 0 0 0 0 0 odom nav 5" />
  <node pkg="tf" type="static_transform_publisher"
name="virtual_joint_broadcaster_0" args="0 0 0 0 0 0 base_footprint
base_link 5" />
  <node pkg="tf" type="static_transform_publisher"
name="odom_map_broadcaster" args="0 0 0 0 0 0 map world 5" />
```

这里我们发布了一些转换，这是因为我们在以一种不寻常的方式来发布Octomap。另外，我们还将那些默认情况下断开的连接建立起来。我们所做的一切都是因为前文提到的，MoveIt并不是为无人机进行导航而设计出来的。

```
<node name="action_controller" pkg="action_controller"
type="action_controller" ></node>
```

我们启动在本节开头讨论过的MultiDofFollowJointTrajectory动作（action）服务器：

```
<include file="$(arg config_pkg)/launch/move_group.launch">
    <arg name="allow_trajectory_execution" value="true"/>
    <arg name="fake_execution" value="true"/>
    <arg name="info" value="true"/>
    <arg name="debug" value="$(arg debug)"/>
</include>
```

这是MoveIt的主要启动环节，它可以启动全部的MoveIt环境。现在我们已经完成了对MoveIt的全部设置，它可以为无人机计算出一个由Octomap表示的轨迹。这里我们对接收到的所有的信息进行一个快速的总结。

通常MoveIt要依赖于预定义的操作文件，例如FollowJointTrajectory和GripperCommand动作。但是考虑到MoveIt并不是为无人机导航才开发出来的，所以我们需要定义自己的动作。动作MultiDofFollowJointTrajectory定义了启用moveit所需的目标、反馈和结果字段，MoveIt需要这些来开发和传输供无人机使用的多自由度轨迹。系统中已经包括了这个动作，所以我们也不必为此费心。

四旋翼飞行器可以被看作单一的多自由度关节。因此，我们定义了controllers.yaml文件来通知MoveIt使用这个动作。这个动作以无人机所遵循的一组航路点的形式生成轨迹。

现在我们要做的是添加一些代码，这些代码能够读取这些航路点，并通过无人机将它们转换成真实的运动。

我们将在下一节中讨论如何让真正的无人机去执行轨迹，同时也会了解那些最为流行的真正无人机（例如Parrot和Bebop）所使用的ROS功能包。

9.6 操作真正的MAV/drone——Parrot和Bebop

虽然RotorS等工具能够对MAV进行仿真是一种非常优秀的尝试，但是这种做法也必须面对一些问题：它到底能在多大程度上对真实世界进行仿真，以及从仿真情况过渡到真实飞行器的可行性。在RotorS模拟器的设计和开发过程中，为了使模拟器的模型尽可能接近实际系统，开发者们投入了大量的精力。

9.6.1 准备工作

在理想的情况下，只要将仿真环境与硬件通信的 ROS 节点进行切换，就可以让真正的 MAV 执行诸如自主导航（包括避免碰撞和路径规划）等高级任务。

模拟器可以是一个很好的工具，使开发的算法能够在以后部署到一个真正的 MAV 上。然后将代码从模拟器移植到实际硬件上要尽可能简单，但前提是接口的设计方式要尽量接近实际系统上的接口。此外，还需要使用概率方法将现实世界中的不确定性结合起来。真实平台面临的主要挑战之一是管理导致不确定性测量顺序的定时延迟。

9.6.2 如何完成

为了能让大家拥有更直观的感受，我们在模拟中使用了与真实的 Hummingbird 和 Firefly 无人机相同的控制器增益。

ROS 分别为 Parrot AR 无人机和 Parrot Bebop 无人机提供了 ardrone_autonomy 和 bebop_autonomy 功能包，如图 9-41 所示。

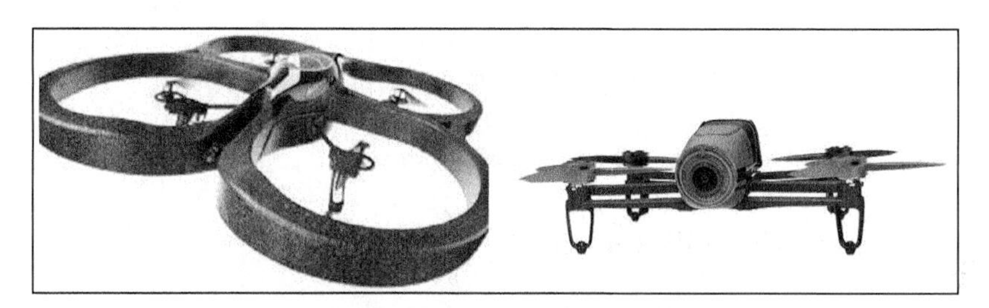

图 9-41 Parrot AR 无人机（左）和 Parrot Bebop 无人机（右）

同样，Pelican/Hummingbird 和 Firefly 四旋翼飞行器由 Ascending Technologies（AscTec）公司建造，可以使用 asctec_autopilot 功能包与 ROS 进行连接，这些直升机如图 9-42 所示。

图 9-42 AscTec 公司的 Pelican/Hummingbird 和 Firefly

使用真实的MAV/无人机来执行轨迹

目前的 MoveIt 没有能力去执行可以充分发挥四旋翼飞行器优势的多自由度轨迹。所以，为了处理由 MultiDofFollowJointTrajectoryAction 动作服务器产生的轨迹，我们必须添加一些自定义代码。

为此，我们需要使用两个由 eYSIP 开发的 Python 脚本，可以在 GitHub 上找到这个文件。

首先，需要在我们工作空间的/src 文件夹中使用如下命令来下载 tum_ardrone 功能包：

```
$ git clone https://github.com/tum-vision/tum_ardrone.git
```

接下来，我们来编译这个包：

Ardrone 和 Debop 的 ROS 功能包同样可用于 ROS Indigo，不过需要进行改进才能应用在 kinetic 及其后续的 ROS 版本上。

首先是发布 octomap，就像我们在前一节中所讲解过的那样：

```
$ roslaunch load_octomap load_octomap.launch
```

接下来，执行上一节中创建的启动文件来启动 RViz 环境：

```
$ roslaunch ardrone_moveit_config ardrone_navigation.launch
```

然后执行以下命令来启动路径点（waypoint）操作服务器：

```
$ rosrun drone_application move_to_waypoint.py _real_drone:=false
_aruco_mapping:=false
```

现在可以让我们的无人机起飞了：

```
$ rostopic pub /ardrone/takeoff std_msgs/Empty [TAB][TAB]
```

我们马上将看到无人机是如何在 MoveIt 中起飞的！

接下来，我们打开 MoveIt 窗口，使用交互式箭头为无人机选择一个目标位置，并规划一个轨迹到达那里。最后，执行这些轨迹节点，来按照规划的轨迹运动：

```
$ rosrun drone_application follow_trajectory.py _real_drone:=false
_aruco_coords:=false _visualise_trajectory:=false
```

9.6.3 工作原理

现在我们来对这些代码进行一下总结，从而更好地了解正在发生的一切：

简单来看，这里有两个主要的文件，move_to_waypoint.py 和 follow_trajectory.py。

move_to_waypoint.py 脚本的功能是创建一个操作服务器，该服务器能够将基于路径点的轨迹转换为无人机的真实运动。它将处理无人机的实际移动并发布反馈：

```
class moveAction(object):
```

操作服务器在名为 moveAction 的类中定义：

```
def __init__(self, name, real_drone, aruco_mapping):
```

函数 init()是这个类的构造函数。它创建了简单的操作服务器，以及其他移动无人机所必需的内容。例如，它还创建了一个发布者来向话题/cmd_vel 发送消息。

我们可以在下面的行中看到这两种情况：

```
# Creates the Publisher
self.pub = rospy.Publisher('/cmd_vel', Twist, queue_size=5)
# Creates the Action Server
self._as = actionlib.SimpleActionServer(
            self._action_name,
            drone_application.msg.moveAction,
            execute_cb=self.execute_cb,
            auto_start=False)
```

函数 monitor_transform()根据里程计读数来提供有关无人机当前位姿的数据：

```
def moniter_transform(self):
```

只有在涉及“ArUco markers”时，我们才会使用 get_camera_pose()函数，但是在这个案例中并没有涉及它，所以我们也不会用到这个函数：

```
def get_camera_pose(self, temp_pose):
```

函数 move_to_waypoint()是这里最重要的函数，它控制着无人机的移动。它获取控制 PID 的航路点和当前位置。然后调用 PID 控制器，直到当前位置等同于接收的航路点：

```
def move_to_waypoint(self, waypoint):
```

最后，函数 execute_cb()是动作服务端的回调函数，每当有新的目标被发送到动作服务端时，这个回调函数都会被激活。它会调用 move_to_waypoint()函数，并传递一个航路点作为参数。

```
def execute_cb(self, goal):
```

follow_trainess.py 脚本的功能是创建一个动作客户端，该客户端提取由 MoveIt 生成的轨迹中包含的路径点，并将它们作为目标发送到在 move-to-waypoint.py 脚本中创建的 moveAction 操作服务器。

这个 send_trajectory()函数，正如它的名字所说，将要跟踪的路径点发送到操作服务器。它将每个单独的路径点作为目标发送到 moveAction 操作服务器：

```
def send_trajectory(waypoints, client=None):
```

这个 get-waypoints()函数从 MoveIt 产生轨迹（在 move-group/display-planned-path 话题中发布）中提取路径点。此函数的实现非常简单：

```
def get_waypoints(data):

def legacy_get_waypoints(data):
```

传统的 get waypoints()函数与前一个函数具有相同的实用功能，但它的实现更为简洁。我们在实际中就是使用这个函数。

就像我们在这个传统的 legacy_get_waypoints()函数的末尾看到的那样：

```
def legacy_get_waypoints(data):
```

在发送要执行的轨迹后，它会在/ardrone/land 话题中发布一条消息：

```
# once waypoints are ready send to move_to_waypoint
send_trajectory(waypoints) # land once the trajectory is executed
land_pub.publish()
```

这就是为什么在执行轨迹后，无人机着陆的原因。如果愿意的话，我们可以尝试通过修改一点代码来改变这种行为。

就这样！我们已经了解了使用 MoveIt 为无人机导航的整个过程！

第 10 章 ROS-Industrial（ROS-I）

在这一章中，我们将要围绕以下主题展开学习：

- 了解 ROS-I 功能包；
- 工业机器人与 MoveIt 的 3D 建模与仿真；
- 使用 ROS-I 功能包-优傲机器人、ABB 机器人；
- ROS-I 机器人支持包；
- ROS-I 机器人客户端功能包（Industrial Robot Client）；
- ROS-I 机器人驱动程序技术规范；
- 开发自定义的 MoveIt IKFAST 插件；
- 了解 ROS-I-MTConnect；
- ROS-I 的未来——硬件支持、功能和应用。

10.1 简介

ROS-I 项目的主要目标是使 ROS 更适应工业领域的应用。虽然 ROS 已经成为了全世界机器人科学家的一个重要工具，但是它主要是得到了一些研究中心和大学或者机器人公司的应用。而工业机器人领域则是一个很难进入的领域，主要是因为这个领域负责的大多是一些比较封闭而且非常重复和机械化的任务。不过，现在的工业界对执行一些复杂和动态的任务，以及如何使他们的机器人更加智能化越来越感兴趣。

这也正是 ROS-I 发挥作用的地方！因为 ROS-I 包提供了一个解决方案，将工业机器人操作器与 ROS 进行连接和控制，这样就可以在工业机器人上使用 ROS 中强大的工具（如 MoveIt、Gazebo 和 RViz）。ROS-I 是一个开源的项目，因此任何人都可以使用它为各种不同的机器人去开发应用程序，而这一点将会让整个工业领域受益。

10.2　了解 ROS-I 功能包

ROS-I 提升了用于制造过程的工业机器人的 ROS 软件的能力。ROS-I 功能包是基于 BSD (legacy)/Apache 2.0 (preferred)许可的程序，其中包含了库、驱动程序和工具以及工业硬件的标准解决方案。ROS-I 现在由 ROS-I 联盟维护。

图 10-1 就是 ROS-I 联盟（ROS-I）的官方标志。

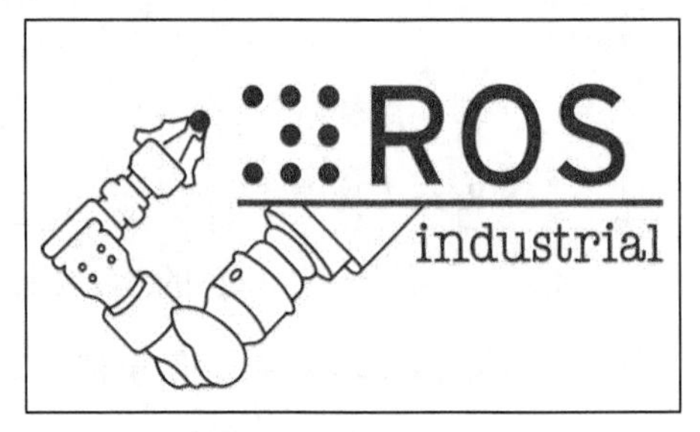

图 10-1　ROS-I 的官方标志

2012 年，ROS-I 开源项目得到了 Yaskawa Motoman Robotics、Willow Garage 和美国西南研究所（SwRI）的共同支持。ROS-I 由 Shaun Edwards 于 2012 年 1 月创建。

ROS-I 开发的目标如下：

- 将 ROS 的优势与现有的工业技术结合起来，为工业机器人提供可靠而强大的软件应用；
- 为工业机器人的研究和发展提供一个平台，可以建立一个由工业机器人研究人员和专业人员共同支持的广泛社区；
- 开发基于 ROS-I、可以自由应用于商业、不受任何限制的开源软件。

准备工作

ROS-I 包可以使用包管理器安装，也可以从源代码构建。我们过去已经安装了完整的 ros-kinetic-desktop-full 版本，现在可以使用以下命令在 Ubuntu 上安装 ROS-I 软件包：

```
$ sudo apt-get install ros-kinetic-industrial-core
```

另外，我们也可以在 GitHub 找到并下载所需的 ROS-I 软件包。上述命令将安装 ROS-I 的核心软件包，它由以下一组 ROS 软件包所组成：

- industrial-core；

- industrial_deprecated；
- industrial_msgs；
- simple_message；
- industrial_robot_client；
- industrial_robot_simulator；
- industrial_trajectory_filters。

为了更好地了解 ROS-I 的架构，我们先对其中的每一层进行简单的讨论。图 10-2 给出了 ROS-I 维基百科页面所提供的架构框。

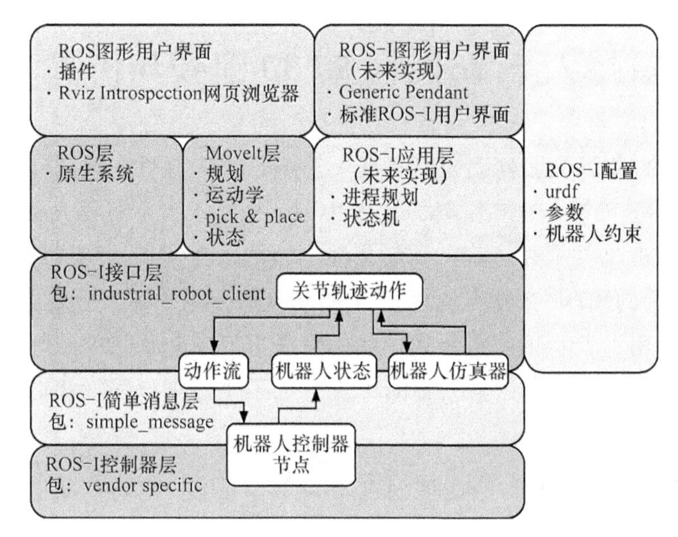

图 10-2 ROS-I 体系结构

我们来详细地了解一下这些组件。

- **ROS**：这一层由基于 ROS 插件的图形化工具所组成，包括 RViz、rqt_gui 等。
- **ROS-I**：这部分是将在未来实施的工业机器人的标准用户界面。
- **ROS 层**：这是 ROS 中间件框架的基础层，所有通信都在这里进行。
- **MoveIt 层**：这是为工业机器人提供规划、运动学等核心功能的解决方案。
- **ROS-I 应用层**：这一层由一个用于制造的工业流程规划器组成。
- **ROS-I 接口层**：该层由工业机器人客户端组成，可通过简单的消息协议与工业机器人控制器连接。

- **ROS-I 简单消息层**：这一层作为一个通信层，由一组标准的协议组成，这些协议将把数据从机器人客户端发送到控制器，反之亦然。
- **ROS-I 控制器层**：该层由特定供应商生产的工业机器人控制器组成。

到目前为止，我们已经了解了 ROS-I 的基本概念，现在要研究如何使用 ROS-I 功能包来连接工业机器人和 ROS。

首先，我们来研究如何来开发工业机器人的 URDF（统一机器人描述格式）模型，以及如何为其创建合适的 MoveIt 配置。然后，我们将研究如何使用 ROS-I 软件包去连接真实和模拟的优傲机器人以及 ABB 工业机器人。最后，我们还将讨论用来加速 MoveIt 运动学计算的自定义 IKFast 算法和插件的开发。

10.3 工业机器人与 MoveIt 的 3D 建模与仿真

在本节中，我们将讨论如何为工业机器人创建 URDF 文件。我们将通过一些基本步骤来为工业机器人创建一个 URDF 文件。URDF 是一个用于表示机器人模型的 XML 格式文件，机器人的 URDF 文件描述了它的一切属性，包括从视觉和外观部分到物理部分（如碰撞数据或惯性数据）。URDF 文件广泛用于常规的 ROS 系统中来表示机器人，在使用 ROS-I 的情况下，它们也用于表示工业机器人，我们将在本节中介绍其中一些特殊性质。需要注意的是，在本节中我们不会介绍有关 URDF 文件的基础知识，因为我们已经在第 8 章中讨论过它们。

此外，在本节中我们还将讨论如何创建 MoveIt 功能包，它将帮助工业机器人完成运动规划。

10.3.1 准备工作

虽然实验机器人和工业机器人的 URDF 模型是相同的，但对于工业机器人来说，还必须遵循一些特殊的标准。URDF 文件的设计应该尽量简单、易读、模块化。另外，对于由不同厂商生产的工业机器人，有一个共同的设计规范也是一件好事。

工业机器人的 URDF 建模

使用 ROS-I 进行 URDF 设计和建模应该遵循以下原则。

- **模块化设计**（Modular Design）：在设计 URDF 时应该使用 xarco 宏来实现模块化，这样就减少了在复杂和大型的 URDF 建模时的难度。

- **坐标系**（Reference Frame）：base_link 应该作为第一个连杆，而 toolzero（tool0）应该作为末端效应器连杆。
- **关节约束**（Joint Conventions）：每个机器人关节的方向值仅限于单级旋转。例如，方向滚动、俯仰和偏航 3 个值中，只有 1 个值将在那里使用。
- **碰撞感知**（Collision Awareness）：工业机器人中使用的逆运动学（Inverse Kinematic，IK）规划器具有碰撞感知能力，因此，URDF 模型需要为每个连杆设计一个精确的碰撞三维网格。虽然网格文件在用于视觉目的时可以具有高度详细的设计，但用于碰撞检查的网格文件采用的是计算效率很高的凸面外壳详细网格（convex hull detailed mesh）设计。

10.3.2 如何完成

正如我们在第 6 章中所讨论过的那样，在使用 xacro 文件构建完一个工业机器人的模型之后，我们就可以将其转换为一个 URDF 文件，并在 RViz 中查看这个模型，整个过程中所使用的命令如下所示：

```
$ rosrun xacro xacro -inorder -o <output_urdf_file> <input_xacro_file>$
check_urdf <urdf_file>
$ rosrun rviz rviz
```

我们将使用一个 Motoman 工业机器人模型的 xacro 文件进行实验和学习。在 chapter10_tutorials/model/目录中的 sia10f_description 功能包中包含了要使用的 xacro 文件。

幸运的是，MoveIt 提供了一个非常优秀并且易于使用的图形用户界面，它将帮助我们与机器人进行互动，执行运动规划。不过在实际使用 MoveIt 之前，我们需要先构建一个包。这个包将生成使用机器人（在 sia10f_description 中定义的机器人）所需的所有配置和启动文件。我们需要遵循如下描述的步骤来生成这个功能包。

（1）首先，我们需要启动 MoveIt Setup Assistant。输入如下所示的命令就可以完成这个操作：

```
$ roslaunch moveit_setup_assistant setup_assistant.launch
```

然后你就可以看到类似图 10-3 所示的内容。

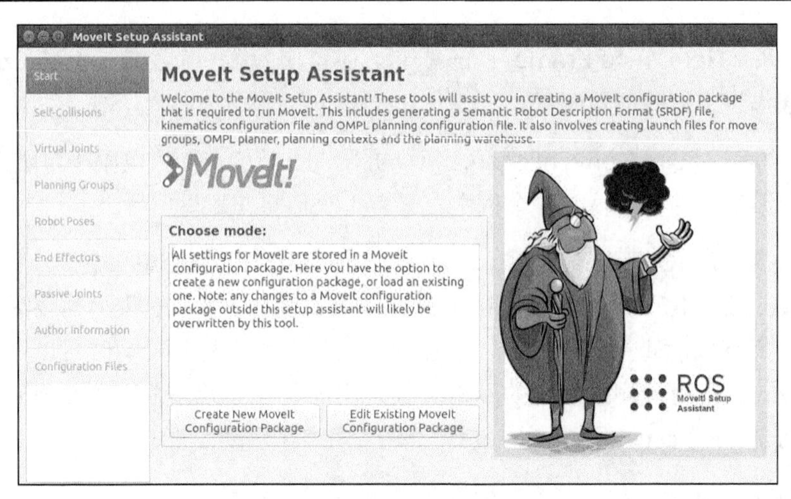

图 10-3　MoveIt 设置助手

现在我们已经成功地启动了 MoveIt 设置助手。接下来我们需要加载机器人文件。

（2）单击“Create New MoveIt Configuration Package”就可以打开一个新的窗口，如图 10-4 所示。

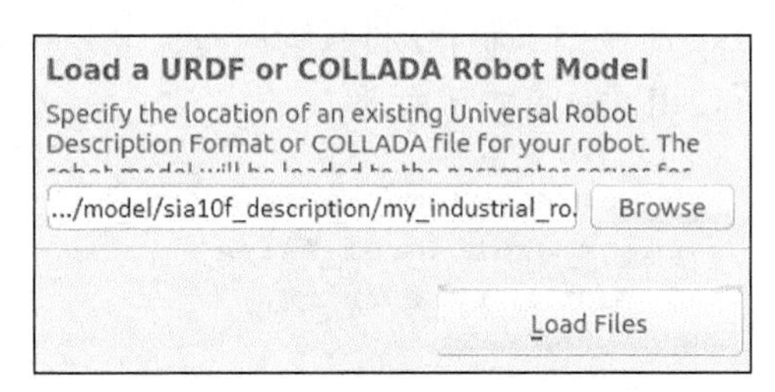

图 10-4　加载一个机器人描述

现在我们来单击“Browse”按钮，然后选择 sia10f_description 功能包中的 Motoman 工业机器人的 xacro 文件，接着单击“Load Files”按钮。我们就会看到图 10-5 所示的窗口。

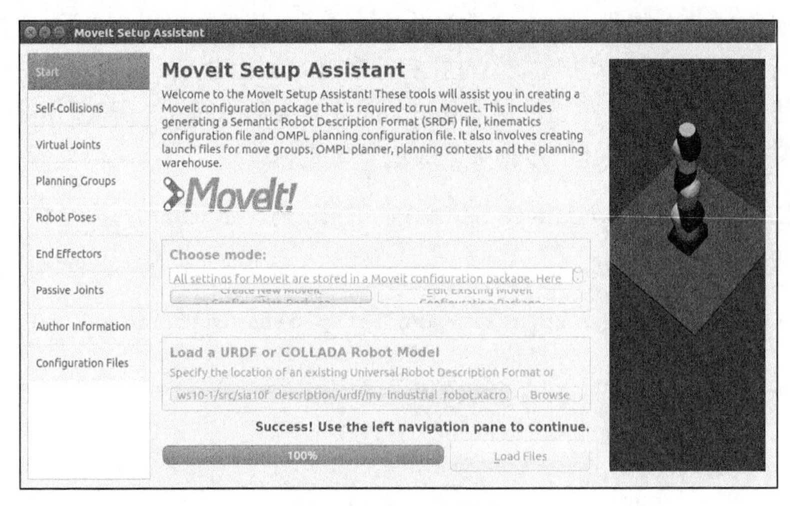

图 10-5　机器人描述

现在我们已经成功地将机器人的 xacro 文件加载到 moveit 安装助手中。现在，让我们开始进行一些配置操作了。先切换到“Self-Collisions”选项卡，然后单击“Regenerate Default Collision Matrix”按钮。

我们在这里只定义了一些不考虑碰撞检测的连杆对，因为一组连杆始终处于碰撞（collision）状态。

（3）接下来，切换到 Virtual Joints 选项卡，这里为机器人底座定义一个虚拟关节，并单击“Add Virtual Joint”按钮，然后将此关节的名称设置为“FixedBase”，将父节点设置为“World”，如图 10-6 所示。

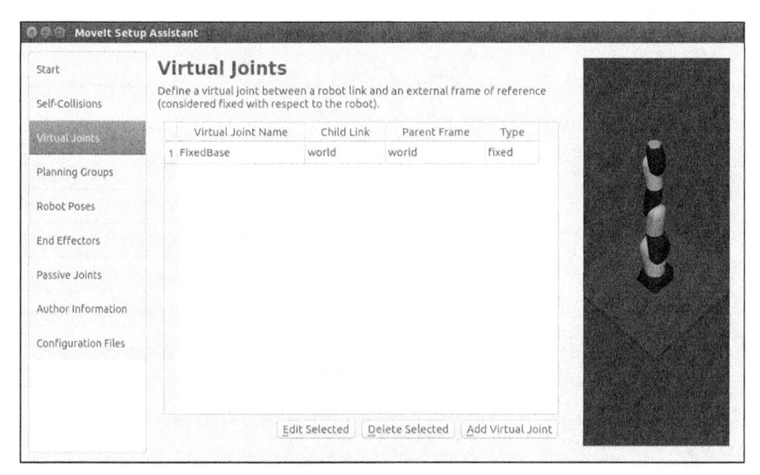

图 10-6　虚拟关节

（4）最后，我们将单击“Save”按钮。我们在这里所做的就是创造一个假想的关节，将我们机器人的底座与模拟世界连接起来。

（5）现在我们来打开“Planning Groups”选项卡，并单击“Add Group”按钮。我们在这里创建一个名为“manipulator”的新规划组，该规划组使用 KDLKinematicsPlugin，如图 10-7 所示。

Planning Groups

Create and edit planning groups for your robot based on joint collections, link collections, kinematic chains and subgroups.

Create New Planning Group

Group Name:	manipulator
Kinematic Solver:	kdl_kinematics_plugin/KDLKinematicsPlugin
Kin. Search Resolution:	0.005
Kin. Search Timeout (sec):	0.005
Kin. Solver Attempts:	3

图 10-7　规划组

（6）接下来，我们单击“Add Kin Chain”按钮，然后选择“base_link”作为基础连杆（Base Link），选择“link_tool0”作为末端连杆（Tip Link），如图 10-8 所示。

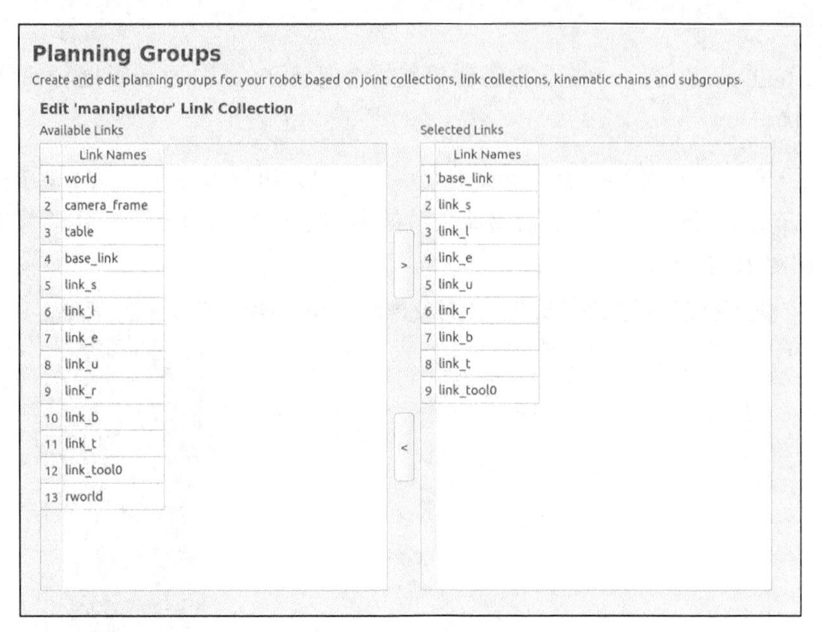

图 10-8 Kinematic 链

（7）最后单击“Save”按钮，将得到图 10-9 所示的结果。

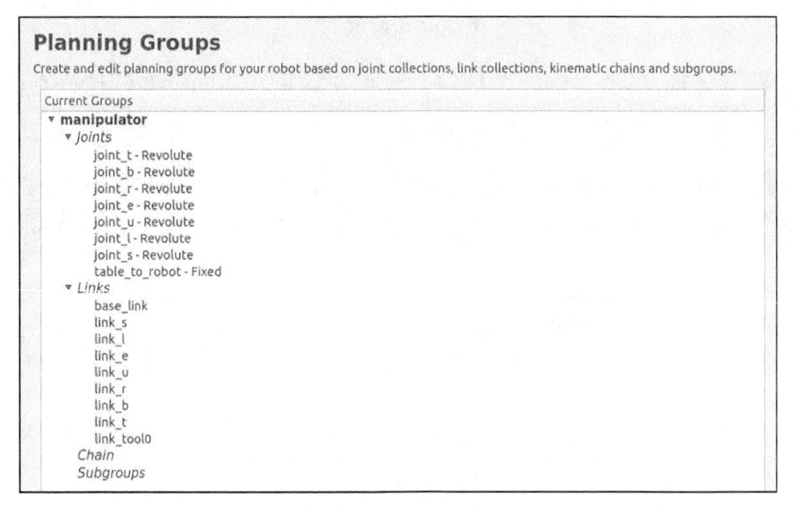

图 10-9 完成的规划组

现在，我们定义了一组用于执行运动规划的连杆，并且定义了我们要用来计算这些规划的插件。

（8）现在，我们要为机器人创建几个预定义的位姿。如图 10-10 所示，首先切换到“Robot Poses”，然后单击“Add Pose”按钮。这里显示机器人所有关节相关的值都为 0。我们将把这个位姿命名为“allZeros”，然后单击“Save”按钮。

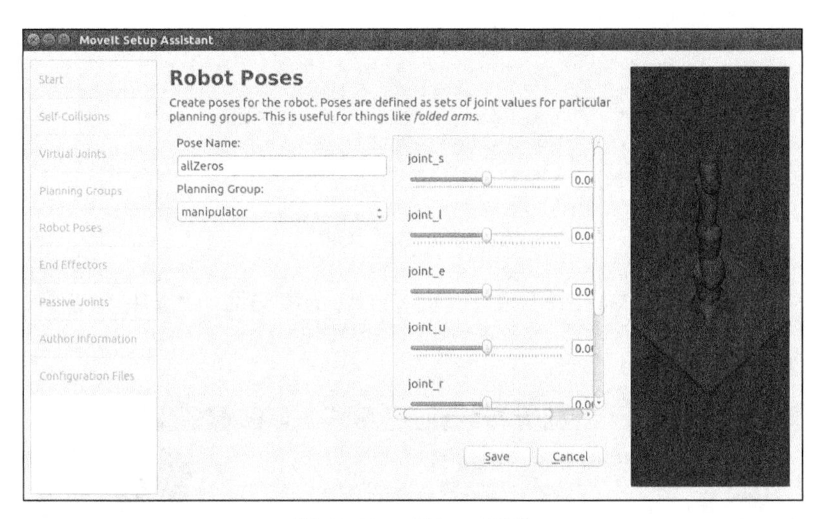

图 10-10　allZeros 配置

现在我们来重复这个操作，但这次需要调节关节的位置，使机器人处于一个名为“home”的位姿。这里可以将关节设置为任何值，不过我们建议将其设置在一个不复杂的位姿，如图 10-11 所示。

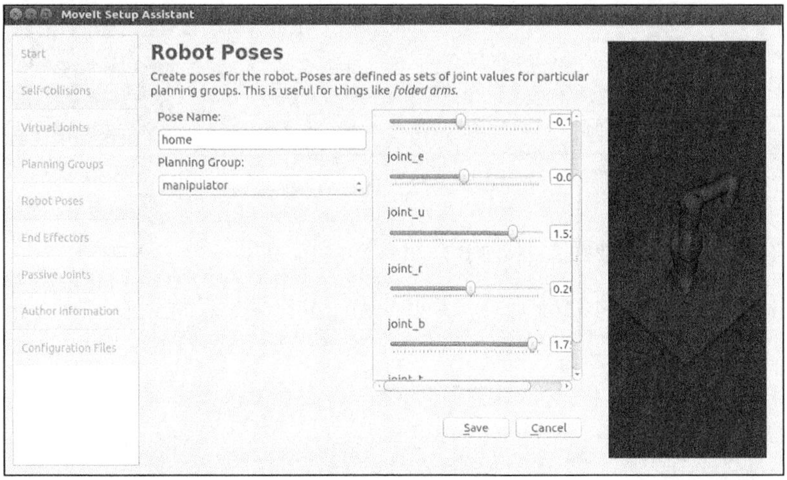

图 10-11　home 配置

这是非常有用的，比如当我们知道机器人要经历很多的位姿才能完成任务时。在“Author Information”选项卡中输入我们的姓名和电子邮件。

（9）最后，我们切换到“Configuration Files”选项卡并单击“Browse”按钮；在工作区文件夹中创建一个新的文件夹（见图 10-12）。然后选中这个刚刚创建的文件夹。

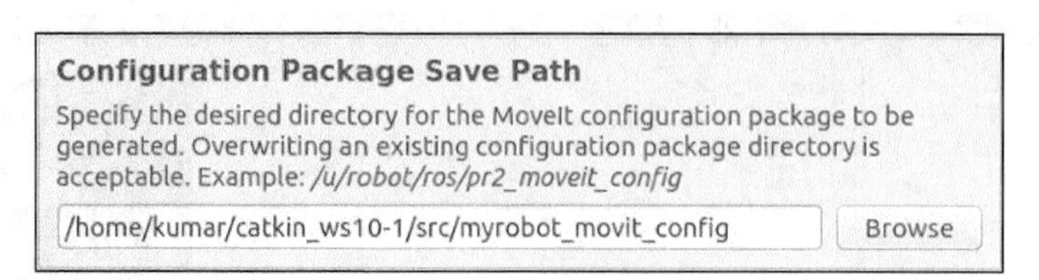

图 10-12 配置功能包

（10）单击“Generate Package”按钮，如果一切正常的话，我们将会看到图 10-13 所示的操作界面。

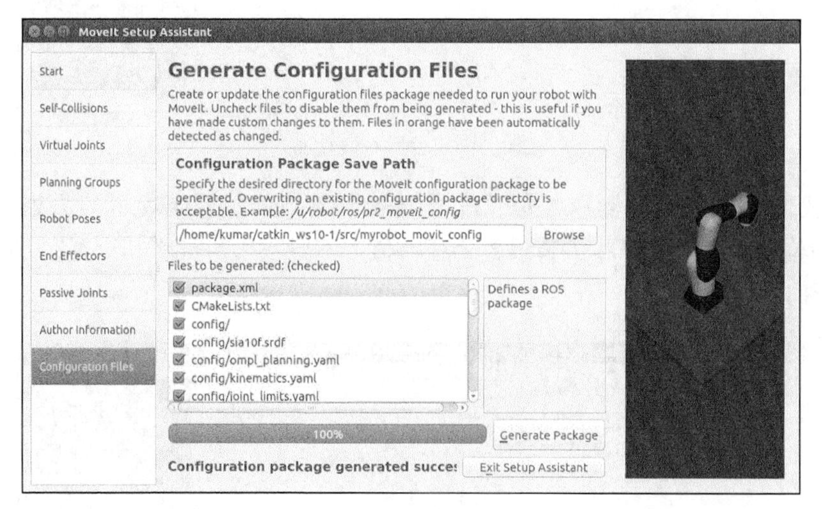

图 10-13 完成的配置数据包

现在我们已经为工业机器人创建好了 MoveIt 功能包。

我们先来启动 MoveIt 的 RViz 环境，并开始做一些有关运动规划的实验，图 10-14 给出了一个实例。

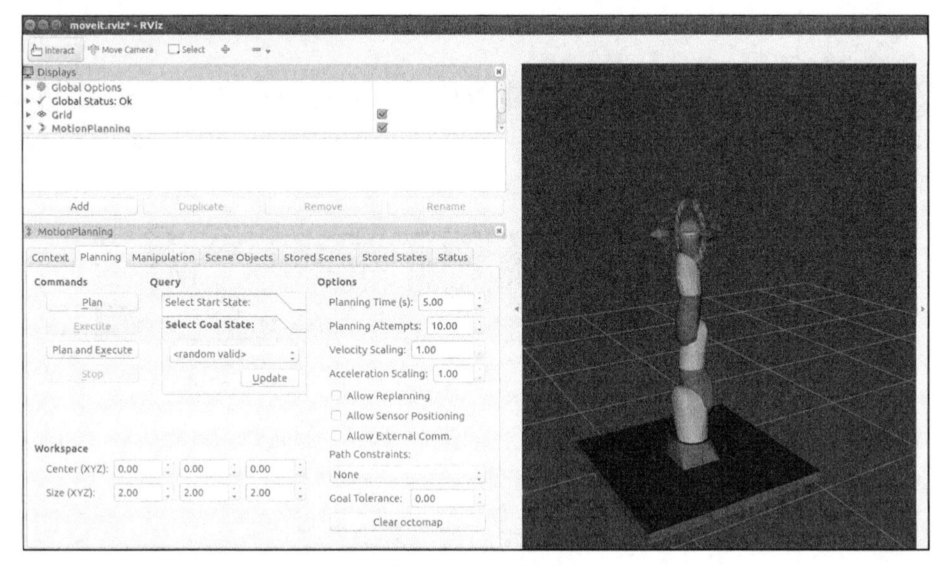

图 10-14　运动规划

在仿真环境中控制机器人

到目前为止，我们只在 MoveIt 应用程序中实现了机器人的移动。这样我们就可以完成很多实验却不必担心损坏机器人，这是非常有用的。不过，我们最终的目标还是要控制真正机器人的移动。

虽然我们创建的 MoveIt 功能包能够提供必要的 ROS 服务和行动，以便规划和执行轨迹，但是它并不能将这些轨迹传递给真正的机器人。我们所做的所有运动都是在 MoveIt 提供的内部模拟器中运行。为了能与真正的机器人进行通信，我们需要在本节开头创建的 MoveIt 包中进行一些修改。

我们往往没有真正的机器人来完成这个工作，所以会在模拟机器人上应用同样的方法。在下一节中，我们将会看到如何对 MoveIt 功能包进行修改。

我们需要定义一个用来控制真正机器人关节的文件。我们先在 MoveIt 功能包中 config 文件夹中创建一个名为 controllers.yaml 的新文件，并将以下内容复制到这个文件中：

```
controller_list:
  - name: sia10f/joint_trajectory_controller
    action_ns: "follow_joint_trajectory"
    type: FollowJointTrajectory
    joints: [joint_s, joint_l, joint_e, joint_u, joint_r, joint_b, joint_t]
```

这里定义了操作服务器（以及它将要使用的消息类型），我们将使用它来控制机器人的关节。

首先，我们在这段代码中设置了关节轨迹控制操作服务器的名称。不过，我们如何才能知道这个名称是什么呢？好吧，我们可以在任意命令行中打开一个 rostopic 列表，就能看到图 10-15 所示的结构。

```
/sia10f/joint_trajectory_controller/follow_joint_trajectory/cancel
/sia10f/joint_trajectory_controller/follow_joint_trajectory/feedback
/sia10f/joint_trajectory_controller/follow_joint_trajectory/goal
/sia10f/joint_trajectory_controller/follow_joint_trajectory/result
/sia10f/joint_trajectory_controller/follow_joint_trajectory/status
```

图 10-15　控制器

这样，我们获悉了这个机器人拥有一个叫作/sia10f/joint_trajectory_controller/follow_joint_trajectory/的关节轨迹控制器动作服务器。

同样我们可以通过检查这个操作所使用的消息来发现这一点，它的类型为 Follow JointTrajectory。

现在我们获悉了机器人使用关节的名称。其实在创建 MoveIt 功能包时，我们已经看到过它们了，我们还可以在 sia10f_description 功能包的 sia10f_macro.xacro 文件中找到它们。

接下来，我们需要创建一个用来定义机器人关节名称的文件。同样在 config 目录中创建一个名为 joint_name.yaml 的新文件，并将以下内容复制到其中：

```
controller_joint_names: [joint_s, joint_l, joint_e, joint_u, joint_r,
joint_b, joint_t]
```

如果现在打开位于启动目录中的 xxx_moveit_controller_manager.launch.xml 文件，会发现它里面是空的，我们就把以下内容添加到其中：

```
<launch>
  <rosparam file="$(find myrobot_moveit_config)/config/controllers.yaml"/>
  <param name="use_controller_manager" value="false"/>
  <param name="trajectory_execution/execution_duration_monitoring"
value="false"/>
  <param name="moveit_controller_manager"
value="moveit_simple_controller_manager/MoveItSimpleControllerManager"/>
</launch>
```

我们刚刚加载了 controllers.yaml 文件和 MoveItSimpleControllerManager 插件，这样就可以将 MoveIt 功能包中规划的路径传递给真正的机器人（虽然在本例中还是一个模拟机器人)。

然后，我们必须创建一个新的启动文件来设置控制机器人的全部系统。所以，在启动目录中，我们创建一个名为xxx_planning_exeution.launch的文件：

```
<launch>

  <rosparam command="load" file="$(find
myrobot_moveit_config)/config/joint_names.yaml"/>

  <include file="$(find
myrobot_moveit_config)/launch/planning_context.launch" >
    <arg name="load_robot_description" value="true" /> </include>

  <node name="joint_state_publisher" pkg="joint_state_publisher"
type="joint_state_publisher">
    <param name="/use_gui" value="false"/>
    <rosparam param="/source_list">[/sia10f/joint_states]</rosparam>
  </node>

  <include file="$(find myrobot_moveit_config)/launch/move_group.launch">
    <arg name="publish_monitored_planning_scene" value="true" />
  </include>

  <include file="$(find myrobot_moveit_config)/launch/moveit_rviz.launch">
    <arg name="config" value="true"/>
  </include>

</launch>
```

在这段代码中，我们加载了joint_names.yaml，并启动了一些用来设置MoveIt环境的启动文件。如果愿意，我们可以检查这些启动文件的功能，不过还需要把注意力放在正在启动的joint_state_publisher节点上。

如果我们再次创建一个Rostopic列表，就会看到一个名为/sia10f/joint_states的话题，这个话题中发布了模拟机器人关节的状态。因此，我们需要将这个话题放置在参数/source_list中，这样MoveIt就可以时刻掌握机器人的位置。

最后，我们只需要启动这个文件并规划一个轨迹，就像前一节中学习的那样。当轨迹规划好之后，我们就可以按下“Execute”按钮，让模拟机器人执行轨迹，如图10-16所示。

太棒了，现在我们已经知道如何使用MoveIt的RViz应用程序与工业机器人进行交互了。要知道MoveIt的RViz可是一个非常有趣也极为有用的工具。

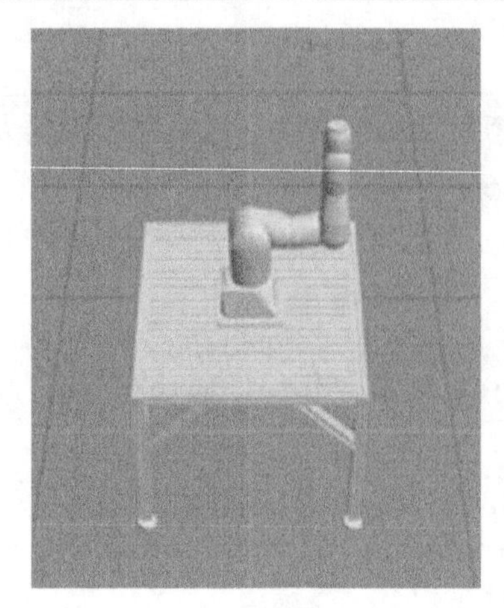

图 10-16 机器人仿真

10.4 使用 ROS-I 软件包——优傲机器人、ABB 机器人

在这一部分中，我们将使用两个最流行的 ROS-I 软件包：优傲机器人（Universal Robots）和 ABB 机器人。我们将安装 ROS-I 包，并与 MoveIt 协同工作来在 Gazebo 中模拟工业机器人。

准备工作

优傲机器人是丹麦的一家工业机器人制作商，主要的机器人产品有图 10-17 所示的 3 种：arms–UR3、UR5 和 UR10。

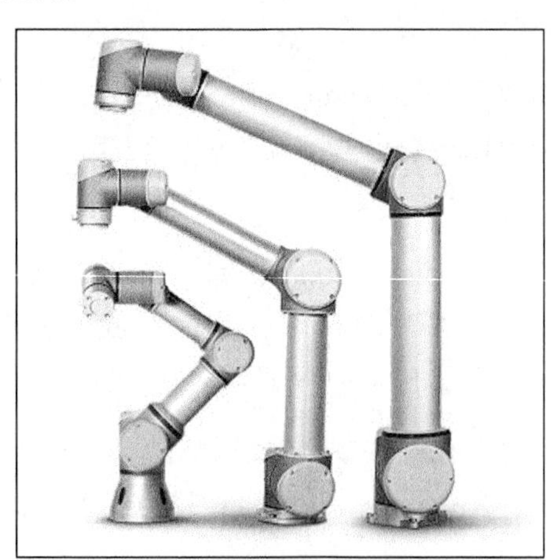

图 10-17 优傲机器人

表 10-1 给出了这些机器人的规格。

表 10-1　　优傲机器人的规格参数

Robot	UR-3	UR-5	UR-10
工作半径	500mm	850mm	1 300mm
有效载荷	3kg	5kg	10kg
重量	11kg	18.4kg	28.9kg
占地面积（半径）	118mm	149mm	190mm

同样，ABB 机器人也是全球领先的工业机器人技术供应商，它提供包括工业机器人和机器人本体在内的产品。ABB 机器人目前在全球 53 个国家、100 多个地区开展业务。在这里我们只介绍 ABB 中的两个最受欢迎的工业机器人产品：IRB 2400 和 IRB 6640，如图 10-18 所示。

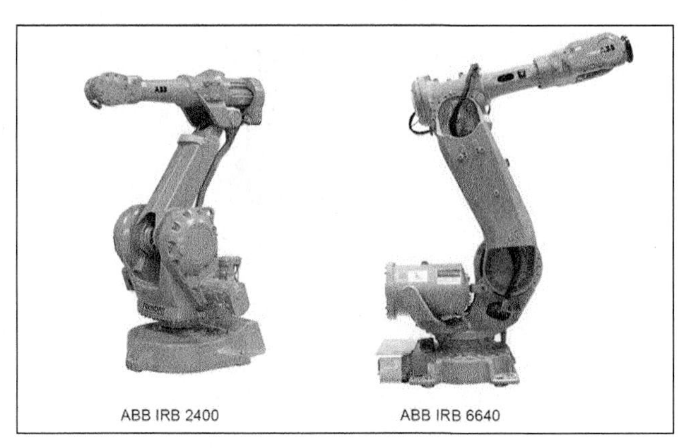

图 10-18　ABB 机器人

这两个机器人的规格如表 10-2 所示。

表 10-2　　ABB 机器人的规格参数

Robot	IRB 2400	IRB 6640
工作半径	1.55m	3.2m
有效载荷	12kg	130kg
重量	380kg	1 310～1 405kg
占地面积	723mm×600mm	1 107mm×720mm

1．优傲机器人

我们可以使用 Debian 软件包管理器来安装优傲机器人软件包。或者也可以使用如下所示的命令直接从存储库中下载这些包：

```
$ sudo apt-get install ros-kinetic-universal-robot
$ git clone https://github.com/ros-industrial/universal_robot.git
```

完成编译或安装后，我们可以使用以下命令在 Gazebo 中启动 UR-10 机器人模拟：

```
$ roslaunch ur_gazebo ur10.launch
```

我们将看到图 10-19 所示的内容。

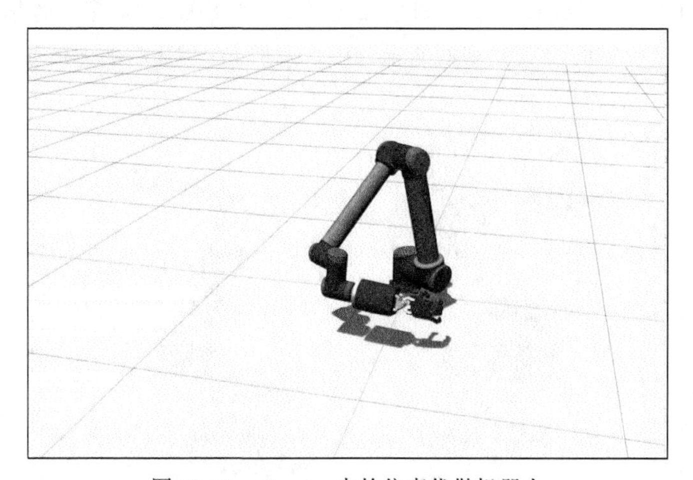

图 10-19 Gazebo 中的仿真优傲机器人

优傲机器人功能包中包含以下内容。

- ur_description：这个功能包中包含了 UR-3、UR-5 和 UR-10 机器人的 URDF 描述模型。
- ur_driver：这个功能包中包含了与 UR-3、UR-5 和 UR-10 机器人的硬件控制器通信的驱动程序节点。
- ur_bringup：这个功能包中包含了启动文件，这样我们就可以使用真正的机器人了。
- ur_gazebo：这个功能包中包含了 UR-3、UR-5 和 UR-10 在 Gazebo 中的模拟。
- ur_msgs：这个功能包中包含了用于优傲机器人软件包各个节点之间通信的 ROS 消息文件。

- urXX_moveit_config：这个功能包中包含了 Universal Robot 操作器的 MoveIt 配置文件-ur3_moveit_config、ur5_moveit_config 和 ur10_moveit_config。
- ur_kinematics：这个功能包中包含 Universal Robot 模型的运动学解算器插件（也可以用于 MoveIt）。

另外，我们还可以参考 ur_gazebo/controller 文件夹中的机器人控制器配置文件，这个文件可以用来与 MoveIt 进行连接。优傲机器人的 MoveIt 配置可以在 UR-3、UR-5 和 UR-10 各自的 moveit_config 功能包中 config 目录里找到。

在相同的目录中，我们还可以找到运动学配置文件 motionics.yaml，它指定了用于特定机械臂模型的 IK 解算器（solvers）。其中 UR-10 机器人模型的运动配置文件内容如下：

```
#manipulator:
# kinematics_solver: ur_kinematics/UR10KinematicsPlugin
# kinematics_solver_search_resolution: 0.005
# kinematics_solver_timeout: 0.005
# kinematics_solver_attempts: 3
manipulator:
  kinematics_solver: kdl_kinematics_plugin/KDLKinematicsPlugin
  kinematics_solver_search_resolution: 0.005
  kinematics_solver_timeout: 0.005
  kinematics_solver_attempts: 3
```

同样，我们也可以参考 UR-10 模型的 UR10 moveit_controller_manager.launch 文件和 launch 文件夹中的另一个文件，该文件加载轨迹控制器配置并启动轨迹控制器管理器，它的内容如下所示：

```
<launch>
  <rosparam file="$(find ur10_moveit_config)/config/controllers.yaml"/>
  <param name="use_controller_manager" value="false"/>
  <param name="trajectory_execution/execution_duration_monitoring"
value="false"/>
  <param name="moveit_controller_manager"
value="moveit_simple_controller_manager/MoveItSimpleControllerManager"/>
</launch>
```

接下来，我们来学习如何使用 MoveIt 执行规划以及使用 Gazebo 来对其进行模拟。正如我们在第 8 章中所讨论的，我们需要按照以下步骤来完成。

（1）启动 UR-10 的模拟关节轨迹控制器：

```
$ roslaunch ur_gazebo ur10.launch
```

（2）使用 sim:=true 来在 MoveIt!仿真中启动进行运动规划的 MoveIt 节点：

```
$ roslaunch ur10_moveit_config
ur10_moveit_planning_execution.launch sim:=true
```

（3）使用 MoveIt 虚拟化插件来启动 rviz：

```
$ roslaunch ur10_moveit_config moveit_rviz.launch config:=true
```

我们可以使用“Plan”按钮来移动机器人末端执行器的位置以及规划路径。但我们单击“Execute”按钮或者“Plan and Execute”按钮后，这个轨迹就会被发送到模拟机器人，并在 Gazebo 中执行该行动，如图 10-20 所示。

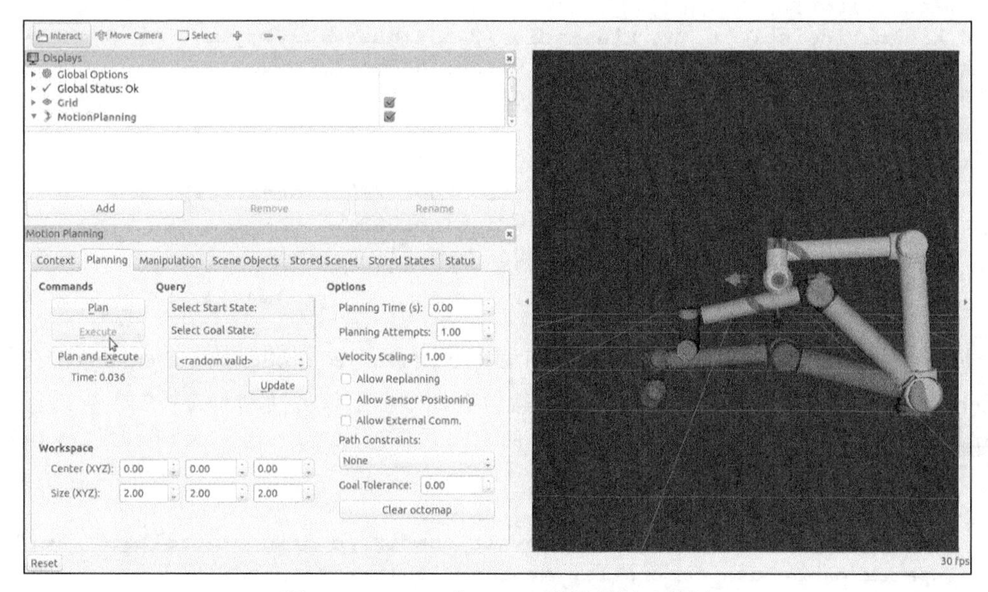

图 10-20　RVIZ 中 UR-10 模型的运动规划

一旦控制算法在 Gazebo 仿真中得到验证，我们就可以开始用一个真正的优傲机器人手臂来试验操作任务。

使用仿真和实际机器人的主要区别在于，我们必须启动硬件控制器的驱动程序，该驱动程序将使用提供的硬件软件接口与实际机器人进行通信。

虽然 ROS-I 的 ur_driver 程序包一起发布了优傲机器人臂的默认驱动程序，但对于一些较新版本的系统（v3.x 及更高版本），建议使用 ur_modern_driver 程序包（非官方）：

```
$ git clone ur10_moveit_config ur10_moveit_planning_execution.launch
sim:=true
```

2. ABB 机器人

我们可以使用 Debian 软件包管理器安装 ABB 机器人软件包，或者直接从存储库下载这些软件包，使用命令如下：

```
$sudo apt-get install ros-kinetic-abb
$git clone https://github.com/ros-industrial/abb
```

我们可以在 RViz 中启动 ABB IRB 6640 进行运动规划，如图 10-21 所示，使用以下命令：

```
$ roslaunch abb_irb6640_moveit_config demo.launch
```

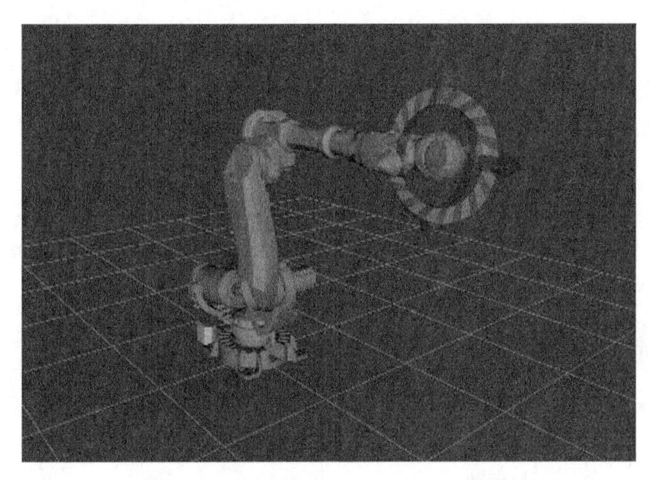

图 10-21 ABB IRB 6640 的运动规划

同样，我们也可以在 RViz 中启动 abb irb 2400 进行运动规划，如图 10-22 所示，使用以下命令：

```
$ roslaunch abb_irb2400_moveit_config demo.launch
```

我们可以参考 ABB 的 ROS 包和手册，了解更多关于规范和配置的详细信息，以便可以使用系统的指定版本。

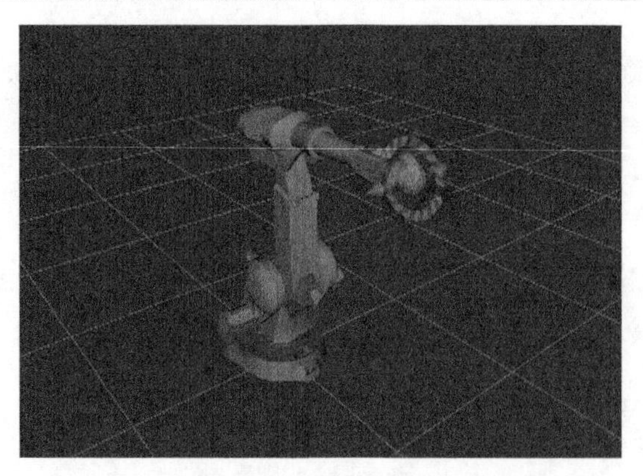

图 10-22 ABB IRB 2400 的运动规划

10.5 ROS-I 机器人支持包

ROS-I 机器人支持包是工业机器人力求实现的现代标准，这些支持包的主要目标是实现由不同供应商设计并制造的各种工业机器人的 ROS 包的标准化。所有支持 ROS-I 中官方软件包的制造商和机器人型号都使用相同的文件和目录布局。

准备工作

我们已经将上一节中的 ABB 机器人包克隆到 ABB 文件夹中，在这里可以看到各种 ABB 机器人的支持包，例如：

- abb_irb2400_support；
- abb_irb4400_support；
- abb_irb5400_support；
- abb_irb6600_support；
- abb_irb6640_support。

在这里我们将以 ABB IRB 2400 模型的“abb_irb2400_support”包作为一个典型案例来研究。图 10-23 显示了这个机器人支持功能包的顶级目录布局。

简而言之，config 目录包含了用于保存信息的文件，如关节名称、RViz 配置或其他模型特定的配置。同样，meshes 目录存储了 urdfs 中所引用的用于可视化和碰撞检测的所有三维网格。

launch 目录中包含一组用于所有支持包的启动文件。另外，每个支持包还包含一组标准化（roslaunch）测试，这些测试可以在 test 文件中找到。这些测试文件通常在启动过程中检查启动文件是否有错误，同时也可以执行其他测试。

此外，所有 urdf 和 xacros 文件都存储在 urdf 目录中。

- config：在 config 文件夹中有一个名为 joint_names_irb2400.yaml 的配置文件，里面包含了用于 ROS 控制器的机器人关节名称。
- launch：如图 10-24 所示，launch 文件夹中包含了启动机器人所需的 launch 文件。这些文件遵循所有工业机器人使用的通用规则。

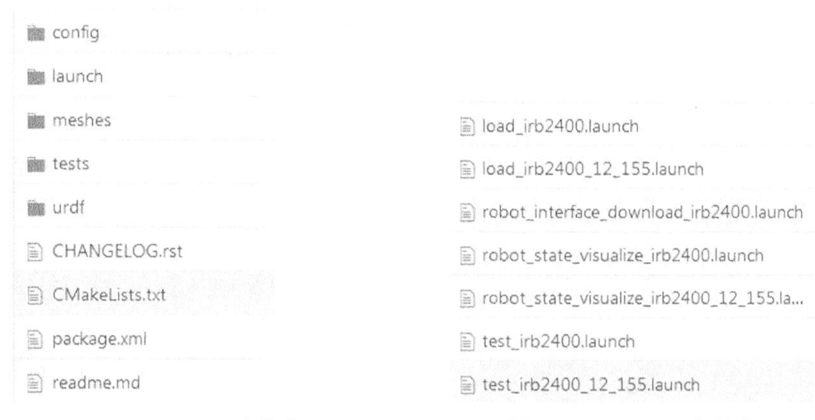

图 10-23 ABB IRB 2400 支持包

图 10-24 Launch 文件夹

- load_irb2400.launch：这个文件通常加载参数服务器上的 robot_description 和单个启动文件中的所有 xacro 文件。我们只需简单地引用（include）这个 launch 文件，而无须费力地去编写单独的代码。
- test_irb2400.launch：这个 launch 文件用来实现将加载的 URDF 文件（包括前面的启动文件）可视化，并启动 joint_state_publisher 和 robot_state_publisher nodes 节点（这两个节点用来连接 RViz）。
- robot_state_visualize_irb2400.launch：这个 launch 文件用来可视化真实机器人的当前状态，该机器人通过适当的参数运行来自 ROS-I 驱动程序包的节点。不过，这个 launch 文件需要一个真正的机器人或模拟界面。通过运行 RViz 和 robot_state_publisher 节点，我们就可以看到机器人的当前状态。
- robot_interface_download_irb2400.launch：这个 launch 文件可用于工业机器人控制器与 ROS 的双向通信，反之亦然。另外，这个 launch 文件还需要访问仿真或真正的机器人控制器。

在 ROS 和真正的机器人控制器之间建立通信，需要工业控制器的 IP 地址（控制器应该在此运行 ROS-I 服务程序）。

- urdf：如图 10-25 所示，这个文件夹包含一组机器人模型的标准化 xacro 文件。
- irb2400_macro.xacro：这是指定机器人的 xacro 定义。
- irb2400.xacro：这是一个最高级的 xacro 文件，它将创建一个 macro 的实例，但是除了机器人的 macro 文件之外并不包括其他内容。这个 xacro 文件将加载在前面的章节中讨论过的 irb2400.launch 文件中的内容。

irb2400.urdf
irb2400.xacro
irb2400_12_155.xacro
irb2400_12_155_macro.xacro
irb2400_macro.xacro

图 10-25　urdf 文件夹

- meshes：这个文件夹包含用于可视化和碰撞检查的网格。
- tests：此文件夹包含用于测试前面的所有 launch 文件的文件。

我们可以使用 test_irb2400.launch 机器人模型文件进行实验，该文件将启动 abb irb 2400 机器人的测试界面：

```
$ roslaunch abb_irb2400_support test_irb2400.launch
```

该命令成功执行后将会在 RViz 中显示机器人模型和关节状态发布器节点，如图 10-26 所示。

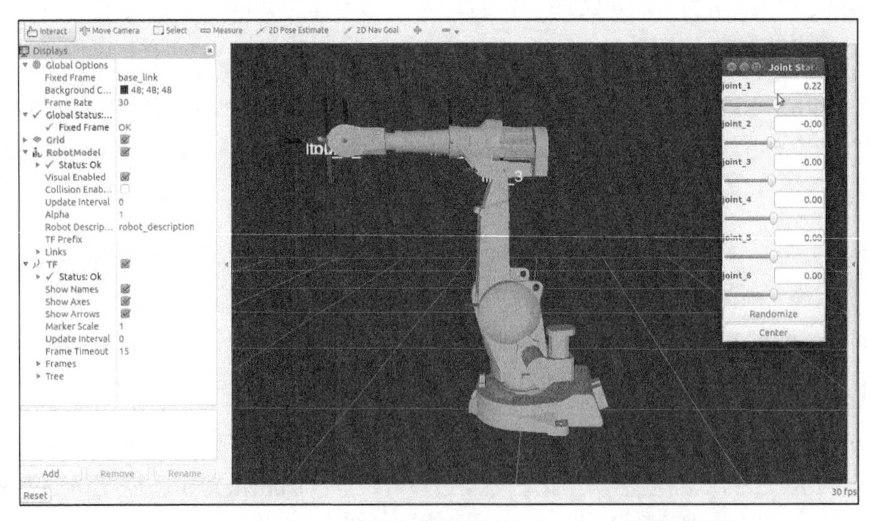

图 10-26　在 RViz 中显示机器人模型和关节状态发布器节点

10.6 ROS-I 机器人客户端功能包

ROS-I 机器人客户端功能包提供了标准化的控制接口，用来实现对遵循 ROS-I 规范的工业机器人的控制。工业机器人客户端使用 simple_message 协议与运行在工业机器人控制器上的服务器通信，这个服务器必须处于运行状态。首先，这个功能包为机器人的实现提供了 industrial_robot_client 库，这样我们就可以使用标准的 C++派生类机制来实现对这个库中代码的重用。同时，客户端也提供了通用的节点来实现基本 industrial_robot_client 功能。

准备工作

制造商提供的接口和机器人设计之间存在着差异。所以我们需要对 industrial_robot_client 库（包括关节连接、速度标度和通信协议）提供的基本实现进行修改。这里最好使用 C++派生类机制，用最小化修改来实现面向特定机器人的客户端。这样可以避免代码的冗余，并维护操作的一致性。

我们可以通过现有函数来处理简单的关节重命名和重排序功能。在下面的示例中，我们将研究如何用绝对速度算法替换参考速度计算（最大速度的 0～100%）。

首先，我们将基于 jointrajectoryDownloader 创建一个新的派生类：

```
class myRobot_JointTrajectoryDownloader : JointTrajectoryDownloader
{
...
}
```

接下来，我们将重新实现指定的功能。在这种案例中，这个功能是速度计算：

```
class myRobot_JointTrajectoryDownloader : JointTrajectoryDownloader
{

public:
  bool calc_velocity(const trajectory_msgs::JointTrajectoryPoint& pt,
double* rbt_velocity)
  {
    if (pt.velocities.empty())
      *rbt_velocity = SAFE_SPEED;
    else
      *rbt_velocity = std::min(pt.velocities.begin(), pt.velocities.end());
```

```
    return true;
  }
}
```

最后，我们要使用适当的派生类实例来实现一个新节点：

```
int main(int argc, char** argv)
{
  // initialize node
  ros::init(argc, argv, "motion_interface");

  myRobot_JointTrajectoryDownloader motionInterface;
  motionInterface.init();
  motionInterface.run();

  return 0;
}
```

此外，我们还可以为 ABB 驱动程序客户端创建机器人专用接口的示例。

10.7　ROS-I 机器人驱动程序规范

在本节中，我们将讨论 ROS-I 联盟为 ROS 节点功能提供改进跨平台兼容性的规范。为工业机器人控制器提供接口的所有 ROS 节点应遵循规范。

我们可以将有关本规范的意见和问题发送到 ROS-I 邮件列表（swri-ros-pkg-dev@googlegroups.com）。

在下一节中，我们将对 ROS-I 联盟提供的指导原则进行概述。

准备工作

ROS-I 的主要目标之一是通过将机器人的控制与通用的 ROS 框架集成，实现不同厂商机器人之间的操作互通。这些不同的 ROS 控制节点都使用一组公共接口进行控制和反馈。此外，ROS-I 还为特定的 ROS 接口提供了指南，以确保最大的兼容性。

首先，我们来讨论机器人应该如何来实现高级的操作活动。

- **初始化**：ROS 节点应该自动初始化与机器人控制器的所有连接，机器人启动应使控制器程序自动运行。

- **通信**：ROS 节点和机器人控制器程序都必须处理通信丢失情况，以便可以通过心跳模式进行通信。

接下来，我们来研究指定的 ROS 接口—话题、服务和参数。根据机器人通信体系结构的要求，这些接口必须由机器人控制器程序提供，这个程序可能是单个或者多个节点。机器人控制器程序需要包含以下参数。

- robot_ip_address (string)：机器人的 IP 地址。
- robot_description (urdp map xml)：机器人的 urdf 描述。

另外，机器人控制器程序应发布以下话题。

- feedback_states (control_msgs/FollowJointTrajectory)：提供有关关节轨迹动作使用的当前和所需关节状态的反馈。
- joint_states (sensor_msgs/JointState)：提供有关当前关节状态的反馈，节点 robot_state_publisher 使用该状态来发布运动变换。
- robot_status (industrial_msgs/RobotStatus)：提供机器人的当前状态，应用程序使用这个状态来监视和响应不同的故障。

此外，控制机器人运动的控制器程序应订阅以下话题。

- joint_path_command (trajectory_msgs/JointTrajectory)：在机器人上执行预先规划的关节轨迹，并由 ROS 的轨迹生成器 joint_trajectory_action 来发布运动指令。
- joint_command (trajectory_msgs/JointTrajectoryPoint)：在运动中通过流式关节命令来执行动态运动，客户端代码使用该命令来实时控制机器人的位置。

最后，机器人控制器应提供服务接口。

- stop_motion (industrial_msgs/StopMotion)：停止当前机器人运动。
- joint_path_command (industrial_msgs/CmdJointTrajectory)：在机器人上执行新的运动轨迹。

如果要实现运动规划和碰撞规避，节点应该提供机器人专门的逆运动学（IK）解决方案。ROS 中提供了一个适用于大多数情况的通用数值解算器，但是在规划需要避免碰撞的路径时，它的运算速度就显得太慢了，不过我们可以自行编写一个 IK 解算器。在下一节中，我们将讨论如何使用强大的反向运动学解算器 ikfast 来生成 IK 解算器插件。

ROS 路径规划器和碰撞检查器为跟踪路径点的轨迹实现了高阶平滑算法。不过，由机器人控制器执行的最终轨迹可能与理想的计划轨迹不完全匹配。因此，ROS 路径规划者向机器人模型添加相应的增量，以考虑计划路径和实际路径之间的差异。必须通过实验计算增量，才能实现无碰撞的运动，它会减少碰撞的概率。

虽然路径规划器和机器人控制器之间的适当集成可以减少路径执行错误和计算增量要求，但它需要机器人控制器开发人员付出更多的努力。正如前一节所讨论的，可以在网上参考这些功能的实现。它使用一个简单的基于消息的套接字协议来与工业机器人控制器通信。我们也可以参考 abb 和 motoman 实现的例子，这在前一节中已经介绍过。abb_driver 或 ur_driver 的示例程序描述了如何将机器人端服务器应用程序与从这些参考实现派生的 ROS-I 客户机节点集成。

10.8　开发自定义的 MoveIt IKFast 插件

在前面的章节中，我们学习了如何为带有机械臂的 MoveIt 功能包实现运动规划，其中 MoveIt 功能包使用默认的 KDL 运动学插件（它使用数值方法来查找 IK 的解）。

默认的数字 IK 解算器 kdl 主要用于自由度大于 6 的机器人，而大多数工业机器人手臂的自由度<=6。因此，我们可以使用比数值解算器（numerical solvers）快得多的解析解算器（analytic solvers）。

10.8.1　准备工作

在本节中，我们将讨论如何使用由 OpenRAVE 运动规划软件提供的强大的反向运动学解算器 ikfast 来生成一个 IK 解算器插件。

Motoman sia10d、universal robots UR5 和 UR10 以及 ABB robotics IRB 2400 都是在 ROS 中使用 IKFast 的例子。

OpenRAVE 安装

使用源代码进行构建是 OpenRAVE 的最佳安装方案，而且这种方法也十分简单。下面给出了在 Ubuntu 16.04 和 Ubuntu 18.04 中的安装方法。

首先，我们必须确保系统上安装了以下程序：

```
$ sudo apt-get install cmake g++ git ipython minizip python-dev python-h5py
python-numpy python-scipy python-sympy qt4-dev-tools
```

接下来，我们需要从官方的 Ubuntu 存储库中安装以下库：

```
$ sudo apt-get install libassimp-dev libavcodec-dev libavformat-dev
libavformat-dev libboost-all-dev libboost-date-time-dev libbullet-dev
libfaac-dev libglew-dev libgsm1-dev liblapack-dev liblog4cxx-dev libmpfr-
dev libode-dev libogg-dev libpcrecpp0v5 libpcre3-dev libqhull-dev libqt4-
dev libsoqt-dev-common libsoqt4-dev libswscale-dev libswscale-dev
libvorbis-dev libx264-dev libxml2-dev libxvidcore-dev
```

下一个依赖项是 collada dom，我们可以从 github 克隆它，也可以从源代码构建它：

```
$ git clone https://github.com/rdiankov/collada-dom.git
$ cd collada-dom && mkdir build && cd build
$ cmake ..
$ make -j4
$ sudo make install
```

我们将使用的另一个依赖项是 OpenScenegraph：

```
$ sudo apt-get install libcairo2-dev libjasper-dev libpoppler-glib dev
libsdl2-dev libtiff5-dev libxrandr-dev
$ git clone https://github.com/openscenegraph/OpenSceneGraph.git
$ cd OpenSceneGraph && mkdir build && cd build
$ cmake ..
$ make -j4
$ sudo make install
```

在新版本中，OpenRAVE 默认还要求我们安装灵活的 Flexible Collision 库：

```
$ sudo apt-get install libccd-dev
$ git clone https://github.com/flexible-collision-library/fcl.git
$ cd fcl
$ mkdir build && cd build
$ cmake ..
$ make -j4
$ sudo make install
```

安装完所有软件后，我们必须从 Github 克隆 OpenRAVE 的最新稳定分支。

```
$ git clone --branch latest_stable https://github.com/rdiankov/openrave.git
$ cd openrave && mkdir build && cd build
$ cmake .. -DOSG_DIR=/usr/local/lib64/
$ make -j4
$ sudo make install
```

最后，我们必须通过在.bashrc或.zshrc中将如下这两行添加进来，将OpenRAVE添加到我们的python路径中，以在会话之间保存此配置：

```
$ export LD_LIBRARY_PATH=$LD_LIBRARY_PATH:$(openrave-config--python-dir)/
openravepy/_openravepy_
$ export PYTHONPATH=$PYTHONPATH:$(openrave-config --python-dir)
```

我们可以通过运行以下的默认示例来检查安装是否正常：

```
$ openrave.py --example graspplanning
```

此命令应启动如图10-27所示的抓取规划示例。

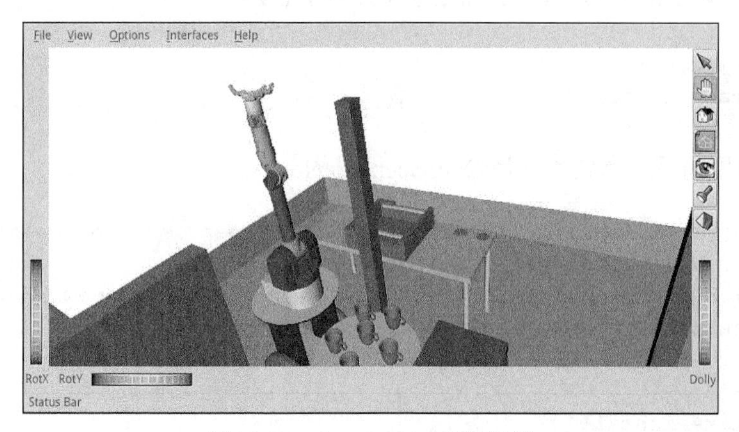

图10-27 OpenRAVE 抓取规划

IKFast程序需要需要使用OpenRAVE的自定义XML格式或collada的DAE格式的robot模型。对于大多数机器人来说，最简单的选择可能是将现有的URDF模型转换为collada格式。

如果我们的模型是Xacro格式的，可以将其转换为纯Urdf格式：

```
$ rosrun xacro xacro.py my_robot.urdf.xacro > my_robot.urdf
```

接下来，我们将把urdf转换成collada格式：

```
$ rosrun collada_urdf urdf_to_collada my_robot.urdf my_robot.dae
```

由于我们已经安装了完整版本的OpenRAVE，所以可以直接查看模型：

```
$ openrave my_robot.dae
```

例如，我们可以通过以下命令使用 OpenRAVE 打开包含了 abb irb 2400 机械臂的 irb6640.dae 文件：

```
$ openrave irb6640.dae
```

我们将在 OpenRAVE 中看到如图 10-28 所示的模型。

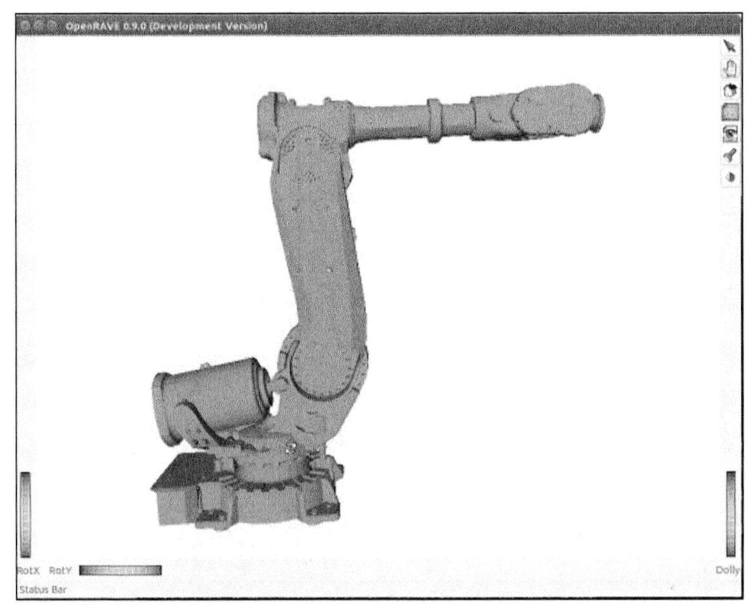

图 10-28 OpenRAVE 中的 ABB IRB 6640 模型

10.8.2 如何完成

最常见的 IK 类型是 Transform6D。我们需要为 base_link 和 end_link 之间的连杆提供索引编号，IK 在计算时需要使用到这些值。我们可以通过在.dae 文件中检查连杆来计算连杆数。如果我们安装了 OpenRAVE，也可以查看模型中的连杆列表（见图 10-29）：

```
$ openrave-robot.py my_robot.dae --info links
```

name	index	parents
base_link	0	
mounting_link	1	base_link
link1_rotate	2	mounting_link
link2	3	link1_rotate
link3	4	link2
link4	5	link3
link5	6	link4
link6_wrist	7	link5
tool_link	8	link6_wrist

图 10-29 操纵器连杆编号

按照 ROS 规范的要求，典型的 6 个自由度机械手应该有 6 个臂连杆和一个虚拟 base_link。如果模型中没有额外的连杆，则给出：baselink = 0 和 eelink = 6。通常会需要提供额外的 tool_link 来定位抓握/工具框架，从而给出 eelink =

7。下面的操作器还有另外一个虚拟连杆，所以最后的设定为 baselink=1 和 eelink=8:

我们可以使用如下命令来为 6 个自由度的机械臂生成 IK 解决方案。

```
$ python `openrave-config --python-dir`/openravepy/_openravepy_/ikfast.py --robot=<myrobot_name>.dae --iktype=transform6d --baselink=1 --eelink=8 --savefile=<ikfast_output_path>
```

<ikfast_output_path>应该设置为指向名为 ikfast61_uuu group_name>的文件的路径。

同样地，对于 7 个自由度的机械臂，我们必须指定一个自由连杆：

```
$ python `openrave-config --python-dir`/openravepy/_openravepy_/ikfast.py --robot=<myrobot_name>.dae --iktype=transform6d --baselink=1 --eelink=8 --freeindex=4 --savefile=<ikfast_output_path>
```

然而，这个过程的所花费的时间以及能否成功取决于机器人的复杂性。

一个典型固定在基座或手腕的 3 个相交轴和 6 个自由度机械手将只需要几分钟的时间来生成 IK。

此外，我们可以参考 OpenRAVE 邮件列表和 ROS 答案，了解有关 5 个自由度和 7 个自由度的机械手的信息。

接下来，我们将创建包含 IK 插件的功能包。我们将把功能包命名为<myrobot\u name>ikfast_uu planning\u group\u name>_plugin，这样我们就可以将 ikfast 包设置为<moveit_ik_plugin_pkg>:

```
$ cd ~/catkin_ws/src
$ catkin_create_pkg <moveit_ik_plugin_pkg>
```

现在，我们来构建工作区，这样新的功能包就被检测到了：

```
$ cd ~/catkin_ws
$ catkin_make
```

接下来，我们将创建插件源代码：

```
$ rosrun moveit_ikfast create_ikfast_moveit_plugin.py <myrobot_name>
<planning_group_name> <moveit_ik_plugin_pkg> <ikfast_output_path>
```

我们使用以下参数。

- myrobot_name：URDF 文件中机器人的名称。
- planning_group_name：规划组的名称，就是在 motics.yaml 文件中所引用的。
- moveit_ik_plugin_pkg：刚刚创建的新包的名称。
- ikfast_output_path：生成 ikfast 的 output.cpp 文件位置路径
- 这个命令将在 src 目录中产生一个新的名为<myrobot_name>_<planning_group_name>_ikfast_moveit_plugin.cpp 的源文件，并修改各种配置文件。

最后，我们将再次构建工作区来创建 IK 插件：

```
$ cd ~/catkin_ws
$ catkin_make
```

这将建立可与 MoveIt 一起使用的 lib/lib<myrobot_name>_<planning_group_ name>_moveit_ikfast_moveit_plugin 插件库。

IKFast 插件的功能与默认的 kdl ik 解算器相同，但性能却大大提高。

MoveIt 的配置文件由 moveit-ikfasscript 自动编辑，但我们可以使用 kinematics.yaml 文件中参数 kinematics_solver 来实现对 KDL 和 IKFast 解算器进行切换。例如：

```
$ rosed <myrobot_name>_moveit_config/config/kinematics.yaml
```

对这些部分进行编辑：

```
<planning_group_name>:
  kinematics_solver: <moveit_ik_plugin_pkg>/IKFastKinematicsPlugin
-OR-kinematics_solver: kdl_kinematics_plugin/KDLKinematicsPlugin
```

另外，我们可以使用 MoveIt 的 RViz 运动规划插件和交互式标记来查看是否生成了正确的 IK 解决方案。

10.9 了解 ROS-I-MTConnect

与大多数企业一样，制造业工厂也在不断地努力提高生产率、盈利能力和效率。然而，现代制造工厂包含许多不同类型的加工设备，每个都支持不同的专有接口和通信协议。这种多样性使得制造商监控和维护他们的机器变得极为困难。

幸运的是，MTConnect 的出现使机器监控系统能够一致、准确地从任何与 MTConnect 兼容的机器上收集数据。如图 10-30 所示。

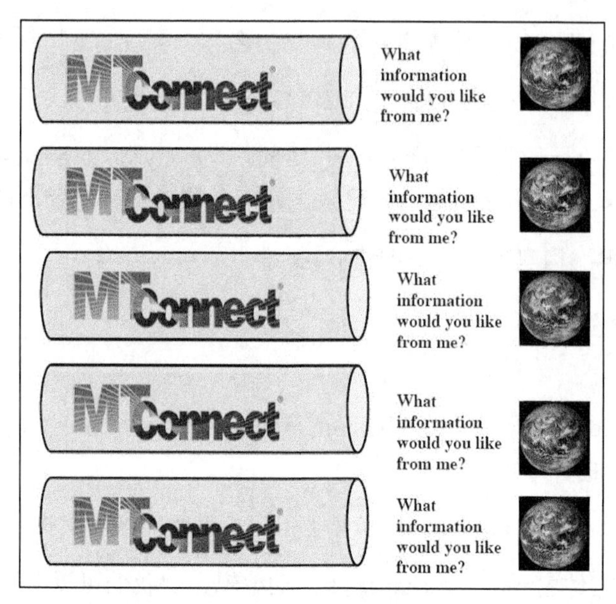

图 10-30　MTConnect 之后的制造业

10.9.1　准备工作

MTConnect 并非是一个应用程序。MTConnect 研究所并未将 MTConnect 作为产品销售。

MTConnect 通过以下方式提高了终端用户的生产力。

- 它为将生产设备连接到网络并从中获取信息提供了便利。
- 使其能够轻松地以开放和标准的方式与供应商在其选择的任何地方共享制造信息。
- 使监控其他制造设备的工作变得非常容易。
- 使我们能够轻松地分析工厂中的所有信息。
- 建立 MTconnect 的连接之后，就可以在世界各地进行访问。

MTConnect 是一种基于开放和免版税的协议（一种支持字典类型的语言）标准，它的出现使生产设备能够使用互联网语言。这里的互联网语言指的是 HTTP 和 XML，这是所有浏览器都兼容的语言。图 10-31 显示了点对点的 MTConnect 消息。

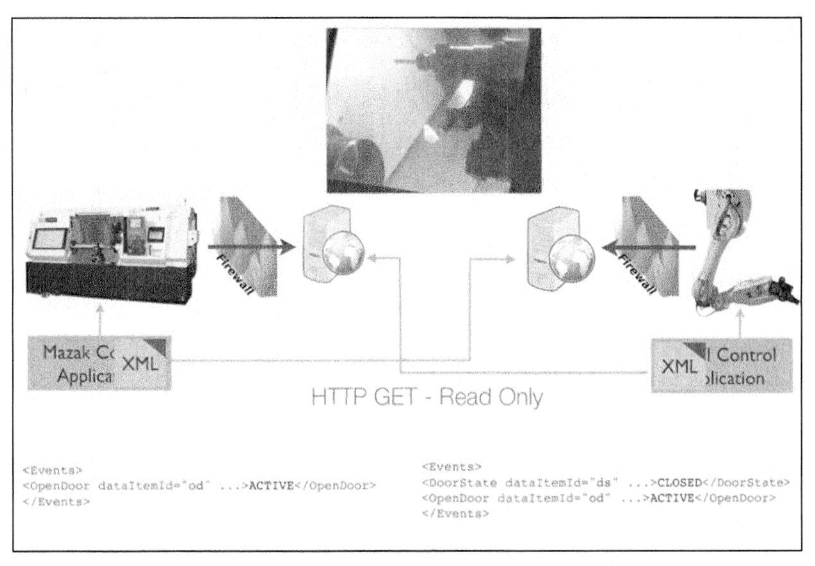

图 10-31　点对点的 MTConnect 消息

MTConnect 可以使用浏览器，这样一来，访问制造设备与互联网上的任何网站一样简单。MTConnect 类似于蓝牙，它允许不同的设备以通用语言轻松地相互通信，其中 MTConnect 协议类似于翻译单元，如图 10-32 所示。

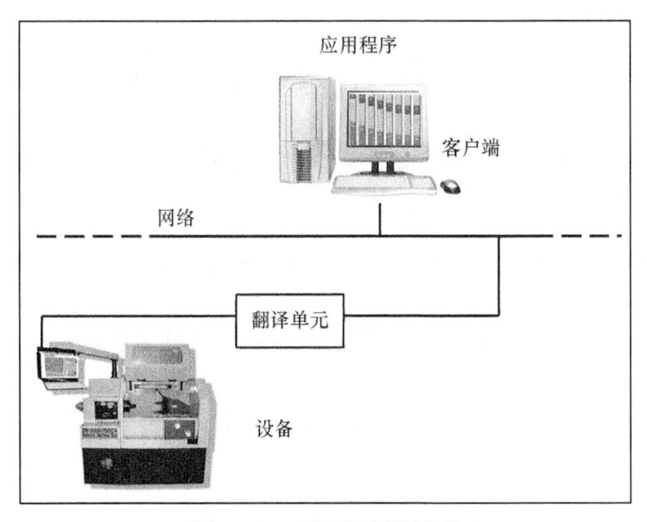

图 10-32　互联网制造设备

10.9.2　如何完成

ROS-I-MTConnect 项目的目标是建立 MTConnect 和 ROS-I 之间的桥梁。MTConnect

软件栈中包含了用于集成制造环境中支持MTConnect通信标准的设备或机器的ROS库和包。

与 ROS 消息传递类似，MTConnect 通信标准描述了语义数据定义和通信方法。MTConnect 软件栈是 ROS Industrial 和 MTConnect 项目的一部分，它包含了用于在 ROS 和 MTConnect 协议之间创建桥接的包。

这个堆栈的安装需要同时使用二进制和源代码两种安装方式。其中一些脚本的运行需要 Ruby 及其关联的状态机库的支持，因此我们必须安装它们：

```
$ sudo apt-get install ruby
$ sudo gem install statemachine
```

我们可以按照如下所示的方法从源地址下载 mtconnect ros 网桥和 mtconnect 代理库：

```
$ git clone git://github.com/mtconnect/ros_bridge.git
$ git clone git://github.com/mtconnect/cppagent.git
$ mkdir agent_build
$ cd agent_build
$ cmake ../cppagent
$ make
```

在~/.bashrc 文件中定义以下环境变量：

```
$ export ROS_PACKAGE_PATH=<source path>:$ROS_PACKAGE_PATH
$ export MTCONNECT_AGENT_DIR=<source path>/agent_build/agent/
```

MTConnect 的堆栈示例包含模拟 CNC 和机器人之间的示例集成。以下命令可以启动 ROS 桥、MTConnect 代理和 CNC 模拟器：

```
$ roslaunch mtconnect_ros_bridge mtconnect_ros_bridge_components.launch
```

现在我们可以看到为代理和 CNC 模拟器打开的多个终端窗口。

10.10　ROS-I 的未来——硬件支持、功能和应用

在本节中，我们来讨论如今能使用 ROS-I 做些什么。我们将重点研究 ROS 的部署问题以及如何在工业环境中部署 ROS。

我们将涉及 POS-I 软件栈的最底层组件、硬件设备、工业设置中的 ROS 功能以及那些令人着迷的应用程序。

目前，ROS-I 拥有 5 个不同机器人制造商的设备驱动程序：ABB、Fanuc、Universal Robots、Motoman 和 ADEPT，如图 10-33 所示。

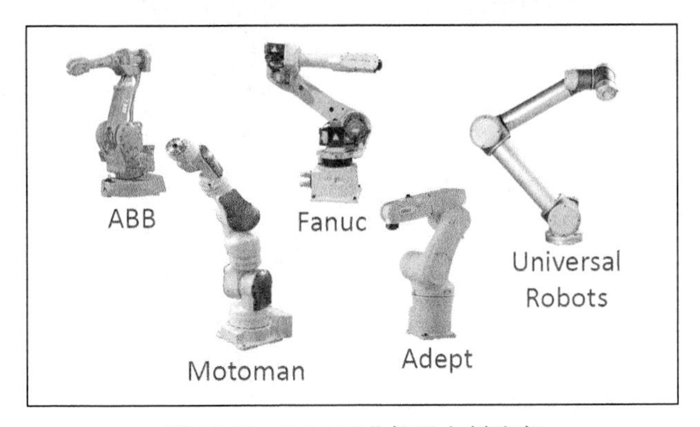

图 10-33 ROS 工业机器人制造商

这些机器人制造商生产的型号都支持 ROS-I 软件包。新的机器人模型可以很容易地由这些制造商添加，他们不需要进行任何软件更改和配置变动。有时也会需要添加和配置机器人网格和运动学。

ROS-I 还提供了添加新机器人控制器的框架，这需要开发机器人端驱动器/服务器和对 ROS 客户端修改（如果需要的话）；不过，它们提供了几个可用的模板，如图 10-34 所示。

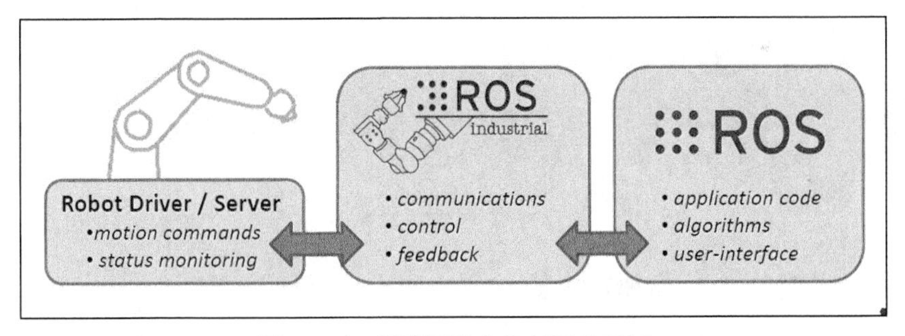

图 10-34 新型机器人控制器的研制

ROS-I 为任何现有的机器人模型提供了一个用于代码开发的评估模拟环境（例如 MoveIt 功能包）。除机器人模型外，这个环境还提供了对感知传感器的强大支持，包括二维传感器摄像头、SICK 激光测距仪、三维传感器立体视觉、Kinect、Swissranger 等，如图 10-35 所示。

从 I/O 的角度来看，当前的设置主要与 Ethernetcat I/O 机架（EthernetCAT I/O rack）一起工作，这将会受到一些限制。

图 10-35 感知传感器

如前一节所述，ROS-I 有一个用于通信和数据传输的 ROS/MTConnect 网桥，主要用于使机器人与 CNC 操作同步，如图 10-36 所示。

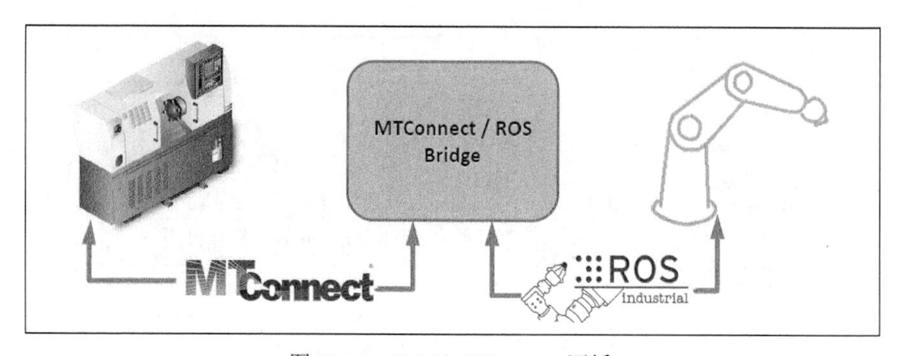

图 10-36 ROS/MTConnect 网桥

不过在当前的 ROS-I 设置中并不支持 PLC 接口、工业总线 Ethernet/IP、Modbus、DeviceNet、Profibus、Modbus、Profibus、OPC 以及工业 HMIs 等。这些能力的添加目前已经提上了日程，如果能顺利完成的话，那将会是锦上添花。

传感器的感知为机器人的自主行动提供了环境相关的大量信息，其中一些信息需要进行分割和识别，以便机器人知道这是什么以及如何抓取和放置。

图 10-37 给出了为移动机器人提供的在二维和三维环境中的地图绘制和定位能力。

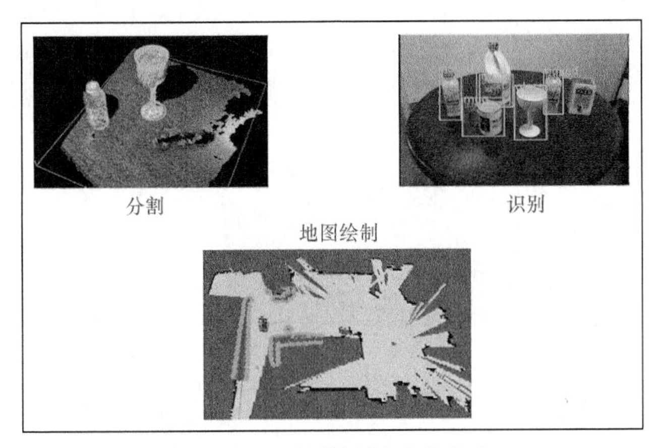

图 10-37 地图绘制和定位能力

我们可以看到 ROS-I 中的很多规划能力，其中包括碰撞感知路径规划（自动寻找到一个到达目标位置的路径，同时避开障碍物和避免关节的限制），以及进行实时的快速故障检测。

正如你在图 10-38 中所看到的那样，机器人正在试图从一个柜子里取出物品。

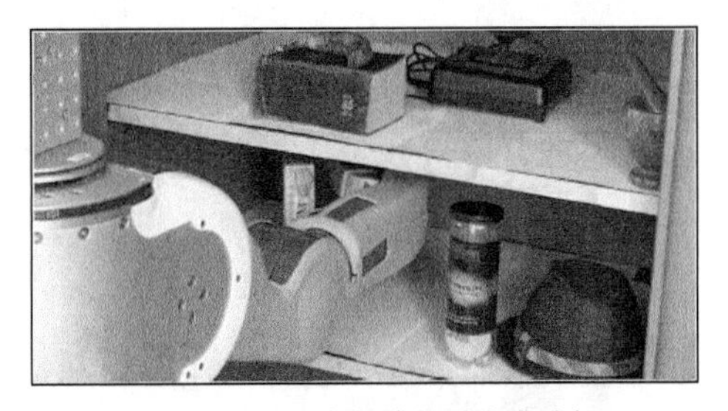

图 10-38 冲突感知路径规划

现在我们已经看到了一个强大的可视化环境，它提供了十分优秀的离线开发能力。你可以在没有硬件的条件下完成对路径规划的审查、控制逻辑的调试以及应用程序的开发。这样我们就可以顺利地将这些成果应用到物理系统。虽然这里仍然缺乏一个完整的物理基础模拟，不过 Gazebo 物理引擎是一个不错的选择。它还具有对传感器和控制数据进行记录和重放的能力，这就增加了开发和故障排除的能力。

我们也可以使用相同的离线可视化工具来进行在线可视化处理，这还提供了基于实时传感器反馈的可视化更新，用于实现远程过程监控和“增强现实”显示。

此外，ROS-I 还具有一定程度的硬件跨平台特性，相同的程序可以运行在不同的机器人平台上，这有助于减少软件“移植”产生的问题，从而让我们可以根据能力的匹配度而不是熟悉程度来选择机器人。

我们再来讨论 ROS-I 有所欠缺的一些功能。例如对路径 pos/vel/timing 精确的控制，以及经过精简的编程接口（例如工厂里工人使用的示教器）。其他限制包括动态路径修改，以及使用运动相关的触发器来调整路径的偏移。这些是未来需要增加的功能。

我们还将从应用程序的角度来看 ROS-I。目前有一些应用程序包含未知物体识别和非结构化选取功能。这些应用程序可以使用 ROS-I 技术，如三维扫描、分割、过滤和动态路径规划；然而，对于传统的工业机器人来说，这是不可能的。图 10-39 展示了一个零件分拣应用程序。

图 10-39 零件分拣应用程序

将带有机械臂，将使用诸如基础/机械臂支持、建图、定位、路径规划和导航等核心 ROS 技术的移动机器人用于库存管理和大型工作空间，这是目前的一个刚需领域的课题。目前这样的研究平台就是 PR2 机器人，它主要在大学和研究所使用。其他的应用程序领域包括动态环境、低停机时间（low downtime）和复杂的工作环境。

在本书的最后，我忍不住还要展示一些令人惊奇的工业机器人应用，如图 10-40 所示的烹饪早餐、折叠衣服、打桌球、烤饼干、拿啤酒、清理垃圾等。

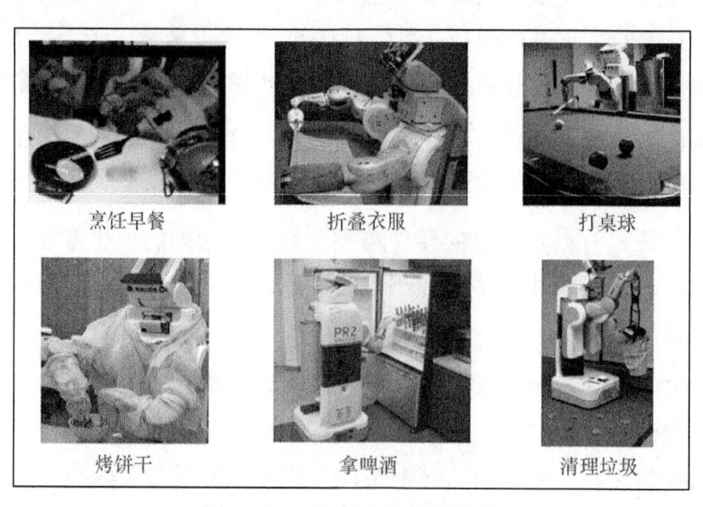

图 10-40 几个工业应用程序